田中宣一・小島孝夫 編

海と島のくらし

―沿海諸地域の文化変化―

雄山閣

はじめに

四周を海に囲まれ島嶼も多いわが国の文化は、海とのかかわりをぬきにして語ることはできない。海は人々を隔てる障害ではなかった。古来、海上の道を往来して人や物資や情報の交流が盛んになされてきたのであり、それらは内陸部の文化にも彩りを与えてきた。また、沿海諸地域には、海の恵みを享受したり猛威から身を守ろうとする豊かな伝承文化が育まれてきた。そこには、秩序維持に向けての知恵と強い意志、深い自然観照、敬虔な信仰心が含まれていたのである。

長い歴史をもつ海とのかかわりかたには、そのときどきにさまざまな工夫改変がなされてきたと思われるが、海をめぐる近現代の伝承文化の変化にはとくに著しいものがある。本書は、その一端を明らかにし諸要因を考えようとして始めた三か年にわたる共同研究「沿海諸地域の文化変化の研究――柳田国男主導『海村調査』と『離島調査』の追跡調査」の成果の一部である。ここにいう「海村調査」とは、一九三七（昭和十二）年より二か年にわたって全国三五の沿海地域で実施された民俗の総合調査のことであり、「離島調査」とは、一九五〇年より三か年にわたった全国三十余離島における同じく民俗総合調査のことである。

今日、「海村調査」からはすでに六十余年、「離島調査」からでも五〇年ほどたっている。その間わが国は、大戦と敗戦、戦後の混乱期、高度経済成長、成長のひずみ、オイルショック、経済のバブル現象とその崩壊というような激動をくぐりぬけてきた。それにともない、法制上・制度上の諸改革が断行されたほか、化石燃料中心へのエネルギー革命、各種電化製品の普及、交通通信手段の目ざましい発達というように、生活環境は大きく変わり、人々の価値観もまた大きく揺らいできたのである。いまわれわれは、経済のバブル現象消滅後のやや閉塞した状況のもと、情報化社会・国際化の掛け声のなかで、未来への明るい展望を模索中である。ひるがえって沿海諸地域に目を向けても、右のような状況は同じである。港湾設備はかつてとは比べるべくもなく整い、漁船の機械化、漁具の進歩、流通手段の発展には目をみはるものがある。養殖漁業の発達もある。しかしその一方で、環境の悪化や漁業海域をめぐる厳しい問題にも直面している。沿海諸地域には海とは直接かかわらない農業集落も多く存在するが、漁業・農業ともに第一次産業従事者の減少および高齢化による、それら地域社会の変革も静かに進んでいる。

このようななか、かつての「海村調査」「離島調査」当時の伝承文化のその後の推移と現状はいかなるものであるのかを、両調査の調査対象地から計一五地域を選び、実地調査に基づいて問おうとするのがわれわれの目的である。伝承文化は、日々の生活に密着し人々の心意に深く息づいているものである。多くの人々に支持され、個人と地域社会双方の歩みの規範ともされうる。わが国の歴史において重要な意味を持ちつづけた沿海諸地域のそのような伝承文化が、近現代の政治経済社会の大きなうねりのなかでたどった運命、また現に果たしつつある役割について考察しようとしたこの作業を、われわれは、ささやかながらまさに現代社会論の一つだと考えている。

本書は、論考編と資料編に分かれている。論考編には、共同研究のメンバー各自がもっとも関心をもったテーマについてまとめた。資料編は、調査対象地として選定しメンバーが手分けして実地調査におもむいた一五地域の概要を、「海村調査」「離島調査」後の変化を念頭におきながらまとめたものである。研究成果としては、このほかに各自が共同研究の過程ですでに発表した諸論考があり、その一覧は「あとがき」に記すとおりである。掲げた共同研究のテーマはあまりにも大きく、われわれはこれだけの成果で満足しているわけでは決してない。今後、自らの問題としてさらに調査研究をつづけ発展させたいと念じている。

読者諸賢の忌憚のないご批正と今後のご指導をお願いしたい。

二〇〇二年一月八日

田中　宣一
小島　孝夫

目　次

V　日常生活の展開……263

●資料編

論考編

Ⅰ　「海村調査」「離島調査」とその成果の活用

田中　宣一

1　伝承文化研究への覚醒

伝承が包蔵する豊かさの発見と、その豊かさが、日本文化研究を深化させるうえで欠かすことのできないものだとの確信が、近代において民俗学という一つの学問を誕生させた。そして、伝承文化の持つ豊かさへの認識は、国文学や日本史学・地理学・宗教学・社会学など、日本の既成の諸学問にも大きな影響を与えることになった。当然、民俗学とは兄弟関係にある民族学（文化人類学・社会人類学）の確立発展とも深くかかわっている。さらには、口承文芸学・方言学・民俗芸能学・民具学・民俗建築学等々、今日、日本において栄えている幾多の有用な新しい学問分野の開拓をも促したのである。

あまりにも凡々たる観念や行為として心身にまとわりついているがために、十分に直視され記録化されることのほとんどなかった伝承文化が、独自の研究対象として、また日本文化研究上の重要資料として積極的に評価されだしたのはいつごろであろうか。さまざまな前史を指摘することはできるとしても、柳田国男によって一九〇九（明治四十二）年に『後狩詞記』が、翌一〇年に『石神問答』『遠野物語』が世に問われ、柳田や高木敏雄によって一九一三（大正二）年に雑誌『郷土研究』が刊行されだしたころ、というのが通説といえよう。

明治末から大正初期にかけて明確に認識されるようになった伝承文化は、研究者のあいだで民俗もしくは民間伝承という術語で概念化され、研究態勢が整えられるにいたった。しかし、それまで、意識して記録されることのほとんどなかった民俗（民間伝承）であってみれば、研究を進めようにも、当面活用可能なまとまった資料があまりにも少ない。

というわけで、伝承の重要性に覚醒した人々は、過去の書籍・文書等のなかに、好奇の眼で記されていたり偶然記録のように書き留められている片々を拾いだす努力をする一方、各地に現に活きつづけている豊富な伝承や、少し前まで生きていて今は古老の記憶のなかにしまいこまれている伝承の、調査と記録化に着手したのである。とくに古老の記憶にしっかり留められていたり現在なお各地に存続している伝承の調査は、研究者自身の問題意識に沿って関連事項をつぎつぎと聞き出すことができるとともに、伝承の場を実感することもでき、さらには地域の伝承の総体をうかがうことも可能であるために、資料収集の最有力な方法とされた。

このようなさまざまな資料収集の努力は、たんに多くの資料を蓄積したにとどまらず、新たな問題意識をも喚起させ、研究の進展にもつながっていったのである。

2　一九三五年前後の民俗学の動向

伝承文化の重要性が認識されだして四半世紀をへた一九三五（昭和十）年前後は、日本民俗学にとって、学史上画期をなす数年となった。その理由は、大きく四つに集約できる。

一つは、一九三四年に『民間伝承論』、翌三五年に『郷土生活の研究法』という概論書を著わして、柳田国男が、自らの考える民俗学の性格や方法など研究上の枠組みを明示したことである。それまでにも柳田は、「史料としての伝説」「蝸牛考」「聟入考」などにおいて、あらたな方法論を主張してきたし、柳田とは別に折口信夫も、『古代研究』のなかに独自の民俗観をにじませるとともに、『日本文学大辞典』の「民俗学」の項で方法論や資料分類案を示している。中山太郎や早川孝太郎も、すでに各自の民俗学を構想していた。(1) しかし学界をリードしつづけた柳田の、四半世紀にわたる思考の決算としての二概論書が、その後の民俗学に与えた影響は圧倒的で、周辺諸科学にあっても、この書によって民俗学を理解しようとする傾向がみられるようになったのである。(2)

二つ目は、柳田国男が、主として近世期までの書籍・文書類のなかから収集しつづけた資料や、『郷土研究』をはじめとする各種雑誌、郡村誌類・民俗誌類に報告されている資料を整理分類し、一九三二年の『山村語彙』[3]を皮切りに、三五年の『産育習俗語彙』など各種の「分類語彙」としてまとめ始めたことである。あわせて、大間知篤三「婚姻習俗採集項目」[4]をはじめ、新たな調査に向けて分野ごとの「採集項目」の設定が試みられるようになったことである。「分類語彙」の編集や「採集項目」の設定には、いま述べた大間知篤三ほか橋浦泰雄・倉田一郎・山口貞夫など何人もの研究者がかかわったとはいえ、柳田の主導した作業であることはいうまでもない。

「分類語彙」は、蓄積されてきた厖大な資料を分野ごとに整理し、研究者共同の財産としたことに大きな意義がある。しかし、個々の資料を各資料のキーワードというべき語彙を標目にして固定化した感があり、このような整理方針は、民俗事象を、それを支えている社会から切りとってしまうものだとしてその後批判にさらされることになるのであるが、その批判ももっともだとはいえ、さまざまなかたちで文字に定着された厖大かつ雑多な資料を、ひとまず分野を確定して収集整理したこと、および、それを一定の方針によって細分し分野ごとに資料を相互関連させながらその分野の総覧を可能にしたことは、その後の研究に大きく寄与したと評価できる。もうひとつの「採集項目」設定も「分類語彙」編集と表裏一体をなす作業で、「分類語彙」の編集をとおしてひとまず確認された婚姻とか年中行事・山村・漁村・住・食といった分野ごとに、さらに多くの資料を系統的に調査蓄積しようとする企てであった。

三つ目は、「山村調査」「海村調査」という、民俗の総合調査が企画され実行に移されたことである。「山村調査」は一九三四年五月から三か年間、「海村調査」は三七年五月から二か年間実施された。いずれも一〇〇の独自の統一調査項目を定め、柳田国男の周辺に育ちつつあった二〇名ほどの若手研究者が、両調査あわせて全国一〇〇か所ほどの地域へ手分けして訪れ、個々の村落生活を明らめるとともに、全国比較に足る良質の民俗資料の収集に努めたのであった。この企画には、二つ目のところで述べた資料の収集蓄積をさらに強力に推進する目的があった。「山村調査」「海村調査」については、次項以下において再び述べる。

四つ目は、「日本民俗学講習会」の開催、および、それを契機とした民間伝承の会の発足と機関誌『民間伝承』の発刊である。いずれも柳田国男の還暦を記念して計画実行されたもので、一九三五年夏から秋にかけてのことである。

「日本民俗学講習会」は、柳田国男の満六〇歳の誕生日に当たる三五年七月三十一日を第一日目とし、八月六日まで計七日間、日本青年館を会場として開催された。参加者百六十余名はほとんど全府県にわたっており、この講習会は民俗学の啓蒙普及に大きな役割をはたした。(5) 講習会期間中、参加者のあいだに民俗学研究団体結成の機運が生じ、会の名を「民間伝承の会」とすることと、機関誌として『民間伝承』を発刊することが確認されたのである。そして、すぐ翌月の九月十八日付けで『民間伝承』の創刊号が刊行されるという盛りあがりようであった。なお、このとき誕生した「民間伝承の会」は、一九四九年四月に名称を「日本民俗学会」と改め、今日にいたるまで民俗学の主たる研究団体として存続している。

以上述べた四点すべてに柳田国男が強くかかわっていることからわかるように、これらは、既成アカデミズムの学林に拮抗し、伝承の持つ豊かさが日本文化の研究を深めるうえで有用欠くべからざる資料であることを確信し主張しつづけた柳田の、四半世紀にわたる苦闘の結晶であった。

3　共同調査の始まり

本書のもとになった「沿海諸地域の文化変化の研究」というプロジェクトが民俗変化のゼロポイントを示す資料として活用したのは、「海村調査」と「離島調査」の成果である。この二つの調査は「山村調査」とともに、ある小地域を対象にそこの民俗をさまざまな角度から調査記録し分析を試みようとした点で共通しており、日本民俗学の確立期に学界の中心メンバーによって実施された、民俗の三大総合調査だと位置づけることができる。メインをなす成果報告書として、それぞれ『山村生活の研究』(6)『海村生活の研究』(7)『離島生活の研究』(8)が公にされている。フィールドワークにまだ十分に目覚めていなかった当時の日本の学問状況のなかにあって、先駆的な業績であった。

三大調査のなかで「離島調査」は他の二つの調査より一〇年余遅れるが、「山村調査」と「海村調査」の行なわれた一九三五（昭和十）年前後は、先に述べたように、それまでに蓄積された民俗資料の分類整理にひととおりのめどがつき、さらなる資料収集への意欲が高じていた時期である。そのためには、各研究者が個人として努力を重ねるほかに、連繫を密にし、さまざまな新たな資料を組織的に収集する必要性が感じられていたのである。

「山村調査」と「海村調査」は、日本学術振興会からの補助金によって実施に移されたが、ほかにもなんらかの団体から費用の援助を受けつつ、分野ごとに、全国規模での資料の収集蓄積が企てられるようになった。一九三五年六月から始まった「産育習俗調査」はその一例である。恩賜財団愛育会が、各道府県から推薦された調査員に依頼して実施したものではあったが、計画の段階から柳田国男や橋浦泰雄など民俗学者が関与し（各地の調査員にも民俗学に関心を持つ者が多く加わっていた）、その結果、全国各地の妊娠・出産や育児についての厖大な量の貴重な資料が収集されたのである。昔話についても、一九三六年二月から三か年間にわたって、服部報公会の援助による「民間説話の資料蒐集並出版」というプロジェクトが組織され、関敬吾を中心に全国規模で計画的な調査収集がなされた。時あたかも、雑誌『昔話研究』が刊行されており、昔話研究の高揚期にあたっていた。

これらより少し遅れるが、一九四一年八月ごろから翌四二年三月ごろにかけて、民間伝承の会では、大政翼賛会からの委託を受けて各地の「食習調査」を実施した。この調査は、戦時体制下すでに深刻になり始めていた食糧難対策として、救荒食料や代用食工夫のヒントを得るのが第一目的ではあったが、調査内容は食事習俗全般にわたっていた。かくして、戦中・戦後の激変期直前における、わが国の伝統的食事習俗が収集記録されたのである。(9)

4 「海村調査」の概要

「山村調査」と「海村調査」は、対象地の地理的条件は異なるが、目的や方法は同じ一連の調査研究であった。しかし、本書では「山村調査」の資料は直接活用していないため、(10)以下、「海村調査」についてだけみておきたい。

「海村調査」は、一九三七（昭和十二）年より二か年間、日本学術振興会から研究調査費をえて実施された。正式名称は「離島及び沿海諸村に於ける郷党生活の調査資料蒐集並にその結果の出版」というもので、援助額は、三七年度が二〇〇〇円、三八年は一七〇〇円である。[11] 当初は「山村調査」と同じく三か年を計画していたが、戦時の厳しさから援助が二年で打ち切られたため、残念ながら規模を縮小せざるをえなかったらしい。

調査研究の主体になったのは、当時柳田国男宅に設けられていた郷土生活研究所の同人である。大藤時彦・大間知篤三・倉田一郎・小寺廉吉・後藤興善・桜田勝徳・守随一・杉浦健一・鈴木棠三・瀬川清子・関敬吾・橋浦泰雄・比嘉春潮・最上孝敬・山口貞夫・柳田国男であった。このうち鈴木と瀬川を除くあとすべては、「山村調査」当初からの郷土生活研究所の同人である。このほか、「採集手帖（沿海地方用）」への資料記載者、『海村調査報告（第一回）』[12]、『海村生活の研究』の執筆分担者などからみて、「海村調査」には、大島正隆・今野円輔・武田明・平山敏治郎・牧田茂・宮本常一・森田勇勝・山口弥一郎らもかかわっていたことがわかる。

調査対象地は、筆者の把握しているかぎり、表1に示すような二三府県三五地域にわたった。三五地域とは述べたが、報告者が一地域ととらえているなかには数か村を含むものがあり、いま調査内容の精粗を問わなければ、「海村調査」の足跡は五〇〜六〇か村におよんだものとみてよい。

これらのなかには、豊富な伝承を持つ南西諸島域から一か所しか選ばれていない。当初の計画どおり三か年間の調査研究が完遂されていれば、もっと多く南西諸島域が対象地とされていたかもしれず、残念なことである。それについて、戦後、柳田国男は次のように慨嘆している。

> 大きな期待を繋けて居た南方の諸島、その他幾つかの無名に近い小島は我々の自重して居た結果却つて後まはしとなり、悉くそれを踏査圏外に残すことになつてしまつた。更に意外な損失の一つと見てよいのは、それらの島々が、其後の僅かな年月のうちに、殆ど根こそげの変質変貌をしてしまつたことである。是が普通の時の経過であるならば、まだ足取りといふものが辿り得られ、よほどの改革のあつた跡でも、比較に熟練した者ならば、なほ若干の推定復原が許されるのだが、戦乱の破壊は常篇を絶して居る。（中略）此様にまでなるであらうといふことは、正直なところ私たちは予想していなかつた。[13]

「海村調査」の開始にあたっては、一〇〇の質問項目を記載した、菊半截の「採集手帖（沿海地方用）」[14]（以下、「手帖」

表1 「海村調査」の調査対象地と調査者

	調　査　地	調　査　者
1	岩手県九戸郡宇部村小袖	大島　正隆
2	〃　下閉伊郡普代村	桜田　勝徳
3	〃　重茂村	桜田　勝徳
4	宮城県本吉郡大島村、岩手県気仙郡綾里村・越喜来村・吉浜村	守随　一
5	福島県石城郡豊間村	山口弥一郎
6	千葉県安房郡富崎村	瀬川　清子
7	〃　千倉町忽戸・平舘・千倉	瀬川　清子
8	〃　長尾村	瀬川　清子
9	東京府三宅島各村	最上　孝敬
10	〃　八丈島五ヵ村	大間知篤三
11	新潟県西蒲原郡間瀬村	橋浦　泰雄
12	〃　佐渡郡内海府村	倉田　一郎
13	石川県鳳至郡七浦村	大藤　時彦
14	福井県坂井郡雄島村・北潟村、同県丹生郡国見村・四ヶ浦村・城崎村	瀬川　清子
15	静岡県賀茂郡南崎村	瀬川　清子
16	愛知県知多郡日間賀島	瀬川　清子
17	〃　幡豆郡佐久島村	瀬川　清子
18	三重県北牟婁郡須賀利村	牧田　茂
19	和歌山県和歌山市雑賀崎、同県西牟婁郡串本町、同県東牟婁郡大島村樫野太地町	橋浦　泰雄
20	京都府竹野郡浜詰村・下宇川村、同県与謝郡伊根村・府中村、同県加佐郡東大浦村	瀬川　清子
21	島根県簸川郡北浜村（附：那賀郡川波村波子）	瀬川　清子
22	〃　穏地郡都万村	大島　正隆
23	広島県豊田郡幸崎町能地	瀬川　清子
24	愛媛県越智郡宮窪村（大島）	倉田　一郎
25	〃　伊予郡松前町	瀬川　清子
26	香川県仲多度郡高見島村	武田　明
27	徳島県海部郡阿部村	瀬川　清子
28	高知県幡多郡沖ノ島村鵜来島	牧田　茂
29	大分県北海部郡一尺屋村・佐賀関村	瀬川　清子
30	〃　北海部郡海辺村	瀬川　清子
31	沖縄県宮古郡平良町池間	森田　勇勝
32	秋田県南秋田郡北浦町・戸賀村	牧田　茂
33	京都府熊野郡湊村	平山敏治郎
34	山口県阿武郡見島村	瀬川　清子
35	大分県南海部郡東中浦村	瀬川　清子

注：1から31までは成城大学民俗学研究所に「採集手帖」が保蔵されている地域。32～35は「採集手帖」の存在は未詳であるが、『海村調査報告（第一回）』『海村生活の研究』によって調査地・調査者が判明するもの。なお、地名は当時のもの。

と略す）が用意された。「手帖」には、見開き二頁の初めの頁に質問が一項目ずつ印刷されており、調査内容は原則としてその見開き二頁のなかに記入するようになっていたが、巻末には七〇頁ほどの空白頁が追加されており、見開き二頁では書き足りない内容や、質問項目にはない各地域特有の伝承も書き込めるように配慮されていた。これは、「山村調査」の際に用意された「郷土生活研究採集手帖」の形式をほぼ踏襲している。各調査者はこの「手帖」を携行して現地におもむき、調査内容を記入して郷土生活研究所宛（事実上柳田国男宛）に提出したのである。これは現在、成城大学民俗学研究所の「柳田文庫」に保蔵されている。今回の「沿海諸地域の文化変化の研究」プロジェクトでは、かつての「海村調査」の追跡調査対象地については、ゼロポイントを示す資料としてこの「手帖」の内容を用いている（「離島調査」の追跡調査の対象地については『離島採集手帖』などを活用）。

調査結果は、二つの報告書にまとめられた。一つは初年度の調査後にすぐ編まれた『海村調査報告（第一回）』で、地域単位に問題点を絞った九編の論考や報告からなる。橋浦泰雄「紀伊雑賀崎の末子相続と串本地方の隠居分家制」や、倉田一郎「佐渡に於ける占有の民俗資料」をはじめ、示唆に富むものが多い。もう一つは戦後の一九四九年に刊行された『海村生活の研究』で、これが「海村調査」の公式報告書とされている。海村生活の特徴や漁撈関係の組織や信仰など調査内容を二五に集約して、原則として各「手帖」に拠りながら関係者一一名が分担執筆している。このほか、調査継続中に『民間伝承』では海村民俗の小特集を組んでいるし、『民間伝承』誌上や他の雑誌等に、調査参加者は、「海村調査」にもとづく論考や報告を盛んに発表しつづけたのである。

「海村調査」は、調査期間を二年に短縮せざるをえなくなったり、調査者が現地でしばしばスパイではないかと警戒されて調査に集中できない事態に直面したり、(15) 最終報告書の刊行が十余年も遅れるなど、戦争の影響を受けつづけ、その道のりは平坦ではなかった。しかし、従来手薄であった漁村や漁業関連の民俗資料が次々と収集されるとともに、それらへの問題意識がいっきに引上げられ、民俗学への貢献は大きかった。

「手帖」の質問項目は、山村特有の項目を漁村特有のに変更したほかは、基本的に「山村調査」用のを踏襲している。しかし、「海村調査」において問題にされだしたものも少なくない。箇条書ふうに指摘してみよう。

・「山村調査」用のが、一般にムラ生活を問う意識が強く農林業など生産・生業への配慮が相対的に弱かったのに比べ、「海村調査」用のは、漁撈活動や漁撈の儀礼、漁の神にも多くの関心が向けられている。その結果として当然「手帖」への報告事例も多くなっている。
・通過儀礼に関する問題意識が充実している。
・隠居や主婦権の問題が新たに浮上してきた。
・女性について、労働上の役割のみでなく宗教上の役割にも注目しようとしている。

一九三七年秋から、三〜四年間の『民間伝承』誌上の「木曜会」欄を見ていると、調査に赴いた者が伝承現場においていかに多くの新事実を発見し問題として発展させようとしていたか、その息づかいまで感じられるような報告記事がいくつもあり、「海村調査」の果たしつつあった意味がわかる。このようななかから、後に瀬川清子の若者組・娘組や海女・販女の研究が生まれ、[16] 大間知篤三の一連の婚姻研究が完成に向かい、『八丈島』がまとめられるようになったのである。[17] 牧田茂の船霊を中心にした海民信仰の研究、[18] 柳田国男の『北小浦民俗誌』[19]なども、「海村調査」の貴重な成果であった。

5 「離島調査」の概要

『海村生活の研究』発刊三か月後の一九四九(昭和二十四)年七月、『民間伝承』一三巻七号誌上に、「海村調査」関係者による「『海村生活の研究』を語る」という座談会が掲載された。最終報告書完成を機に、大戦をはさむ一〇年前の「海村調査」の諸問題を、やや懐旧談ふうに語りあったものであるが、学史上いくつかの貴重な内容が含まれている。そのなかで、柳田国男がひとつの重要な提言をした。参加者各自が今後調査に出かけてみたい場所について語りあっているなかに、意外に島の多いことを知って柳田は、「離島調査費を別口に出して十ヶ所位やってみよう。これは今日の決議として、それをしようじゃないか」と提案したのである。「海村調査」の正式名称が「離島及び沿海諸村における郷党生活の調査云々」であったことからもわかるとおり、「海村調査」にも調査地としていくつかの離島が含まれていたのであるが、それを今度は離島のみを対象にしようというのであった。

かくして「離島調査」が計画され、正式名称を「本邦離島村落の調査研究」として文部省に一九五〇年度の科学試験研究費を申請し、認められた。三か年継続のプロジェクトである。初年度の規模は未詳であるが、翌五一年度には柳田国男を代表者とする二〇名の研究者に対して計二五万円、五二年度には一五万円の研究費が認められた。[20] ただ、この二〇名の研究者の内訳は、正確にはわからない。しかし、『民間伝承』一四巻八号（一九五〇年八月）の「編集後記」に、『離島村落の調査』は、調査項目数約一七〇、滞在日数約一か月を費しての大調査である。研究所の所員を動員して、七月中旬から各地に赴く予定になっている」とあるので、当時の財団法人民俗学研究所のメンバーを主体に編成されていたことはまちがいないであろう。

調査にあたっては「離島採集手帳」（以下、「採集手帳」と略す）が用意され、調査結果はこれに記して提出するよう求められた。しかし、「海村調査」の「手帖」とは異なってこのなかには質問項目は印刷されておらず、「採集手帳」とは別に「離島村落調査項目表」[21]が用意されたのである。また世帯調査表というものも用意されたらしいが、[22] 筆者は未見である。

研究費申請の代表者は柳田国男であった。しかし、すでに老齢の域に入っていた柳田に代って、「離島調査」全般の指揮をとったのは大間知篤三だったようである。「離島村落調査項目表」の作成者も大間知であった。[23]

「離島村落調査項目表」には構成上新たな工夫がこらされている。すなわち、「山村調査」「海村調査」のように質問項目を一〇〇に限定することなく、全体を村落、土地、人口、衣・食・住、家族、婚姻、産育、葬制、生産・生業と労働慣行、交通・交易、年中行事、信仰と俗信、社会倫理と個人道徳、社会施設というように、まず一四に大別整理し、そのなかを合計一七六に細分したのである。これらを通覧すると、一九三四（昭和九）年の「山村調査」開始以来、日本民俗学が発見したさまざまな問題が盛り込まれており、学問の確立発展と調査工夫の進展を知ることができる。このように内容が整理され精緻に深められただけでなく、「離島村落調査項目表」には調査地そのものの性格をとらえきろ

表2　「離島調査」の調査地と調査者

	調　査　地	調　査　者	『離島生活の研究』所載
1	宮城県牡鹿郡女川町江ノ島	亀山慶一・千葉徳爾・田村馨	○
2	東京都　伊豆新島	鎌田　久子	
3	新潟県岩船郡粟島浦村	北見　俊夫	○
4	石川県鹿島郡　能登島別所	平山敏治郎	○
5	兵庫県三原郡沼島村	萩原　龍夫	
6	岡山県小田郡　白石島	福島惣一郎	○
7	広島県安芸郡　蒲刈島	北見　俊夫	○
8	山口県大島郡平郡村	亀山　慶一	
9	香川県仲多度郡　佐柳島	武田明・大藤時彦	
10	〃　高見島	〃	
11	〃　広島村	武田　明	○
12	長崎県北松浦郡　宇久島	井之口章次	○
13	〃　小値賀島	〃	○
14	長崎県南松浦郡　樺島	竹田　旦	○
15	大分県東国東郡　姫島	堀一郎・平井直房など	
16	鹿児島県出水郡　長島	大藤　時彦	○

注1：「座談会『海村調査』・『離島調査』を語る」(『民俗学研究所紀要』21所収)の付表2（川部裕幸・竹内由紀子作成）より作成。
2：『離島生活の研究』所載欄の○は、所載されていることを示す。
3：地名は当時のもの。

うとする意図が読みとれる。これは、「山村調査」「海村調査」をはじめとする従来の調査に対する学界内外からの批判を斟酌した結果であることはまちがいない。しかしこのような配慮と引換えに、従来のような関連事項を丁寧にたずねる多くの枝問（関連する小質問）が消え、表現は噛みくだいた質問口調ではなくなってしまった。全体は事項列挙ふうになっており、「山村調査」「海村調査」の質問項目内容が備えていた、初心者でもこれら項目に沿ってひととおりの調査が可能になるという特徴が失われたのは残念である。ある程度の調査経験を有する者にしてはじめて利用することができる、いわば専門家向きのものになってしまったといえるであろう。

当時の計画書や研究費申請書類が未発見ないま、当初の調査対象地を知ることは残念ながらできない。ただ、『離島生活の研究』巻末の「調査経過報告」において、大藤時彦が、「最初の計画では六十ほどの離島を選定したが、実際できたのは三十余島であった。この報告書にはそのうち若干のものはやむを得ない事情によって収録することができなかった。その代わりこの調査以後研究所同人が踏査した島嶼を補入することにした」と述べているので、実施が三十余島であったことがわかる。『離島生活の研究』のなかには大藤が述べるように、明らかに「離島調査」以外の調査にもとづく報告が所載されており、「離島調査」の実施地三十余島のうち、最終報告書『離島生活の研究』に調査結果が報告されたのはその三分の一の一〇か島ほどにすぎなかったのである。では、大藤が述べた三十余島とは具体的にどの島だったのだろうか。現存する「採集手帳」や『民間伝承』の何度かの特集号にこれは「離島調査」による報告だとして挙げられている島々、それに筆者らが今回のプロジェクトを企画するにあたって、かつて「離島調査」に参加された方をお招きして催した座談会の記録[24]などから総合して、三十余島のうちには少なくとも表2示した島々（地域）の含まれていることが判明している。

「海村調査」が実施されたのは、わが国が本格的な戦時体制に入りつつある苛酷な時期で、調査者は多大な困難に直面したといわれるが、「離島調査」もいまだ戦後の混乱期の調査であり、長時間混雑した列車に乗り食糧持参でおもむくなど、われわれの先輩の苦労は並大抵のものではなかった。しかし調査は着々と進められ、早くから『民間伝承』などに次々と調査研究が発表されて学界を裨益したが、最終報告書としての『離島生活の研究』がまとめられたのは遅く、全調査が終了してから十余年後の一九六六（昭和四十一）年十月であった。遅れた理由には、財団法人民俗学研究所の経営にかげりがみえはじめ結局解散のやむなきにいたるなど、研究環境が万全でなくなったことと、柳田国男の高齢化と長逝、さらには「離島調査」の実質上の牽引車であった大間知篤三の研究所からの離脱など、「離島調査」を支えた財団法人民俗学研究所が、組織としての求心力を欠きはじめていたことがあげられる。

『離島生活の研究』は、結局、一九六六年当時日本民俗学会の代表理事の任にあった大藤時彦が中心になり、日本民俗学会編としてまとめあげた。その際、『山村生活の研究』や『海村生活の研究』のように民俗の内容別に編集するのではなく、調査地域単位にまとめられたが、これは、「離島村落調査項目表」が地域の実情とからめながら民俗を総合的にとらえようとの目的で編成されていたことを考えると、必然の選択であったといえよう。

なお、「離島調査」のあと財団法人民俗学研究所は、さらに一九五三年度と五四年度に、柳田国男を代表者にして文部省からそれぞれ三〇万円と四七万円の科学研究費を受け、「南島文化の総合的調査研究」を試みた。[25]これは、「離島調査」の企画当初の目的の一つをさらに推進しようとしたものではあるが、われわれの今回のプロジェクトとは直接かかわらないので、これ以上言及しないでおく。

6 両調査の活用と本書

以上、「海村調査」「離島調査」について概観したが、民俗学の研究者にかぎらず、日本文化を研究対象とする人文・社会諸科学の研究者のなかで、両調査の収集した資料から直接間接の恩恵を受けたり、両調査の発見した問題から示唆を与えられたという人は、少なくないであろう。また、フィールドワークがまだ一般的でなかったころには、現地におもむき生きた伝承と格闘するという学問の方法に刺激された研究者も少なくないにちがいない。両調査は、さまざまなかたちで学問世界に貢献してきたといえる。

それでは今日われわれは、「海村調査」「離島調査」の成果を継承しどのように活用していくべきなのであろうか。両調査の成果は、集積された資料がそれぞれ同時代の活きた伝承文化であったがゆえに、日本列島を横断して個別民俗事象の共時的比較研究に活用されることが多かった。あるいは、他の諸調査の成果や過去の文献資料との比較によって、さまざまな民俗世界を明らめることにも活用されてきた。このような活用のしかたは、工夫を加えながら今後も緻密に行なわれるべきであろう。

ところで、現在「海村調査」から六十余年、「離島調査」からも五〇年ほど経過している。「海村調査」後、日本はすぐに未曾有の大戦に突入し、敗戦の辛酸をなめ、戦後の混乱の収拾に難儀せざるをえなかった。「離島調査」当時もまだ、復興に懸命だったのである。これらをへて、日本社会はその後大きく変貌していった。

それまでの人々の価値観や国家の枠組みを一変させるような戦後の一連の法制的改革、産業振興政策や生活改善諸活動[26]をはじめとする政府の諸施策が断行された。[27]物質的生活にはいちおうの安定を取戻したものの、予期せぬ深刻な環境問題を生じさせた高度経済成長も経験し、経済成長にともなう大量の化石燃料使用によるエネルギー革命や電化製品をはじめとする耐久消費財の普及など、日常生活面での利便化もいちおう達成された。モータリゼェション時代の到来、マスコミュニケーションの発達、IT革命など、目まぐるしい機械文明の発達のなかで、日本は情報化・国際化が叫ばれる社会にもなっていったのである。核家族が一般的となり、少子高齢化社会や地域人口の過疎過密など解決を迫られる諸問題にも直面している。第一次産業の後退がいっそう顕著になり、また、経済のバブル化とその破綻による社会混乱・不安も経験している。このような諸動向は、当然、「海村調査」「離島調査」の調査対象地域をも揺さぶりつづけたはずであり、その結果、各地の民俗も大きく変化したにちがいない。

「海村調査」「離島調査」の成果を、右のような日本社会の大きなうねりのなかで、さまざまな角度から捉え直し活用してみたいと考えたのが、本書のもとになった「沿海諸地域の文化変化の研究」プロジェクトである。すでに述べてきたような両調査の成果を通読すると、当時は第一次産業に依存していた地域が多く、各地域には独自の豊かな伝承文化が存在していた。現在のレベルからすると、たしかに金銭的物質的には貧しい生活も少なくなかったし、陋習や地域のしがらみから脱しえない人間関係も存在したであろう。しかしそこには、工夫を凝らした地域独自の技術や物質文化が継承されていたし、緊密な互助慣行や地域自治も保たれていた。深い精神文化も息づいていた。それらが、五〇年ないし六〇年を経た現在、新しい社会の動きに適応してどのように変化したのか、あるいは消滅してしまったのか、そしてその要因が何かを、われわれは考えようとした。近・現代社会の諸問題は、ややもすると都市部中心に考察されがちであるが、長い歴史のなかで、それぞれの地域的特色を主張しながら多くの人びとが哀楽をともにしてきた沿海地域に、もっと目を向けるべきではなかろうか。

あわせて述べると、「海村調査」「離島調査」の成果のみならず、民俗学は、いままでそれぞれの年代に各地で多くの良質の民俗誌や民俗調査報告書を作成してきた。それらを過去の単なる記録として保存するだけでなく、また、個別民俗のある時期における共時的比較研究の資料として利用するだけでなく、変化の著しい現代社会を正しく理解し、よりよい社会の発展を考えるため、本書で試みたように、今後は、地域を限った変化を知るための確かな一起点を示す貴重な資料として活用する方法をも模索すべきではないだろうか。

註

(1) 中山太郎のは主として『日本民俗学』、早川孝太郎のは主として『花祭』『猪・鹿・狸』や『古代村落の研究—黒島』所収のものから、当時の考えをうかがうことができる。

(2) たとえば、久松潜一が『日本文学史』のなかで国文学と民俗学について論ずる際、「柳田氏の学問の精神や方法を端的に見得る著書に、民間伝承がある」と述べ、『民間伝承論』をもとにして民俗学を理解しようとしている(『久松潜一著作集・二』二五八〜二六一頁)。なお、『民間伝承論』は後藤興善が柳田の口述を筆記して出版したもので、柳田は説明が十分に文章化されていないと考えていたらしく、この書でもって自身の民俗学が理解されることに内心忸怩たるものがあったであろう。

(3) 一九三一(昭和七)年七月から十一月まで『山林』に連載した内容を、同年十二月に大日本山林会から刊行(さらに一九三五年一月に続編刊行)。これは、後の『分類山村語彙』(柳田国男・倉田一郎編で、一九四一年五月に信濃教育会から刊行)につながるもの。

(4) 『民間伝承』五号と六号に連載(一九三六年一・二月)

(5) 一九三五年の「日本民俗学講習会」の内容は、柳田国男編『日本民俗学研究』(岩波書店　一九三五年十二刊)に収められた。なお、参加者名は『民間伝承』創刊号に掲載されている。

(6) 柳田国男編『山村生活の研究』　民間伝承の会　一九三七・六　(一九七五年六月に国書刊行会より復刻)

(7) 柳田国男編『海村生活の研究』　日本民俗学会　一九四九・四　(一九七五年六月に国書刊行会より復刻)

(8) 日本民俗学会編『離島生活の研究』　集英社　一九六六・十　(一九七五年七月に国書刊行会より復刻)

(9) 「食習調査」については、成城大学民俗学研究所編『日本の食文化』(岩崎美術社　一九九〇・九)および、同編『日本の食文化(補遺編)』(岩崎美術社　一九九五・十)参照。

(10) 「山村調査」については、拙稿「『山村調査』の意義」(『成城文芸』一〇九)および、比嘉春潮ほか編『山村海村民俗の研究』(名著出版　一九八四・十)参照。なお、「山村調査」の追跡調査研究として、三冊の『山村生活五〇年　その文化変化の研究(一九八四・八五・八六年度調査報告)』(成城大学民俗学研究所)、成城大学民俗学研究所編『昭和期山村の民俗変化』(名著出版　一九九〇・三)、拙著『徳山村民俗誌　ダム水没地域社会の解体と再生』(慶友社　二〇〇〇・七)などがある。

(11) 『日本学術振興会年報』第五号および第六号による。

(12) 柳田国男編『海村調査報告(第一回)』　民間伝承の会　一九三八・六　(のちに、註(10)の『山村海村民俗の研究』

に所収された）

(13)　前掲註（7）同書　一〜二頁

(14)　守随一「採集手帖（沿海地方用）」民間伝承の会　一九三七・十一（註（10）の『山村海村民俗の研究』に全内容が収められている）

(15)　前掲註（10）の『昭和期山村の民俗変化』三五三〜三五四頁

(16)　瀬川の若者組・娘組をめぐる諸研究は、主として瀬川『若者組と娘をめぐる民俗』（未来社　一九七二・十二）に収められている。海女については瀬川『海女』（古今書院　一九五五・九）、販女については瀬川『販女』（未来社　一九七一・三）に主として収められている。

(17)　大間知の婚姻をめぐる諸研究は大間知篤三著作集』第二巻（未来社　一九七五・九）、『八丈島』は『大間知篤三著作集』第四巻（未来社　一九七八・二）に収められている。

(18)　牧田の海民信仰に関する研究は、主として牧田『海の民俗学（民俗民芸双書）』（岩崎書店　一九五四・十）に収められている。

(19)　『北小浦民俗誌』は倉田一郎の『手帖』の調査内容をもとに柳田国男がまとめたもの。

(20)　文部省大学学術局編『学術月報』第四巻第三号および第五巻第三号による。

(21)　柳田国男指導「本邦離島村落の調査―趣旨及び調査項目表」（財団法人民俗学研究所　一九五〇・七）のこと。

(22)　「座談会『海村調査』・『離島調査』を語る」（『民俗学研究所紀要』第二一集）による。

(23)　前掲註（22）に同じ。

(24)　前掲註（22）に同じ。

(25)　前掲註（20）同書　第六巻増刊号および第七巻増刊号による。

(26)　この場合の生活改善諸活動には、戦後の生活改良普及事業・新生活運動・公民館活動・保健所活動などを含めている。詳しくは拙稿「生活改善諸活動と民俗の変化」（前掲註（10）『昭和期山村の民俗変化』所収）を参照されたい。

(27)　これらのなかには、一九五三年に「離島振興法」が制定されたことや、主として一九五〇年代に各地で実施された町村合併なども含まれる。町村合併は、今回のわれわれの調査地において今後さらに広域的に進められることが検討されており、それが実施されれば地域の実情は一段と変わったものになるであろう。

Ⅱ　沿海地域社会の変化

❶日本の離島——比較地域社会研究の視点

村田　裕志

1　離島社会・その多様な個性

人びとの顔立ちや体格や性格が多彩にして、人それぞれに個性がみられるように、さまざまな地域社会もそれぞれに多様であり個性的である。またその盛衰ゆえに、地域それ自体に固有の「人生」さえもあるかにみえる。わけても離島の地域社会は、海岸線のみによって縁どられたはっきりとした輪郭をもち、それゆえ明確な地理的「身体」を有するきわだった地域社会である。海に囲まれたその地形的輪郭のなかに、島の豊かな自然が包容され、その豊穣な自然環境のなかに、たいていはつましくある、人びとのくらしがつつみ込まれている。

現代において情報・流通のネットワークがいっそう緊密になり、多くの地域社会が一様に途切れのない都市化の広がりの輪のなかに包含されつつ固有の輪郭を喪失していく一方で、おおかたの離島社会は、日本の国土の周縁に位置して相対的な孤立性を残しており、それゆえにこそ、視野の外に忘れてしまわれがちな存在でありつづけている。

社会科学的な研究関心においても、離島研究の比重はきわめて小さい。人口も少なく、経済規模も小さく、過疎・高齢化や自然災害などの問題をのぞいては、社会変動の注目すべき先進的事例にはなりにくく、しかもアクセスしにくい遠隔の地というのであれば、うなずかざるをえなくもある。

いまから半世紀前の二十世紀半ば、新生日本が立ち上げられつつあった時期の一九五〇（昭和二十五）年に、日本民俗学の創始者・柳田國男の主導のもと、全国二〇か所以上（そのうち確定しうる一六か所・一九島について表1・調査対象離島一覧に記載）の離島地域の民俗調査がおこなわれ、その調査の成果は当時のフィールドノート「離島採集手帳」に記録された[1]。その調査記録は、のちに『離島生活の研究』[2]（一九六六年）にまとめられ、その後の離島の比較研究の起点となる古典のひとつとされてきた。

半世紀を経て、二十世紀末の一九九八年度より、この「離島調査」（一九五〇年）および「海村調査」（一九三七年）のフィールドノート「採集手帳」を所蔵する成城大学民俗学研究所において、この「採集手帳」の記述時点を基点にして、現代日本において、離島ならびに本土の海浜に面した集落の社会と文化が半世紀の間にいかに変容したかを、計一五地域にわたり再調査する研究プロジェクトがくわだてられた[3]。

その研究企画に、社会学の立場から参画するならば、いかなる視点がくわえられるのか、しかも従来の「地域社会論」とはいささか異なる「行為理論系社会システム論」の観点から見るならばいかに、という問い、それがこのたび提示された課題であり、これからも追究されるひとつの研究テーマなのである。

社会学の方法や視点は、民俗学・日本史・文化人類学・漁業経済学などに比較して、曖昧にして網羅的に見えはするが、あえて多角的・広角的であろうとすることが、社会学的研究の方法態度の特質である。というのも、「人間行動の理解」を基軸にして、現代社会のさまざまな領域の認識に共通に適用可能な観点を形成し、人間生活の全体像を把握する視点を磨くことを意図しているからである。たしかに、そうした研究行為それ自体は、あくまで認識枠組みの構成や意味解釈であり、地域振興などに直接的に役立つ種類のものではない。しかし、社会学的な研究は、人びとの日常生活の現実の在り様について、観察・面接・資料収集により実証的・分析的に把握することをとおして、人間の生活や活動の「よさ」や「たくましさ」を再発見しようとするこころみでもあり、そこから現実の社会にたいするなにがしかの間接的なフィードバックが期待されるのである。

さて、その多角的広角的な視野においては、日本の離島は、さまざまな研究テーマをはらむ実証研究のフィールドの宝庫である。日本の構成島数は、北海道・本州・四国・九州・沖縄本島・北方領土を含めて、六八五二島（岸線〇・一キロ以上）。もちろん離島といっても、最広義には、（北方領土を除いて）日本列島の「本土」といわれる四つの本島に沖縄本島をくわえた五つの島以外の、「本土より隔絶せる」国土はすべて離島であるともいえる。そのなかには、佐渡・奄美大島・対馬・淡路などの巨大な島をはじめ、大小さまざまな島じまが含まれている。

社会・文化研究の対象となりうるような有人離島や振興法等指定島にかぎってみれば、有人離島約四三〇島、振興法等指定約三三〇島であり、三〇〇〜四〇〇という個数におさまるとはいえ、かなりの数ではある。しかも、（西日本に圧倒的に多いものの）ある程度全国的に分布しており、それぞれに多種多様なあり方をみせている。ただし、それらの概観を一覧しようと意欲することが可能な個数の範囲であることは留意されてよい。

「社会システム論」的にみて、地域社会としての離島の興味深い特異性は、その輪郭のなかに小規模ではあれ生産力が保持され、地域社会のさまざまなしくみが所得形成（生計）に結びついている傾向が強い点、ならびに周辺海域を含めて（たいていは）豊かな自然環境と一体化している点にある。つまり、個々人の生活の構成・維持に向けた行動連関のきわめて複雑な回路からなる社会的複合体が、ある程度の面接調査可能な範囲内にコンパクトに納まっている実例が数多く見いだせるということである。

離島社会全体もしくは個々の集落は、あたかも一個の経営体のような様相を呈し、生産力と組織性と文化を組み込んだ共同性のシステムであり、しかも自然環境という「身体」をも備えた「小宇宙（ミクロコスモス）」である。そうした離島社会は、日本において多種多様に存在しており、先進国のなかでは稀有であり、それゆえ誇るべき貴重な存在でもある。こうした観点にもとづきつつ、離島社会を対象とする研究行為は、そこに息づく人びとのくらしのしくみと価値の一端を把握しようと意欲する。

2 離島比較研究の一起点としての一九五〇年調査

歴史において古くからそれぞれに意義を帯びていた日本の島じまではあれ、しかしながら、「離島」という表現が多用されはじめ、離島にたいする行政的、人文・社会科学的関心が（多少ではあれ）高まりを見せたのは敗戦後のことであった。すなわち、敗戦により外地の領有地が失われ、国土の周縁に位置する離島の重要性がいっそう増大したからであり、さらに近代化の進展にともなう地域間格差の是正の課題が戦後日本の政策目標のひとつになったからである。

その意味では、一九五三（昭和二十八）年の「離島振興法」の制定・施行は、日本の離島にとっての画期的な転機であった。民俗学者・宮本常一の、離島に関するこの時期の活躍はよく知られている。それにくわえ、宮本は五〇年代から書き蓄めた離島めぐりの記を六〇年に『日本の離島』[4]にまとめ、翌年に第一回エッセイストクラブ賞を受賞して、世の人びとの離島への関心を呼びおこしている。

しかるに、柳田國男の主宰する全国的な離島調査が一九五〇年に実施されていたことも忘れてはならない。もとより、柳田の離島にたいする研究関心は『青年と学問』収載の「島の話」[5]（一九二六年・東京高等師範における講演）にみられるように以前から並なみならぬものであり、またみずから主宰する全国的な調査もすでに一九三七年の「海村調査」（のちに『海村生活の研究』などに収載）においてこころみていた。五〇年の「離島調査」も戦前の「海村調査」のいわば第二シリーズ（さらに以前の「山村調査」を含めて数えれば第三シリーズ）として位置づけられはする。とはいえ、「海村調査」での離島の存在は、本土に位置する海に面した集落との区別なくして一連の調査対象地のなかに含まれていたにすぎない。しかも「海村調査」と「離島調査」の間には、日本の戦前と戦後という時代状況の差異も存している。

そうしてみると、一九五〇年の柳田主導の「離島調査」は、「日本の離島」それ自体を、戦後日本の出発の時点で研究対象として積極的にとりあげ、地理的に広範囲にわたり調査を実施したことにおいて、独自の価値を有している。それゆえにこそ、この調査の成果は、（日本離島センター設立と同年の）一九六六年に『離島生活の研究』にまとめられてからも、宮本の『日本の離島』とともに、日本の離島に関する古典として読みつがれてきたのである。

表１　「1950年離島調査」および『離島生活の研究』（1966年）の調査対象離島一覧

調査対象離島		1950年調査	「採集手帳」	面積（平方キロ）	人口（人）（95年）
『離島生活の研究』収載（19か所・22島）					
（宮城）	江ノ島	○	☆	0.36	178
（東京）	利　島			4.12	317
（東京）	御蔵島			20.58	275
（東京）	青ヶ島		☆	5.98	237
（新潟）	粟　島	○	☆	9.86	474
（石川）	能登島	○		46.57	3517
（愛知）	佐久島			1.71	392
（島根）	島　後			242.66	18367
	（五箇村）			（52.16）	（2247）
（岡山）	白石島		☆	2.86	913
（広島）	蒲刈島─上蒲刈島	○		18.85	3032
	蒲刈島─下蒲刈島	○		7.93	3212
（香川）	広　島	○	☆	11.66	581
（佐賀）	加唐島	?	☆	2.81	249
（長崎）	宇久島	○	☆	24.89	4337
（長崎）	小値賀島	○	☆	12.97	3483
（長崎）	椛　島	○	☆	8.76	339
（鹿児島）	長　島	○		90.54	11266
（鹿児島）	甑　島─上甑島	○		45.08	3481
	甑　島─中甑島	○		7.29	429
	甑　島─下甑島	○		66.27	4016
（鹿児島）	黒　島			15.37	245
（鹿児島）	宝　島			7.14	127
非　収　載　（６島）					
（東京）	新　島	○		23.87	2560
（兵庫）	沼　島	○		2.63	746
（山口）	平郡島	○		16.61	708
（香川）	佐柳島	○		1.83	196
（香川）	高見島	○		2.33	151
（大分）	姫　島	○		6.78	2996

注１：「1950年離島調査」としたが、調査年度には1950〜52年の幅がある。
２：○は、「1950年離島調査」の確定しうる調査対象島（16か所・19島）を示す。
３：☆は、成城大学民俗学研究所にて「採集手帳」の所蔵を示す。
４：面積、人口は、『シマダス1998年版』のデータを使用。
５：より詳しくは、『民俗学研究所紀要』第21集「座談会・表２」を参照。

もっとも、「離島調査」ならびに『離島生活の研究』の対象地選定[6]についていえば、基準が不明であるといわれてきた。また、フィールドノートである「採集手帳」の記述のしかたにも、『研究』収載の各論稿のまとめ方にも統一性は希薄である。たしかに、諸般の都合により選定されたにすぎない側面は否めないにしても、北東の陸前江ノ島から南西の薩南宝島まで、一九五〇〜六〇年代の政治情勢下でも調査の容易な範囲内で可能なかぎり広範に選択しようとした意図はうかがえる。そのなかには、隠岐島後や薩摩長島のような大きな島もあれば、陸前江ノ島のように一平方キロ未満の島もあり、また粟島や宝島など学術調査のフィールドとして著名になる地域もあれば、五島椛島《かばしま》のようにきわめて地味で学界から忘れられてきた島もある（表1参照）。

「一九五〇年離島調査」は（『離島生活の研究』編纂にいたる六〇年代の補足調査も含めて）、方法論的には日本の島じまのくらしの「比較研究」という視点とその実績を、早い時期に提示しえている点において意義を有しているのである。ここでいう「比較」とは、序列化に通じる観点ではなく、広範囲にわたりさまざまな事例に目をくばることをとおして、それぞれの特質・個性を見いだす視点を意味する。

そうした「日本の離島の比較研究」の一起点ともいえる古典的調査を基点（ゼロポイント）にして、半世紀を経て、島の地域社会・文化のあり様を時間的な差異において見つめなおすことは、「空間的な比較」にくわえた「時間的な比較」のこころみにほかならない。このような重層的な比較研究の視点をもって離島社会を把握しようとすることは、「離島調査」のような古典があってこそ可能になる。さらに、離島という存在が本来的に有する個体性ゆえに、マクロな範囲での空間的・時間的比較が容易にもなる。それは離島研究ならではの特質である。このようにして、存在するもののあり方を、その広がりと奥行きにおいて把握する枠組みがつくり出されてくる。

今日、日本の離島の全体像を把握することは、離島センターの諸資料や『しま』誌をはじめとして、『離島振興三十年史』『日本の島事典』『シマダス』などの文献[7]の活用により格段に容易になった。そうした資料に依拠しつつ、島の地域社会のくらしと文化に密着したミクロな研究、すなわち社会学的・民俗学的な（科学としては相当におぼつかない手法ながらも）地道な研究は、その先を歩み進むことになる。

島の調査研究の方法スタイルとして、社会学と民俗学は類似した局面をもっている。人びとの平均的日常性つまり「くらし」について包括的に把握しようとする研究作業において、共通しているからである。ただし社会学は、伝統的な文化よりも、現代的な行動のあり方に、また、伝承された習俗よりも、経済・経営、政治・組織などの目的合理的な局面に、よりいっそう焦点をあてようとする。さらに、生活者の行動様式やライフスタイルの把握にくわえて、個別的事象の背後にある状況のロジックを見いだすことにも関心がある。

3　五島椛島と陸前江ノ島

一九五〇（昭和二十五）年の「離島調査」の対象地となり、しかも、その調査にもとづいてまとめられた各論稿が『離島生活の研究』におさめられている地域は、（佐賀・加唐島を含めて）計一一か所（一四島）である（表1参照）。本来は、そのすべての島じまについて半世紀の変容を語らねばならない。しかし、ここでは、五島椛島と陸前江ノ島のみをとりあげ要略を述べるにとどめざるをえない。

五島椛島（五島列島）

半世紀の時間的な差異における比較研究という点では、五島列島の椛島は、「離島調査」の調査対象地のなかでももっとも興味深い事例のひとつであろう。

一九五〇年の夏、長崎県南松浦郡樺島村を調査におとずれたのは、民俗学者・竹田旦であった。[8] 竹田自身が後年「普通の年ではなかった」と述懐しているとおり、その調査をとおして記録された樺島（椛島）の姿は、この小さな島のささやかな歴史において最高の活況を呈していたピークの瞬間だったのである。当時の人口三三〇六、世帯六九八。現在（二〇〇一年二月末）は人口一二九七、世帯一六一であり、人口は当時の一割以下に減少してしまった。二十世紀後半における離島地域全般の過疎化の速度をしのいでいる。

椛島（国土地理院　承認番号　平13九使、第一一三号）

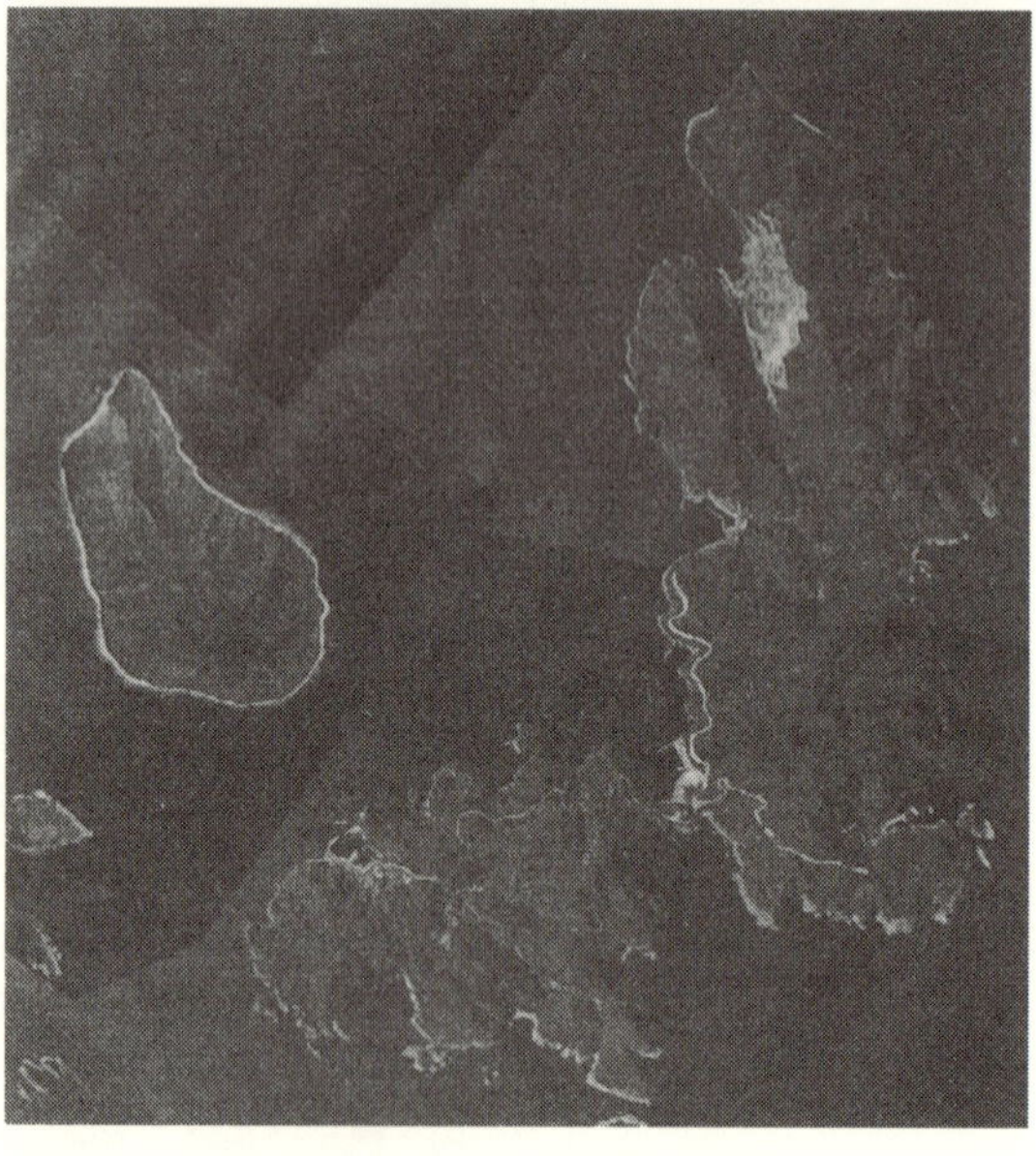

（国土地理院　承認番号　平13九使、第一一三号）

写真１　1965年の椛島（上）と95年の椛島（下）（これらの写真は、国土地理院長の承認をえて、同院撮影の空中写真を掲載したものである。）

椛島の人口急減には、特殊な事由がある。椛島のばあい、「一九五〇年離島調査」の直前の時期に、周辺海域に空前の規模のイワシ魚群が回遊して、戦地から復員した各地の漁夫をも集めてイワシ揚繰網漁が活況を呈し、椛島の港は下五島地方におけるその一拠点になっていたのである。戦後の食糧増産期でもあり、背景にはマッカーサーラインの漁業海域規制により大手業者の船団も沿岸網漁にいっそうシフトしていたという事情もあったであろう。

ところが、椛島のイワシ揚繰網漁は、調査翌年の一九五一年から漁獲が急速に下降に転じ、大手の船団は引き上げ、地元の網元は破産して、五七年までに揚繰網漁のすべてが消滅してしまう。樺島村の行政も維持できないことが判明し、急遽、五七年に福江市に編入合併することになる。椛島に残ったのは、つましいがゆえに比較的フラットな地域社会であった。そして、高度経済成長期にも、さらに人口は流出しつづける。

一般に、半世紀を経て、島の外観が変貌したり地形的形状さえ様がわりすることはめずらしくはない。たいていは人為的な開発の方向においてである。椛島の変貌は、かの「空からの民俗学」の例にならうがごとくに二枚の航空写真を比較することによりつかむことができる（写真1参照）。撮影時期の前後関係が逆なのではないかと見まがうほどの、集落や耕地の再「原野」化への変貌ぶりに驚かされる。

かつての椛島のばあい、島の全体を覆う耕地の多くは、山間部に点在するカクレキリシタン小集落の農民の耕地であった。藩政期の開墾政策のもとで山間僻地に入植したカクレキリシタンの末裔たちが、自給自足的に細々と耕作してきた農地が、二十世紀のなかばまでは、椛島の景観を構成する要素であった。しかし、高度成長期を経て、そうした山間小集落では、後継世代がほぼ完全に島外に流出し、ごく少数の高齢者のみがつましく余生をおくっているにすぎない。椛島の山地に刻まれた近世の名残りとしての集落や耕地の跡さえ、いまでは樹林のなかに完全に埋没してしまっている。

もちろん、山間部の農家小集落ばかりではなく、漁家が軒を列ねる港の中心集落からも人口は流出し、島は急激に過疎化し高齢化した。とはいえ、それだけで終わりにはならないところが、この島の地域社会に秘められた活力である。椛島にある二つの中心集落のうちの一方の伊福貴《いふき》集落では、八〇年代以降に都会のグルメ需要に呼応して、島に残った一部の青壮年層を担い手として高速漁船（五トン前後一四隻）による延縄高級魚漁が隆盛する。小さな地域社会が、その下地を長年かけてはぐくんできたのである。

もう一方の本窯《もとがま》集落では、漁業に関してはライバルの伊福貴集落に大きく水をあけられたが、集落が継承してきた共有林を工事用石材の大規模な採石場として売り出すことに成功して、しかるべき額の地代収入により、集落のくらしや伝統文化を維持する方途を集落独自に編み出したのである。なお、これらの事例については別稿にて詳述してある。[9]

もちろん、これらは小さな島のつつましい事例ではある。しかし、過疎・高齢化した島の地域社会が、たんに年金受給者が余生をおくる場としてではなく、また行政による外部からの地域振興によってではなく、集落の人びとの内発的な創意工夫により、さらには二つの集落のライバル関係に起因する上昇意欲により、ささやかながらも活性化した事例として記憶されたく思う。

椛島のばあい、半世紀以前の「離島調査」以降の調査研究は数少なく、当時の調査者の竹田自身もその後は、近隣の久賀島において末子相続に関する研究成果をあげるものの、椛島には一度も立ち寄ることはなかった。だが、ここで特筆されうるのは、七〇年代後半以降、漁業地理学者・田和正孝（関西学院大学教授）が、「一九五〇年離島調査」にもとづく竹田の「樺島」論稿を下敷きにして、椛島をみずからの漁村研究の出発点となるフィールドとして選定して調査をつづけ、九〇年代にもその研究成果をまとめていることである。[10]「離島調査」のまいた種子は、そのようにしてどこかで後継世代に引き継がれて実を結んでいるのである。

陸前江ノ島（**牡鹿諸島**）

宮城県には東北地方のなかでも例外的に離島が数多く集中している。その宮城の離島のなかでも、わけても牡鹿諸島の陸前江ノ島は「沖合いの孤島」といった風情の離島らしさを保有した小島である。純漁村ゆえに観光客の訪問はまれであるが、仙台方面からのアクセスが比較的容易なこともあり、昭和初期から今日にいたるまで、歴史・文化の研究者や愛好家、調査実習の学生などが頻繁にこの島をおとずれ、それゆえ、きわめて小規模な島にもかかわらず、数多くの研究成果が産出されてきた。[11]

江戸時代には、仙台伊達藩東端の孤島としてながらく政治犯の流刑の島とされ、近代以降もその貧しさと孤立性をぬぐいきれなかった江ノ島ではあるが、それだけに、島民たちは、奥州藤原氏の末裔を集落の祖と仰ぎ、また十七世紀に讒言によりこの島に流されて没した非業の高僧の魂を畏敬しつつ、固有のプライドを保持しながら、この小島に生きてきた。江ノ島の名高い、かつて集落の強力な自治組織体として島民のくらしを統制していた「契約講」も、そうした孤島ゆえの条件を背景にしてはぐくまれてきたのであろう。

宮城県牡鹿郡女川町の江ノ島は、面積わずか〇・三六平方キロ。そのうえ平坦地もほとんどなく、もっぱら漁業だけに依拠したくらしがいとなまれてきた。伝統的にはカツオ漁の盛んな地域ではあったが、近代になり、資本のより大きなカツオ漁船のみが生き残る時代になるにつれ、江ノ島の青壮年男子は島外のカツオ漁船・マグロ漁船、さらには捕鯨船などの乗り組みに出稼ぎするようになり、島から労働力は流出していった。島に残ったのは、高齢の漁民、婦女子、出稼ぎを引退して帰島した漁師であった。そうした島内労働力により、沿岸小魚漁、アワビ・ウニ・ワカメなどの採取・加工などが細々といとなまれてきた。

やがて、出稼ぎ先の近海・遠洋漁業船団が周年操業化すると、江ノ島に自宅や家族を残しておく必要もうすれ、本土側の女川町や石巻市の町場に住居を取得して、一家そろって島を離れるようになる。このような島外流出の傾向は、一九七〇年代以降、近隣の女川湾内に原子力発電所が建設されることによっていっそう拍車がかかることになる。

女川町は小さな自治体ではあるが、無人島を含めた島の数は全国の市町村のなかで七位というほどに島をかかえた町である。リアス地形の急峻な後背山地と離島からなり、経済的発展の余地は限られている。そのうえ、七〇年代には捕鯨業の衰退などにより大手水産業者も町を離れ、財政的に困難な局面に立たされた。そこで、一〇期もつとめることになる当時の町長は、東北電力の原子力発電所の誘致に女川町の命運をかける。若き日に電気技術者をめざし、病を得て断念した町長ならではの電気にかけた決断だったのかもしれない。小さな町は反対運動の洗礼も浴びたが、結果として、発電用施設周辺地域整備法による各種の公共施設整備および東北電力からの漁業補償金によりうるおうことになる。現在も、ひきつづき第三号炉が建設されている。

江ノ島は、原発から比較的遠く、また集落の伝統的な連帯もあり、早い時点で建設賛成の方向にまとまり、それなりに経済的メリットを享受した。郷土の自然環境は将来的に荒廃するかもしれないにしても、ともかくも、その補償金により渡海船も新造され、島民の本土における新居購入の頭金の支払いも容易になったからである。

今日、高齢の一〇〇人近くの島民は、島にある伝来の旧宅と後継者の住む本土側の新宅とのあいだを頻繁に往復しながらも、アワビやウニの開口日の早朝にはこぞって江ノ島の港に集結して、自分たちの船外機舟（計三二艘）に乗り込み、我先に目当ての漁場に繰り出す。また、漁協による養殖の共同作業や密漁船赤外線カメラ監視などでは、島の人びとは今でも契約講でつちかった強い連帯を発揮している。

五月の島の鎮守の例祭日に、島外に他出した後継者たちが家族をともなってかけつけ、神輿海上渡御や江島法印神楽奉納にて発散するパワーは、以前に比して廃れ衰えてはいるにしても、いまだ容易には崩れ去りはしない、この島の世代をこえた気概の表出であるように思われる。

さて、江ノ島の半世紀のみならず、江ノ島研究自体の半世紀についても一考の余地はある。一例として、社会学者・鈴木広（九州大学名誉教授）が一九五〇年に執筆した論文「漁村共同体の分析――宮城県女川町江島」[12]を参照したい。この論文は、のちの都市社会学の第一人者の若き日の作品だけに、当時の学界の知的水準を精一杯表現しようとした意欲がうかがえ、難解ではあるが、データや江ノ島権力構造の知性的な分析など、参考に値する。とくに、江ノ島の比較的フラットな社会関係と沿岸小魚漁について、女川に拠点を移した江ノ島出身の船主と島の漁民との重層的な経済・権力関係のからみとの関連でとらえており、興味深い分析として評価されてよい（女川町誌さえその箇所を引用している）。

だが、離島社会の社会学的研究としては、半世紀の隔世をも意識させられずにはいられない。とりわけ、調査地の人びとにたいする研究者の目線の問題なのである。対象たる地域社会に強い違和感をいだきつつ、高みから見下ろし、島の人びとがおそらくは研究成果を参照することはありえないという見込みのもとに調査・執筆されている傾向がうかがえる。それは、研究者個人というよりも、当時のアカデミズムの雰囲気であったにちがいない。学術研究とはいえ、調査地にくらす人びとと研究者との間の複合的なコミュニケーション活動をとおして生み出されるとする姿勢が、半世紀以前の学界には希薄だったように思われるのである。

4　異色の離島研究から学びうる視点

陸前江ノ島に関連して、この島にかかわりをもった二人の異色な離島研究者の業績をとりあげて、離島研究に関する「ミクロな行動解析の視点」と「マクロな鳥瞰の視点」について学ぶことにしたい。

大江篤志・離島漁民の社会化（行動形成）の解析

大江篤志（東北学院大学教授・社会心理学）の長大な論文「伝統漁撈をめぐる社会化」、論文「地域構造と個人の社会化過程との関係に関する社会心理学的研究―宮城県江島地域における地域漁業回帰者の職業的再社会化過程―」、論文「地域社会の過疎――高齢化過程と青年期社会化水路の変容との関係についての社会心理学的研究」の以上三篇[13]は、二〇年以上という長期にわたり陸前江ノ島の漁業について調査を積み重ねてまとめた貴重な成果であり、「社会化」研究を主たるテーマとする社会心理学者による、およそ畑違いな離島漁業についての（厳密な実証にもとづき）詳細に論述された異色のモノグラフ（計六四四頁）である。

心理学・社会学・教育学の分野でいう「社会化」(socialization)とは、（経済学における意味とはまったく異なり）個人がなんらかの集団や社会（社会システム）の一員となるプロセスであり、個人のパーソナリティーや能力が構成員としてふさわしい水準にまで発達していく過程のことである。具体的には、教育、育児、指導・伝授、学習・習得、体験・体得、職業訓練、社員研修、イニシエーション、成熟、アイデンティティ形成、などの諸々のことがらに共通してみられる教育や発達の過程を一般化して抽象概念化したものであり、心理学・社会学・教育学領域の主要な研究テーマになっている。

「社会化」は、社会生活のさまざまな場面で無数に発見されうる。だが、その実証研究、しかもインテンシィヴな調査研究となると、実際には学校や福祉・矯正施設の協力にもとづく「子どもの発達」研究などに限られてしまい、おとなの社会や集団、仕事の現場、などについては、調査の機会がとぼしいという実情がある。

もちろん「社会化」研究にとっては、調査対象地は農山漁村地域や離島である必要はない。この江ノ島研究のばあいには、アクセスしやすい地の利にくわえて、出身研究室の先輩から引き継いで現地の学校の協力にもささえられた、長年にわたる青少年の教育・進路選択についてのフィールドワークの蓄積があったために、そのいわば〝耕地〟を活かして、あらためて心理学上の「社会化」概念の検証をこころみているのである。

しかし、調査対象地としての離島の積極的な意義も指摘されており、海洋に囲まれ、地域社会の「輪郭が明瞭」、地域住民の「行動空間が限定」され、しかも生活空間と職業空間の重複ゆえに「世代間の社会化（職業教育）」の把握に有利、さらに、範囲が小規模ゆえに「地域社会の全体像」の把握にも有利、といった理由が列挙されている。

なかでも長大な論文「伝統漁撈をめぐる社会化」は、しかしながら、社会心理学的関心において閲読しようとする読者をとまどわせるにちがいない。そのかなりの分量が江ノ島のアワビ鉤漁についての驚嘆させられるほどのきめ細かな描写に割かれているからである。それゆえにこそ、心理学的である以上に〝離島生活の研究〟としてこそきわめて興味深いモノグラフになっている。

この研究の基底にあるユニークな視点は、アワビ鉤漁という漁業活動を一連の行動システムとしてとらえ、さらにそれを当該地域社会全体の行動システムの一環としてとらえるという視点である。その行動システムの要素となる漁民の個々の判断や動作を、研究者が参与観察とインタビューの回数を重ねて把握し行動系列（シークエンス）に再構成して記述している。しかも、システム概念に言及する論者たちが一般に好む大味な議論としてではなく、「神は細部に宿る」的な実証精神をもって徹底的にミクロな現場の水準で観察し収集し分析して、そこから多面的な局面をもったシステムの全体像を浮かび上がらせるようなしかたで論述しているのである。

こうした研究がなにゆえに心理学的なのかといえば、自然・生態的条件や作業行程に関する漁民の種々の認知や判断、技術や動作、コミュニケーションやチームワーク、世代間の伝授、後継世代の進路選択といった諸局面をとりあげているからにほかならない。「社会化」のテーマもそこに関連してくるのだが、むしろより広く、漁業心理学、あるいは漁村行動学というべき領域が探索されているとみることもできる。

この江ノ島研究は、〝行為システムとしての社会システム〟論の立場に立つ地域社会の実証研究の稀有の実例として評価されうる。とりわけ、社会学における従来の「地域社会論」と「社会システム論」にたいして疑問をいだくほどに、この研究の価値はきわだってみえる。というのも、伝統的な「地域社会論」の多くは、その根底に一定のイデオロギー(党派)的傾向がみられ、テーマとして、封建遺制・前近代性、所有と権力、共同体 対 資本(貨幣経済)、階級・階層、住民運動、変革主体、などの項目を伏在させており、他方「社会システム論」は(実証主義を標榜しながらも)難解な欧文解釈や哲学的概念論議に終始する傾向が強いからである。この江ノ島研究には、それらとは異なる方向への確かな歩みが示唆されている。[14]

もとよりここで、大江の江ノ島研究の全貌について個別具体的に紹介する余地はなく、関心をいだく各自が、そこから実証的方法のさまざまな創意工夫を学ぶことこそ期待される。とはいえ、その膨大な研究成果にもかかわらず、この二〇年あまりの調査期間に、江ノ島には若い世代がいなくなり、伝統漁撈の世代間継承、あるいは地元の小・中学生の学習や進路選択、といった「社会化」の事例自体が消失してしまったのは皮肉なことであり、それはまさしく離島研究の現実の一面でもある。

しかしながら、その研究過程で探索され磨かれている視点は、江ノ島ばかりか、漁村や離島のみならず、さまざまな地域社会の研究にも、さらにはあらゆる種類の社会システムの研究にも応用可能な視点である。とりわけ、社会化過程や社会システムを、人びとの認識および身体行動において、またその上達(行動形成)の過程において観察し分析するという視点を活用するならば、社会科学にとっての新たな視野の可能性をもたらしうる。

それにしても、二〇年以上におよぶ一心理学者によるさまざまな角度からの実証研究に、江ノ島の島民たちがかくも根気よく協力してきたことには驚かされ感動さえ覚える。そのことこそ、江ノ島の秘められた価値なのかもしれない。そこから教示されるのは、地域社会研究の本来の在り方とは、地域社会それ自体が、つまりそこに生きる人びと自身が、みずからを対象化して認識し記録しようとする自己描写的な活動に再帰的にリンクしたかたちでの対象認識にほかならない、ということであろう。

本木修次・日本全有人離島四三六島踏査

本木修次は、全国の離島の近況に関心をもつ人びとのあいだでは著名人であり、(私自身の母校の) 中学の校長も歴任した。東京高等師範 (現 筑波大学) 地歴科を卒業後、しばらくして東京の中学校の社会科教員となり、夏期休暇等を利用して (昭和三十年代の教員にはめずらしく) バイクに乗り日本全国を見聞してまわる。奄美・沖縄方面の島じまを巡るなかで、日本の離島の魅力に惹かれ、全有人離島踏破の意欲をいだき、その意志を三〇年以上かけて達成する。これまでに数冊の著書[15]を執筆し全国各地にて講演もおこなっている。また、宮本常一や竹田旦などの離島研究の先駆者をはじめ、日本離島センター、全国各地の市町村、等との交流も培ってきた。日本の離島を全国的な広がりにおいて把握しているその体験と知識量および意欲と愛情において、おそらくは当代随一の離島専門家といえよう。

全有人離島踏査とは、いわば日本の離島の〝悉皆調査〟にほかならない。海とは無縁の群馬出身で大都会の中学校に奉職した一教員が、日本の領海にあるすべての有人の島じまを訪れ、地理・歴史、島民のくらし、初等・中等教育の現状などについて幅広く見聞している、その実績は驚異的である。しかも公費の派遣・出張によってではなく、休暇を利用し自費にて四〇年ちかい歳月をかけてである。書物や伝聞によって識り板書にて生徒に教える「日本の社会」とリアリティとの間のギャップを、みずからの足腰で踏みしめ、ハンドルを握って風を切り、人びとの笑顔に出会う、という身体的な体験をとおして架橋しようとしてきた姿勢がそこにはある。

その体験にもとづく著作が、学術書ではなく紀行文であるとしても、地域にたいする関心のもち方、出会う人びとへのまなざし、くらしや文化への敬意、次世代への期待、広い視野と衰えぬ行動力など、離島比較研究の基本姿勢として学ぶべき点は多い。

もとより、離島の社会・文化研究には実験装置も方程式もありはしない。「社会調査入門」という類の教科書や大学の講義は、とりあえずは役に立たない。一知半解な概念・理論・図式にとらわれることなく、質のよい好奇心にささえられつつ、なによりもまず、訪ねてみる、歩いてみる、聞いてみるという行動こそが、唯一の原則であり手法である。全島踏査の偉業から学びうることは、(わけても社会学徒が閑却しがちな)学術研究のベースにもなる素朴なかたちでの探求行動を、ひとりでたゆまず実践している姿であろう。

有人離島踏査四三三島という時点の一九九四年一〇月三日、本木は旧知の陸前江ノ島に招かれ、島の高台の旧小学校跡地にある開発総合センターにてみごとな講演をおこなっている。(16) 西日本の二〇の島じまの具体的な事例をとりあげながら、島のくらしのなかにささやかなかたちで存在する「よさ」や「たくましさ」を伝えようとしている。そうした「よさ」について、身近にいる人びとはかえって気づいていない、だからこそ、みずから訪ね歩いて見いだしたことを、より広く多くの人びとに伝えていきたい、その「よさ」を共有すること、それが次世代にとっても、社会をつくりあげていくさいのヒントになり養分になるはずだから、といった主旨が(見聞してきたであろうさまざまな問題点や矛盾をもふまえつつ)貫かれている。

いうまでもなく、離島は現代社会を代表する典型例ではない。しかるに、日本の離島を鳥瞰するマクロな視点こそは、——翻って考えれば、人間の健康の秘訣が身体のすみずみの血行を促進することにあるように——離島に象徴されるような日本社会の津々浦々にわたるまでのまなざしの確保、くわえてさまざまな世代・さまざまな職業へのまなざしの保持が、現代の日本社会についての堅実な認識のベースになる、という意味での意義を有しているのである。

「日本の離島」と題するこの小論稿は、個々の地域の具体的事例についての詳論ではなく、島の民俗文化の個別テーマについての展開でもない。のみならず調査研究上の新奇な分析手法について提示したわけでもなければ、ましてや日本の離島の全体像について傲慢にもコメントをこころみようとしたわけでもない。「一九五〇年離島調査」の成果とその精神を半世紀後の二〇〇一年において(その一端ではあれ)引き継ぎつつ、日本の離島について見つめていくさいに、いかなる視野が可能なのか、とりわけ行為理論系社会システム論の立場を活かしつつ調査研究のいかなる視点が設定されうるのかについて、その基礎作業となる視点のつくり方をめぐって、ひとつの方向性を示そうとしたにすぎない（本来、社会学とは、知識の体系であるよりも方法態度のつくり方にほかならないがゆえに）。

ともあれ、陸前江ノ島に関連して参照した、「ミクロな実証研究」および「マクロな鳥瞰的まなざしと好奇心・意欲・行動力」についての上記の二つの実例が、社会調査研究のみごとな〝お手本〟になりうるという指摘こそは、重ねて強調しておきたい。そこから学びうる視点は、離島研究のみならず、社会や人間行動に関する調査研究一般に広く応用可能な視点だからである。

註

（1）柳田國男の主導により実施された「山村調査」（一九三五年前後）、「海村調査」（一九三七～三九年）、「離島調査」（一九五〇～五二年）は、全国的な比較村落研究の先駆であり、そのフィールドノートである「採集手帳」は、成城大学民俗学研究所に所蔵されている。「離島調査」の正式名称は「本邦離島村落の調査研究」（文部省科学試験交付費研究）である。

（2）日本民俗学会編　一九六六年『離島生活の研究』集英社（一九七五年復刻、国書刊行会）

（3）成城大学民俗学研究所（平成十～十二年度、日本私立学校振興・共済事業団助成）「沿海諸地域の文化変化の研究―柳田國男主導「海村調査」「離島調査」の追跡調査研究」（研究代表者・田中宣一成城大学文芸学部教授）

（4）宮本常一　一九六〇年『日本の離島（第一集）』未来社

（5）柳田國男「島の話」（一九二六年一〇月、東京高等師範学校地理学会講演）『定本柳田国男集』第一五巻（一九七〇年）筑摩書房　一三六～一五八頁

（6）当時の調査の体験談と調査地一覧表について、以下の記事を参照。「座談会「海村調査」・「離島調査」を語る」『民俗学研究所紀要』第二一集（一九九七年）九六～一三八頁

（7）一九九〇年『離島振興三十年史（上・下）』全国離島振興協議会。日本離島センター監修・菅田正昭編著　一九九五年『日本の島事典』三交社。一九九八年『シマダス（日本の島ガイド）』日本離島センター

（8）竹田旦　一九六六年「長崎県南松浦郡樺島」『離島生活の研究』六九五～七六八頁

（9）村田裕志　二〇〇〇年「五島列島・椛島のくらしと民俗――半世紀の変容」『民俗学研究所紀要』第二四集　一三三

〜七六頁
(10) 田和正孝　一九九七年　「離島漁村の漁業の変化—長崎県五島列島椛島」『漁場利用の生態』　九州大学出版会　二六一〜二九八頁
(11) 亀山慶一　一九六六年　「宮城県牡鹿郡江島」『離島生活の研究』　一〜四九頁、もそのひとつである。
(12) 斎藤吉雄・鈴木広・加藤恒子　一九五五年　「漁村共同体の分析—宮城県女川町江島」『社会学研究』第一〇号　三九〜五二頁。社会学者・新明正道の門下生たちによる一九五四年の女川町漁村社会調査の一環として、江ノ島地区の担当は、斎藤・鈴木等であったが、この論文の執筆は鈴木であるという明確な記載がみられる。
(13) 大江篤志　一九八六〜九五年　「伝統漁撈をめぐる社会化」〔上〕『東北学院大学東北文化研究所紀要』第一八号（一九八六年）一〜七二頁、〔中〕第一九号（一九八七年）一〜四〇頁、〔下〕第二一号（一九八九年）四五〜九八頁、〔下・二〕第二二号（一九九〇年）二九〜一〇一頁、〔下・三〕第二三号（一九九一年）三七〜九七頁、〔下・四〕第二四号（一九九二年）二九〜八八頁、〔下・五〕第二六号（一九九四年）三九〜八四頁、〔下・六〕第二七号（一九九五年）四七〜七九頁
大江篤志　一九八〇〜八一年　「地域構造と個人の社会化過程との関係に関する社会心理学的研究——宮城県江島地域における漁業回帰者の職業的再社会化過程」〔Ⅰ〕『東北学院大学論集一般教育』第六九号（一九八〇年）一九〜四〇頁、〔Ⅱ〕第七二号（一九八一年）一〜四二頁
大江篤志　一九九七〜九八年　「地域社会の過疎—高齢化過程と青年期社会化水路の変容との関係についての社会心理学的研究—」〔Ⅰ〕『東北学院大学教育研究所紀要』第一六号（一九九七年）一〜六六頁、〔Ⅱ・完結〕第一七号（一九九八年）一〜七六頁
(14) 村田裕志　二〇〇一年　「地域社会研究と社会システム論—理解社会学の視角から—」（『成城大学短期大学部紀要』第三三号　四七〜七三頁
(15) 本木修次　一九六三年　『離島の生活——ぽんこつ先生島をめぐる』　雄山閣、一九九一年『離島めぐり一五万キロ——島の博士四二三島を行く』　古今書院、一九九三年『離島めぐり一五万キロⅡ——島の博士四二五島を行く』　古今書院、一九九五年『小さな離島に行こう』　ハート出版、一九九七年『だから離島へ行こう』　ハート出版、一九九八年『小さい島の分校めぐり』　ハート出版
(16) 本木修次　一九九四年一〇月三日（講演原稿）「陸前江ノ島講演・全国の離島をめぐって」

② 愛知県日間賀島の現在

——大都市に近接した「内海・本土隣接型離島」の変貌

畑 聰一郎

1 問題の所在

林立する旅館・ホテル・民宿群、これは三河湾に浮かぶ日間賀島西里の桟橋周辺の風景である。一九九六（平成八）年の日間賀島への観光客の総数は三一万人であった。やはり観光の島として知られているとなりの篠島が約二五万、同じく三河湾に浮かぶ佐久島が五万、熱海の初島が一九万であり[1]、日間賀島が観光の島であることは一目瞭然である。だが日間賀島は沿岸漁業の島として、シラス漁やフグ漁でもよく知られた漁業の島でもあった。日間賀島は名鉄電車で河和まで行き、あるいは河和からバスで師崎まで行き、名鉄海上観光船の高速船に乗り、河和からは二〇分、師崎からは一〇分で到達する。名古屋から一時間半以内に到達できる大都市に近い島であった。

瀬川清子が「離島及び沿海諸村に於ける郷党生活の調査」の調査員として、この島を訪問したのは一九三八（昭和十三）年七月二十二日から三十日までであった。瀬川はこの時の調査報告を元にした『日間賀島民俗誌』を一九五一（昭和二十六）年刀江書院より刊行した。六〇年前の日間賀島と現在とはどこがどのように変わったのであろうか。瀬川はこの本で、島までの行程について「昭和十三年の三河湾内の島々の外貌は、決して古風ではなかった。快速急行の名鉄電車が、暑気にうだった名古屋市民を、知多半島の南端師崎に運んで、遊覧船に託するので、この島々は、急に海水浴場化し、篠島などは、船上からのぞむと、全島旅館に埋められて、絵でみる竜宮城のようで、海岸には、海水浴客が氾濫していた。島民は遠洋漁業に出かけるという。遠洋漁業は、資本と器械によって、はじめて行われるもので、時代の先端をゆく漁業である。日間賀島・佐久島は、それほどでもなかったが、それでも、観光道路をつくったり、籐椅子を並べた海水浴旅館を建てたりして、涼を呼ぶ魅力の島として名鉄電車が齎した新時代の脚光を浴びていた」[2]と述べる。

この瀬川の記述から、当時の日間賀島が、海水浴客を呼ぶ島であり、漁業の島であり、観光道路のある島であり、旅館

写真１　日間賀島西里（2001年７月）

の並ぶ島であって、大都市に近い島として、都市住民の憩いの場という側面を有していたことがわかる。もともと、日間賀島は、戦前から観光客や巡拝者が立ち寄る島であった。[3]瀬川が訪問したころの日間賀島には、数軒の旅館があり、東里に豊藤屋と北兵館、西里には中平旅館と瀬川が宿泊した大兵館があった。[4]

戦後、漁業の発展と観光業の成長とで、日間賀島はよく知られた島となった。となりの篠島は戦前から有名な島であり、美しい砂浜海岸を持ち、海水浴客の多くは、篠島を訪問した。大がかりな漁業を展開したのも篠島であり、日間賀島島民にとり篠島は羨望の島であった。戦後の日間賀島の発展により、日間賀島も篠島同様広く知られるようになった。篠島も日間賀島も孤島というイメージからはほど遠い島である。離島とか孤島という表現が、島が本来持つイメージであるとすれば、大都市から一時間半以内で到達できる篠島や日間賀島は、離島や孤島ではない。内海本土近接型離島とか近郊離島と類型化される島だが、[5]このタイプの島がすべて日間賀島や篠島のように好調だとはいえない。島の発展を支えたのは島民自身であり、ときどきの政策的判断や実行力が現在の島を形成してきたのである。瀬川が訪問してから六十有余年を経過したが、島はどのような変貌を見せたのだろう。

2　愛知県日間賀島の変貌

(1)　概　観

三河湾には篠島・佐久島・日間賀島の愛知県三島と呼ばれる島々がある。日間賀島は、知多半島の南端師崎から二・五キロの地点に浮かぶ面積〇・六七平方キロ、

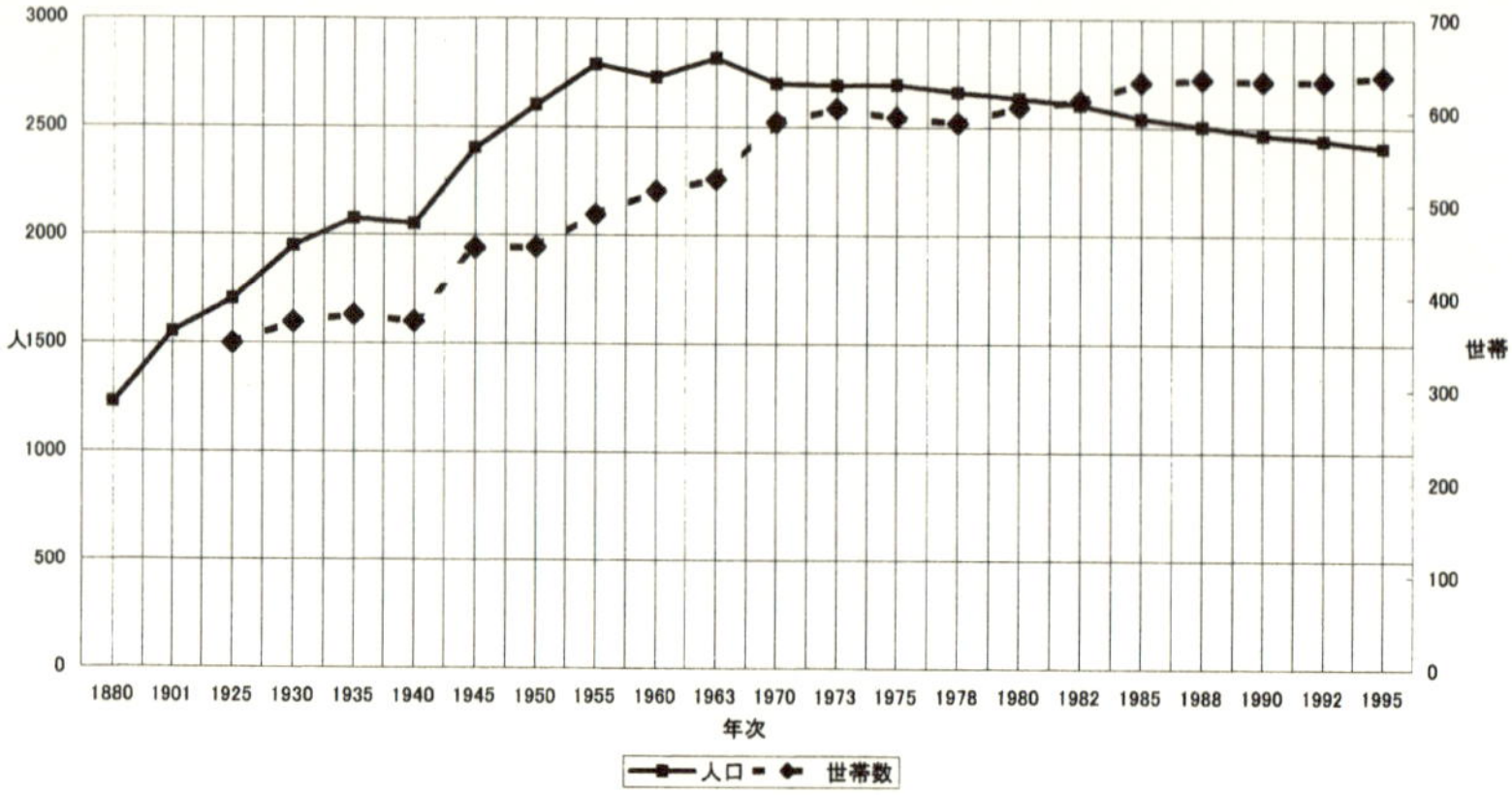

注：『離島統計年報』による
　1925〜1960までは国勢調査
　1880〜1901までは『日間賀島のすがた』（南知多町立日間賀小学校）

図１　世帯と人口の変遷

外周五・三キロの小さな島である。一九九七（平成九）年現在の人口は二三〇二人、世帯数は六三三であり、三河湾三島では篠島と世帯・人口でほぼ等しい。交通条件はきわめてよく、師崎発で日間賀島を経由する便は一日二五便あり、河和発日間賀経由が一七便ある。これに師崎発のカーフェリー六便を加えると、交通の利便性は抜群であり、さらにこれら定期船の他に海上タクシーが頻繁に出入りしている。

　集落は島の両端にあり、中央部には小学校・中学校・役場支所・診療所・駐在所さらにホテル・旅館がある。港は、東里に東港、西里に西港があり、定期船や海上タクシーの発着場となっており、島の北側には日間賀漁港として新井浜港・久渕港がある。西里の港に接して海水浴場がありサンセットビーチと名付けられ、一方、東里にはサンライズビーチという海水浴場がある。いずれも人工海水浴場である。かつて北側に比古間という自然の海水浴場があったが、埋め立てにより消滅した。夏の海水浴客のために、今治沖の砂を使用した海水浴場を、東里に、西里に、壱岐の砂を使用した海水浴場を造成したのである。

　現在の島の外観は、外周道路が島を取り囲み、コンクリートで固められたような印象を与える。島は大土木工事を継続してきた。これが島発展の基盤となったと考えてよい。昔からの島内道路は東西一号路という道路のみであった。新しい道路が建

表 1　産業分類別就業者数

年次	第一次産業				第二次産業				第三次産業						合計
	農業	林業	漁業	小計	鉱業	建設業	製造業	小計	運輸・通信業	卸売小売飲食業	サービス業	公務	その他	小計	
1950年	396		660	1056		3	78	81	20	31	45	13		109	1246
1955年	106	1	919	1026		25	274	299	22	58	88	13	1	182	1507
1960年	14		799	813		15	361	376	22	69	101	14	1	207	1396
1985年			586	586		26	43	69	12	123	326	8	4	473	1128
1990年			579	579		29	46	75	16	112	372	8	3	511	1165
1995年			554	554		29	59	88	23	136	417	11	3	590	1232

注：『離島統計年報』、国勢調査による

表 2　四季別観光客数の割合

	1973年	1977年	1981年	1985年	1989年	1993年	1996年
3月－5月	30%	24%	22%	22%	23%	22%	19%
6月－8月	50%	39%	39%	42%	35%	37%	45%
9月－11月	16%	31%	32%	26%	23%	22%	18%
12月－2月	4%	6%	7%	10%	19%	19%	18%
合　計（千人）	370	472	503	410.9	414.6	325.3	313.9
年間宿泊者（千人）				134	109.5	86.8	91.2

注：『離島統計年報』による

設されたのは小学校を建設するための資材運搬用の道路であった。次いで昭和五十年代に島中央部の開発事業を行なうための道路が建設された。外周道路は一九八八（昭和六十三）年ごろに計画され一九九〇～九一（平成二～三）年頃に完成している。外周道路は伊勢湾台風のときの防潮堤の内側に建設されており、堤防の上を遊歩道としている。

　日間賀島の人口の変遷は、他の離島や山村などに見られる一般的傾向とは異なる結果を見せる。(6)図1は明治以降の人口の変遷を示したものであるが、明治の時代から一九六三（昭和三十八）年までおおむね上昇のカーブを描いている。以後、停滞するが、極端な減少傾向は見られない。一方、世帯数は一貫して上昇のカーブを描き、減少していない。人口の漸減傾向に対し、世帯数の増大化は、世帯当たり人数の減少という一般的傾向が、日間賀島でも例外なく見られるのである。だが、日間賀島には過疎による減少は見られず、若者の島からの離脱もない。

　昔は、水問題が深刻で、各家は井戸を掘り水を得ていた。だが、少し日照りが続けば各家の井戸水は底をつき、缶詰の缶に穴をあけて井戸に入れたままにして揚げたこともあったという。日照りの時期の水不足のために、東里でも西里でも地下井戸《じげいど》と呼ぶ共同井戸を用意していた。夏の水の苦労は旅館などでは大きく、たとえば中平旅館では井戸を持っていたが、足りなくなることが多く、日常的に天水を捨てずに貯める工夫をした。夏には客用の風呂水を確保するために人を雇い、地下井戸に行かせて水汲みをした。水に苦労していた島にとり、愛知用水の水を延長して島まで引くという計画は大きな希望であった。一九六一（昭和三十六）年、日間賀島村は内海町・豊浜町・師崎町・篠島村と合体して南知多町となった。翌年の一九六二年十月十二日、愛知用水の水が島に到達したのであった。当初は日間賀島と篠島にそれぞれ海底送水管で水を送っていたが、海苔の養殖などで水の需要が拡大し、一九七四（昭和四十九）年に送水管を大きくして本土から日間賀島に引き、日間賀島から篠島と佐久島へ送水管を引くことになった。三島水道企業団で水の管理にあたっている。

現在の日間賀島は漁業と観光の島といってよいだろう。表1は日間賀島の産業分類別就業者数の割合を示したものである。第一次産業の内容は漁業と農業であるが、一九五〇（昭和二十五）年のみ一次産業中農業が四割を占める。これは戦後の食糧難に原因があり、以後は漁業が中心となる。一九八五（昭和六十）年以降、第三次産業の伸びが著しく、一九九五（平成七）年では、第三次産業が第一次産業を上回ってしまう。だが、個別産業ごとの就業者では漁業人口が五五四人で最大であるが、サービス業就業者が四一七人で、漁業就業者数に迫っている。サービス業の伸展は観光の島としての側面であり、島の景観的変化の大きな要因でもあった。

戦後になり、観光客が増えたといっても、島へ観光客が立ち寄るのは、夏が中心であり、十一月から翌年の麦刈りの時期まで旅館に客が来ることはなかった。ところが、昭和四十年代になると、離島ブームで観光客が飛躍的に増加したという。表2にみられるように一九七三（昭和四十八）年以降の統計では、三一万から五〇万人の観光客が島を訪問しており、宿泊者数も一九八五（昭和六十）年以降では一三万から九万の数字を得ている。(7) 特徴的なことは季節毎の観光客数であり、一九七三年から一九八一年頃までは、冬場は全体の一割に達していなかったが、その後は冬場の観光客が増加しており、夏は変らないが、春、秋、冬が平均化してきたといえる。

以上のような日間賀島の概況をまとめると、第一に、島の交通上の利便性で、大都市から一時間半前後で到達できる都市との関係の優位性を指摘できること。第二は、島開発のための大土木工事の連続で、島の自然的景観は大きく変わったこと。第三は、多くの離島に見られる人口の減少は見られず、若者の島からの離脱も少ないこと。第四は、愛知用水を島へ導水したことにより水問題が解消し、観光や漁業の発展に寄与したこと。第五は産業分類別就業者数の推移で、漁業就業者が最大であることは変わっていないが、観光業の発展によるサービス業就業者数が増大し、現状では第三次産業の就業者が第一次産業就業者を上回っていること。第六は、観光客が現状は最盛期に比べると減少しているが、夏以外にも観光客が来島するようになり、年間通しての観光地として安定してきたこと、以上の六点にまとめられる。

(2) 漁業の変化

漁業協同組合　一八八七（明治二十）年に設立された共同販売所が漁業協同組合のはじまりである。一九〇三（明治三十六）年に、東と西の漁業組合共同販売所が漁業規則による組合となり、一九一二（明治四十五）年、日間賀島漁業組合と名を変えて業務の拡張を図った。さらに一九二八（昭和三）年東西に保証責任漁業協同組合が設立された。[8] 東西の組合は、戦争中には合同して事務所を役場の中に設置した。戦後になり再び東西に分かれ、東西それぞれ漁業協同組合として発展した。

漁師は漁獲物をどのように販売したのだろうか。瀬川の報告によれば、漁師はオショクリを通じて漁獲物を販売したという。すなわち「押し送りはいわば魚商人であるから、名古屋の問屋から一割のブ金で資本を借りて、カイマルと云って、近まわりの篠島、師崎、日間賀の西里の漁村から魚を買って、熱田まで持って行ったのである」[9] と述べるが、地元の漁師は仲買をオショクリと呼ぶ。[10] 戦後になっても、漁協の介入は大きなものではなく、漁師個々がそれぞれ適当な仲買へ売ったという。昭和三十年代、漁協が管理する札場には、組合公認の仲買である甲種仲買が六人、別に飛び入り公認の乙種仲買が二人いた。乙種は漁が多い時、甲のみで間に合わない時に組合が呼ぶ仲買である。屋形船のような船が入札の場となり、このような船をフダブネと呼んだ。漁協は口銭として漁師から五％、仲買から一％（甲一％、乙二％）をとっていた。組合公認の札場の外に、多くのオショクリが船を仕立て島に乗り込み、魚の買い付けを行なった。

札場の外で、オショクリと漁師とはアイタイで値段を決めていた。札場公認の仲買は必要な量を確保できれば島を去るし、札場の開く時間にも制限があり、時間外に漁から戻っても札場が開いていなければ、オショクリとアイタイで値を決める。アイタイとは、仲買と漁師との相談で値を決めることで、オショクリと漁師との関係は長いつきあい関係の中で生まれたものであり、札場をまったく利用せずにオショクリとのつきあいのみの漁師も多い。大きなオショクリはイケフネという魚を活かすしかけをもった船を構え、番小屋を建て漁師がいつ来ても対応できるような準備をしていた。

札場とオショクリとの共存時代は長く続いた。一九六八（昭和四十三）年に日間賀東・日間賀西漁業協同組合が合併した。合併の目的を「最近の社会経済情勢の進展はいちじるしく漁業と他産業との所得格差は益々増大する傾向にあり漁業をとりまく諸情勢は楽観を許しません。このような情勢に対処するために両組合は合併により経済基盤を充実し、資本力の増大をはかり漁業近代化のための施設、諸事業等を推進するとともに執行体制を確立し組合員の生活安定と福利増進をはかるものである」(11)と述べる。合併した漁協は、まず札場問題の解決を図ろうとした。前述したように東西の札場は小規模であり、漁協の札場のみでは処理できず、外部の仲買に相当数魚が流れていた。日間賀島の漁師であっても、島の札場を利用しない漁師が相当数いたのである。新たな市場の設立が計画された。島内にするか、島の外にするかで意見が分かれたが、島内では大きな仲買は来ないし、規模も小さくなるために、島外にせざるを得ないという結論に達したという。日間賀島漁協は師崎に近い片名港にある片名漁協と共同で、一九七四（昭和四十九）年五月に新市場を設立した。片名に市場を設立したことは成功であったという。島の漁師は個別に仲買と交渉することはなくなり、漁協の市場を利用することになり、水揚げは上がり、漁協の力は強くなった。

漁業形態の変遷　東里のW・M氏は一九三二（昭和七）年生まれで、現在は仕事を引退しているが、かっては漁業協同組合で活躍した。島の小学校を卒業してから、旧制中学に入学。しかし戦後の状況は中学在学を許さず、中学四年で島に戻った。島に戻ってからは父親と二人で網漁に従事した。イソダテアミで、イカとかクジメなどをとったという。昭和三十年代になり、イソダテアミからキスサシアミに変えた。とった魚は組合の札場で売った。キスアミだけやっていると冬には漁がない。一九六六（昭和四十一）年と六七年にはワカメの養殖を行なったが、二年でやめ、一九六九年からノリを始めた。ノリは値段がよいために冬場の仕事（十月から三月まで）として、一〇年以上続けることになった。昭和四十年ごろからアマダイアミが登場し、キスに加えてアマダイもとることになった。とる魚の種類を変えるということは漁場を変えることである。従来のイソダテアミが島の周辺を漁場としたのに対して、キスは篠島の向こうの渥美のほうが漁場だという。まだ行ったことのない漁場に行くときは、先輩の船頭さんに地図を書いてもらい、事前に魚探で海底の地形を探査して、ある程度地形を理解してから漁に出たという。アマダイになると沖合四〇キロ以上が漁場になり、位置を判断する指標としての丘が見えない。自分の位置がわからないために、この辺に詳しい漁師についてきてもらい、手探りで覚えていったという。一九七三（昭和四十八）年のオイルショックからノリもうからなくなり、W・M氏も一九八四（昭和五十九）年にノリをやめた。その後、冬場の仕事としてフグハエナワを始めた。フグハエナワは成功であり、始めたその年は相当量の増収になったし、以後も成績はよいという。フグは昔から日間賀島の漁師の仕事であり、一九三二（昭和七）年ごろからフグハエナワをやっていたが、鳥羽で水揚げして関西へ送ったという。近年、東海でもフグがとれることが知られるようになり、四〇隻ほどが従事しているが、皆個人でやっており、オヤカタ船はない。愛知県漁連では七〇〇グラム以下はとっておらず、ウキハエナワのような道具の使用を禁止しており、西日本でフグがとれないときは、こちらから持っていったこともある。フグの島として近年、よく知られるようになり冬の観光客増加に貢献している。

西里のE・N氏は、現在は旅館の仕事をしているが、元来漁師である氏は、旅館の客が求める魚を取ることに忙しい日々を送っている。一九三〇（昭和五）年に島で生まれ、戦争中は学生で島を離れていた。一九四八（昭和二十三）年に島へ戻り、父親と一緒に漁師を始めた。モグリで大アサリをとったり、磯に出てイソドロと呼ぶ岩場にたまっている泥やヒトデを採ってきて、乾燥させ袋に詰めて農家に持っていき米と交換した。これらは漁師が供給する肥料として農家に歓迎された。漁は、はじめは一本釣りが多かったが、その後、網漁に転じてタテアミやフクロアミをやった。E・N氏は網を得意とし、とるべき魚により異なる網を工夫するという。網商売とは網を得意とする漁師をいうが、きわめて忙しく、毎日海から上げた網は必ず干さねばならず、修理も夜の内に済ませて船に積んでおく必要があった。これらの細かい作業はみんな女たちが担当しており、一家で忙しい毎日を過ごしたという。その後、E・N氏は網商売からの転機を図り、弟と共同して、昭和二十年代後半に五トンほどのチリメンジャコ用の船を造った。焼玉エンジンと船でそうとうな費用がかかり、心安い人から借りたという。こうして弟と二人で始めたシラス引きでは、若い衆を五人ほど雇った。漁期は四月から六月までで、シラスの時期を過ぎるとエビヒキをしてウタセエビをとった。ウタセエビはトコロの漁師がエサ用に購入する。またオオエビがとれたときには豊浜へ持っていき、アイタイでエビ専門のオショクリへ出し、シラスも豊浜の決まった業者へ出していた。E・N氏の家は、先々代の一九二六（大正十五）年に旅館を始めていた。漁のかたわら旅館業も営業していたが、一九六五年ごろになると漁も減り、シラス引きも増え、同業者が多くなる一方、旅館の客も増えていった。一九六八（昭和四十三）年の旅館の建替えを機会に、オカにアガリ、シラスをやめて旅館専門となった。漁専門をやめたとはいっても、年中客があるわけではなく、旅館の休閑期には、昔の網に戻り、旅館用にとった魚の余りをアイタイでオショクリに販売した。近年は、漁師専門だったころに比べても忙しく、毎日海に出て、客に提供する魚をとらねばならず、昔に比べて漁も減っており休めないという。漁が減っていることについて、E・N氏は、昔は日間賀島と三河の沿岸の間にはオオモと呼んだ藻がずっと生えていたし、島の周辺にも三月ごろになると藻がびっしりと生えていた。また磯にはアラメが寄ってきたものだが、今はアラメを見ることもなくなった。以前は磯からアラメがなくなるなど思ってもいなかった。アラメもなく、藻もない海のどこに魚が住めるのかと、E・N氏は漁業の将来について不安を感じるという。

W・M氏とE・N氏との漁師人生を比べると、網漁を得意としたという共通点はあるが、とれた魚の販売法に差異が見られる。東里のW・M氏は一貫して、組合の札場へ持っていき、札場のセリにかけた。西里のE・N氏は組合の札場を利用せず、オショクリと呼ばれる仲買を通して魚を販売した。この二人の魚の販売方法の違いは、その後の島の変化に対応しているようにみえる。漁協役員としての経歴が長かったW・M氏は、漁協の力を強くすることが、島の漁業を発展させるという信念があり、市場を島外の本土に設置することに努力した。市場を本土に設置したことにより、オショクリとのアイタイ取引は減少し、漁師達は市場で取引することになった。一方、オショクリとのアイタイで魚を販売していた旅館業を営むE・N氏は、旅館専業となり、客に食べてもらうための漁をするようになった。島に客を呼び魚を食べてもらうという日間賀島の観光の一つのあり方を示してきたといってもよいだろう。この二人の戦後の漁師生活は、島の漁業が個人漁であり続けた典型ともいえる。あくまでも島の周辺を漁場としたのである。漁師はただ一種の魚を年間とり続けることはできない。漁の時期があり、漁のない時期に何を選択するかであり漁師は皆工夫したのである。出稼ぎという手段を採用せず、島内でさまざまの工夫をして個人漁に徹底してきたのである。

日間賀島は明治以来漁業に依存してきた島である。だが徳川時代の日間賀島については「少量の生魚が亀崎市場に出荷されるほかは、大部分が自家消費されていた。しかし、日間賀島には、『御用鰤』『御用鯛』と呼ばれる特別の課税があったため知多半島の他の地域とは異なって、網漁がはやくからおこなわれていたようである」[12]と説明されているように、御用鰤、御用鯛は島の人々にとり、よく記憶されてきた名誉であった。瀬川はその著作の中で「東の里は将軍家に、西の里は尾張藩公に御用鯛を献上した。鯛網は御用ばかりで、八十八夜三日前から入梅のすむまで六十日間である。尾張さんの御用ブリと云って東と西と一つずつの村網で番々にめぐる」[13]とし、御用鰤でない時は「手船のオキアイが『出ようじゃねえか』と云って海に出た、部落全体で三十人の人を択み、漁師頭がまとめ、人が多くて止めさせても分配は一人前やるというきまりであった」[14]と述べる。だが、瀬川の訪問した一九三八（昭和十三）年には聞けた御用ダイ、御用ブリなど村網については、一九九九（平成十一）年では、その内容を聞くことはできなかった。ムラ共同で実施する網についての伝承は失われていたのである。この瀬川の報告では、まとめ役は漁師頭であり、分配は一人前を平等に分けていたようである。協同して漁をする村網の存在は、個人漁の発達により、存在意義を失った。瀬川も指摘しているように日間賀島は個人漁の島であり、村網は臨時収入ほどの意味しかなかったのであろう。[15]

漁　船　昔は櫓で漕ぐ船が圧倒的に多かったが、動力船の登場も早かった。一九一四（大正三）年に動力船が三隻登場し、一九二七（昭和二）年には半分近くをしめるようになったという。[16]瀬川の報告では「今では、この島でも船は四十八艘、内汽船二十四隻、西洋型帆船十四、日本型帆船十、北米産の石油が、毎月二万四千石なければならない豪勢な漁業になった」[17]と述べている。戦後になると動力船が急激に増加し、櫓でこぐ無動力船は減少した。無動力船から動力船の移行は昭和の初めから昭和三十年ごろまで三〇年間の年月をかけた。

ところが木造船からプラスチック船（ＦＲＰ船）への移行は短期間であった。従来の木造船は網用の船であるとか釣り用の船というように、目的により建造され、目的外の使用は困難であるという。さらに木造船には木を食べる虫がおり、この虫を退治するために、時々火で燃やしてあぶり殺す必要があったし、木造船はぶつけると、疵がつきやすく修理も難しかった。このような木造船の弱点に対して、ＦＲＰ船はさまざまな用途に使用できるような設計が可能であり、虫はつかず修理も簡単で、スピードも早く耐用年数も木造船の倍という。日間賀島においてＦＲＰ船の導入は、周辺に比べきわめて早かった。Ｗ・Ｍ氏は一九七三（昭和四十八）年にＦＲＰ船を造っている。島では早いほうであった。このときは島の船大工ではなく、名古屋で建造したという。島の船大工も本土の造船所に勉強にいって技術を習得した。こうして島でもＦＲＰ船を建造できるようになり、漁協は漁師に対して、一九七七〜七八年ごろから一九八五年ごろまで、低利で資金の貸付けを行ない、新しい船の建造を促した。こうしてＦＲＰ船の建造が進み、周辺に比べ、ＦＲＰ船の導入率はきわめて高いものとなった。昭和五十年代にはほとんどがＦＲＰ船に変わった。スピードも木造船より速く、漁場へ向かうにしても戻るにしても木造船より有利なことは一目瞭然であった。

島には船大工が東に二軒、西に一軒ある。かっては東西に二軒ずつの四軒あったが、西の一軒は大工をやめてしまった。家大工は西に三軒あり、東にはない。日間賀島の船は昔から島の船大工により建造されてきた。木造船の建造を長く手がけてきた船大工はＦＲＰ船の導入にいかに対処したのであろうか。西の船大工で現在は仕事から引退したＹ・Ｍ氏は語る。

Ｙ・Ｍ氏は一九二七（昭和二年）に島で生まれた。親は大工であったが、氏は大工になるつもりはなく、兵隊にいく前はサラリーマンであった。召集から戻ると、会社は焼け出され仕事もなく、島に戻って、親の手伝いで大工の仕事をすることになった。親から技術を教えてもらったが、自身も島を出て、篠島・名古屋あるいは師崎にいって修行したという。船の材料である木材は伝統的に伊勢から調達した。大工自身が製材所までおもむき、原木を見て確認し注文したという。ＦＲＰ船の導入に際しては、名古屋の造船所へ見学にいったり、伊勢の浜島で行なわれたＦＲＰ船の勉強会に数回出席したという。FRP船は木造船と異なり、船を造る工程に大きな違いがあり、木造船を造る技術は役に立たない。だが、技術的には難しくはないが、プラスチックを加工するためにほこりが多く発生する。氏が大工を辞めたのは、注文が減ったためではない。ほこりの発生とシンナーの臭い、年をとったこと、人手が少ないことなどが理由で、一九八〇（昭和五十五）年に引退したのである。

漁業と農業　日間賀島は漁業の島である。瀬川は加藤佐五次郎氏の言葉を紹介して「今日でも三百六十戸の九割は漁師で、宿屋・小店でも漁をする。総地四十六町のうち耕地は三十二町、畑があるが、一戸一反当たり程のもので、農業は女の仕事だから婦人農会でもよいくらいのもの、海に行けば右から左へと金が入るので、一鍬づつ振り上げて、三月半年かかる農業をする男がない」(18)と報告している。現在の日間賀島は耕地は僅少で、野菜などを栽培しているにすぎない。だが、かつては米を作る家は数軒であったが、麦やイモ、野菜などは大部分の家が栽培しており、収穫したイモを、四畳敷きほどの穴を掘ってイモアナと称して保存していた。一九七四（昭和四九）年は、田一ヘクタール、畑が二七ヘクタールあり、耕地化率は四三・八％であった。以後、耕地化率は減少をたどり、一九九七年には二六・七％になっている。農業は女性の仕事として認識されており、男が農業をすることはなく、手伝いもしないという。だが、このように盛んに耕作されていた農業は、現在では七〇歳以上の女性により担われており、わずかに野菜を作る程度になってしまった。今の人はイモを食べず、野菜を作るよりもパートに出て稼ぎ、その賃金で野菜を買ったほうがよほど安いために、農業をする人は激減したのだという。

以上のような戦後の島の漁業の変遷をまとめると、第一は魚の販売方法の変化であり、個々の漁師とオショクリとの取引から、漁協管理の市場でのセリによる出荷へと変わったこと。第二は、漁協は市場を島内から本土に移し、本土の漁協と共同して新たに市場を設立したこと。第三は、島の漁師はあくまでも個人漁あるいは家族・親戚等の少数による漁にこだわり、島周辺を漁場として年間を通じての漁業活動に努力してきたこと。第四は、観光業の発展とともに、市場へ魚を出すのではなく観光客に食べてもらうための漁業が伸展し、島へ客を呼ぶためのキャッチフレーズともなっていること。第五は、木造船からFRP船への変貌は周辺地区に比べてもきわめて早く、少人数の漁の維持に有効であったこと。第六は、漁業の発展に対して農業が衰退したこと、の六点にまとめられる。

(3) 社会組織の変化

地域区分と地区役員　日間賀島は、南知多町の大字の一つであり、町は大字を地区と呼び、地区の下に区を置く。区はおおむね集落を単位としており、東区と西区に区分され、区はさらに組により細分される。組は行政上の最小単位であり、行政上の連絡は組を通じて各戸に伝達される。

区の役員は、正副の区長と組の代表である区会議員である。区長の任期は二年で「正」を一年、「副」を一年勤める。日間賀島が南知多町に合併した一九六一（昭和三十六）年前後の区長の任期は、「正」が二年、「副」が二年の四年であった。区長の選任は、前区長の推薦により決定したが、任期四年では、区長候補者を推薦しても辞退者が出て、次期区長を選ぶことが困難となった。任期を二年に短縮したことにより、最近まで区長の推薦は順調であった。だが、一九九〇年代の後半になると、二年の任期であっても、辞退者が出るようになり、推薦による区長の選出が困難となった。東では一九九九（平成十一）年から、西では二〇〇〇年から選挙という手段を導入することに決定した。被選挙人は六〇歳から七〇歳までで、区長経験者を除いた者である。

区長と副区長は一年ずつ交代であるために、区の代表は正副二人であり、島全体の世話役は東西の正副区長の四人が担当する。この四人の中から一人を代表区長とし、代表区長が島を代表して外との交渉を行なう。区長の仕事は行政上の仕事だけではなく、島の行事などにも責任を持つことになり、昔にくらべ格段に仕事量は増加しているという。

島を一つにするという意識が、島国根性を打破することになり、皆で力を合わせて知恵を出さないと発展はない、ということから一九八三（昭和五十八）年一月に「日間賀島の将来を考える会」が発足した。平成になり「島をよくする会」と改称して今日に至っている。町役場支所に事務局を置き、島内諸団体の役員を会員とする。日間賀島は漁業の島であり、漁協が強い影響力をもっていた。また観光業も急激な成長を見せており、漁協、観光業を含めた島内各種団体が一堂に集まり協議をする場は、島内の意思一致を図るのに都合がよく、そのために「島をよくする会」が結成されたのである。会長は代表区長がなり、区長、町会議員、漁協・婦人会・消防団・ＰＴＡ・観光協会等の各種団体の役員が会員になる。年二回の会議では、島内選出の町会議員の議会報告があり、観光協会の方針もここで報告される。

区会議員は、町の末端行政を担う役割があり、かつては隣組組長と呼ばれていた。月に二回、南知多町の広報を各戸に配布し、祭り行事などを実施する際には、もっとも重要な実行部隊となる。町のほうから注文や依頼があったり、なにか事件があると月に一〜二回程度の区会を開き対策を討議する。隣組の組長が区会議員と呼ばれるようになったのは、日間賀島村時代には一六人ほどの村会議員があったが、合併により議員がいなくなり、隣組の組長が議員に当たるとして、区会議員と呼ばれるようになったという。南知多町の多くの地区では隣組の組長を区会議員と呼んでいる。

現在は東西それぞれ一一組あり、区会議員は各々一一人である。東は以前は一三組あったが、近年会員数の減少で一一組とした。一三組以前は一〇組であったという。瀬川によれば、瀬川調査時の一九三八（昭和十三）年当時の漁民は島全体で三六〇戸、二三〇〇人であり、一七組に分かれ、近所どなりで十戸会をつくり十戸長、七戸長を選挙したという。(19) 一九九七（平成九）年現在の世帯数は六三三、人口は二三〇二であり、人口は瀬川調査時とあまり変わっていないが、世帯数は拡大している。その結果、組数は一七組から二二組へと増加した。現状の各組は二二〜三戸から三一戸ほどの構成であり、瀬川の調査時と一組あたりの戸数は大きく異なっているわけではない。変わったのは世帯当たりの人数である。瀬川調査時が六・四人であるのに対して、一九九七年には三・六人と減少している。

区会議員の選出は年齢順あるいは順番、前任者の推薦など各組により異なっているが、なり手が少なく、推薦されても辞退する者が多い。辞退者が多い理由は、負担が大きくなっているためである。東区ではタコ祭り・盆踊り・神社の祭礼の三つの行事が区長の責任で執行され、その補佐役として区会議員が実行部隊として作業にあたる。世帯当たりの人数の減少は、区会議員となった場合のさまざまな仕事をこなすことを困難にさせる。

祭祀組織の変遷　東里の日間賀神社は、伝統的な禱人制により祭礼行事を維持してきた。禱人は籤で選ばれ三年間、神をモリする。禱人の任期は三年で、一年目を新禱、二年目を中番、三年目を古禱という。二人選ばれ、年上をイットウ、年下をニトウと呼ぶ。禱人六人は神事の中心となるとともに、毎朝神社へ参拝し、モンビ（紋日）である一日、十

一日、十五日、二十一日、二十八日にはサゲスと呼ばれる米やお神酒を入れた箱を持って、お参りにいく。十一月一日は禱人を籤で選ぶ日であり、十一月の卯の日にお禱祭が行なわれる。禱人中、中番の主催となるが、神主・禱人及び禱人経験者である座衆全部を招待する。中番の負担は大きく、禱人となる条件として資力がなければ禱人としての役割をまっとうすることはできない。

禱人を籤で選んだのは戦前であるという。瀬川の報告を見ても「妻のある戸主で財力のある者を座衆から勧誘して、四名以上の候補者をつくって、白米一升の枡の中に籤を入れて代人が引く」[20]とある。さらに禱人の任期を三年間勤め上げると「座衆となって、一生の間、年年の祭りの頭人の饗応に与る権利があるのである」[21]と報告している。戦後になっても禱人のなり手はおらず、本家が推薦したりして相談して決めたという。禱人を終えると座衆となるが、昭和二十年代で座衆は六〇人ほどであった。最大の負担であったお禱祭は、その負担があまりに大きいために半分は区が負担することになり、さらにその後、座衆等を招待しての宴席も廃止された。禱人制度が大きく変わったのは、一九七二(昭和四十七)年度末の東里区の総会であった。翌七三年から、日間賀神社奉賛会が組織されたのである。[22]奉賛会諸行事決議事項として「一、神社境内は総代が管理する　一、御禱人は奉賛会員より公募する　一、神社行事は従前通り施行する　一、十一月の御禱祝、正月二日・三日の祭礼費は会費をもって賄う　一、注連縄造りは四二歳の厄払いの奉仕として依頼する　一、正月二・三日の祭礼に関しては手伝い人をはぶくこと」を定め、役員・総代六人と禱人六人を決定している。伝統的な禱人制は、選ばれた個人の熱意と資力さらに禱人経験者である座衆により維持されてきた。奉賛会組織になり、禱人は存続したが公募制となり、奉賛会の会員は座衆が中心となる。祭礼を挙行するための費用は奉賛会の会費となり、個人の負担から組織の負担に変わった。

奉賛会では禱人を選び、神社の禰宜と禱人六人の七人が中心となり、正月行事を実施した。奉賛会によって行事を存続させようとする努力も、一九九六(平成八)年に青年団が解散し、いよいよ祭礼の存続が困難となり、祭礼継承のため新たな展開が必要となった。一九八五(昭和六十)年に禱人制が廃止になり、これに代わり氏子総代六人が禱人の役割を果たした。氏子総代は座衆経験者が任じられるが、将来、座衆からの選出が困難となれば区会議員からの選出となるという。一九九六年ごろ、区組織の中に祭礼委員制度が設けられ、区長、区会議員、青年から選抜した者が任命された。祭礼委員が主体となる行事は、八月に実施されるタコ祭りで、観光協会が提案し、東里区主催で、一九九七年から始められた。盆踊りも区主催の行事であるが、かつては青年中心の行事であり、日間賀神社の境内で踊っていたが、現在は海水浴場近くの広場で婦人会・民謡クラブ・老人会を中心に開催されている。九月の祭礼も区の行事で、近年山車船が寄付され、祭礼時には巡行がある。祭礼委員が主体となる行事は区民のみならず観光客をも視野に入れたものとなった。

日間賀島は過疎状態となるどころか、漁業・観光ともに好調であり生活基盤は安定しているとみてよいだろう。だが、行政末端の組織である「区」あるいは「組」の運営にかげりが見えている。区長や「組」の代表である「区会議員」の推薦に対して辞退する者が増えてきた点である。伝統的な推薦による選出方法をとってきたが、推薦から選挙へと選出方法を変更せざるを得なくなっている。祭祀組織では禱人制度が廃止され、祭祀の維持のために区長、区会議員などの役職者集団の参加が不可欠となった。さらに祭礼行事を観光資源としてとらえ、区組織の中に祭礼委員制度を作り、観光協会とともに祭礼を実施している。

3　結　語

海から日間賀島を見ると、コンクリートで固められたような印象を受ける。これは島内外周道路と道路を守る堤防の上部を遊歩道としているためである。島の高台には数軒のホテル群があり、さらに西里の港の背後には高層の旅館やホテル、民宿が軒を並べている。この情景をもたらせた原因は観光業の隆盛であり、その背後には漁業の発展があった。

六〇年前と現在とはどのような変化があったのであろうか。人口に大きな変化はない。世帯数は増え、一世帯あたりの人数は半減している。漁業は漁協を中心とした個々人の漁業として発展し、一方、観光事業も漁業の進展とともに順調に発展し、多くの観光客を島へ呼ぶことになった。その結果、旅館やホテルの建設ラッシュとなり、景観的変貌の象徴的風景となった。

日間賀島では漁業の継続的発展と観光業の充実により、過疎化をもたらすことなく、港には若者達の団欒の輪がつねにあり、活気づいており、その変貌は、かつて瀬川が心配したような、出稼ぎの増加にはつながらなかった。多くの日本の離島が過疎化に苦しむ中で、日間賀島は順調な発展を遂げたといえよう。かつて、日間賀島には若者達が若い衆規約を遵守して、地域の秩序の維持に力を発揮し、祭礼や正月行事にも積極的に関与していた。一方、祭礼の管理は禱人制に支えられており、禱人制を支える座衆や氏子集団が祭祀組織全体を支えてきた。世俗的組織である地区組織と年齢集団、さらに祭祀組織はそれぞれその役割を果たしてきたのである。

観光業の順調な発展と漁業の好調は、人々を忙しくさせ、余裕を失わせていく。漁業の個別化はますます徹底され、かつての村網を記憶から消し去り、協同で網を引き、成果を平等に分配する習慣はまったく忘れられてしまった。さらに出生数の低下は、一世帯当たりの人員を半減させた。また青年の数を減少させ、青年団の維持を困難にさせ、解散に追い込む結果をもたらした。さらに祭祀組織の維持も困難となり、地区組織が祭礼の存続に関わらざるを得なくなる。こうして、かつてはそれぞれの組織が役割を分担して、各々の役割を担ってきたが、その多くを地区組織が引き受けざるを得なくなった。行政末端組織である地区は地域住民と行政とのパイプ役として、住民の要望を行政へ訴え、行政の伝達を住民に伝える役割を果たしてきた。地区や島内で問題がおきれば区長、副区長と区会議員が協議して対策を考えるのである。祭礼行事の存続のために、かつて青年団や祭祀組織が担ってきた役割を区会議員など役員が代行することになり、区の役員はますます忙しくなった。

日間賀島は元気のよい島であり、漁業も観光業も好調である。にもかかわらず、地区役員への辞退者が増え、従来の役員選出方法を変更せざるを得なかった。このような状況は、都市における地区組織の衰退と類似している。町内会の役員選出に苦慮している各地の町内会の状況と、日間賀島の地区役員選出の困難とは同質の課題をかかえている。世帯当たりの人員の減少と仕事の多忙さが、行政末端組織の混乱をもたらしている。従来からのシステムでは、行政からの連絡は、町内会、自治会など地区組織の代表である区長等へ一括して連絡され、区長はさらに地区を細分化した組などの代表者や配布担当者に連絡して個々の住民へ伝達される。一方、住民の要求は、組など最小組織から統括者である区長へ提案され、区長は役員を召集して要求の提出を決定し、行政へ要望する。また地区の各種委員の選出を行政から求められたとき、区長など地区組織が推薦する。民生委員や公民館館長・青少年問題協議会・警察協議会などの委員の選出などがあり、いわゆる住民の行政への助言や参加を具体化している。したがって地区組織の衰退は、我が国の行政運営そのものに障害を与える可能性を秘めている。地区住民の政治・行政への関与について抜本的な改革の必要があろう。

註

(1)『離島統計年報』一九九八年版

(2)瀬川清子 一九七四「日間賀島民俗誌」『日本民俗誌大系』五 七〜八頁 角川書店

(3)一九三五(昭和十)年ごろ刊行の『南知多日間賀島御案内』によれば、東里の呑海院は新四国鯖大師札所となり春には巡拝者数一〇万人とあり、同じく大光院は新四国三十七番札所として参詣多しとある(『南知多町誌 資料編』3 一九九四 四〇七〜四〇八頁)

(4)豊藤屋は現在の日間賀荘、大兵館は現在のたくみ観光ホテルであり、この四軒の旅館は現在も営業を継続している。豊藤屋が島ではもっとも古い旅館であったが、西里の中平旅館では、一九二五(大正十四)年ごろ、当主が隠居屋を新築したところ、島の駐在から宿屋をやってくれないかとの依頼があり、当時、島にも商人が来るようになっており、隠居屋を利用して宿の営業を始めたという。同じころ、東里の北兵館も営業を始め、瀬川が宿泊した大兵館は一九三五(昭和十)年ごろ営業を開始したという。

(5)『離島振興ハンドブック』(日本離島センター 一九九六)によれば、離島を五つに類型化している。内海・本土近接型離島、外海・本土近接型離島、群島型離島、孤立大型離島、孤立小型離島であり、内海・本土近接型離島は、本土にある中心的な都市から航路一時間以内の位置にあり、航路が静穏で欠航がほとんどない離島である。

(6)たとえば、この海村調査の調査地の一つであった高知県の鵜来島は牧田茂が調査をしているが、一九三八(昭和十三)年には六八戸、二七八人であり、戦後の一九六〇(昭和三十五)年には八一世帯、四四〇人となり、以後減少し、一九九四(平成六)年には四三世帯、八二人となった。島には児童が居らず新築された小学校も閉鎖となった(筆者調査)。

（7）前掲『離島統計年報』
（8）南知多町立日間賀小学校　一九六六『日間賀島のすがた』　一二頁
（9）前掲「日間賀島民俗誌」　一二頁
（10）瀬川は島のオシオクリを三軒と報告している。瀬川の話者であった、もと押し送りである加藤佐五郎氏は農業に転じ、島では数少ない水田耕作者であった。島では現在でもよく記憶されている名士である。加藤氏の後継者は農業から撤退して浦島旅館を経営している。
（11）日間賀島漁業協同組合　一九九四「合併経営計画書」『南知多町誌　資料編』3　南知多町
（12）前掲『日間賀島のすがた』　七頁
（13）「日間賀島民俗誌」　一四頁
（14）同前
（15）この海村調査の調査地の一つであった伊豆南崎村にも瀬川は訪問しているが、南崎村大瀬では、瀬川訪問後の戦後になってもしばらくは大網と呼ばれた村網を実施していた。大網はボラアミとも呼ばれ、束ねる役割はツモトと呼ぶ村の役職者であり、もう一つの網はタカベアミで、個人が船と網を持っていたが、漁は村人全体で働く。分け前は村人全員へ平等に配分される。ツモトや船頭など一部には村人より若干多く配分される。昭和二十年代後半に消滅したが、その理由は採算がとれなくなったためである。大瀬は農業が中心で、漁は従属的であり、日間賀島とは条件が異なる。個人漁の発展で村網が消滅したわけではない（筆者調査）。
（16）前掲『日間賀島のすがた』　一〇頁
（17）前掲「日間賀島民俗誌」　一七頁
（18）同前　一〇頁
（19）同前　二七頁
（20）同前　三一頁
（21）同前　三一頁
（22）南知多町　一九九六『南知多町誌　資料編』5　二一五〜二一六頁

③「出漁者と漁業移住」の検討——漁民の移住地域の追跡調査から

野地 恒有

本章では、柳田国男主導による「離島及び沿海諸村に於ける郷党生活の研究」で行なわれた調査（以下「海村調査」）から、漁民の移住地域とそこで展開された漁業活動（漁撈技術）の事例に焦点をあて、それらの昭和十年代以降の変化を論ずる。と同時に、個人的に提出された報告ノートである「採集手帖（沿海地方用）」（以下「手帖」）と、その公的な報告書である『海村生活の研究』の関係にもふれる。

1 桜田勝徳の普代村・重茂村調査と「出漁者と漁業移住」

「海村調査」において、桜田勝徳は岩手県下閉伊郡普代村と同県宮古市重茂村の調査を行ない、それぞれの村の「手帖」が提出されている。彼の調査日程は、一九三八（昭和十三）年十月二日から十月二十二日で、そのうち十月四日から十四日が普代村、その後半が重茂村であった。[1] 調査の後半では、重茂村のほかに、下閉伊郡田野畑村平井賀、宮古市鍬ヶ崎（宮古港）などにも立ち寄って調査を行ない、それらの地域の事例は、重茂村の「手帖」の巻末に補遺としてまとめられている。桜田は、調査から戻った翌日の十月二十三日には、第一〇八回木曜会に出席して、「海村調査」から製塩法、塩の交易販売法、建築儀礼などを報告した（民間伝承の会 一九三八）。また、当時アチックミューゼアムの研究員であった彼は、三十八年十月の『アチックマンスリー』三九号にも、「下閉伊旅行報告」と題して、「海村調査」から製塩、地頭名子の社会関係、農具のことなどを報告した（桜田 一九三八）。そして、桜田は、「海村調査」の報告書である『海村生活の研究』（一九四九年刊）に、「背後農村との関係」と「出漁者と漁業移住」の二編をまとめた。

「背後農村との関係」（桜田 一九七五a）は農産物・漁業用物資との交換関係や農村と沿岸村の労力の需給関係についてまとめられている。この章は、「手帖」の調査項目からいえば、一九番の「漁獲物、その他物産の販売は、どういう方法で行われましたか」や二〇番の「必要品の買入れにはどこへ出ましたか」などに対応している。たとえば、普代村の「手帖」には次のような事例が書かれている。

地頭の家には馬二四、五頭、牛一四、五疋はゐた（耕作には用ゐず）。さうして月いくらの月給（五円、三円位）で馬方、牛方を雇ひ、塩及び塩魚を運びうらせた。運ぶ地方は盛岡在で、此処で物々交換した。以前には秋田鹿角、沼宮内方面へも出掛けた。この往復は一ヶ月に三度位で、一回に白米三斗俵を七、八〇俵も持って帰った。（持って帰るものは主として米、粟であった。）（堀内）（一九番。この数字は「手帖」の調査項目番号を示す。以下同じ。）

これは、「背後農村との関係」に報告されている〔桜田　一九七五a　八六〜八七〕。「背後農村との関係」は、「海村調査」以外の調査で得られた事例も多く用いられているが、その前半部分は桜田が「海村調査」で採集した事例をはじめ、ほかの調査者が提出した「手帖」の資料をもとにまとめられている。この章に関係する事例は、調査後すぐになされた木曜会の発表や『アチックマンスリー』の短報でもふれられている。

それに対して「出漁者と漁業移住」〔桜田　一九七五b〕では、全体を通じて「手帖」の資料をもとに構成する形をとっていない。木曜会の発表や『アチックマンスリー』の短報でも、出漁者の移住についてはふれられていない。「出漁者と漁業移住」は明治中期から昭和初期の出漁者の漁業活動と漁業移住についての報告である。漁業移住とは、出漁活動をとおして起こった、地域的にまとまりをもった集団的な移住のことである。明治中期から昭和初期に漁業移住により形成された分村建設の実態が報告されている。具体的には、長崎県海域における徳島県出身漁民の動き、岩手県沿岸における房総方面出身漁民と富山県出身漁民の動き、太平洋沿岸におけるカツオ釣りマグロ延縄漁船の動き、沖縄糸満漁民の動きなどがあげられている。そして、明治時代、出漁先の優秀漁場に近い前線基地を根拠地として分村を建設したが、その後、動力船が普及発達して操業範囲が広くなり、移住地は船がかりがよく水揚げ仕込みに便宜のある漁港に移行していったと結論している。

「出漁者と漁業移住」に対応する「手帖」の調査項目として、一五番の「他所からの入漁は、どんな条件で許していましたか」、一七番の「他所から来て村に定住するには、どんな村入りの作法がありましたか」、二三番の「出稼ぎや遠方への出漁は、昔からあったでしょうか」がある。桜田の「手帖」からそれらの項目を見ると、次のような事例が記載されている。

村内の大謀あみは宮古の人が経営してゐる。大謀あみは昭和中期より宮古方面の他所人の経営となってゐる。入漁はこの位のもの。（宮古のほか、宮城県方面の人、津軽石の山根氏などがなして来た。）〔普代村の「手帖」一五番〕

房州さんといって房州から来て漁師をした者もあった。昔は田老山田鍬ケ崎から鮑を採りにやって来た。之は勝手に採って行ったのだった。（荒巻）〔重茂村の「手帖」一五番〕

黒崎デ例へば太田名部カラ移住シテ来タヤウナ場合ノ組入リハ村ノオミキアゲノ時ニナサレル。コノ時酒ヲ持ツテユキ組入リヲ頼ム。（黒崎）〔普代村の「手帖」一七番〕

川代では静岡県の大謀網に四、五名出稼ぎでゐる。あとは青森県の下北尻屋方面の大謀にかせいだ。（川代）北海道移住は少しずつあったようである。〔重茂村の「手帖」二三番〕

これらの事例は「出漁者と漁業移住」ではまったくふれられていない。(2)

また、「出漁者と漁業移住」のなかで、明治時代に静岡県賀茂郡仁科村の漁民が熊野灘方面に出漁したとき、出漁先における船宿生活とそこでのヒメと呼ばれた女性の役割が報告されている。この事例は、「海村調査」ではなく、桜田が一九四〇（昭和十五）年四月二十日から二十三日に行なった調査で得られた資料である〔桜田　一九八二　四九三〜四九四〕。このように「手帖」に適切な事例がありながら、それを採用しなかった例は、瀬川など他の調査者の「手帖」に対しても同様である。『手帖』の事例をもとに出漁や移住について『海村生活の研究』の報告を構成することは不可能ではない。そうした「出漁者と漁業移住」も考え得る。しかし、桜田はそうした構成をとらなかった。「出漁者と漁業移住」はほとんど自分の「手帖」や他者の「手帖」に依拠しないで書かれている。

2　宮古市への越中衆の出漁と移住

桜田の「手帖」から「出漁者と漁業移住」に報告された事例は次の一か所だけである。これは重茂村の「手帖」の巻末に、「補遺」としてまとめられた中に記されている。

宮古では富山県新川郡東イワセ町〔上新川郡東岩瀬町、現在富山市――引用者注、以下同じ〕から出漁してゐるものが少なくない。一ヶ年の内三ヶ月故郷に帰る丈けで、あとは宮古、釧路を根拠地としマグロ流しアミをなしてゐる。この漁夫数は宮古漁師数と同じ位である。宮古ではこの者を越中衆と呼んでゐる。越中衆は男ばかりで来て世帯を持つ。越中衆の跡には草も生えぬと悪口を云いてゐる。〔鍬ヶ崎水産教員談〕

宮古市鍬ヶ崎における越中衆（富山県出身漁民）の移住に関する聞き書きである。この部分が「出漁者と漁業移住」では次のように書かれている。

岩手県海岸に於て越中衆と呼ばれ、鯛延縄、鮪流網漁業等を行った一群の漁業者は、地元の者から越中衆の跡には草も生えぬ等と悪口を言われているけれども、年々初秋より三四ヶ月滞在して漁業を行う内に、遂には一時宮古に定着して此処に鮪流網漁等を中心とする中型動力漁船漁業の繁栄の基を築いたのである。〔桜田　一九七五b　一〇九〕

さらに、これに続いて大槌湾における調査事例が補足されている。

彼等は最初から宮古をその漁業根拠地に選んだわけではなかった。大槌に於て聞くに明治三十年前後より越中船が来たという事であるが、かつて越中衆が根拠地とした気仙郡本吉郡の各地及び大槌湾等に彼等が来なくなってから久しいものがあるようであり、その頃には宮古を根拠として一時ここに数十艘の越中鮪流網船が滞留したのであった。〔桜田　一九七五b　一〇九〕

これは桜田の「手帖」には書かれていないが、桜田は大槌湾沿岸にも「海村調査」の途中に立ち寄ったものと考えられる。[3] 宮古を根拠地とする前、一八九七（明治三十）年前後に気仙郡本吉郡の各地及び大槌湾等を根拠地として出漁していたことが付け加えられている。

宮古市在住の越中衆の出身地を、一九八〇（昭和五十五）年に印刷された「宮古市在住富山県人会々則」から見てみよう。この会則には県人会の名簿が付され、そこには、会員の出身地、現住所、職業が記されている。この名簿に記された宮古市在住富山県人会の会員は五五人である。彼らを出身地別にまとめると次のようになる。（　）内は内訳。

下新川郡入善町　三四人（八幡二三、新屋一、横山二、春日三、小摺戸一、芦崎三、野中村一）
下新川郡朝日町　六人（赤川一、宮崎二、桜町一、小川町一、太平村一）
下新川郡宇奈月町下立　一人
上新川郡大沢野村舟倉村　一人
魚津市　五人
黒部市　三人
富山市　二人
滑川市　一人
石川県小松市　一人
新潟県三島郡寺泊町　一人

以上から、入善町が多く（五五人中三四人）、中でもその八幡地区が多い（三四人中二三人）ことがわかる。それらを職業別に見ると、入善町出身の三四人のうち、二三人が船員・漁業者である。会員全体のなかで、船員・漁業者は二四人であるから、船員・漁業者のほとんどが入善町出身ということができる。さらに、入善町出身者の船員・漁業者のうち、一九人が八幡地区の出身である。八幡地区出身者一九人のうち、一二人が宮古市の第二区（築地・愛宕）に居住している。

富山県出身漁民の宮古市への移住について、次のように書かれている。

当時（一九五一〔昭和二十六〕年）……県外の出身の漁船主では富山県からきている者が多かった。富山県の漁船は明治末ごろよりイカ漁に宮古にきたもので、最初のごろは四、五月から十一月、十二月の漁期の間だけ宮古に逗留してイカを釣り、漁期が終わると富山に引き上げていたが大正一五年に富山県人六人が共同で一五トンのイカ釣り漁船を造船したころから、宮古に定住して漁業を行うようになったという。〔宮古市教育委員会　一九九四　三三二〕

越後衆の宮古市への出漁と移住について、筆者の聞き取り調査から提示してみよう。

HM（一九二四〔大正十三〕年生まれ、男性）　富山県入善町八幡の出身である。宮古市愛宕在住。彼の父親は、最初、北海道釧路でスルメイカ漁をやった。宮古湾がスルメの大漁ということで、宮古（宮古市の旧市街地のこと）にも来た。釧路や宮古で十一月まで働いて、十二月に富山に帰り、三月まで富山にいて、また出漁するというくり返しだった。HMの父親は男四人兄弟の四番目だった。一九三〇年ごろ、HMが小学校に入学するので宮古に居を構えた。その前には、HMは釧路に一年か二年いた。移住以前、釧路や宮古では、バンヤヅマイだった。宮古では、はじめスルメイカ漁をやった。イカは資本がかからない。宮古に移住したばかりのころ、富山出身の乗組員たちは、船主（HM）の家に寝泊まりしていた。ご飯も家族といっしょにとっていた。スルメイカ漁でお金ができたので、マグロの流し網に切り替えた。一九三五年、宮古で船を新造した。この船でマグロの流し網漁をおこなった。五〇トンの船で、一〇人乗りぐらいであった。その後、マグロやサケマスなどをとる船も新造した。最初のころには、富山から宮古へ乗組員が来ていた。マグロ漁になると年間操業になり、富山に帰ることができないので、富山からの乗組員は来なくなった。宮古や普代の人などが乗組員になった。第二次世界大戦後、マグロ延縄になっていった。現在、三〇〇トンの船（四艘）で、遠洋マグロ延縄（二一〜二二人乗り）を経営している。

宮古では、富山から来た人たちのことをエッチュサンと呼んでいた。宮古の越中衆で越中講が行なわれた。[4]越中講とは、オッシャ（命日）に人を呼ぶことである。このときに、オコウブツサマを宮古市の善林寺からヤドの人がおぶって家にもって来て、越中講をやった。一九三四年ごろに、越中講から県人会になってから、二月十五日に行なうようになった。それは漁の休みのころであった。また、宮古に出漁しているころに、越中衆の船主たちが宮古市の梅翁寺のところに山形県酒田市の善宝寺を勧請した。十一月八日の龍神講には、酒田市の善宝寺から宮古に僧侶が来る。

桜田の「手帖」では、越中衆の出身地として「富山県新川郡東イワセ町（上新川郡東岩瀬町、現在富山市）」が少なないと書かれていたが、現在の移住者からいえば、上新川郡東岩瀬町出身の者はおらず、下新川郡入善町の出身者が多かった。また、「出漁者と漁業移住」では越中衆が北海道を経由していることにはふれられていない（「手帖」には釧路を根拠地としたことが書かれている）。HMの父親は、北海道釧路にイカ釣り漁で出漁していた。富山県新川郡では、一八八三（明治十六）年ごろから北海道への集団的な出稼ぎがはじまっていた〔入善町史編さん室　一九九〇〕。HMの父親は、釧路を経由して、宮古湾がイカの大漁ということで三陸沿岸にも出漁するようになったという。そして、一九三〇年ごろ宮古の移住したということである。桜田は、越中衆がこのようにイカ釣り漁による出漁であり、移住後にもイカ釣り漁を最初に行なったことにもふれていない。聞き書きからいえば、イカ釣り漁の出漁をとおして北海道を経由して宮古に来住し、移住後もイカ釣り漁で生活を組み立てていった。その後、イカ釣り漁からマグロの流し網、サケマス漁、マグロ延縄と展開していった。

桜田の報告では、越中衆は、一八九七年前後に気仙郡本吉郡の各地及び大槌湾等を最初に根拠地として、その後宮古市へ根拠地が移ってきたととらえているが、北海道を根拠地として三陸沿岸への出漁をくり返しつつ、宮古を移住地としていったととらえるべきであろう。同様な形で、宮古のほかに岩手県釜石市にも富山県出身漁民の移住がみられる〔筆者調査、および濱幸伝記編さん委員会　一九九三〕。

3　佐賀県伊万里市におけるアワセンの出漁と移住

「出漁者と漁業移住」には、九州北部海域における出漁漁民の活動について次のように書かれている。

現在長崎伊万里福岡下関の各市に居住して此処を漁業基点とする大型機船底曳網漁業者の活躍は偉観であるが、彼等がこの都市の市民として一家を構えるに至ったのは多くは昭和時代に入ってからであり、その昭和の始めには未だ玉の浦辺りに数ヶ月宿をとり滞在の形で漁業に従事していたが、今は第二の故郷とも言うべき町を港湾都市の一隅に建設しているのである。所でこの町の建設者の出身地を注意してみると、現在、長崎伊万里福岡下関の各市の居住し機船底曳網を経営する漁船主は、その八割迄は徳島県の三岐田、椿泊、日和佐の三者の村の者であり、之等漁船乗組員も亦その殆ど大部分は同村出身者であるといふ事であるから、我国西部機船底曳網業の活躍は実にこの三漁村の伝統に俟つものであるといふ事が出来る。〔桜田　一九七五b　一〇七～一〇八〕

長崎・伊万里・福岡・下関の港湾都市のなかに大型機船底曳網漁業者の移住地が形成されており、彼らのほとんどは、徳島県の三岐田・椿泊・日和佐の出身者であることが述べられている。これは「海村調査」をもとにした記述ではない。

伊万里市の場合をみると、「伊万里市の瀬戸町の漁港は、大正初期から東シナ海・黄海方面の底引網漁業に活躍した徳島漁業団（阿波船）の根拠地として、昭和十年代に整備された。」〔『角川日本地名大辞典』編纂委員会　一九八二　七七八〕とあり、大型機船底曳網漁業者の移住地が伊万里市瀬戸町漁港に形成されたことがわかる。

一九三三（昭和八）年二月、伊万里市の漁港修築が起工された。それまでの伊万里港では、伊万里川からの土砂堆積により、四〇トンクラスの機船底引き網の漁船の入港が困難になっていた。伊万里市では、牧島に新たな漁港を修築し、三六年、徳島県の漁船団を誘致した。三六年九月、椿泊出身の船主九人、九組がこの漁港に移転した。徳島県からの漁船団は、五島列島福江島の玉之浦（長崎県南松浦郡玉之浦町）を根拠地として、長崎佐世保などに水揚げをしていた。漁港は三七年に完成した。現在、ここの地名は、伊万里市瀬戸町漁港となっている。そこは、「築港」とも呼ばれている〔伊万里市史編纂委員会　一九六三　一七五、伊万里市史編纂委員会　一九六五　五三八～五三九、五四三、由岐町史編さん委員会b　一九八五　五二一〕。

徳島県出身漁民が主として東シナ海や黄海方面において操業する二艘曳き底曳網の船団を、阿波船（アワセン）といった。アワセンは、伊万里市漁港に移転して来たときには、徳島県九州出漁機船底曳網漁業水産組合（一九三五年設立）に所属していた。瀬戸町漁港を主たる根拠地とするアワセンの数は、一九三七年末に一〇組二〇隻、三八年には、一四組二八隻であった〔伊万里市史編纂委員会　一九六五　五四一、五四二、由岐町史編さん委員会b　一九八五　五二一〕。

徳島県から伊万里市方面への出漁については、次のように書かれている。

機船底曳網漁業が由岐の水産先覚者瀧尾常蔵氏により大正六年頃に創始せられるに及び本村漁業者は逸早く之に参加した。其の始は大正九年椿泊魚商人阿利賀納治の発議により同業者田井由太郎、漁業者山本惣吉、江元安太郎等島根県に於ける斯業の視察をした事に端を発し同年十一月第一、第二共漁丸二隻を出し長崎県五島玉之浦を根拠として東支那海に漁利を□ったのを嚆矢とする。……根拠地五島の孤島にして物資の購入、漁獲物の販売に不便なるにより昭和九年以来根拠地を福岡、伊万里等に移すこととなった。〔田所 一九四〇 三〇五〕

阿南市椿泊町椿泊では、一九二〇（大正九）年に第一、第二共漁丸二隻が長崎県五島列島の福江島玉之浦を根拠として出漁したのが最初である。その後、一九三四（昭和九）年、その根拠地を福岡や伊万里に移した。漁港に移住したアワセンの出身地は、徳島県阿南市椿泊町椿泊（旧那賀郡椿村椿泊）がほとんどだった。そのほかに、徳島県海部郡由岐町の者もいた。

海部郡由岐町では、一八八八（明治二十一）年、石垣弥太郎が博多へ出漁し、近海でタイの一本釣りを行なったのが、北九州漁場開拓の始まりである。一九〇二年には、長崎県平戸の大島に根拠地がおかれた。そのころには延縄で出漁が行なわれていた。一九一二（大正元）年、徳島県九州出漁団が創設され、玉之浦に根拠地が移された。一九二〇年ごろから、手繰り船（機船底曳網）による出漁が行なわれた。一九二六（昭和元）年、手繰り船主により徳島県九州出漁団組合が創立されたが、三二年、椿泊の共漁丸、不況のため経営困難となり解散した。同年、玉之浦村荒川港を、椿泊の戸井幸蔵、斎藤庄次郎、大仁倉太郎が根拠地とした。三四（昭和九）年十月、船主六人（うち、椿泊の船主は斎藤庄次郎、大仁倉太郎）が根拠地を玉之浦から福岡に移転した。三六年九月、椿泊出身の船主九人、九組が伊万里漁港に移転した。〔由岐町史編さん委員会a 一九八五 三七一〜三七六、五七七〜五七九、由岐町史編さん委員会b 一九八五 五一八〜五二一〕

伊万里市漁港へのアワセンの出漁と移住について、筆者の聞き取り調査から提示してみよう。

SⅠ（一九二八年生まれ、男性） 徳島県那珂郡椿村椿泊小字泊（現阿南市椿泊）の生まれである。一九三五（昭和十）

年、小学校二年生（七歳）のときに、伊万里市漁港に来た。父親が底引き網漁（イセイソコビき）の船主だった。福岡・下関・長崎などの底引きは東シナ海一円に出漁してきた。父親は、玉之浦を基地にしていた。SIは、漁港に来るまで玉之浦にいた。玉之浦の小学校に入学した。SIは、父親（船主船頭、船頭は今の漁撈長のこと）と姉の三人で、玉之浦に行っていた。徳島には、祖母・弟・姉が残っていた。母親を早くになくしていた。漁港へは、父親・自分・兄弟三人・姉一人できた。徳島の出身地には、小学校四年生の一学期のおわりに一か月、二学期に半月、帰ったのが最後であった。玉之浦を基地にしていたときには、六月中旬から七月のはじめに徳島へ帰っていた。漁期は九月中旬からだった。船員たちは、みな、家族とともに、船で徳島と行ったり来たりしていた。漁港に来てからも、一九三八年までは、徳島と行ったり来たりしていた。太平洋戦争が始まってから、夏でも帰らないようになった。戦争直前、兄が入営する前に、家族の本籍をここに移した。本籍が徳島のままだと、徳島で入営しなければならなかったからである。泊のほかには、徳島の南部の人たち（由岐町・日和佐町）も来ていた。泊出身の人がほとんどだった。徳島から来た人たちのために、伊万里町（当時）が住まいを用意して、港に誘致した。長屋は船員用の住まいだった。公民館やそのとなりなどの二階立ての建物は、船主用の住まいだった。一九三五年のころには、八組の船団が来た。船主の家は八軒くらいあった。

一九六五年ごろに唐津の港は整備された。昭和のはじめには、伊万里の港のほうが整備されていた。イトウ（以東底曳網漁業、近海底引きのこと）は唐津でもやっていた。イトウは対馬沖の東の海域が漁場だった。東経一二七度のシナ海のほうへ、イセイソコビキ（以西底曳網漁業、テグリのこと）で出漁した。サントウカク沖合いまで行った。イセイソコビキは、水深二〇〇メートルから三〇〇メートルのところで操業した。タチ・タイ・グチ（シログチ・キグチ・クログチ）、イサキ・アナゴ・イトヨリ・アマダイ・ハモ・ホウボウ・コチなどをとった。アオモノ以外の深海魚をとった。イセイソコビキの乗組員は、戦前には、徳島県出身者が主だった。そのほとんどが椿泊の字泊の人だった。五島の人たちもいた。地元の人（伊万里）が乗ることはなかった。戦後、乗組員に地元の人が乗るようになった。

SIの父親が船主だった船は、戦前、はじめは七福丸、次に共進丸だった。共進丸は、一九三五年ごろ、華中水産に売った。当時、売らなければ、徴用でとられた。戦争中、カツオ船の中古を買って、延縄でフグやフカをとった。戦後、徴用船の払い下げを受けて、その船（二〇トン）で、近海テグリ（イトウソコビキ）を何年か操業した。一九四七年から、経営難になった唐津のテグリを引きとった。その船を太平丸とした。この船で一九五五年くらいまで操業した。その後、福岡のトクスイ（徳島水産）に船を譲渡した。それで廃業した。トクスイに売ったその船に乗ってくれと頼まれて、トクスイで二年くらい働いた。その後、福岡の新日本漁業（会社名）のダイエイ丸に一年間、シンエイ丸（新船）に二年間乗った。それらはイセイソコビキである。一九五九年まで乗っていた。徳島から来た船主の多くは、戦争中、徴用で船がとられたために帰ったり、伊万里が不便だったために福岡に引っ越したりして、ここからいなくなった。福岡の港は、水揚げを直接貨車に積み込むことができた。

一九三三（昭和八）年に漁港修築が起工され、一九三五年ごろから、根拠地が玉之浦から漁港へ移り、移住も見られるようになった。『海村生活の研究』の刊行は敗戦後の一九四九年であるが、その原稿は戦時中にはできていたという〔成城大学民俗学研究所　一九九七　一一一〕。桜田の「出漁者と漁業移住」には一九四〇年調査の事例も用いられているところから（静岡県加茂郡仁科村の事例）、桜田がこれを執筆した時期は一九四〇年代前半といえよう。アワセンの根拠地が伊万里市漁港へ移動したことを書いた桜田は、ほぼ執筆と同時期に進行していたことを記述していた。しかし、一九三八年ごろから、アワセンは、伊万里市の漁港を根拠地としながらも、そこへ漁獲物の水揚げをせず、下関・博多・大阪などへ水揚げするようになってきた。一九四四年、伊万里を根拠地とするアワセンは二隻を残すのみとなったという〔伊万里市史編纂委員会　一九六五　五四五～五四八〕。桜田の執筆時点において、すでに伊万里から大漁港（福岡）へ根拠地の移動が生じていた。伊万里市漁港さえも第二の玉之浦となっていった。さらに、昭和三十年代には、次のような状況であった。

（昭和三十年代）玉野水産が残留しているだけで、次第に水揚高も減少してきた。昭和二十五年六六一〇トンに達したのだが同三十四年には三三一三トンと半減している。最盛時に以西底曳網一六統あったのが現在一統に減少している。一つは市場二つには漁場から湾奥までの距離が問題となっている。波静かな奥深い湾内よりも、漁場から近い田平や市場の大きい佐世保、博多にひきつけられやすいのである。また大阪商人が進出して、資金を漁家に貸付延縄で獲った鯛を漁場で回収して伊万里漁港を素通りしていることもあるという。〔伊万里市史編纂委員会　一九六三　一七五～一七六〕

一九九九（平成十一）年七月現在、伊万里市瀬戸町漁港には、昭和十年代に移住した徳島県出身船主の関係者として、SI、SNが居住している。彼らは、第二共進丸の船主息子たちである。そのほかに、アワセンの乗組員だった人の妻が居住しているという。彼女は一〇一歳ということである。また、昭和三十年代に、SIが船主だった太平丸に漁撈長として乗っていた人の妻が居住しているという。漁港に居住するアワセン関係の徳島県出身者で、漁業従事者はいない。

4　まとめ——実態としての「移住系統」

『海村生活の研究』刊行後に、この書物について語る座談会が財団法人・民俗学研究所において開かれた〔民間伝承の会　一九四九〕。この座談会の内容に、「移住系統」という小見出しでまとめられた部分がある。海村の民俗の内容にかかわって話されたのは、座談会全体を通じてここだけである。[5] たとえば大間知篤三の発言のなかで、八丈島とほかの七島の間で民俗の異同があることをあげて「移住系統を考えさせるものがある」とあり、瀬川清子は「一つのまつりでありながら、四つ位の部落が別々にするのがありましたが、それが移住系統の違いによるものかと思いました」と発言し、その瀬川の発言に対して、柳田国男が「やはり移住系統だらうね」と答えている〔民間伝承の会　一九四九　三一六～三一七〕。移住系統とは、沿岸や離島における民俗事象の地域間の異同を集団的な移住と関連づけてとらえようとすることである。ここでいうところの移住とは伝説として語られた移住のことである。この座談会では、鳥取県沿岸における石見から追われてきたという伝説が話題として上がっている〔民間伝承の会　一九四九　三一七〕。また、別の座談会では、「離島調査」の調査地選定にあたって、「直江さんの一七番・五箇村久見は柳田先生から米と関係はありはしないか、海上移住の問題などを調べるようにと言われて渡ったものです」という竹田旦の発言がある〔成城大学民俗学研究所　一九九七　一一九〕。民俗の地域的な異同を伝説としての移住系統や海上移住と関連づけて解釈しようとしている。「海村調査」や「離島調査」では、民俗の地域的な異同と人の移動との関係（移住系統・海上移住）に関心が持たれていたことがうかがわれる。その場合、移住系統や海上移住とは、民俗の起源にも結びつくような巨視的にとらえられた移住のことである。

それに対して、桜田は、伝説ではなく実態としてとらえうる移住系統をまとめたといえる。実態としてとは、明治時代中期から昭和十年代において、つまり調査時点から約五〇年前までの間で起こった集団的な移住をとらえたということである。漁業移住という語は、桜田が海上移住を意識して造語したと思えてならない。海上移住とは、海からの移住を巨視的にとらえたものであり、移住の伝説を民俗の起源とからめて把握しようとする。漁業移住とは、海からの移住を微視的にとらえたものであり、出漁を通じた漁民の移住を実態として把握することをめざしている。具体的にいえば、「出漁者と漁業移住」では、長崎県海域における徳島県出身漁民の動き、岩手県沿岸における房総方面出身漁民と富山県出身漁民の動き、太平洋沿岸におけるカツオ釣りマグロ延縄漁船の動き、沖縄糸満漁民の動きなどが取りあげられた。これらに、桜田が報告で省略したとする北海道と下北半島の移住漁村を加えれば、以上によって明治中期から昭和初期における日本沿岸の実態としての移住系統がほぼとらえ得ているといえる。そのうち、長崎県海域における徳島県出身漁民と岩手県沿岸における富山県出身漁民については、同時代資料をもとに出漁先の移住プロセスが記録された。これは筆者のいうところの移住誌の試みである〔野地　二〇〇一〕。移住誌とは移住先の地域における移住漁民の生活の形成過程や変容を記述することを主眼とする民俗誌のことである。桜田の「出漁者と漁業移住」には、この移住誌研究と共通する視角を見出すことができる。

提出された「手帖」から出漁や移住に関する個別的で断片的な聞き取り資料を取り出して、それらにより『海村生活の研究』の報告を構成することは可能である。しかし、註（2）の引用をみてもわかるように、こうした受動的に得られた聞き取り資料をつなぎ合わせても、日本沿岸における移住を系統として再構成させたことにはならない。「出漁者と漁業移住」の出発点は「手帖」（重茂村）の聞き取り資料（越中衆の移住）ではあるが、その論の展開において、「手帖」の聞き取り資料は使われなかった。出漁漁民の移住の実態を微視的にとらえるという問題意識は、地元沿岸漁業のなかでより古い伝承の発掘をめざして記録された「手帖」の聞き取り資料と対応しない。そのために、桜田は、「手帖」をもとにした執筆を意図しなかったのだと推測される。（ただし、現在、「手帖」から出漁や移住関係の事例を抜き出して総覧することは、実態としての移住系統の把握のための重要な移住誌データベースとはなりうる。）

最後に、桜田が「出漁者と漁業移住」でとりあげた移住地域について、筆者の調査からまとめれば、宮古市の宮古湾へ、越中衆はイカ釣り漁をとおして北海道を経由して移住し、イカ釣り漁により移住後の生活を組み立てた。さらに、移住後の漁業をイカ釣り漁からマグロの流し網、サケマス漁、マグロ延縄と展開させていった。それらの漁業では、地元の漁民を乗組員とすることによって移住先の在来漁業にも影響を与えた。宮古では越中講の形成や善宝寺の勧請もみられた。伊万里市漁港では、昭和十年代に、底引き網漁の根拠地が長崎県南松浦郡玉之浦から移ってきて、アワセンの移住がみられた。しかし、昭和十年代後半には、その根拠地もさらに福岡港へ移っていった。現在、伊万里市漁港にアワセンの船主や乗組員の移住はみられるが、彼らが移住先の在来漁業へ影響を与えることはなかった。

註

（1）普代村の「手帖」には、その採集期日が一九三八（昭和十三）年十月四日から十月十四日と記されているが、重茂村のそれには一九三八年十月と記されたのみである。桜田（一九三八）によると、普代村と重茂村の「海村調査」を十月二日から十月二十二日に実施したとあることから、重茂村調査がその後半に行なわれたことがわかる。

（2）ほかの調査者の「手帖」から、一五番と二三番の調査項目を拾ってみると次のような事例が報告されている。

　昔魚類はおかずにとるだけであり（鰤のほかは）イカと貝類、海藻類だけを重視し、他所からの魚の入漁はあまりやかましくいはんかったらしい。明治初期までは「杵築船」といって毎年出雲の杵築から漁師が来て居たが、新しい技術など見習へるので決して排斥などはしなかったといふ。「ヨソ船」は貝類採取と地曳は許さんかった。二五年位前山口《ママ》県インノシマから来て居た船あり。これが「オチギタ」（風名、引用者注）にやられて遭難せるを救助してやったところ、それまで何度も来て心安い宿の亭主にも秘して居た「虎ノヲ」のモバヅリと生鯵で釣る法とをお礼に伝授す。鰤の一本釣りはこのとき始めて覚ゆ。この船など入漁条件などなかったと記憶す。「イブネ」（宿に上らんで船で寝起す）も来て居たが排斥などせんかった。此は出雲のコイヅあたりから来るのだと

いふことであった。〔島根県隠岐郡都万村津戸〕（大島正隆執筆の「手帖」一五番）
入漁者に対しては「イソとアイナメは御用だ」と脅す丈。〔愛知県知多郡南知多町日間賀島〕（瀬川清子執筆の「手帖」一五番）

船大工として手石〔南伊豆町〕に通ふ。南洋東京下田に十数人行ってゐる。盆正月にはかえる。妻は農業と磯をしてゐる。海女が月三十円位で他処へ頼まれても行く。下河津へタビカセギに行く。長津呂へテングサとりにも行く。〔静岡県加茂郡南伊豆町南崎村〕（瀬川清子執筆の「手帖」二三番）

冬季ウタセに四日市熊野清水に行く。ソトユキ。遠い海へ二日位で出漁す。……ナヤグラシ、房州では他のものが多いからナヤ生活があるが、ここにはない。併し熊野灘へ行った時にはナヤをかりて三十人の者が御はん食ってねて漁をした。〔愛知県知多郡南知多町日間賀島〕（瀬川清子執筆の「手帖」二三番）

本籍二一一〇人中七百余名の出稼ぎ、神奈川は最も多い。……入寄留一〇二人中八十六人は半島人である。〔愛知県幡豆郡一色町佐久島〕（瀬川清子執筆の「手帖」二三番）

（3）桜田勝徳（一九八〇―一七九）には、岩手県上閉伊郡大槌湾の事例が上げられており、そこには「昭和十三年筆者同地に聞く」とあることから、「海村調査」の時に大槌湾にも立ち寄ったものと考えられる。

（4）宮古市の善林寺に所蔵されている「越中講原簿　第参号」には、越中講について次のように書かれ、一九一八（大正七）年には、宮古市で越中講が組織されようとしたことがわかる。

緒言
今回真宗真俗二諦ノ教法ヲ実信シ現世当来共ニ暗黒ナカランコトヲ期シ大正ノ国民タル其意義ヲ体得センカ為メ爰ニ越中講ヲ組織シ普ク同国出身者ヲ網羅シ以テ其ノ実ヲ挙ケント欲ス仰希ハ同国同胞ノ士速ニ入講賛同アランコトヲ請フ
大正七年　月　日講ヲ組織ス〔月日は空欄〕
当時発起人　荒川伊右衛門　青地松次郎　浜木由太郎

越中講定
一、同国出身者ニシテ新タニ入講セントスル者ハ入講ノ印トシテ金壱円也ヲ納メルモノトス
一、講員ニシテ死亡者アル場合左ノ物品ヲ贈ルモノトス
一、弔華〔金五円也ノ価ノ物〕

一、香典（金壱円也）

（5）その他の小見出しを上げると、海村調査の計画・調査項目・新しい手帖・海村の人々・調査の苦心・スパイ・行きたい所・新調査の抱負である〔民間伝承の会　一九四九〕。この座談会では調査方法に関する話題が中心である。

引用文献

伊万里市史編纂委員会（編）　一九六三　『伊万里市史本篇』　伊万里市役所

同　　　　（編）　一九六五　『伊万里市史続篇』　伊万里市役所

「角川日本地名大辞典」編纂委員会（編）　一九八二　『角川日本地名大辞典四一　佐賀県』角川書店

桜田勝徳（ペンネーム木賊）　一九三八　「下閉伊旅行報告」『アチックマンスリー』三九号　一六九～一七〇

桜田勝徳　一九七五ａ　「背後農村との関係」柳田国男（編）『海村生活の研究』　国書刊行会　八二～一〇三

同　　　　一九七五ｂ　「出漁者と漁業移住」柳田国男（編）『海村生活の研究』　国書刊行会　一〇四～一一三

同　　　　一九八〇　「漁場の慣行」『桜田勝徳著作集』二巻　一七二～一九六

同　　　　一九八二　「静岡県加茂郡仁科村」『桜田勝徳著作集』七巻　四七〇～五一〇

成城大学民俗学研究所（編）　一九九七　「座談会『海村生活』・『離島生活』を語る」『民俗学研究所紀要』第二一集　九七～一三八

瀬川清子　一九七〇　『村の女たち』　未来社

田所市太　一九四〇　『椿村史』　自費出版

入善町史編さん室（編）　一九九〇　『入善町史通史編』入善町

野地恒有　二〇〇一　「移住漁民と移住漁業――与論島漁民の屋久島移住とその漁撈技術――」『国立歴史民俗博物館研究報告』八七集　一四一～一六七

濱幸伝記編さん委員会（編）　一九九三　『濱幸一代記　海に生きた男の生涯』　濱幸水産株式会社

宮古市教育委員会（編）　一九九四　『宮古市史民俗編　上巻』　宮古市教育委員会

民間伝承の会（編）　一九三八　「学会消息」『民間伝承』四巻三号　一一

同　　　　（編）　一九四九　『『海村生活の研究』を語る」『民間伝承』一三巻七号　二四～二八

由岐町史編さん委員会（編）　一九八五ａ　『由岐町史上巻〈地域編〉』　由岐町教育委員会

同　　　　　　　　（編）　一九八五b　『由岐町史下巻〈図説・通史編〉』　由岐町教育委員会

本稿の一部に、平成十一年度〜十三年度科学研究費補助金（基盤研究c）「出漁漁民の移住地域において開発された移住漁業の漁撈技術に関する民俗学的研究」において得られた資料も用いた。

④ 五島列島の民俗研究と「離島採集手帳」

佐藤 智敬

1 はじめに

戦後間もない一九五〇～五二（昭和二十五～二十七）年の三年間にわたって行なわれた、柳田國男主導の「離島調査」（「本邦離島村落の調査研究」）は、全国各地に「離島採集手帳」（以下「採集手帳」と記す）と「質問項目表」を携えた門下の採集者を派遣し、日本の離島生活を広範に把握するこころみであった。このたび、その「採集手帳」を所蔵する成城大学民俗学研究所において「沿海諸地域の文化変化の研究――柳田國男主導『海村調査』『離島調査』の追跡調査研究」と題して「海村調査」（一九三七～三八年実施「離島及び沿海諸村に於ける郷党生活の調査」）、「離島調査」対象地のうちの計一五か所の追跡調査（一九九八～二〇〇〇年度）が実施された。本稿では、「離島調査」対象地のなかでもとくに、筆者（佐藤）が担当した五島列島の樺島（一九五〇年竹田旦氏調査）と宇久島（一九五一年井之口章次氏調査）の追跡調査を取り上げて、半世紀以前の五島列島と現在との差異、「離島調査」にいたる五島の民俗に関する研究の歩み、採集者の視点と調査地の状況について論じ、追跡調査の意義と問題点について考えることにしたい。

今回の追跡調査では、「採集手帳」、および「離島調査」の成果である『離島生活の研究』に記録された内容を再調査の基点（ゼロポイント）とする。しかしながら、筆者は、それらの記述内容を参照して、そのうえで実際に幾度も調査地へおもむくにつけ、さまざまな違和感や問題点も意識せざるをえなかった。それらは調査研究上の当然にして些細な問題点かもしれないが、再調査に際しては十分に留意するべきことがらであろう。

たとえば「離島調査」においては、調査対象地としての各「離島」の範域のとらえ方自体、採集者しだいで多様である。各地の「採集手帳」をいくつか比較すれば、一つの島全体の把握を目指しているはずの調査であっても、当該の島の特定の集落について分析している場合もあれば、主島のみならず属島や隣接の島々をも包括的にとらえて描写している場合もある。つまり当該の島の民俗について記録しているとはいえ、その対象の地理的範囲は、調査地ごとに、採集者によってかなり異なっているのである。[1] いうまでもなく、同じ島でも半世紀を経れば集落の範囲や区分・人口・戸数・集落数などもそうとう変化している。また、「手帳」に情報提供者として記されている当時の主要な話者（その多くは当時のリーダー層）の多くは、本人のほか跡継ぎまでもがすでに故人となっていたり、島外に他出している場合がほとんどであり、縁者を見つけることさえ困難なことが多かった。すくなくとも筆者の訪れた調査地においては、「離島調査」当時から生活している古老に尋ねても、「手帳」に記された当時の島の全体像について語れる者はいない。そこに半世紀という隔世の感を痛感した。

もちろん、当時の採集日程、採集方法などに明確な統一性があったわけでもなく、「離島調査」自体がさまざまな事情のもとでとにかくも実施されたことがうかがわれる。そもそも、基点となる調査であれ、また追跡調査であれ、島の完璧な全体像を把握し記述することは誰にも不可能であり、調査の視点も調査者ごとに恣意的になることはまぬがれない。柳田主導の「離島調査」の民俗学史上の意義は疑いようがないにしても、「離島調査」によってもたらされた「手帳」のデータをゼロポイントとして追跡調査を行なうのであれば、「手帳」についての資料批判を含む調査状況の再構成が不可欠であろう。「手帳」の「離島」像には、それをまとめた採集者各自の観点や調査上の制約などが多分に含まれており、再調査にあたっては、その偏差を認識しておく必要がある。本稿の意図するところは、民俗の変化について描写するばかりではなく、併せて調査当時の採集者の視点を再構成する必要性を強調することにある。

さらに、「文化」を有するある範囲の「社会」において「民俗」がいかに「変化」するかといった問題を、追跡調査をとおして考察するとき、基点の設定のためには、かつての調査の再構成だけではなく、調査の背景となっていた当時の研究状況を可能な限り再構成し把握しておくことも必要であろう。また、五島列島のばあいには、多島海地域であるために、周辺の島々の民俗研究をも同時に視野におさめておくことはとくに重要である。

「離島調査」では、五島列島の島々の中から、樺島・宇久島・小値賀島の計三か所のみが対象地とされたが、数多い島の中から、いかなる事由でそれらの島が選定されたのかについて多少とも把握しておくことは、追跡調査に際しての基点を設定するために不可欠であろう。また、カクレキリシタンや念仏踊り（カインココ、チャンココ）など、五島列島の他の島々の状況との関連においてとらえてこそ、いっそう明らかになる事項もある。

　そうした観点から、以下の論述においては、まず五島列島の「離島調査」をこの地域の民俗研究の歩みの中に位置づけ、そのうえで、今回追跡調査をした樺島と宇久島の事例について論じることにしたい。

2　五島列島の民俗調査研究の歩み――「離島調査」以前

図1　五島列島

　一九五〇（昭和二十五）年にはじまる「離島調査」は、全国各地の離島の民俗についての広範な比較を目的の一つとしていたが、個々の研究成果は各個別地域に即した民俗調査の歩みの中にもしかるべく位置づけられるはずである。とくに五島列島や瀬戸内の島々など、周辺の島との交流が緊密な地域については、そうした視点がとくに必要となる。五島の「離島調査」を多島地域研究の一つの先駆として位置づけることも可能になろう。そこで本節では、「離島調査」の〝五島篇〟の背景となる、一九五〇年代前半に至る五島列島の民俗調査研究の足跡をたどっておくことにしよう。

　五島列島は、長崎県の宇久島・小値賀島・中通島・若松島・奈留島・久賀島・福江島などを中心に一〇〇を超える大小さまざまな有人島や無人島で構成される島嶼地域であ

表１　大正〜昭和初期、五島列島民俗調査研究年表

1918年（大正７）	長崎県各町村	長崎県下で『樺島村郷土誌』等の各町村郷土誌が編纂される
1926年（大正15）	橋浦泰雄	６、７月、福江島、中通島などを調査
1926年（大正15）	柳田國男	10月、講演「島の話」で五島に着目
1928年（昭和３）	橋浦泰雄	福江島、久賀島、奈留島、中通島、若松島、日島等を調査。調査日記を1933年雑誌『島』に報告
1931年（昭和６）	柳田國男	小値賀島、中通島、福江島を旅行。1933年『島』に報告
1932年（昭和７）	桜田勝徳	西彼杵郡江島、平島を調査。1933、34年『島』に報告
1934年（昭和９）	久保清 橋浦泰雄	『五島民俗圖誌』刊行（一誠社）
1935年（昭和10）	瀬川清子	「山村調査」で久賀島を調査。1938年『山村生活の研究』などに成果の一部採録
1950年頃	山階芳正	のべ100日にわたって五島列島全体を調査
1950年（昭和25）	竹田旦	「離島調査」で樺島を調査。1951年雑誌『民間伝承』、1966年『離島生活の研究』で報告
1951年（昭和26）	井之口章次	「離島調査」で宇久島、小値賀島を調査。同年雑誌『民間伝承』、1966年『離島生活の研究』で報告
1951年（昭和26）	久保清 橋浦泰雄	『新版五島民俗誌』刊行（五島民有新聞社）
1952年（昭和27）	山階芳正 宮本常一ら	西海国立公園設定のため五島列島を共同調査。同年『五島列島〜九十九島〜平戸島学術調査書』刊行

る。行政上は南松浦郡と福江市にあたるが、北部の北松浦郡や、西彼杵郡の一部をも含める場合もある。

五島列島の民俗に関する学術調査は大正末期、橋浦泰雄によってはじめられたといえよう。最近、思想史研究者・鶴見太郎によって再発見されつつある民俗学者・橋浦であるが、彼は一九二六（大正十五）年六〜七月に約三週間五島列島を調査している。[2]「橋浦泰雄関係文書」の中にある「村制調書」と記された橋浦独自の採集ノート等によれば、少なくとも彼が調査のために、福江島の福江町・本山村・富江町・崎山村、中通島の有川村・奈良尾村などを訪問したことがわかる。[3]さらに一九二八（昭和三）年一月二十二日〜三月二十七日に再び調査を行ない、福江島を中心に約二か月間五島地方に滞在している。[4]その成果として福江在住の郷土史家・久保清との共著で『五島民俗圖誌』を刊行している。これは南松浦郡にあたるいわゆる五島の現地調査および文献収集にもとづいた著作である。

橋浦の師である柳田國男も、一九二六年十月の東京高等師範学校地理学会の講演「島の話」からうかがえるとおり、五島列島に強い関心を持っていた。[5] 柳田自身は一九三一年五月に小値賀島→青方（中通島）→福江島と五島を南下する旅を行なっており、そのときの見聞を「高麗島の傳説」に詳述している。[6] もっとも、柳田がそれ以前にも五島を訪れていた可能性もある。橋浦の自伝『五塵録』の年譜で一九二八年一月の調査が柳田との共同調査となっているからである。[7] そしてこれ以降の刊行物でも柳田國男の年譜が付されるさいには、しばしばこれに基づく記事が見られる。[8] しかし、二八年当時の柳田による調査記録もなければ、橋浦の「肥前五島日記」に柳田が同行した形跡がまったくみられないこと、さらに橋浦の五島滞在中の二八年一月二十七日に南島談話会で、翌週の二月三日に成城高等学校で講演を行なっていることからして、二八年一月に柳田が橋浦とともに五島列島を調査し橋浦より先に帰京した、[9] とは思われない。調査時の状況を再構成することの難しさを示す一例である。

橋浦に列なる五島民俗調査のその後をたどれば、橋浦たちが五島列島の一部とみなす五島灘に位置する西彼杵郡の江島・平島（当時の江島村・平島村。現在合併してともに崎戸町）の調査を一九三七年ごろ、桜田勝徳が数回行ない、その成果は雑誌『島』に報告されている。[10] また、瀬川清子は三五年の「山村調査」（一九三七～三六年実施「日本僻陬諸村に於ける郷党生活の資料蒐集調査」）の対象地のひとつとして柳田と橋浦によって紹介された高麗島伝説の伝承地のひとつ、久賀島（当時の久賀島村。現福江市）におもむいている。瀬川は久賀島内の他にも中通島・福江島の一部もあわせて調査している。この調査記録について公刊はされていないが、その成果の一部は一九三八年刊行の『山村生活の研究』、さらに「海村調査」の成果とされる一九四九年刊行の『海村生活の研究』、その後の瀬川のさまざまな著作にも記載されている。[11]

橋浦・久保らによる五島列島の民俗の研究方法は、福江島・久賀島・奈留島・中通島・若松島・日島などを現地調査し、調査しえなかった不十分な部分を補完するため一九一八（大正七）年に編纂された各町村郷土誌[12]を参照・分析して、その内容を項目別に整理するというものであった。そこでは、後年「離島調査」の対象地となる樺島村についての記述は少なく、「木やりの唄」[13]と、「島内めぐり」という五島列島の案内の二か所、ならびに方言の語彙の記述数点のみにとどまっている。それはおそらく一九一八年刊の『樺島村郷土誌』に記述されている事項の再録と思われる。[14]北松浦郡の宇久島・小値賀島および西彼杵郡の江島・平島については『五島民俗圖誌』には採録されていない。柳田國男は『五島民俗圖誌』序文のなかで全体の論述が下五島に片寄っている点を指摘しつつ、刊行時点（昭和九年）では、不十分な五島列島全域の調査は、今後の調査によって補完されるべきであるとし、それに関して以下のように指摘している。

然し是等の問題は、まだ若い日本の斯の學問の上では、尚今後に補はれてよい問題であつて、凡そ十八章、七百の項目にわたる此の厖大な事業をなし遂げ得た本書の功績と價値とを、それが爲めに敢て傷つけるものでない。要は今後、これらの資料と問題とを、終局の目標るしに向けて、萬人が如何に深く掘り下げ、且つ活用して行くかにある。[15]

『五島民俗圖誌』は、一九五一年に久保清によって再編集され、『新版五島民俗誌[16]』と改題して刊行された。ところがこの新版は、たんに題名から「圖」の字が消えたにとどまらず内容的にはむしろ縮小されており、各事例の採集地を示す略号、豊富にあった旧版の写真もすべて削除されている。そして旧版の記述内容とは戦後に著しく変化したものについてのみ、改訂増補しているにすぎない。

さて、「離島調査」において、五島列島の樺島・宇久島の二島（小値賀島は井之口自身の希望による追加調査）がなにゆえに選択されたのであろうか。樺島についていえば、南松浦郡では行政村のなかで橋浦が訪れていないのは樺島村のみであったことに起因していると思われる。[17]また、五島列島北部の北松浦郡に属する宇久島（行政上は平戸諸島）の平町と神浦村に関する先行調査や入手された資料はその時点ではわずかであった。それゆえ「離島調査」の際に竹田が樺島を、井之口が宇久島・小値賀島の両島を調査したことの目的は、五島民俗の全体像を把握する視点から、『五島民俗圖誌』の調査欠落地域について補完する意味もあったと推察される。

また、興味深いことに「離島調査」とほぼ時期を同じくして、五島列島および平戸地方について、これらの地域全体にかかわる西海国立公園設定に向けた長崎県の調査チームが結成されている。人文地理学者・山階芳正（現日本島嶼学会会長）を代表とする共同調査として宮本常一・井之口章次らも参加して五島各地を調査した。その成果は山階編『五島列島〜九十九島〜平戸島学術調査書』(18)ならびに宮本『私の日本地図』(19)、井之口「五島年中行事」(20)等にまとめられている。なお、井之口の手元にはこれらの調査にもとづいた未刊の『五島民俗誌』の稿本があるという。(21)

さらに五島に在住した地元の研究者による著作についても多少ふれておかねばなるまい。明治期に宇久島で平村長をつとめた大久保周蔵によって『通俗五島紀要』(22)が著され、一九一八年には当時長崎県下の各行政町村ごとに郷土誌が編纂されている。(23)昭和初期には中島功が『五島編年史』(24)を編纂し、『五島民有新聞』紙上には久保清が「五島秘史」(25)を連載している。

実際、こうした先行研究の状況を「離島調査」当時の関係者がどれほど把握したうえで、現地調査を行なったかは定かでない。しかしこのようにたどってみれば、竹田旦による樺島、井之口章次による宇久島の調査は、五島列島民俗研究史のなかでしかるべき意義を有していることが理解されるであろう。こうした理解をふまえて、以下の節において樺島と宇久島の「離島調査」の概要を再構成的に把握したい。そのさい重要な事項にもかかわらず、「手帳」にはほとんど記述されていない、樺島のカクレキリシタンや宇久島のカインココなどについても、「手帳」および『離島生活の研究』の記述内容の再検討ならびに筆者自身による追跡調査の結果にもとづいて詳述したい。

3　長崎県南松浦郡樺島村（現福江市）における「離島調査」

竹田旦による調査

竹田旦による樺島（昭和三十年代、福江市への編入合併以後、西彼杵郡野母崎町の樺島と区別するため椛島と表記変更）調査の期日は一九五〇（昭和二十五）年八月十七日〜二十六日である。「離島調査」は、戦後の転換期における五島地方の生活の一端を描写している点でも意義がある。そのことは戦前の『五島民俗圖誌』と比較すればより明確になる。『五島民俗圖誌』の「島民の生活状態」では五島の生活に関して、世界恐慌や厳しい国内情勢のなかで生活にいっそう苦労している島の人々の様子が描写されている。(26)樺島村についても、「島内めぐり」の章（「島内」は五島列島の意）で、本地は島内でも最小村で、面積も至つて狭まく、地勢も不利であり、且つ戸口は比較的に多いので、経済力も弱くて、島内での最下位に置かれてゐる。（中略）本村に他への出稼人が多い事は必然の結果である。(27)

と、五島でもっとも貧困な村のひとつとして描かれている。

ところが、戦後数年を経た時点の「手帳」では、対照的に活気のある五島像が描かれている。当時、五島沿岸ではイワシ網の水揚げが豊富で、以前に比べて経済的に潤っており、また復員兵などが島に帰郷してきた時期でもあり、人口も多かった。五〇年度版『五島地区要覧』の裏表紙全面にわたる本竃揚繰網漁船団の広告には、船名、鰯の絵が大きく描かれ、当時の活況を伝えている。五一年の『新版五島民俗誌』では「島民の生活状態」は書き直され、

戦後の緊迫期に於てすら、彼等は快よく自分の郷土に入れて衣食を給し、住家を世話した事実が各地にある。即ち農村では耕す畑を貸與し、漁村では働く仕事を與へ、病人には醫藥さえ給して夫等の家族を不安なく生活せしめている。(28)

と、五島全体の経済状況が好転して衣食住も多少とも改善されつつある姿が描かれている。樺島の空前の好景気の中、調査を行なった竹田自身も、この時点の状況を以下のようにふりかえっている。

昭和二五年ごろを頂点とする五島海域のイワシ揚繰網の好景気につられて各地から多数の漁夫が集まってきたためで、いわば短期間の異常な現象であり、筆者の調査がたまたまかような時期に行われたことを注意すべきである。(29)また、イワシ景気の恩恵によって、家々の調度品の多くが、立派とはいえない家屋とは対照的に新品であったことを回顧している。(30)

樺島の本窯郷と伊福貴郷の二つの大字からなる。一九五七年に福江市に編入合併されたが、調査当時は南松浦郡樺島村であり、竹田の調査は一島＝一行政村についての把握であったことになる。(31)樺島の「手帳」そのものの記述はかなり充実している。島の歴史や習俗に関する項目の大半は本窯にて採取し、労働力も人口も倍の規模の伊福貴ではおもに生業について採集したようである。今回の調査であらためて気づいたことは、当時のおもな話者であった元村長（故人）は禅宗の檀家であり、そのためか「手帳」の年中行事の項目には、禅宗系統の行事が比較的多く見られることである。

樺島島民の多くが福江島の富江大蓮寺の浄土真宗系の門徒であることを考えれば、話者の特性による聞き取り内容の片寄りは軽視できない。

竹田が調査を行なった一九五〇年には、樺島村には三〇〇〇人を超える島民がいた。イワシ網の好景気で多くの労働力を必要としたからである。しかしその後イワシが獲れなくなり、徐々に人口は減り続け、二〇〇一（平成十三）年三月時点で椛島の島民は一六一世帯、二九七人である。

樺島の生業についていいえば、竹田は採集当時に盛んであったイワシ網について、船団、組織構成などについて非常に詳細に記述している。のちに関西学院大学の田和正孝が竹田の調査をふまえて樺島の漁業について研究しているが、[32]「離島調査」のデータが漁業地理の専門家にも参照に値するものであったことがうかがえる。イワシ網が発達する以前には樺島の漁民は一本釣りを主としていた。動力船団によるイワシ網は当時先端の漁法であり、もちろん樺島独自の伝統的漁撈ではない。イワシの不漁にともない、その組織も船も一九五七年には完全に失われ、現在の樺島は延縄漁業や一本釣りが中心である。竹田の調査当時とはまったく異なる漁業形態へと劇的に変化したのである。

樺島の話者

樺島の当時の人口は三〇〇〇人以上であったが「手帳」に記された主たる話者は三人である。そのうち元樺島村村長と農業を営む老人の二人は本窯郷。漁業を生業とする一人は伊福貴郷の男性であった。今回、これらの話者の親類縁者にたずねたところ、元村長の直系の子孫は転出していたが、家屋は追跡調査時まで残存していた（二〇〇〇年に取壊し）。ちなみにその間取りは『離島生活の研究』の論稿に図示されている民家の間取りであった。[33]当時、元村長一家は島内ではまれな禅宗の檀家であり、樺島では禅宗の檀徒のみ行なう正月の幸木、盆の精霊流しなどの行事についてはこの家にて採取したものと考えられる。またこの家は「先ン宿」という屋号を持ち、当時はその名のとおり旅館を営んでおり、竹田はこの屋敷に滞在し樺島を調査したとみられる。

竹田が生業暦や本窯集落について聞取りをした当時七六歳の話者に関しても、直系の子孫は残っておらず、他家に嫁いだ娘方の孫が暮らしているが、本宅はかなり以前に取り壊され空き地になっている。

伊福貴郷の話者一人は次男が今でも島に在住しており、一家はそろって伊福貴の延縄漁業の中心的役割を担っている。

カクレキリシタン

樺島で点在集落と呼ばれる小集落は、「離島調査」当時カクレキリシタン[34]集落であったとみてよい。「手帳」の話者には点在集落の住人とみられる人物は見受けられない。しかし、竹田が雑誌『民間伝承』に掲載した記事には「樺島の点在の大半はカクレキリシタンである」と報告されている[35]。樺島では点在集落に特有の隠居分家慣行（末子相続）については若干言及しているが、それ以上の詳細な記述はほとんどない。五島の隠居分家慣行については、それ以前に瀬川清子により久賀島細石流のカトリック信者家族について報告されている[36]。その後、竹田は一九五九～六〇年に久賀島の戸籍を悉皆調査し、隠居分家慣行の実態を解明している。そのさい伝聞によると思われる樺島の事例をも引照して論稿を著している[37]。

五島におけるカクレキリシタン調査の先駆者は、宗教学者の田北耕也である。田北は一九三一（昭和六）年七月、福江島・久賀島・奈留島などを訪れ、カクレキリシタンの習俗について調査する一方、彼らの教理書とされる『天地始之事』を奈留島で発見している[38]。

福江島や久賀島・中通島などにおいて迫害、潜伏、復活の歴史がすでに認識されていたのに対して、樺島のカクレキリシタンについては、その存在が再発見されるまでには時間がかかった。五島各地に数多くみられるようなカトリックの天主堂が樺島に設立されたことはなく、カトリック信者も現在わずかに高齢の一世帯のみで、それも転出した後継者の婚礼に際しての改宗に従ったもので、当人たちは祖先祭祀など、いまだ伝来の方法に従っている。前述の山階芳正は一九四九～五〇年にのべ一〇〇日に及ぶ五島列島の調査を行ない、樺島にも訪れているとみられる。以下の記述はその際の見聞と思われる。

帳は勿論秘密組織であって、その秘密保持の程度が頗る厳重であることは、近隣ヂゲ部落の人々すら旧切支丹の存

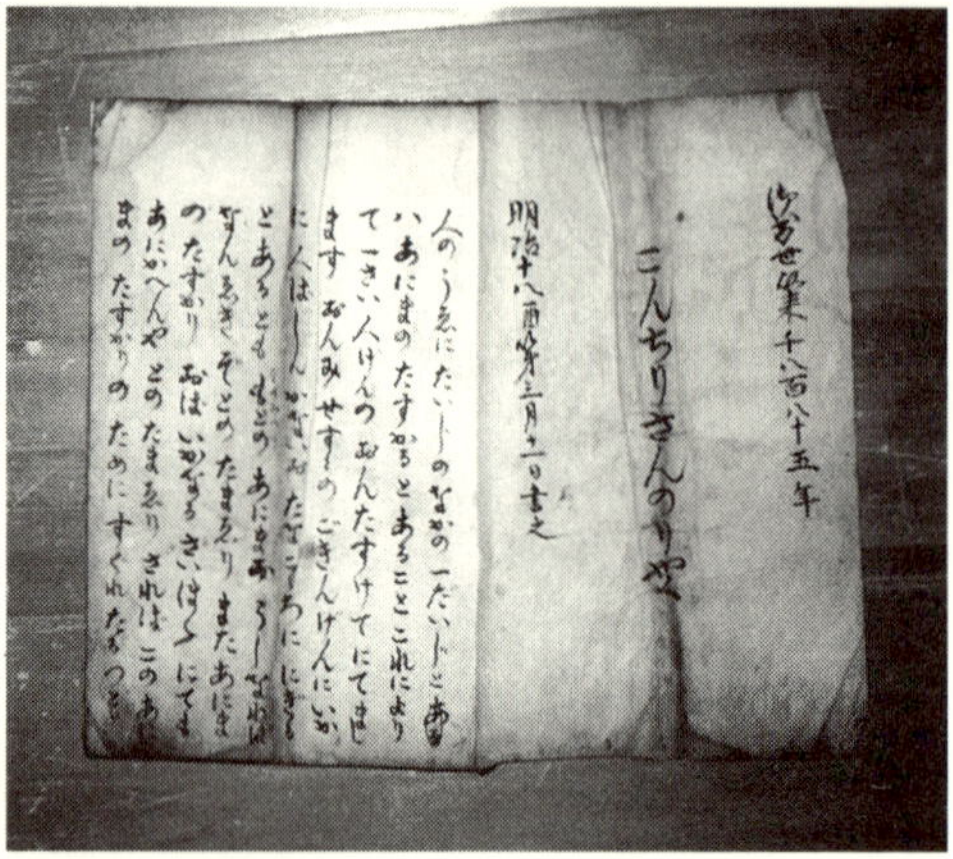

写真１　**樺島のオラッショ**（1998年、福江・堂崎天主堂で筆者撮影）

在を全く知らぬ場合が多い事からも容易に知れよう。筆者は樺島の看防（筆者注　カクレキリシタンの役職）の義兄にあたるヂゲの人に、義弟がかかる宗教の信奉者であることを筆者からきくまで夢にも知らなかったといわれた経験がある。(39)

そうしてみると、樺島のカクレキリシタンの信仰が島民たちに知られるようになったのは山階の調査時点とさほど変わらないということになる。ちなみに、今回筆者による伊福貴における聞取りでも、ある古老は、

戦後間もなく、宮様（皇族の家系である山階のことであろう）が樺島に調査にいらっしゃった。そして点在集落の調査をした時、「この島にはキリスト教徒が沢山いる」とおっしゃった。それまで地下《ちげ》（伊福貴、本窯集落のこと）の人々は、点在の人々が神道ないし真言宗の信徒と考えていた。この宮様の指摘によってはじめて点在集落がカクレキリシタンであることを知った（一九九八年、伊福貴にて筆者による聞き取り）。

と語った。

五島列島でも、福江島・中通島などでは、明治初期にはカクレキリシタンやキリスト教徒の存在は知られていた。樺島については『民間伝承』における山階の報告、同号に掲載された竹田旦「肥前樺島」ではじめてカクレキリシタンの存在が公にされるのである。そうしてみると、点在以外（地下）の島民の多くが、点在集落をカクレキリシタン集落として認知した時期と、山階、竹田ら外来の研究者が認知した時期とはほぼ同じであると考えてよい。

なお、竹田による調査の直後と思われる一九五一年、宗教学者の古野清人も樺島のカクレキリシタンについて現地調査を行なっており、樺島におけるカクレキリシタンの儀礼である「授け」、祈りの言葉「オラッショ」などについては

じめて詳細に報告している。(40)近年でも川上弥久美(41)、金川義人(42)、堀江克彦・松浦康之(43)などによって樺島のカクレキリシタンの調査研究が行なわれている。

樺島のカクレキリシタン組織は一九八七年までに解散し、神道や真言宗などに改宗し(44)、伝承者もわずかになっており、現時点におけるその追跡は難しい。後継者が島内にとどまること自体が極端に少ないので隠居分家慣行が存続するはずもない。儀礼やオラッショなどについても、「帳方」「水方」などと呼ばれる男性のリーダー層の間でのみ極秘に伝承されてきたのであり、すべての点在の人々に身近なものではなかった。その内容も樺島の点在集落の芦ノ浦・竹ノ浦・隠崎などの地区ごとに若干の違いがある。「手帳」には、洗礼にあたる「名づけ」、クリスマスに相当する「おたいや」等についての記録はなく、その他の事柄についてもおおかた地下集落の人々からの伝聞による記述にすぎない。ともかく点在集落では、本窯・伊福貴といった中心の集落とは異質な信仰生活が営まれてきたのである。部外者に知られぬよう見張りを立てて儀礼を行なっていたほどであり、昭和期末の組織解散以前の点在集落について、詳細な調査は不可能に近かったにちがいない。したがって、地域の文化変容のあり方も地下とは大きく異なっていたはずである。筆者も現在の点在集落をたびたび訪れているが、半世紀の変容の詳細な追跡のためには、「手帳」の記述の再構成にとどまらずさらなる調査を続ける必要があることを実感した。

4　長崎県北松浦郡平町・神浦村（現宇久町）における「離島調査」

井之口章次による調査

井之口章次の宇久島滞在期間は一九五一（昭和二十六）年十一月七日〜二十二日である。その翌年の一九五二年六月四日〜九日、宮本常一も西海国立公園指定に向けての調査で五島全域を巡り、その一環として宇久島を調査している。(45)宮本の宿泊先も話者も井之口の場合とある程度共通している。同じことは、両者がそれぞれに宇久調査後に訪れた隣島の小値賀島における調査についてもいえる。井之口が民俗学研究所から当初赴くことを指示されていたのは宇久島のみであり、小値賀島の調査は井之口自身の希望で追加されていた。[46]

現在の宇久町は、当時は北松浦郡平町および神浦村の二町村に分かれていた。一九五五年に両町村は合併し、北松浦郡宇久町となった。宇久町は行政単位としての一〇郷、二八の町会から構成されている。井之口の調査の対象は現在の宇久町の範囲にあたり、当時の平町の属島、寺島も含まれている。ちなみに井之口は平の東光寺に宿泊したが、寺島は藩政期に東光寺の寺領であった。前節の竹田の樺島調査に比べてかなり広範囲の調査対象である。しかも、海の習俗にかかわりのある平地区の町部とその他農村部の記述があまり区別されることなく混在している。たとえば平では漁業について聞取り、平以外では農耕民が長男の結婚を期に次男以下を連れて別宅（ツボネ）に転居するという隠居分家慣行（樺島の末子相続との差異は長子の家督相続であること。現在は島に残る後継者が少なく、長男夫婦と両親が同居していることが多い）を見出している。なお、井之口の「採集手帳」には、神浦に関する描写があまりに少ない。[47]今回、筆者がなにより痛感したのは、神浦にも独自の民俗が息づいていたということである。

樺島と同様に宇久島も戦前の生活水準は低く、一九三三年に雑誌『島』で福田茂郎が「農業経営は未だ近代文明の洗礼に十分浴しない」と記している。[48]しかし戦後、井之口の採集時には宇久島が焼酎用のアルコール原料のカンコロ（サツマイモ）生産が盛んであり、経済的にも潤っていた時期であることが以下の記述からもわかる。

二月十九日。野方へ。朝鮮人の子孫だなどと、土地の人は本気で思ってゐる位、風俗がほかと変ってゐる、といふ噂だったが、最近のカンコロ景気で今では最も進歩的、文化的農村[49]（後略）。

もちろん裕福とはいえないが、経済水準が戦前よりは多少向上した様子がうかがえる。このように「採集手帳」以前の文献を参照することにより、調査当時の状況がいっそう把握されるのである。

宇久島の話者

宇久島において井之口は、二週間あまりの滞在期間に二十数人の話者から聞取りをしている。現在は、それらの話者宅の半数近くは島内に残っていない。話者のうち十数人は平地区の町部の人である。井之口の調査では、比較的広い宇久島のごく一部の地域の人々からの聴取であったことがうかがわれる。注目すべき話者は、宿泊先にしていた東光寺の住職の松田俊勝、宇久島代官の末えいの泊本三郎である。この両者は宮本常一『私の日本地図』にも話者として登場する。とくに泊家は宇久の名家であり、近世期の宇久に関する大量の古文書「泊家文書」を所蔵し、また宇久島郷土研究上重要な人物であった(50)。

代官を勤めた泊家に近世の古文書が大量に所蔵されていることに宮本・井之口双方ともに注目していた。宮本常一はその文書の一部を閲覧しているし(51)、井之口は「手帳」の巻末に、

平の役場嘱託、泊本三郎氏の家は旧家で古文書、記録が長持一杯分位ある。時日を殺がれることを恐れ、又私自身は興味も薄く、殆ど読めないので、その内の少しだけの目録を示す（未整理、順不同）。古文書専門に調査に行かれし人ある由(52)。

と記している。このように「泊家文書」は、はやくからその価値を指摘されていたが、平成八年になってようやく泊家の了承のもと長持ごと持ち出され、小値賀町歴史民俗資料館に寄託されて、調査、保存されることになった。内容の解読は目下進行中であり、宇久研究にとっての実りある成果が期待される(53)。

カインココ（念仏踊り）
念仏踊りのカインココ(54)は、現在、宇久町指定の無形文化財である。井之口が宇久島を訪れたのは一九五一年初春であり、夏の盆行事や秋の祭礼などを実際に見聞したわけではない。しかし、おそらくは伝聞によりカインココについて、以下のように記述している。

風流。雨乞に風流をする。カエンココ、又はネンブツともいふ。城ン岳のタカリに在る愛宕様に篭り、ここに風流を捧げる。太田江ではカエンコッコは墓でする。頭に大きな笠を被り……。

雨乞、及びヒヨリモシ（日和申し）に相撲とることもある(55)。

ここで井之口はカインココを宇久島の雨乞いの儀式として行なう踊りととらえている。そのためか「採集手帳」の盆

写真２　カインココ（1999年８月、筆者撮影）

行事の項目にはカインココについての記載はない。ただし、「信仰と俗信」の五島神楽の説明に「盆。山本。マヘブリ三人、太鼓三人、平鉦、オモガネ二人。[56]」と記されている。これはカインココの構成とまったく同じものであり、おそらくは神楽と誤解していたのではないかと思われる。

カインココについては宇久氏（後の五島藩主五島氏）の祖・平家盛の従者であった、藤原久道が記したと伝えられる『蔵否輯録』に以下のように記されている。

七月十四日ノ事ナルニ在家ヘ鉦太鼓ヲ打声高ナルヲ聞玉ヒ何事ナルソト尋玉フニアレハ盆念佛ニテ先祖ヲ祭ルナリト答タリソレ呼ヘトアリ盆念佛参リシニ上下ヲ高股立ヲ取タルアリ又笠ノ大ナルヲ被リ太鞭ヲ掛腰ニ蓑ヲマトヒタルアリ[57]

現在の認識では、カインココは神楽ではなく、元来盆の際に踊られる念仏踊りであり、福江市のチャンココ、三井楽町嵯峨島のオーモンデー等の元祖である、とされている。前述の福田茂郎は年中行事の紹介の際、「一つ特異な盆踊」として挿絵つきで紹介している。[58]井之口は雨乞いであるカインココを「墓場でする場合もあった」と記しているが、それは誤解であり、各集落において新盆の家や墓前で踊るものであった。カインココは宇久島の太田江郷をはじめ、神浦村郷・小浜・山本など、集落ごとに行なわれてきた。日照で雨が乞われるときには城ヶ岳山頂の愛宕様で踊ることもあったといわれている。[59]カインココが五島地方に伝わる盆に行なわれていた念仏踊りの一種であることは一般的な見解である。外来の調査者の場合、調査期間の関係で、年中行事を実際に見聞しえないことも多い。その結果、現在に比べて交通の便の悪かった「離島調査」当時では、宇久島の民俗としてもっとも重要な行事の一つ、カインココの具体的な記録が欠落するという結果になってしまっている。

カインココは盆の行事としてはすでに消滅している。伝授する者も継承する者もおらず、古老たちの記憶にわずかに残るのみという実態である。しかし、かろうじて最近、小浜郷出身者を中心とした団体である「小浜自然学校」の有志によって保存・伝承されている。しかし、複数あったとされる演目類のうち現在演じられるのは一種類のみである。八名一組の人数が集まらないこともある。いまや特定の墓前で舞うことはなく、郷土芸能としてのみ披露され、最近制作された「家盛太鼓」の披露に併せて「上演」されるものに変容している。筆者は一九九九（平成十一）年八月十六日夜(60)に小浜自然学校（旧小浜小学校跡）で行なわれたカインココを見学する機会を得たが、その時は正式の構成メンバーに二人足りない六人で上演された。盆にちなんだ郷土芸能として以外の機会では、九〇年以降「心やすらぐ平家の里」作りをめざす宇久町が主催する恒例の平家まつり（毎年十一月下旬月開催）において上演することもある。二〇〇〇年の平家まつりでは、宇久町に五島各地の郷土芸能を招き、宇久平港前の盛州公園でカインココの他にも、福江島のチャンココが上演された。ここに、民俗芸能が元来の伝承の場から離れ、さまざまなイベントの場で生き続けている姿をみることができる。

宇久島民俗研究の課題

樺島に比べて三倍の広さの宇久島（約二五平方キロ）は、「離島調査」時にその全体像を把握することが困難であったと思われる。限られた日程で調査研究を行なうことには限界がある。しかし「手帳」に記載されている宇久の民俗には、いくつか注目すべき事項がある。今後の課題としてそれらを挙げておきたい。

宇久町ではカインココのほかにも、平の八阪神社（神島神社）の祭礼、宇久島神社の例祭に行なわれる「しゃぐま棒引き」、また現在は行なわれていないが、本飯良地区の八幡神社の「長刀踊り」などさまざまな行事がある。さらに「手帳」に記されていない神浦のヒヨヒヨ祭りや、平戸諸島生月島などにも講員がいるといわれる本飯良の厄神社信仰、また各集落のさまざまな祠堂等も興味深い。

井之口が注目した、海士については、瀬戸内・朝鮮半島などにまたがる比較研究が期待される。なお宇久島の海士の調査研究は民俗学者の香月洋一郎が長年にわたりとりくんでいる。[61] また港町とくに神浦町部に残る屋号の数々、近世期に、周防大島から宇久島神社に奉納された祭具、平を中心にした捕鯨の伝統、五島と瀬戸内などを結ぶ海上交流など、宇久島に関しては民俗研究のテーマは豊富である。

また、井之口が指摘した、農村部の隠居分家慣行の変化も重要であろう。井之口による宇久島における報告は、前述の竹田旦の五島地方の隠居分家慣行研究にも寄与している。もちろん次男以下が島内に定住することが稀になり、特別養護老人ホーム「啓寿園」も整備されている現在、隠居慣行自体大きく変化している。こうした慣行の変化の詳細な把握も今後の課題となろう。

さらに、宇久島の平家盛伝説についての最近の扱いも見逃せない。源平合戦の壇ノ浦から落ちのびて宇久にたどり着いた家盛が、宇久の海士に助けられ、それ以後宇久を領するに至り、その功により、宇久の海士たちに五島沿岸一帯の採鮑権を保証したとされる伝説は、宇久町が進める「平家の里」づくりに活用されている。

5　おわりに

本稿では、まず、五島列島における「離島採集手帳」調査をこの地方に関する民俗調査研究の歩みのなかに位置づけ、そのうえで、「離島調査」の対象地となった椛島・宇久島・小値賀島の三島のうち、今回、追跡調査を担当した椛島・宇久島の民俗について、それぞれ竹田旦・井之口章次両氏の調査を追跡調査の「基点」として参照しながら論じた。

とりわけ、「離島調査」前史として柳田國男門下の橋浦泰雄による戦前の五島研究を、「離島調査」に至る伏線としてとらえ、さらに戦後の、山階芳正をリーダーとする昭和二十年代の「西海国立公園調査」との関連をも指摘したことにより、五島の「離島調査」の位置づけがより立体的なものになったのではないかと思う。

この半世紀の間に社会や文化が大きく変化したとはいえ、現在でも五島列島には民俗研究の対象となる事柄が無数にある。椛島のカクレキリシタン、宇久島のカインココなど、研究すべきテーマは多い。今回の再調査では、それらについて本格的な探求にまではいたっておらず、むしろ研究の端緒をつかんだにすぎない。それでも、「手帳」の追跡調査という機会があったからこそ、そうしたテーマの重要性が明らかになったことを、本論において主張したつもりである。このたびの追跡調査を出発点にして、筆者自身は、樺島のカクレキリシタン、宇久島のカインココおよび（本稿では論じる余地のなかった）樺島本窯の祭礼における「曳舟」、宇久島の〝離島〟といわれる寺島の集落などについてさらに研究を深めていくつもりである。

それにしても、これまで論述したとおり、「手帳」の内容を基点とすることに固有の難点も、今回の追跡調査であらためて気づかされた。半世紀前の限られた条件のもとでの調査であることを考慮しても、その調査を基点とするとはいかなることか、それをいかに再構成すればいいのか、という問題を、筆者は調査をとおして考えつづけた。本稿を執筆した主たる動機は、むしろその試行錯誤を表明することにあったといってもよい。

もちろん、「採集手帳」を基点とする追跡調査の問題点は、「離島調査」にのみあるのではない。「離島調査」より以前の「海村調査」や「山村調査」にもより難しい問題が存している。離島と異なり、山村、海村のばあいには、地理的範囲のとらえ方がはるかに確定しにくいからである。かつて「山村調査」の対象となったある山村を追跡調査した田中丸勝彦は、基点の状況を再構成することに苦心し、厳密な比較をなしえなかったことを告白している。[62]きわめて長期にわたる時間の幅で、民俗変化を追跡調査する意義は計り知れないが、そのさいの基点の再構成の問題は、追跡調査者が各々にさまざまな形で考えていかざるをえない課題である。柳田國男も『五島民俗圖誌』の巻頭で、すでに作成された資料をその後いかに利用するかは、十分に考察すべき問題であることを指摘しているが、柳田の指摘の意味を、筆者は今回の追跡調査によって痛感した。

ところで、「離島採集手帳」調査の成果は、その後『離島生活の研究』に調査地単位にまとめられ、今日、誰でも、もちろん調査地の人々にとっても、入手したり閲読することが容易である。実際、今回の再調査でお会いすることのできた現地の郷土史家たちの多くは『離島生活の研究』を購読していたり、少なくとも論稿のコピーを閲読していることがわかった。なかには、内容の誤りを添削してくださる熱心な読者の方さえいた。こうした離島研究の成果がまとめられ、なんらかの形で公表されることにより、現地の大人の世代はもとより、中学・高校生などの次の世代が自分たちの島を知る参考文献として活用する可能性も高く、[63]その影響力も軽視しえないことが、このたび実感された。そうしてみると、調査をとおして、現地に調査報告、民俗誌などの文献をもたらす我々自身の活動も、文化変化の一つの要因と見ることができるかもしれない。

註

(1) 日本民俗学会編『離島生活の研究』(一九六六年　集英社)で「離島調査」の対象地を分析してみると、島に対する全体像が調査地、調査者によって統一されていないことがわかる。
(2) 橋浦泰雄「平和と神秘とに満てる五島の村々」(『地方』三四巻一〇月号　一九二六年〔執筆は同年九月〕　帝国地方行政学会)参照。橋浦はこの調査をもとにして「五島の鬼の火」(『民族』二巻二号　一九二七年)等も執筆している。
(3) 鶴見太郎『橋浦泰雄伝――柳田学の大いなる伴走者』(二〇〇〇年　晶文社)七一～七五頁、八〇頁などを参照。
(4) 一九二八年の橋浦の五島における見聞については橋浦泰雄「肥前五島日記」上下(『島』一巻四号、五号　一九三三年、後に『民俗採訪』一九四三年　六人社に収録)を参照。
(5) 柳田國男「島の話」(『青年と学問』一九二八年　日本青年館　参照は『定本柳田國男集』第二五巻)一三六～一五八頁。
(6) 柳田國男「高麗島の傳説」(『島』一巻一号　一九三三年)。『島の人生』(一九五一年　創元社、『定本柳田國男集』第一巻所収)また、柳田國男と五島列島について考察したものに、内海紀雄「柳田國男と五島」(『浜木綿』第三三号　一九八二年　五島文化協会)がある。
(7) 橋浦泰雄『五塵録』(一九八二年　創樹社)所収、竹内道夫作成「橋浦泰雄譜」二九六頁。なお、同年譜で橋浦の論稿「平和と神秘とに満てる五島の村々」を「平和と神秘とに満てる五島の島々」とし、「肥前五島方言集」(『方言』一巻二号　一九三二年)の発表先を『郷土研究』としているのは明らかに誤りである。
(8) 柳田国男研究会編『柳田国男伝　別冊』(一九八八年　三一書房)三五頁など。
(9) 鶴見太郎『橋浦泰雄伝――柳田学の大いなる伴走者』九五頁。
(10) 桜田勝徳「肥前江の島記」(『島』一巻六号　一九三三年)、「肥前平島と出水の長島」(『島』一九三四年前期号　一九

三四年)。また桜田の調査記録はほかに「江島・平島記」(『桜田勝徳著作集6　未刊採訪記Ⅰ』一九八一年　名著出版)がある。報告には平島離島後に訪れた中通島有川の事例も採録されている。なお地理的に両島を五島列島の一部とすることはあるようだが、桜田は両島を五島列島の範囲とせず中通島に近い平島を「五島に一番近い島」と認識している。現地においても桜田調査当時、現在を通してその見解が一般的であるようである。

(11) 瀬川清子「山村採集手帖　長崎県南松浦郡久賀島村」(成城大学民俗学研究所蔵)。調査期間は一九三五年八月八日～二十八日。瀬川は久賀島の山村部および農村部を巡り、行政上の四地区のうち漁業を中心としている蕨集落以外の久賀、田ノ浦、細石流(猪之木)の人々および役場、学校等の公共機関に話を聞いている。(二〇〇一年三月、筆者による当時の話者の追跡調査)また手帖には中通島の魚目、青方、福江島等と記した事例も散見し、さらに『五島民俗圖誌』を参照した形跡も見られる。

(12)『南松浦郡樺島村郷土誌』(一九一八年　伊福貴尋常小学校)、『南松浦郡久賀島村郷土誌』(一九一八年　久賀尋常高等小学校)等。

(13) 久保清　橋浦泰雄『五島民俗圖誌』(一九三四年　一誠社　一九七四年　図書刊行会より復刻)三〇〇頁。『南松浦郡樺島村郷土誌』記載の前半部と同文。現在椛島でうたわれている歌詞とは異なっている。

(14)『五島民俗圖誌』の樺島村の事例とわかるもので『南松浦郡樺島村郷土誌』に記述されていないのは、「方言」のイワシ漁の際の公然たる盗みを意味する「ビワヲヒク」一語、および概況を記した「島内めぐり」のみである。なお「ビワヲヒク」は『五島民俗圖誌』の方言の章の前身と考えられる橋浦泰雄「肥前五島方言集」(『方言』一巻二号　一九三一年)に記載がないため、久保清による後の増補と思われる。

(15) 久保清　橋浦泰雄『五島民俗圖誌』(一九三四年　一誠社)巻頭　柳田國男による序文参照。

(16) 久保清　橋浦泰雄『新版五島民俗誌』(一九五一年　五島民有新聞社)

(17) このころ、樺島の事例を一部扱ったものでは、桜田勝徳による墓石調査、田島健による弘法伝説、伊福貴のイワイマショウの行事紹介などがある。桜田勝徳「肥前五島墓地見聞録」(『郷土研究』六巻二号　一九三二年)、田島健「長崎縣五島の奇習と傳説」(『民俗學』四巻二号　一九三二年)を参照

(18) 山階芳正編『五島列島～九十九島～平戸島学術調査書』(一九五二年　長崎県)。この報告書の刊行後にも共同調査は続いたらしく、井之口は一九五三年にも同調査のために平戸に赴き、約五〇日にわたって調査している。井之口章次「平戸紀行」(1)～(8)(『西郊民俗』四一号～四八号　一九六七年)参照。

(19) 宮本常一『私の日本地図5　五島列島』(一九六八年　同友社)一三～一四頁、二五～五九頁。

(20)井之口章次「五島年中行事」一〜六『西郊民俗』八、十、一一、一二、一四、一五号（一九五九年〜一九六〇年）
(21)井之口章次「長崎県壱岐・対馬・五島列島ほか」（『日本民俗学大系』一一巻　一九五八年　平凡社）五七頁。
(22)大久保周蔵『通俗五島紀要』（一八九六年　鶴野書店）。「五島」と名はついているが、内容の大半は宇久島についてである。
(23)『北松浦郡神浦村郷土誌』（一九一八年　神浦尋常高等小学校）、『北松浦郡平村郷土誌』（一九一八年　宇久尋常高等小学校）等。
(24)中島　功『五島編年史』（一九七三年〔執筆は一九三九年〕国書刊行会）
(25)久保清　橋浦泰雄『新版五島民俗誌』新版によせての久保自身の序文参照。久保清の著作は、一九六二年九月の福江大火の際、その大半が焼失してしまい現存するものが少ない。
(26)久保清　橋浦泰雄『五島民俗圖誌』六七頁。
(27)久保清　橋浦泰雄『五島民俗圖誌』五三五頁。少なくとも一九二八年の調査当時、橋浦泰雄は樺島には訪れていない。
(28)久保清　橋浦泰雄『新版五島民俗誌』四五頁。なお旧版で樺島の窮状を記していた「島内めぐり」の章はそれ自体が採録されていない。
(29)竹田旦「長崎県南松浦郡樺島」（『離島生活の研究』一九六六年　集英社）七〇九頁。「離島採集手帳」にはこの記述は見られない。竹田は「離島調査」以降、一度も樺島を訪れていない。
(30)井之口章次、竹田旦他「座談会「海村調査」・「離島調査」を語る」（『民俗学研究所紀要』第二一集　一九九七年）一二九頁。
(31)昭和初期には樺島の属島であるツブラ島に開拓民が住んでおり、分教場などもあったが、竹田調査の時点では無人島になっており、その状況は現在でも続いている。ツブラ島の盛衰については川上弥久美『五島樺島　その二　つぶら島物語』（一九八〇年　私家版）を参照。
(32)田和正孝「離島漁村の漁業の変化　——長崎県五島列島椛島」（『漁場利用の生態』一九九七年　九州大学出版会）を参照。
(33)竹田旦『離島採集手帳　第四冊〔長崎縣樺島村〕』（一九五〇年調査　成城大学民俗学研究所蔵）三五頁。後に「長崎縣南松浦郡樺島」（日本民俗学会編『離島生活の研究』）七一五頁。また、この「先ン宿」は五島地方で最古の木造民家として小西龍三郎ほか「離島の民家——五島列島に於ける中空構造について」（『日本建築学会大会梗概集（関東）』

一九八四年）二五二七頁に紹介されている。
(34) カクレキリシタンの呼称については旧切支丹、潜伏キリシタン、隠れキリシタン等さまざまなものがあるが、現在潜伏して信仰を守っているわけでなく、信教の自由を得た後も教会に戻ることなく、民俗信仰などと集合した潜伏時代の形態を保持し続ける人々を宮崎賢太郎は「カクレキリシタン」と規定している。筆者もその観点からこの表記を使用している。宮崎賢太郎『カクレキリシタンの信仰世界』（一九九七年　東京大学出版会）三〇～三四頁を参照。
(35) 竹田旦「肥前樺島」（『民間伝承』一五巻四号　一九五一年）
(36) 瀬川清子「五島雑記」（『旅と傳説』第九年十月号、十一月号、十二月号　一九三六年）などを参照。
(37) 竹田旦「五島久賀島型の隠居慣行」、「隠居分家慣行の展開」（『民俗慣行としての隠居の研究』一九六四年　未来社）二一一～二二三頁、三七一～四一六頁などを参照。
(38) 田北耕也『昭和時代の潜伏キリシタン』（一九五四年　日本学術振興会　一九七八年　国書刊行会より復刻）二六頁～三四頁参照。また、本文では樺島に関する言及はないが、巻頭の「長崎縣キリシタン部落及びカトリック教会分布図（一九五四年現在）」では樺島の伊福貴全体を旧切支丹集落、としている。
(39) 山階芳正「五島の人文地理」（『五島列島　五島列島～九十九島～平戸島学術調査書』一九五二年　長崎県）一五二頁。また、山階芳正「五島の旧切支丹」（『民間伝承』一五巻四号　一九五一年）では、五島の数あるカクレキリシタン集落の中から、樺島のカクレキリシタン集落である芦ノ浦の挿絵をつけ、紹介している。
(40) 古野清人『隠れキリシタン』（一九五九年　至文堂）二一一～二一九頁。
(41) 川上弥久美「五島樺島のかくれキリシタン」（『浜木綿』第三四号　一九八二年　五島文化協会）
(42) 金川義人『殉教の神秘　キリシタン研究書執筆姿勢へのお願い――私のささやかな抗議と怒り　第3回長崎旅行記』（一九八五年　出版経済研究所）
(43) 堀江克彦・松浦康之『キリシタン街道――長崎・島原・天草・五島……』（一九八六年　PHPグラフィックス）四六～五五頁。
(44) 村田裕志「五島列島・椛島のくらしと民俗――半世紀の変容」（『民俗学研究所紀要』第二四集　二〇〇〇年）六八～七二頁参照。
(45) 宮本常一『私の日本地図5　五島列島』一二～一四頁。
(46) 井之口章次、竹田旦他「座談会「海村調査」・「離島調査」を語る」一〇一頁。
(47) 一九九九年八月、神浦の町部在住の郷土史研究者、山田康博氏に『離島生活の研究』の宇久島の章を読んでいただいた上で記していただいたメモには「この調査は農家部の調査、神浦町部の調査はない。町部には商業、産業などと共に町の生活もある。（宇久島）全体の調査ではなかったのか？　神浦は神浦郷（農家部）とするべきであった」とコメントされている。
(48) 福田茂郎「肥前宇久島」（『島』一巻五号　一九三三年）四四八頁。
(49) 井之口章次「離島採集手帳　第一冊〔長崎縣宇久島〕」（一九五二年調査　成城大学民俗学研究所蔵）一七六頁。後に一九六六「宇久島日録」（『西郊民俗』三九号　一九六六年）一〇頁に再録。
(50) 泊氏は、『広報うく』一四号（一九六二年二月号）〜一九号（同年七月号）にわたって「宇久地名考」を連載している。宇久島の多くの方がたに泊氏の名前を出せば「宇久島の古いことについてとても物知りな人でした」という評価であった。
(51) 宮本常一『私の日本地図5　五島列島』一四頁。
(52) 井之口章次「離島採集手帳　第一冊〔長崎縣宇久島〕」七〇頁。『離島生活の研究』には、この記述も、この後に記されている文章名も採録されていない。
(53) 小値賀町歴史民俗資料館の飯塚博、魚屋優子両氏のご教示による。泊家文書の内容については、小値賀町歴史民俗資料館編『長崎県北松浦郡宇久町　久保川泊家文書目録』（一九九八年）を参照。
(54) クワインココ、カエンコッコ等の別称もある。たんに念仏踊り、と称することもあったようである。
(55) 井之口章次「離島採集手帳　第一冊〔長崎縣宇久島〕」一五二頁。
(56) 井之口章次「離島採集手帳　第一冊〔長崎縣宇久島〕」一四五頁。なお、『離島生活の研究』の同様の記述も、やはり神楽の節にある。
(57) 福江市立図書館蔵『蔵否輯録』（私家版複写）を参照。本書は五島の念仏踊り（カインココ、チャンココなど）についての初出文献資料としてよく用いられている。原本の成立時期は定かではないが、巻末に「文政五午十一月吉辰　二十六代孫　藤原友衛恭治」との記述があり、少なくとも近世後期以前の成立と思われる。
(58) 福田茂郎「肥前宇久島」四四九頁。
(59) 一九九九年八月、および二〇〇〇年八月、山本集落在住、中村増次郎氏より筆者聞き取り。氏は井之口の調査時の話者でもあり、松田俊勝氏に頼まれ、父や近隣の人々と共に話者として話をしにいったことを覚えておられた。
(60) 宇久町では大半の集落が八月十五日に盆の送りを迎えるが、小浜地区は十六日が送り日となっており、それに合わせたものと思われる。

（61）香月洋一郎「島の社会伝承――海士集落を通して」（『東シナ海と西海文化』一九九二年　小学館）はその成果の一部である。
（62）田中丸勝彦「禁忌の変容について――栃木県安蘇郡旧野上村」（『西郊民俗』六二号　一九七二年）一六頁。
（63）二〇〇〇年度に福江市立樺島中学校で行なわれた朗読劇の台本、『二〇〇〇年　国語科・社会科合同学習　物語「椛島と平家」』（山中芳則・高田紀子指導）には、筆者と共に樺島の追跡調査を行なった村田裕志による成果「五島列島・椛島のくらしと民俗――半世紀の変容」がすでに参考文献としてあげられている。

Ⅲ　漁撈活動の変化

1 海と暮らしの解離(1)――離島における漁と観光

小島　孝夫

はじめに

一九六〇年代前半までの日本社会は、所与の環境から資源となるものを見いだしそれらを生活資材として利用することで生活を維持するという、地域社会単位での物質循環に支えられていた。当時の社会は、自然界から得られる資源を持続的に循環的に利用するという規範が人びとの意識のなかに深く埋め込まれていた社会でもあった。ところが、第二次世界大戦後の高度経済成長期を経て今日にいたるまでに、こうした地域を単位とした資源循環社会はあまねく解体を余儀なくされていった。工業化社会の進展はより大量に、より速く、より安価に物質を生産することを命題としていたため、地域社会外から容易に大量の物資が調達できるようになったとき、当該社会の厳しい制約のなかで維持されてきた規範自体が当該社会における意義を失い、伝統的な規範も衰退していったのであろう。

筆者は本研究に従事する過程で、こうした傾向が調査対象となった離島だけでなく日本社会もまた同様であったことを強く意識することになった。離島生活の課題は島国日本の課題を象徴するものでもあったのである。また、四方を海に囲まれた離島の基幹産業に注目すると、直接的な海洋資源利用の生業である漁業から、離島が有する自然環境などを観光資源として間接的に利用する観光業へと高度経済成長期を経る過程で推移してきていることと、その社会的背景として一九五三年に施行された離島振興法の存在が大きな影響を与えていることを指摘してきた。[2]

小稿では、筆者が「海村調査」の追跡調査を実施した離島の事例を中心に、各島の漁業と観光業との推移を確認しながら、離島での漁と観光との関係が象徴している離島生活における海と暮らしの解離の実態について考えてみたい。

1　自然と生活の距離

「沿海諸地域の研究」をすすめるにあたり、プロジェクト全体に共通した視座として、「生産活動の変化」「海に対する心意の変化」という二つの調査項目を設けた。そして、筆者がこの二つの視座から考えようとしたのは、離島における経済活動の変化の分析をとおして、離島に住む人びとと海との間の心理的距離がどのように推移してきているのかを明らかにしようということであった。

具体的には、離島振興法による諸施策が離島の生活環境整備を急速に進展させたことにより、離島という比較的閉鎖的な環境のなかで培われてきた伝統的な生活文化に生じた変化を、自然と人びととの生活との心理的距離の変化としてとらえてみたいと考えたのである。地球規模の環境問題が社会的な課題となっているなかで、それらに直接的に間接的にかかわっているはずの人間の生活や生活文化は、日常的な卑近な事象であるために、環境問題の議論のなかでも学問の対象として看過される傾向がみられる。しかし、生活や生活文化は、当該地域の人びとと自然環境とのかかわりを総体的に把握することができる重要な研究領域であり、人間の生活の総体を研究対象として人びとの心意を明らかにしようとする民俗学にとってももっともふさわしい研究対象なのである。

本プロジェクトで筆者が調査の機会を得たのは、島根県隠岐郡都万村（隠岐島後）、愛知県知多郡南知多町日間賀島、東京都八丈町（八丈島）である。各調査地の詳細は資料編に詳しいが、これらの島々は同じ離島とはいってもそれぞれ異なる属性を有している。都万村は島根半島の北東約八〇キロ沖合に位置する島後四町村の一つであり、日間賀島は知多半島先端の師崎から沖合わずか四キロの三河湾内に位置する南知多町の属島であり、八丈島は伊豆諸島南部の東京から約二八七キロ沖合に位置する一島単独の自治体である。

こうした属性の異なる島々であるが、各島に共通する生産活動の傾向はいずれも観光業を基幹産業にしようと指向していることであった。日間賀島や八丈島は従来から観光の島としての指向が強い島であったが、都万村においても、一九七〇年代後半から観光施設の建設が積極的に進められているのである。三つの島における観光業の振興策は、指向時期に差はあるが、各島内では新たな生産活動として位置づけられるものである。それに対して、各島の伝統的な生産活動である漁業は従事者の高齢化や後継者不足によりしだいに衰退してきている。属性の異なる島が観光業への共通した指向をもった点や、その過程で島の生活にとってもっとも卑近な生産活動であった漁業が衰退していったことも共通していることから、離島振興法による島の開発という外的要因はすぐに指摘できるとしても、そうした動きを受容していった離島生活者の心意にも留意しなければならない。穏やかに推移しているように見える日常生活においても、人はさまざまなことを判断し決断しながら生活を維持してきたはずである。それらの推移を客観的に見たときに変化を受容した人びとの心意として認識されるものがあるはずである。

2 離島における生業の変化

離島生活者と海とのかかわりがどのように変化したのか、以下では島の生産活動の変化に注目し、伝統的な生産活動であった漁業と新たな生産活動である観光業との関連を島ごとに概観してみたい。

都万村の事例

一九四〇年代前半までの都万村の漁業は、アジ・イカ・イワシ・サバ・タイ等の魚種とサザエ・アワビ等の貝類とノリ・ワカメを対象としたものであった。回遊魚を対象とした網漁は津戸で行なわれており、蛸木では一本釣漁・延縄漁・カナギ漁（見突き漁）は蛸木が盛んであった。他の集落では一様にカナギ漁を中心とした零細規模の漁が行なわれていたようである。一九四四年の大字別漁獲量をみると、漁業を主とする世帯の多かった津戸と蛸木が圧倒的に漁獲量が多く、イワシ・サバ・アジ・イカ・サザエを漁獲している。都万ではサバ・ブリ・イカが多く、那久・油井ではアラメ・ワカメ・サザエ・アワビ・ナマコといったカナギ漁による漁獲物が多く含まれている。

第二次世界大戦後、隠岐島周辺では境港を根拠地とした内地資本家による巾着網漁が増加していった。それによる接岸魚種の減少の影響から島内の主要漁法であった四ッ張網漁による漁獲量は大幅に減少していき、一九五〇年ごろから四ッ張網漁業の操業停止が相次いだ。それにより、アジ・サバ・イワシといった大量漁獲が可能な魚種の漁獲が激減し、島内や村内で消費する分さえも境港市から移入するという今日まで続いている魚介類の流通構造ができあがった。こうした漁業不振を打開するために一九五七年には津戸漁業協同組合は小型和船巾着網漁に取り組んだが、資本の蓄積が少なかったため当時の網漁の経営は困難をきわめたという。この年を最後に明治時代から続いてきた四ッ張網漁も完全に姿を消した。油井の定置網漁では、現在も若い漁業者を内地から招く試みを続けているが、定着する者はごくわずかしかいないという。

六〇年代後半にはいると船外機が急速に普及し、それまでの無動力船も動力化されていった。現在、漁業への新規労働力の流入は少なく、漁業労働者の高齢化がすすんでいる。懸案であった村内漁協の合併が近年ようやく実現し、漁業経営の強化が図られようとしている。

一方観光に注目してみると、隠岐島が一九六三年に大山隠岐国立公園に追加指定されたことから、都万村も観光地として脚光をあびることになった。六五年以降のレジャーブームに乗って観光客数は急増し、七三年には年間二一万六、〇〇〇人の観光客が来村した。離島ブームが去った後、観光客数は減少を続け、現在では年間一五万人ほどで推移している。天然の景勝地に恵まれてはいるものの、景色をながめるだけでは観光客を素通りされてしまうだけとなるため、現在は宿泊施設の整備とそこを拠点とした年間にわたり観光客が能動的に活動できる観光レクリェーション施設の建設が試みられている。

都万村の現在の産業構造は農林漁業の第一次産業を基幹としているが、生産基盤は脆弱で生産規模や技術も低位にあるために生産性も低い。このような現状から脱却し活力に満ちた地域社会の形成をめざすため、交通・通信網の整備、漁港や港湾の整備、農林水産業の生産基盤の整備などの事業が進められており、一九八四年度には豊かで活力ある村づくりをめざして「都万村ニューカントリー建設計画」が策定された。住民自らが村の振興を図るべく意識の活性化を促進するとともに、産業面においては、とくに漁業振興および海洋資源を活用したリクリェーション施設の整備を行ない、これらが他産業と一体性をもつような振興をめざすというもので、都万村村政の基本方針としてさまざまな施策が試みられたが、過疎化現象や超高齢化問題等がいっそう顕在化することになった。これらの施策は自主財源の乏しい都万村の単独事業としては実施不可能で、国や県への過剰な財源依存により可能になったものであった。そして、一九八五年の都万村ニューカントリー建設計画策定後に顕著になったのが、公営住宅竣工、奥津戸開発・あいらんど広場造成、あいらんどログハウス竣工などの島外からの定住者や旅行者に対する整備事業である。これらもまた離島振興法に財源の基礎をおいた施策であった。ここまでの諸事業は全国でほぼ一律に行なわれていた基盤整備を中心とした離島振興策をそのまま観光振興策としたという印象は否めない。住民の総意というよりも、行政主導の基盤整備の歴史である。

日間賀島の事例

日間賀島の戦後の漁業は次のように推移してきた。第二次世界大戦後の主漁場は伊勢湾、三河湾および渥美半島の外海で、小型機船底曳網を中心に機械船曳網、さし網などの網漁や一本釣漁などの漁船漁業と島の沿岸域での海苔やワカメの養殖も盛んである。それ以外にも沿岸浅海ではシャコ・カレイ・タイ・貝類・シラス・イカナゴ・エビ・カニ・タコなどの漁獲も多く、シラスは島内の水産加工業者により加工されているほか、一部の漁獲物は島内の観光業者に供給されている。

島の漁業が大きく転換したのは、日間賀島漁協が島民のいう「大陸」にある片名漁協と協力して、それまでの島内の市場を廃絶し、一九七四年に片名に市場を開設したことである。それまでの日間賀島の漁業は、小規模な市場に対して豊富な漁獲量という不釣り合いな均衡のなかで、オシオクリと呼ばれる仲買人やフダバと呼ばれた小規模な取引が行なわれていたが、より広い市場を開拓しなければ漁民の利益にならないという判断のもとに、島外に市場を設けたのである。次に、日間賀島ではＦＲＰ船の導入を積極的に進展させるために、漁船の新造のために一九七五年から一〇年間組合員に対して低利の融資を行ない、その当時では一般的ではなかった強化プラスチック船への転換を積極的に推進し、漁獲高の増加を実現させることにも成功したのである。

日間賀島では漁船と若い漁師の数が目につくが、こうした歴史が現在の日間賀島漁業を支えてきたのである。一九九七年度の水産業生産額は総額二八億六〇〇〇万円で愛知県内でも有数の漁獲高である。日間賀島の第一次産業と第三次産業との間には、島内の旅館等に新鮮な魚介類を供給するという関係もみられるが、水揚げの八〇％が本土側に水揚げされている。

観光に注目してみると、日間賀島は一九五七年十二月に離島振興対策実施地域に指定されて以来、本土との格差を是正するための基礎条件の改善や産業の振興が図られてきた。さらに五八年には日間賀島は三河湾国定公園に指定された。次いで名鉄海上観光船が営業されると、名鉄グループ内で名古屋と直結した行楽地として位置づけられ四季を通じて観光客が訪れるようになり、旅館や民宿の開業がすすんだ。敗戦直後の一九四七年に海底送電が実現し、さらに一九七二年と七八年に電力の増強が実現した。一九六二年に篠島とともに愛知用水からの海底送水が実現し、七二年には愛知三島水道企業団が組織され水道施設の増補が実施された。これにより観光業の基礎が完成し、漁業や水産加工業も観光を念頭に置いたものに変化していった。一九六〇年代後半以降は島内の観光開発が盛んに行なわれるようになり、島の外観も大きく変化していくことになった。宿泊施設は七三年には三六であったが、八六年には九四となり現在までほぼ同数で推移している。島の周囲に外周道路が敷設され、外周道路に接するように旅館やホテルが建設され、伝統的な集落はそれらに取り囲まれるようになってしまった。その後もこれらの林立するホテル群は改修や高層化がすすみ、高速船の発着所周辺は現在ではおよそ離島とは思えないような景観となっている。小売業などもかつての漁家の副業的な商いから観光客を対象とした営業へと大きくさま変わりした。夏季の海水浴客が全体の三〜四割を占める傾向が続いているが、現在では通年にわたり観光客を誘致するような企画が準備されるようになり、年間四〇万人前後の観光客が訪れるようになった。日間賀島は景観的な資源が乏しく、海水浴と釣を楽しむ観光客位しか集めることができなかった。そこで日間賀島の人びとは島内で行なわれていた年中行事を観光行事化したり、島内の故事や伝説にまつわる魚介類を島の名産として特化する方法で篠島とはまったく異なるイベント中心の観光戦略を行なうようになったのである。近年はしだいに減少傾向がみられるようになり、一九九七年度の日間賀島の観光客数は二七万八〇〇〇人であった。

日間賀島でも島の基幹産業は漁業から観光へと推移しつつあるが、生産活動としては個別に存立している。日間賀島の漁業は内地に近く豊富な水産資源を有する漁場により支えられており、そのことが生業として独立した経営戦略を維持することを可能にしている。隣接する篠島が島内漁獲物はすべて島内で加工消費しているのに対して、日間賀島では二〇%ほどしか島内には供給しておらず、必ずしも漁業と観光業との連携は循環的な関係ではない。それに対して、社会生活や年中行事の面では、漁業は観光業との連携がみられる。日間賀島では東里と西里とで景観や暮らしぶりが異なるなど、異なる個性が共存する島を観光の島として統一していくために、一九八三年に「日間賀島の将来を考える会」を組織し各集団間の情報交換がすすめられ、海水浴場をめぐる漁協と観光協会との対立といった問題を事前に解消し、互いの融和を図るように務めようとしてきたという。この会は平成に入って「島を良くする会」と改称し現在にいたっている。区長、町会議員以下島内の各団体の会長・副会長が会員となり、島内での徹底した情報交換や情報伝達を図ろうとしている。また、従来からの行事に観光客を対象とした要素を加えようとする観光行事化の傾向がみられる。夏季に行なわれていた行事が、観光客でにぎわう時期と重なることから、従来の行事に観光客が参加できるような要素を加えることにより、リピーターとなる観光客の開拓を兼ねて実施されるようになっている。具体的な事例としては、七月第二土曜に実施されるホウロク流しと八月十二日のタコ祭りがあげられる。伝統的な行事に観光客が参加できるようなイベントを加えることにより観光業を育成し、島のシンボル作りや活性化のための試みとして行なわれている。

八丈島の事例

八丈島は黒潮海流圏のなかにあり、暖流系のトビウオ・ムロアジ・カツオなどの回遊が多く、磯では根付の魚族も生息しており、好漁場として知られている。

明治時代に始まったトビウオ漁が戦後まで盛んに行なわれていた。戦前までは五月から八月にかけてテングサやトコブシ採取が盛んに行なわれた。当時はトビウオとテングサだけでかなりの収入になったという。戦後になると海水温が上昇したため、どちらもかつてほどの漁獲はない。現在は沿岸漁業構造改善事業による諸施設の整備や、都漁業近代化資金による漁船の大型化がすすみ、漁船漁業を主体とした漁業の安定化が模索されている。第四種漁港の神湊漁港・八重根漁港、第一種漁港の中之郷漁港・洞輪沢漁港には、それぞれ四〇トン、一〇トンまでの漁船が停泊できるようになったが、島内の漁船は三トン未満から一〇トン未満のものが約八七%を占めているのが現状で、漁業資源の枯渇や漁業後継者の育成など、大型漁船漁業への転換には多くの課題が指摘されている。漁業生産額は約一二億六〇〇〇万円で、漁獲魚種はトビウオ・ムロアジ・カツオ・カジキ・マグロなどの回遊魚類と根付の底魚類、テングサ・トコブシに大別される。こうした漁が盛んな反面、くさやの材料として利用されるムロアジ以外の大半の漁獲物は内地の市場に出荷されており、島民や観光客に島の魚を供給できないという状況が生まれている。

観光に注目してみると、八丈島は戦後いち早く島をあげて観光開発を指向した島と知られ、「東洋のハワイ、日本のハワイ」とうたいあげて戦後復興期の新婚旅行地として人気を集めた。一九六四年に富士箱根伊豆国立公園に編入され、一九六〇年代後半以降には全国的な離島ブームにものり、多くの観光客が訪れるようになり、島の経済活動に大きな影響を与えた。七三年の二一万三五三二人をピークに来島者は減少傾向にあったが、近年、若者を中心にスキューバダイビングなどの海洋レジャーを楽しむ来島者が漸増しており、これらの海洋レジャー客を対象にダイビングスクール・漁船を提供する漁業者・宿泊施設などが連携していく方法も模索されている。

観光産業は第一次産業の振興を図るための基幹産業として、地域の活性化と経済活動に占める割合は今後ますます高まることが期待されているが、内地消費者の多様化する観光需要に対応することの困難さも島民の間で自覚されはじめている。夏季集中型から通年型観光地への転換、東京から空路で四五分という利便さに起因する短期滞在型観光から長期滞在型観光への転換を図るための模索として、島内各地の温泉開発などが試みられている。

八丈島の場合は漁業と観光業との接点はあまりない。漁業を営みながら民宿を経営するということがかつて行なわれていたが、現在では客層の変化によりダイビングスクールなどと提携していない場合は、民宿を廃業したり夏季のみの営業にする家が多くなっている。

沖合漁業への集約化の過程で漁業者の世代交代が急速にすすみ、漁業者の高齢化とともに沿岸海域で行なう個人単位の小規模な漁法も衰退しており、漁業は高齢者の担う産業という傾向を強めている。島内には島外資本による観光施設もあり、独自な観光客誘致が行なわれており、島内の漁業者との連携は積極的には行われていない。

3　漁業と観光からみた海と生活との解離

離島では概して第一次産業は衰退しつつあるが、これまでその中心となってきたのは漁業である。戦後の日本の漁業は沖合漁業と遠洋漁業の進展により発展を遂げてきたが、一九七七年に米ソ両国が経済水域二〇〇カイリを設定したのを機に、日本の漁業の構造は大きく転換することになった。漁場が限定されたことで、離島周辺海域を含む二〇〇カイリ内の沿岸海域の資源に依存する漁業への模索が始まったのである。それにともない周辺に優良な漁場を有する離島漁業の有利性は相対的に高まることになった。離島内の他の産業が一律に抱えている課題は、消費地への出荷の際に運賃負担が大きいということであったが、離島の漁業の場合は生産の場である漁場が島の周辺にあることから出荷の不利を漁場利用の有利さで補う可能性に期待がもたれたのである。

離島は一般的に内地沿岸域に比べて海岸線延長が長いため、磯根資源や非回遊性魚類資源に恵まれており、魚介類や海藻類の漁場としての適地が多かった。内地沿岸域で進められていた埋め立てや海域汚染などの心配もないという利点も有していた。また、黒潮と親潮とが流れる外洋離島周辺は国内有数の好漁場として数えられていた。こうしたもとと生産力の高い漁場を至近に有する離島では、古くから漁業が島の基幹産業として盛んに行なわれてきたのである。そして二〇〇カイリ時代にはいり、離島は内地から出漁してくる漁船に比して漁場の有利性を有していたことから、離島において内地と競争ができる有力な産業として期待されるようになった。消費地までが遠隔であるという不利性を漁場の有利性で補うことができれば、離島における漁業は十分に競争力のある産業になると考えられたのである。

ところが、現実には離島側の漁場の有利性以上に、内地の漁船の機械化の進展や消費動向に密着した内地漁業の展開のほうが勝っており、離島の漁業は、漁場の有利性をより活用できるように生産基盤の拠点となる漁港の整備や漁船の改善、漁獲物の流通や加工にかかわる施設の建設などの課題を解決する必要に迫られたのである。元来、離島の漁業は沿岸域に豊富に分布する水産資源を島民全体で全面的に利用するということで、漁撈活動を展開してきたのであるが、内地の漁業との競争を実現するためには、島の漁業を漁船漁業に特化することが必要とされた。また漁港整備の実施は、従来から行なわれていた島の護岸整備事業に加えて、老人や女性が日常的に漁場として利用してきた干潟や汽水域の埋め立てを促進させることにもつながり、離島漁業の多様性を自ら放棄することにもなっていった。

さらに離島の漁業に顕在化しつつある課題は漁業者の高齢化と後継者不足である。いずれも内地の漁村がかかえるのと同質の課題であるが、離島の場合は元来漁業従事者が少ないうえに漁業者の女性比率が内地に比べて高いということが、漁業の衰退という現状以上に将来の離島漁業の展望に危惧をもたらしている。先述した隠岐島の事例はこの典型的な例としてみていくことができるし、回遊資源に恵まれた八丈島の現状も漁船漁業への集約が行なわれても内地から大量に進出してくる漁業者に凌駕されてしまうという現実を示している。一方、内湾に位置する日間賀島の例は、島の周辺漁場を利用しながら、外海の漁場へも進出し、漁獲物の市場は島外に求めるという島の立地条件を生かしながら、漁獲物の付加価値を高めていく戦略が成功している例としてみることができる。両者の差は、漁業後継者の存否の差としてもみることができるが、離島において漁業は労働力吸収効果が大きいだけに、就業者の増加が漁業自体の活性化を生み出す可能性を秘めていることを示唆している。

そして、こうした戦後の離島漁業の推移は、島民と海との繋がりを、それ以前の多様な漁撈活動の場から漁船漁業の漁場という一面的な存在へと変化させてきたのではないだろうか。生活基盤整備事業は島の老人や婦人たちを対象に日雇いやパート仕事をつくることになったが、それにより島民全体が漁にかかわるという生活形態は失われていき、漁場の有利さを生かすための漁船漁業は内地漁民に凌駕され、専業漁夫たちもしだいに漁から離れていくということになったのである。

一方、現在離島の基幹産業となりつつある観光の場合はどうであろうか。

日本の観光は一九六〇年代から今日にかけて国民所得の増大、週休二日制の定着や勤労時間の短縮にともなう余暇時間の増大、交通機関の発達、観光関連産業の拡充といった社会経済活動の進展を背景に急速に発達してきた。離島の観光もこうした流れのなかで発展を遂げてきた。離島は戦前から文人や詩人や画家たちから評価されており、それ以前にも巡礼などの宗教活動の場として観光とは異なる目的で訪島されていた。これらも離島観光の素地となるものであったが、離島観光が活発化したのは、一九五〇年代後半から七〇年代後半にかけて三回にわたって起こった離島ブームと呼ばれた現象に起因したものであった。それらは一九六〇年代には戦後復興の定着と全国的な秘境ブームなどによる第一期、七〇年代前半には国鉄による「ディスカバージャパン」キャンペーンを契機とした若者たちを中心とした第二期、そして八〇年代前半の離島関係の出版やマリンスポーツの隆盛による第三期とに大別される。そして、現在は第三期のブームが去り、離島の観光資源開発が模索されている時期と位置づけることができるであろう。

離島観光は、離島が有する所謂観光資源ばかりでなく、交通条件や気象条件とそれらの季節的変動などに左右されることから必ずしも安定した産業とはいえない。離島への観光需要自体が安定したものでないことに加えて、観光立島と呼べるほど安定した観光客が訪れる島もあれば、まったく観光客に無縁の島まで、観光と離島との関係は多様である。しかし、離島の多くは過疎問題を抱えており、その活性化のために観光を基幹産業に位置づけようとするなど、離島の観光開発に期待を託して離島観光の可能性を模索している場合が多いのである。

離島観光の特徴は海洋レジャーとの関係から夏季に集中することである。そして、夏季には台風の発生など気象条件により交通手段の制約などが発生し、観光客の動向を予測することが難しいという課題も内包する。現在離島が抱えている観光業の課題は通年にわたる観光客の確保であり、この隘路には離島観光のさまざまな問題が含まれている。

現在の離島観光を概観すると、海水浴や名所旧跡、神社仏閣などの参拝に加えて、都会を脱して自然とのふれあいを求める都市生活者やスキューバー・ダイビングなどの海洋レクリエーションを楽しむ若者、釣りを楽しむ者などにより離島の観光は維持されている。

かつて離島を旅した画家や文人たちは、内地と異なる自然環境や生活文化を島に求めて来島した。これらの来島者たちは自らが島に「特異な」観光資源を発見に訪れたといってもよい。つまり、離島の自然環境は内地とは異なる厳しい自然条件のなかで形成されたものが多く、鑑賞する自然景観は豊富であったが、保養的自然環境は必ずしも十分ではなかった。また、生活文化についても、離島が隔絶した存在であった当時には島ならではの独自の風俗や習慣が伝承されており、島の歴史的文化財とともに観光資源として十分な価値を有していた。

ところが、戦後の離島ブームはマスコミを介した比較的均質な観光需要を背景にしたものであったために、各島が有していた自然的人文的観光資源の評価というものがあまりなされず、とおりいっぺんの観光客の需要に対する観光業という形が定着していくことになった。離島の観光は自然環境を観光資源としながらも、そこで海洋レジャーが通年にわたり楽しめるという条件が加えられていくことになったのである。そして、近年の観光客の動向は海洋レジャーを海外で楽しむという傾向が顕著になってきており、かつて八丈島が「東洋のハワイ、日本のハワイ」と海外旅行の擬似体験として離島観光を位置づけようとした戦略は、現在ではまったく無為なものとなっているのである。

現在観光客の多い離島の特性を整理してみると、次の六点があげられるという。(3)

一、内海に立地し、船の欠航がほとんどなく、交通条件が安定している。

二、外海に位置しているが、人口規模が大きく、交通の便がよい。

三、航空機または高速艇が就航するなど、本土との間を高速で結ぶ交通機関が存在している。

四、首都圏、中京、京阪神、福岡・北九州などの大都市圏に隣接している。

五、魅力の高い観光資源を有する。

六、海浜・海洋性レクリエーション資源に恵まれている。

先述した三地域のうちもっとも観光業が盛んな日間賀島はこれらの一、三、四の条件を満たしており、八丈島は二、三、四、六を満たしており、都万村の場合は三、五を満たしている。これらの島は国立公園や国定公園に含まれており、魅力的な自然環境を有しているという点では共通しているが、物理的社会的条件の差異に起因して観光客数では大きな差が現われている。都万村の近年の観光に対する取り組みは、二、四の欠落を滞在型のレジャー施設を提供することにより六を充実させることで補い、観光客数の増加と定着をめざそうとするものであろう。

観光はさまざまな基盤のうえにたって成立する産業である。そのために、離島において観光が産業として定着するためには、それと連動する島内産業との連携は不可欠である。さらに、島と本土とを結ぶ交通機関の整備は離島観光の成否を左右するものである。

離島において観光業への指向が強まっていった背景にはさまざまな要因が考えられるが、これを現実に可能にした物理的要因は離島振興にかかわる諸事業の展開であることは確実である。これらの事業の展開により、離島の観光業への素地が作られたのである。ところが、離島振興法には、「観光」についての記述はまったくなく、第四条の産業の振興の内容にそれに類することが記述されているのみである。[4] 観光を名目とした予算の執行は行なわれていないのである。離島における観光業への生業転換は、自治体や島民による判断と選択により指向されてきたと考えてよい。

離島振興法による生活基盤整備事業は、島の生活環境を本土なみに改善することを目的としたものであった。本来島が有していた力を持続的に再生産するための設備投資をめざすべきものであった。そして、それらの生活基盤整備の進展により、観光の需要に対応できるような体制が離島に形成されたことに離島観光の萌芽があった。しかし、本土なみの生活環境を前提に来島する観光客を迎合していく過程で、島が本来有していた観光資源としての自然景観を、島側が自ら本土なみの景観に変えてしまったことも指摘しておかなければならない。島の有している本質的な力で内地の人びとを魅了する存在になることで、島の観光は評価されるはずで、そのことが実現されることで初めて内地に追いつくことになるはずなのである。しかし島民が現在の状況のなかでかつての「島らしさ」を認識できるような機会も失われつつあるのである。

4　離島振興法の功罪――抽象化される海

離島自体は四方を海に囲まれ内地とは隔絶して位置している。しかし、そこで展開されている観光業は、海により隔絶している現実をむしろ実感できないようなものが多いのはなぜだろうか。なぜ離島にきたかという問いさえも観光客に与えないような施設を準備し、内地にいるのと同様の快適さを提供しなければ、観光客が訪れないという陥穽に落ち込んだままの状態がいまなお続いているのである。観光客は島が海に囲まれていることは認識していても、海によって隔絶されているという現実については、おそらく在島中も島から戻ってからも実感することはないのである。

島に電気や水道がとおり、港や道路さらには空港までが整備されるようになると、島の人びとは内地からの観光客の来島を期待して観光開発をすすめていった。離島観光は島の伝統的な生活文化を相対化する以前に、島の自然環境を商品化していったのである。

さまざまな必要から行なわれる旅と異なり、快楽や慰安を目的に行なわれる観光は十九世紀半ば以降、産業革命による生活様式の変化と交通手段の発達とともに誕生した。とくに第二次世界大戦後は日本においても、遊びや余暇のなかに自己実現や生きがいを見出す人びとが出現した。労働時間の短縮化と余暇の長期化が定着するにつれて、観光という余暇の利用形態が拡大し、観光が地球規模での産業として位置づけられるようになった。

かつての島の暮らしは、自らが最善あるいは最適と判断した経験の累積によって成り立っていた。離島の伝統的産業であった農林漁業はその生産体系の大半が人為では操作不能の自然界に深く依存せざるを得ないものであった。そうした暮らしをしている人びとは、つねにある種の不確実性と背中合わせの生活をしており、さらに医療技術その他の優劣によってその生存に関しては内地の社会よりもある種の切迫した感覚をもっていた。都万村で出会った老漁夫の日記を読むと、毎日の漁の成果がつづられている。漁夫にとっての離島生活とは淡々と漁をすることであり、それが家族の生活を支えるものであったことが、漁の成果を記録し続けるという行為から実感として伝わってくる。毎日の漁の記録を残すという行為は、島に生きることの自覚と誇り、換言すれば島で生きていくことの気概を示すものである。そして、これらの記述内容は海や島という自然環境に自らの身体をさらすことによって体得した離島の生活文化そのものなのである。筆者はこれを島が有する本質的な力と考えているのである。現在の離島にはこうした経験を持ち伝えている人たちがおり、一方で観光に期待をかける人たちもいるのである。中心となっているのは行政や諸産業にかかわる人びとであるが、漁家の次世代の人びとも重層的に観光業にかかわっているのである。しかし、離島振興の予算配分が一括計上方式に制度化され、島から知恵を出さなくても振興事業が展開されていく過程で、島民の世代間におけるこうした蓄積の評価や継承がなおざりにされていくことになったのではないだろうか。

島の生活を改善するための諸事業は、換言すれば島を取り巻く海を抽象的な存在とする作業であった。その過程で自分たちの祖先が培ってきた島をとりまく海に対する感覚やそれに根ざした伝統的な文化やその基礎となったさまざまな背景について理解しようとする姿勢までもが失われていったのではないか。その結果、伝統的な島の規範とは異なる価値観がしだいに定着し、それが観光という生業を選択させることになったのである。

おわりに

漁業と観光業との推移を確認しながら、離島における漁と観光との関係が象徴している離島生活における海と暮らしの解離の背景について考えてみた。離島振興法は、離島生活に今なおさまざまな影響を与えている。小稿では、その一つの事例として離島の基幹産業が漁業から観光業へ推移してきた過程に離島振興法がどのようにかかわっているのかを取り上げ、その推移が離島振興の諸事業によって形成された島民と海との解離に起因しているのではないかと述べた。離島振興法による大がかりな諸事業が展開されるようになり、さらに島外から多くの観光客を受け入れることになると、島の暮らしが有していた切迫した緊張感から発生していた自主性や多様性といったものまでもが、島民の世代交代の進展に対応して埋もれていっているのではないかと考えたからである。

そして、一見して観光に特化しつつあるように見える島民のなかにも、海を資源を得る場とする伝統的な海に対する心意を持ち続ける人びともあれば、海という存在を観光資源として象徴的にとらえる人びともあるという世代間の価値観の差異が島内に併存していることも指摘しておきたい。このことは、今後の離島生活を考えていくうえで、離島という空間をどのような研究領域として提示していくかという議論にもつながると考えるからである。内地に住む人びとの間では一九五〇年代後半から六〇年代後半にかけて集中して起こった自然と生活との解離が離島では今も進展している。人為と自然との循環のバランスを考えていくためにも、かつての漁業を中心とした社会から観光を中心とした諸産業の連携社会へと推移しようとしている離島生活の現状と課題を明らかにすることは「島国日本」の将来を考えることにもつながるはずである。

註

(1) 地域社会内の変化が外的・内的要因に対して可逆的に反応したものであるという前提でこの語を使用した。

(2) 拙稿「離島振興法と離島生活の変化——島根県隠岐郡都万村を事例として」『民俗学研究所紀要』二三集　一九九九年では、都万村の離島振興事業がどのように実践されたかを述べた。また、「島に還る——民俗再考」『日本常民文化紀要』二十一輯　二〇〇〇年では、本稿に連なる視点から、都万村と日間賀島・篠島・佐久島の三河湾の三島の離島振興事業の取り組みの差異を比較し、離島の立地条件等により異なる振興策の背景について述べた。

(3) 離島振興三十年史編纂委員会編『離島振興三十年史　上巻——離島振興のあゆみ』　全国離島振興協議会　一九八九年　三〇五〜三〇六頁

(4) 離島振興法第四条の離島振興の計画の第二項に本土と離島との交通通信を確保することが記述されているが、その計画に観光についての言及はない。離島振興関係で「観光」のことが記述されているのは、国土庁の平成五年六月一一日付け内閣総理大臣決定の「離島振興計画——二一世紀への飛躍に向けて」である。第二章計画の基本的方針第一節離島振興の課題第四項に観光振興の基本的な考え方とその基盤整備のあり方について明示している。

参考資料

愛知県企画部土地利用調整課編『愛知の離島』一九九九年
伊豆諸島・小笠原諸島民俗誌編纂委員会編『伊豆諸島・小笠原諸島民俗誌』東京都島嶼町村一部事務組合　一九九三年
国土庁地方振興局離島振興課監修　財団法人日本離島センター編『離島振興ハンドブック』一九九六年
小島孝夫「離島振興法と離島生活の変化——島根県隠岐郡都万村を事例として」『民俗学研究所紀要』二三集　成城大学民俗学研究所　一九九九年

小島孝夫「島に還る――民俗再考」『日本常民文化紀要』二十一輯　二〇〇〇年
都万村誌編纂委員会編『都万村誌』都万村役場　一九九〇年
八丈町教育委員会内八丈島誌編纂委員会編『八丈島誌』東京都八丈島八丈町役場　一九七三年
離島振興三十年史編纂委員会編『離島振興三十年史　上巻――離島振興のあゆみ』全国離島振興協議会　一九八九年

❷ 島の漁業——海面養殖業の周辺

鈴木　正義

はじめに

「山村調査」「海村調査」そして「離島調査」の研究プロジェクトの主導者柳田国男の狙いは、何であったのか。『時代ト農政』の中に、次のような文章がある。

　日本は全体世界稀なる山国かつ島国であります。孤島といえども集めればなかなかの面積であります。僻遠の山村というのが国土の半分を占めております。平地農に対する農政ばかりでは済まぬのであります[1]。

一九〇七（明治四十）年に発表されたものであるが、若き柳田の熱気が看取できる文章である。むろん「平地農」を無視をしようなどというものではなく、当時の農政の偏りに、ある種の反発を禁じえない気持ちを訴えたかったのであろう。このころすでに、山村や離島への関心があったのである。そして還暦を迎える前後から、その後の民俗学の実地調査の基礎ともなる「山村調査」を一九三四（昭和九）年に、三七年には「海村調査」を主導し、そして戦後の五〇年に「離島調査」を主導している。

　じつに二〇年近くにわたって、この調査を指導し、これがその後の各地の僻地や離島・半島への法的援助を促したと思われるのである。柳田は政治の場で直接的な活動はしなかったが、民俗学という学問分野での発言で農山漁村に対して側面的な貢献を果たしえている。

　なお、筆者は学生時代（成城大学文芸学部文化史コース）、幸いにして晩年の柳田国男先生に教室外の活動で指導を受けたあと、四〇年間テレビ報道の世界で仕事を続けてきて、いまなお地域報道室の取材活動をしている者である。

　今度、「海村調査」「離島調査」の追跡調査のプロジェクトに参加し、瀬戸内海の備讃瀬戸白石島（岡山県）・広島（香川県）という二つの島へ行く機会を得た。筆者は主として生業、それも漁業を担当した。そして、この稿をまとめるにあたって、関連するさまざまなテレビ報道や新聞等の記事に注意すると、テレビでいえば、NHKは折から二〇〇一年度の番組編成の柱の一つに「食」をテーマに取り上げている。各新聞でも、隣接する国々との新たな貿易摩擦を報じるなど、食に関する記事の多いのが目につくのである。

そこで、この二つの島の漁業の現状と将来を「食」の視点から展望してみたいと思う。

新しい世紀のはじめの最大の関心事は、世界でおよそ一二億人がその日の食事にも事欠く貧困にあえいでいるのに、片や食料自給率は減少傾向にあり、食べ残しや飽食という実態がある。これからの人類の大きな課題は、食料の安全保障、つまりあまねく公平な食料の分配ではないのか。それ以前に、各国が自前の食料の生産と自給率の維持、そのためには基盤整備が肝要だと思うからである。

1　日本の漁業の現状

かつて水産王国といわれた日本の漁業の現状はどうなっているのかをみておきたい。

NHKの人気番組「プロジェクトX――挑戦者たち」で「兄弟一〇人海の革命劇――魚群探知機・ドンペリ船の奇跡(2)」というのがあって、見ていてなつかしさがこみあげてきた。筆者も大阪に勤務していたとき、取材でこの会社へいったことがあり、外国人のバイヤーが引っきりなしに出入りするのを目のあたりにして、この会社はきっと伸びる、そう思ったものである。放送でも、現在は大きな会社に成長していて、従業員も一五〇〇人とか。見逃した人のために、簡単に紙上再録してみると次のような汗と涙の成功譚である。

物語は、人口八〇〇〇人、半農半漁の長崎県口之津、そこの古野一家の話。兄弟姉妹がみな貧しさをこらえて助け合った暮らしをしていた。兄たちは、漁船の電気関係の修理工事などで働き一家を支えていた。長兄と次兄が少なくなった資材を探しに九州中を歩き回っていて、長崎県の佐世保で進駐軍の廃材を整理している最中、奇妙な機械が目にとまった。イギリス製の「音響測音機」、超音波を出して海の深さを計ったり敵の潜水艦を探す道具であった。

長兄の目が光った。「この機械で海の魚を見つけだすことができないか。そうすれば漁師はみんな名人になって、我々の電気工事の仕事も減らない」そう考えて開発に没頭し、失敗、挫折にもめげず、世界でも例のない画期的な魚群探知機の誕生となる。そして、会社を設立し成功するという話である。

筆者が取材する湘南の海のシラス漁でもこの魚群探知機が大活躍で、船頭はこの画面を見ては網を入れピチピチはねるシラスを獲っている。船頭に聞くと、昔は潮目を見て網を入れたが、いくら名人でもこうはいかなかった、と述懐するのである。

この魚群探知機は、漁業関係の年表によると、一九五〇（昭和二十五）年に全国的に普及している。

このことに象徴されるように、さまざまな工夫によって日本の漁船の装備や技術革新が成しとげられ、水産王国にふさわしい実績をあげ得たのである。図1は、一九六〇から九九年までのおよそ四〇年間の漁業部門別生産量の推移であるが、ちょうど高度経済成長時代に歩調をあわせるかのような伸びを見せている[3]。

ピーク時は、生産高で年間一二〇〇万トン、生産額も三兆円に達していた。それが九九年には生産

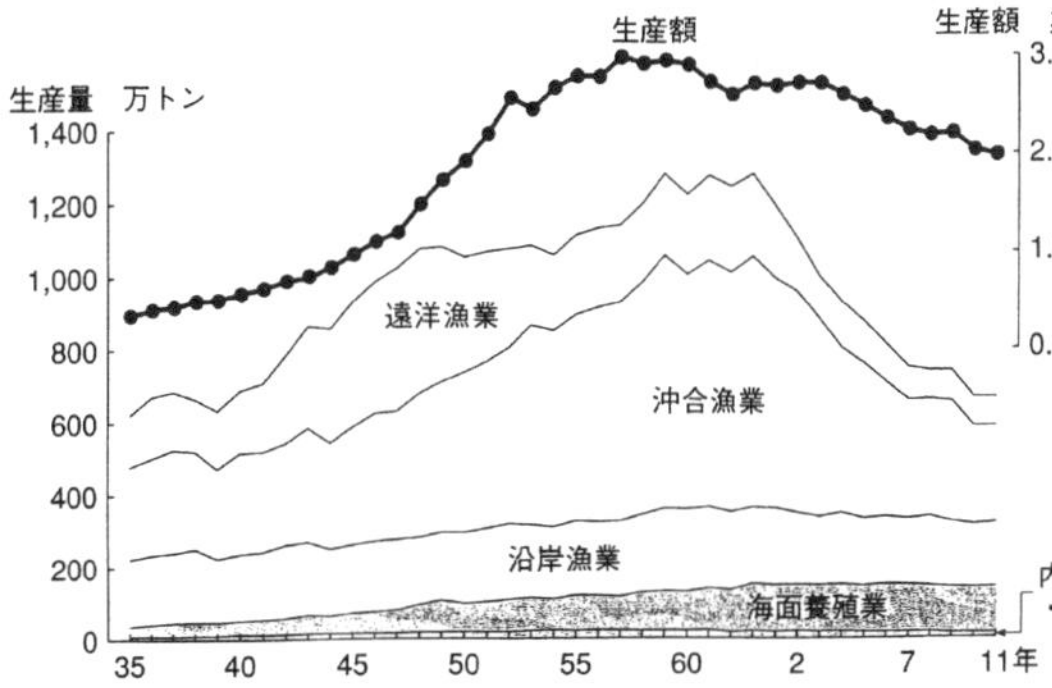

図1　漁業部門別生産量・生産額の推移

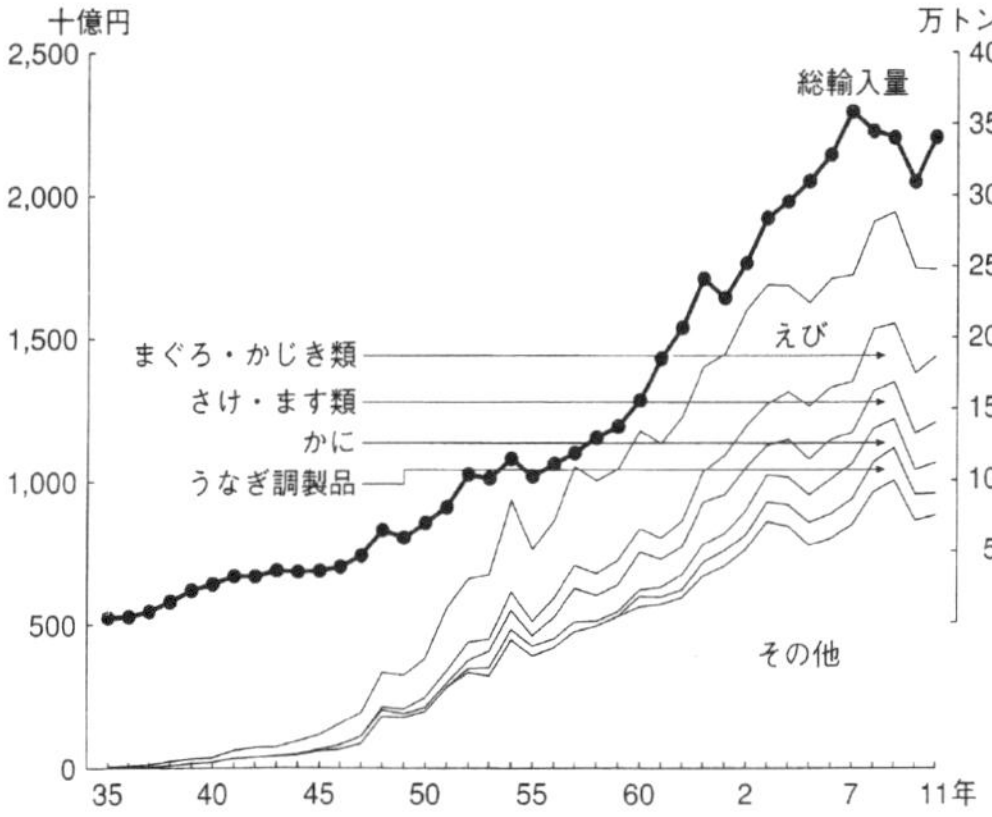

図2　水産物品目別輸入額・総輸入量の推移

高が半減して六〇〇万トン、生産額も二兆円を割りこもうかという落ちこみようである。

漸増期に、日本漁業に対する諸外国からの警戒の目が徐々に厳しくなり、一九七七年、二〇〇海里漁業水域法の公布となる、さしもの日本漁業の勢いもひと休みということになり、そのうえ、第二次石油危機がその二年後の七九年に襲ってくるのである。以西底引き網漁船[4]の減船などの規制をせざるをえなくなるに及び、それを境に沖合漁業、遠洋漁業が下降線をたどり始めるのである。

これに代わって増えてきたのが外国ものの輸入である。図2[5]はその水産物の輸入量の推移をあらわすものである。日本人の嗜好にあわせるかのようなエビ類をはじめマグロなどが目立つ。遠洋漁業や沖合のそれの減った分近海や養殖が横ばいの中もっぱら輸入に精を出しているのである。

日本の漁業の立直しは、急を要するといわなければならない。NHKスペシャル「アジアからコメがなくなる」は[6]、中国の農家の息子が、父親の反対を押し切ってコメの生産をやめて、値段の高い野菜、この場合日本向けの白菜であったが、それに変換して家や倉庫を増築する様子を画面に映しだしていた。また、ほかの画面では、かってインドネシアでは田をつぶして、エビの養殖場にする地域を紹介していた。日本向けのものである。

2　養殖漁業について

ところで、養殖漁業については柳田国男の『明治大正史世相篇』に、すでに次のような記述がある[7]。

漁民を競争なき多数の団体に分立せしめることは、日本ならばさして困難ではなかった。等しく海を作業場とした作業の中にも、塩焼きや藻草の採取は夙に別派をなし、さらに貝殻の利用から人造真珠のごとき、新たなる事業も大小数多く出現している。鯉や鰻や鼈などの養殖に至っては、その性質がよほど農の方に近くなったと言える。美濃の明知や伯耆の根雨のごとく、それを独立の産業としている者が多い。川や湖沼にはすでに孵化放流の事業が始まり、海にも過剰の漁獲物を生ずる必要が、すでに漁業者の間に認められている。動物学の知識より精確になるとともに、漁業の半面が牧畜化して来ることも想像できる。現に今日でも明石では蛸の飼育場が設けられ、牡蠣や灰貝などはずっと以前から養殖せられている。鯛や鰹の卵が放流せられる時代も、早晩は来るものと予測し得るようになった。こうなればむしろ米に相当する一種の重要水産物が、なかったということも不幸とは言われぬわけである。

養殖漁業は古くから世界各地で行なわれていたが、日本では、景行天皇のとき美濃の泳宮（くくりのみや）の池のコイを飼ったことが伝えられている。しかし、生産のための養殖が、今日のように発達したのは比較的近年のことである。そのうちのハマチの養殖について少し述べておきたい。

筆者は、一九七三（昭和四十八）年から八〇年までNHK大阪に勤務していた。その七七年に領海法、いわゆる経済水域二〇〇海里漁業法が公布された。かねて漁村や漁業問題に関心をもっていたので、「二〇〇海里時代の近畿の漁業」というニュース企画を提案し、「大阪湾のイワシまき網漁」「日本海のイカ漁」「和歌山のハマチ養殖」など五項目のうち、イワシ漁とハマチの養殖の取材を担当した。

大阪湾のカタクチイワシは、年々減少気味ではあるが、ハマチのエサとしての需要はおちないということで、魚群探知機を使用しての二隻の船での手際のよい操業の取材をした。驚いたのは、その機動力である。網を揚げるウインチ、岸に着いてからは船倉のイワシの水揚げはポンプアップで、あっという間に箱に流し込まれ冷凍室へ運びこむ。その鮮やかさは、子どものころ見慣れた定置網の、「よんといよんとい」の掛け声とともに行なわれるのどかな網揚げ風景とはほど遠いものであった。

また、和歌山県堅田漁協でのハマチ養殖の取材では、四国などのハマチ養殖の先進県などが七二年の瀬戸内海の赤潮による大被害をこうむったことを教訓に、広い湾内を有効に使って生け簀の移動をするなどの工夫をこらしていた。漁協の組合長が、ここまで来るのにはいろいろ苦労があったと、話をしてくれた。堅田組合長によれば「最初は、真珠の養殖をはじめようと組合員一同にはかり、多くの賛成を得てスタートした。ところが、原因不明の腐れ病で全滅してしまった。途方にくれて夜逃げでもしようか、はたまた自殺でもしようかと呆然自失となった。しかし思いなおして、今日、こうしてハマチ養殖に転換してようやく目鼻がつくようになった」と述懐していた。

ハマチ養殖は、その発祥地を瀬戸内海それも香川県安戸池とされ、一九二七（昭和二）年地元の野網和三郎さんによってはじめられたとされている。その香川県や徳島県などへの視察旅行をしたうえでの事業開始であった。「きょうは、モジャコが入る日だ」といって、竪田組合長は落ち着かない様子である。ハマチの養殖業者にとって、このハマチの稚魚、モジャコの入る日がもっとも緊張するときだというのである。そのモジャコが良質のもので、病気もない元気なものでなかったら、元も子もないからだという。その時、教えてもらったハマチ養殖の手順は次のようなものである。

①稚魚（モジャコ）は体長三〜六センチ、体重四〜八グラムのものを採捕業者から購入。モジャコは春に流れ藻について太平洋を北上。採捕業者はそれを捕獲し養殖業者に販売。最近は、このモジャコが減ってきていて入手困難な状態であるという。

②モジャコは生け簀に入れ、小さいうちは湾内の穏やかなところで一〇か月間育てて、大きくなったらいくつかの生け簀に分けて少し沖合へ移動し、また一〇か月間育てる。

③与えるエサは、魚の大きさ・水温・漁場などの状況によって対応する。稚魚のときはEP（固形飼料）と生エサのミンチを一日七〜八回ほど与える。このほかにビタミン補給や病気の時の薬なども適宜与える。

ハマチは漁が少ない冬場二月前後が売れる時期であり、安定した入荷があることで引き合いが強いという。組合長は、我々取材クルーの宿にきて丸々としたハマチを持参してくれて「うちのは生エサくさいなんていうことはないから、どうぞ味わってください」と差し入れをしてくれた。最近、その後の様子を聞いてみると、ますますの発展ぶりで事業も拡大しているとのことで、内心喜んでいるところである。

3　廣島のトラフグ養殖

備讃瀬戸の二つの島、ひとつは岡山県笠岡市白石島、いまひとつは香川県丸亀市の廣島。いずれも五〇年前の漁業は

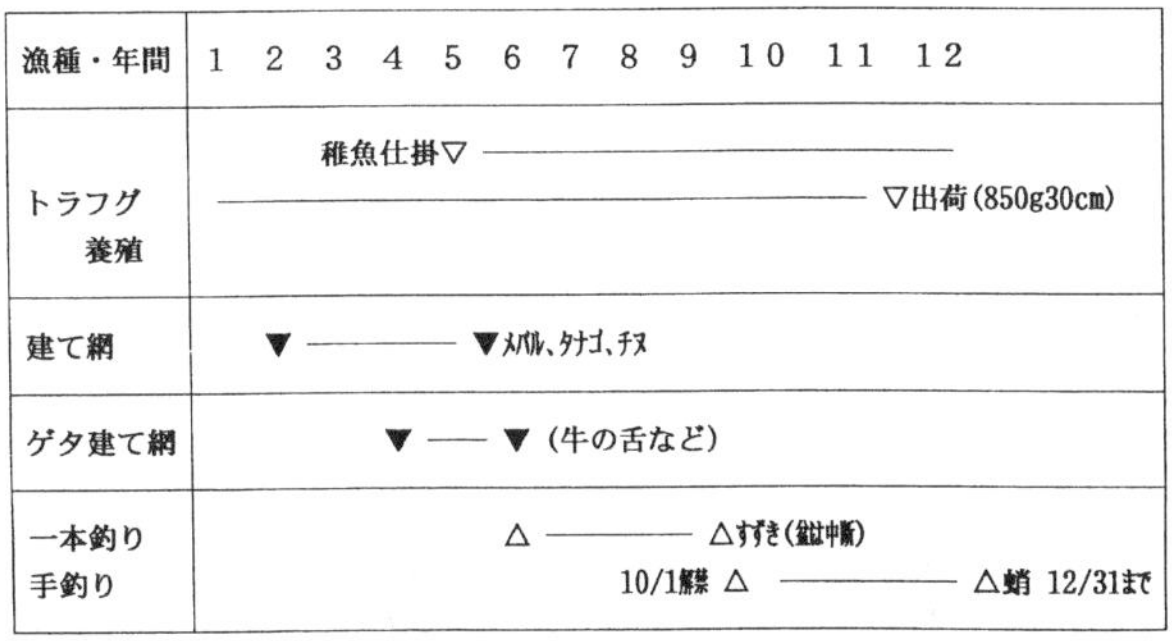

図3　下田武さんの漁業暦

「離島採集手帳」によれば、昔ながらの漁法が健在ではあったが、日本全体の流れの中では特筆するようなものは見当らないようであった。したがって、以下、「離島調査」とは異なる視点で述べてみたい。

五〇年前と違う点は、海面養殖を手がける漁家が現われ、それはノリ養殖でありトラフグ養殖である。さらに、岡山県ではこれからの漁業ともてはやされている海洋牧場が展開されているのである。

まず、香川県丸亀市廣島のトラフグ養殖について述べてみたい。

五〇年前と大きく異なるのは、まずこの地へのアクセスの違いである。かっては、本土から、宇高連絡船で四国へ渡ったが、いまは、瀬戸大橋でひとまたぎ、あっという間に四国へ渡り香川県丸亀市に着いてしまう。そこから、フェリーを待って廣島までの短い船旅が、これまでの新幹線などのスピード感を、少しばかり昔の旅情へと引き戻してくれる。

ところでこの瀬戸大橋を建設した特殊法人「本四公団」（本州四国連絡橋公団）も、いまをときめく内閣の看板である、聖域なき見直しの対象とされている。一九七〇年に設立されたこの公団も連絡橋の建設費用の返済が重荷となり、九九年度末の有利子負債は約三兆八〇〇〇億円にのぼる。これは現在の日本の水産生産額の一年分のほぼ倍にあたる。年間の利払い額だけで約一四〇〇億円。通行料収入の約八七〇億円を大きく上回っているのである。

そんな、瀬戸大橋を横目にして着いた廣島は、しかし思いのほかの静けさである。一九五一（昭和二十六）年、「離島調査」の一環として、武田明氏は八、九、一〇月と都合三回二五日間、この島に入って、合わせて九人の方に聞き書きをしている。内容は、次のように要約できる。

一、漁業はあまり盛んでない。

一、農業の方が主で、島ではあるが農村的である。
一、採石業が、もっともさかんで、ことに青木石は良質の御影石として有名。

写真1　トラフグ給餌風景

今回は、漁協の組合長はじめ七人の方に話を聞くことができたが、ここでは前回まったく対象にされなかった茂浦地区の下田武さん安子さん夫妻を中心に話を整理してみたい。

下田武さんは二〇〇〇年現在七〇歳、奥さんの安子さんは六八歳、二人とも赤銅色にやけて健康そのもので、なによりも明るい雰囲気がたまらない。「組合員の多くはタコ、スズキなどの釣り・延べ縄・建網・小型底曳網などの漁業をやっている。一時期、海藻類の養殖がさかんで、ノリ・真珠母貝・ワカメ・アカ貝などの養殖に取り組んでいたが、現在はワカメくらいなもの。また、九一年からはじめたトラフグ養殖は、前の組合長が熱心に導入したもので、その熱意に動かされて始めたようなものである」とおっしゃる。

漁協では、トラフグの話は下田さんに聞いてくれという。

「わしが一番いうことはないがなあ」といいながら話はつづく。

下田さんは、若いときは父親と石材業をやっていた。それから危険な目にあって、父親が命なくすようなつまらんことになってはと、石材やめて漁師になった。二四歳のときで、現在の石材の不振を目のあたりにして、いいときにやめていてよかったという。

廣島漁協では、このトラフグ養殖を九一年から始めたが、下田さんははじめは手をつけるのをためらった。他の人がやっているの見て、それなら自分にもできるかなとはじめた。トラフグ養殖は次のように行なわれる。

稚魚の放流 五月の末に仕掛けに放流。稚魚の価格は、早期のもので一尾一〇〇〜一二〇円。通常は六〇〜一〇〇円。

給　餌 一回目、朝六時半から七時。二回目、一二時。三回目は午後四時。小さいときはアミエビを一日三回。大きくなってからはイカナゴ（冷凍物を解凍後）それに人工飼料ペレット。

この給餌については、その回数について次のような指導がある。

①トラフグは無胃魚なので、いわゆる不断給餌が望ましい。

②トラフグ同士の噛み合いを防止するために、給餌回数を多くしてできるだけトラフグが空腹状態にならないようにする。

飼育管理 歯の切除、トラフグの歯は上顎歯と下顎歯からなり、左右一対の歯板があって鋭く尖っている。このため、互いの噛み合いにより傷ができやすく、傷から細菌が侵入し、二次的な細菌感染症になる危険がある。また、生け簀網を食い切るため逃亡のおそれや網の補修が大変である。全体で二回ほど歯の切断が大仕事で、ハサミやニッパーでやるが、上は切りやすいが下顎歯は筋肉とくっついていてやりずらい。

生存率 最近はよく死骸が浮いている、なにかの病気かどうかよくわからない。

この廣島では、現在五人がこの事業をやっている。

久しぶりに、下田さんに話を聞いてみた。

——トラフグは、その後どうですか？

「平成十二年は、五人とも赤字やなあ。稚魚から病気でなあ。去年は稚魚を淡路からとったんやけどな、その前は愛媛からや。その愛媛からのが病気で全滅やあ。それで漁連から取り寄せたのが淡路からのや。」

——それは損害賠償してもらわなければいけませんね。

「おととしは一一六〇万円くらいやなあ、それが去年は三〇〇万円にしかならなかったんやあ。」

——去年は全国的に豊漁だったんでしょう？

「ほかはよかったんや、だけど廣島の場合は稚魚が悪かったから、五人とも全部だめや」

――すると、もうトラフグはやらないということですか?

「いや、今年はもう稚魚が入っているんや。多い人で一万尾、わしは七〇〇〇尾買うた。なにせ、病気がこわい。エサ代なんて去年はみんな死んでしまったから、エサ代もかからんわなあ。トラフグの仕掛けは六台、二台に稚魚を入れて大きいのは四台で育てている。その合間には、建網をやったり……春は良かったんや。ゲタいうてな、ところによってはゲタガレイとも言うわなあ、牛の舌ともいう。それが四月から五月中ごろまで獲れる。夏はスズキ釣りやなあ、なんでも遊んでるヒマはない」

というように、下田さんはしごく元気じるし。しかし、この廣島漁協は隣の本島漁協に、この四月吸収され、本島漁業協同組合・廣島出張所となったという。漁村の現状は日々刻々変わっているのである。

4　ノリの養殖

岡山県笠岡市の白石島、ここの養殖はノリ養殖で白石島漁協での年間の水揚げ高の四〇%を占めている。五〇年前の調査では、このノリの養殖はまったくなかったものである。最近では、有明海のノリ騒動で全国的な話題になっているし、かけがえのない海の汚れの問題ともからめて深刻な問題になりつつある。一九九八(平成十)年の聞き書きでは、ノリ養殖に関する状況は次のとおりである。

ノリの養殖は一九七二(昭和四十七)年ごろから始まり、現在でもさかんに行なわれている。冬場の漁がひまな時に行ない、八〇年がピークで二五軒がやっていたが、現在では九軒が残るのみである。これは、この冬場の作業が重労働であるため、高齢化がついていけないのである。八三年の水揚げがもっとも多く、五〇〇トンで二億五〇〇〇万円を記録している。カキ養殖もやってはいたが、現在はまったくやっていない。

ノリ養殖をしている河田一夫さん(一九三九年二月生)は、次のように話してくれた。

「ノリ養殖は、昭和四十七年からやっている。最初は井戸を三つ(井戸屋がその頃白石には一軒)その人がピッケルとスコップを使って三日がかりで一つ掘った。そうして三つも掘り、だいたい一トンほどの水を確保した。そして昭和五十三年には待望の水道が通ったのでどんなに楽になったことか。おかげで、いまでは一五トンもの水を使ってやっている」

漁期は十月から準備に入って、二月の末までのおよそ三か月間の勝負である。その順序は次のとおり。

タネつけ　十月十日から始める。種苗つきの網は九州や富山のノリ網業者から購入。

ノリ網の張り込み　十月十五日から沖合へ決められた場所でノリ網を張る。

発芽管理　十月十五日〜十一十日、この間の作業がすべての決め手となる。ノリの菌がついたカキがらを購入して高速脱水したり冷凍庫でねかせたりして菌がでてきて糸状体になったところで、ノリ網に菌をつける。

ノリ網の張りつけ　十一月二十日〜三十日、海水の温度が一八度になった段階で「タンバリ作業」六枚重ねた菌のついたノリ網を張り込み後の漁場の枠にはめ込む。

刈り取り　十二月から二月いっぱい。刈り取りは十日に一回の割合でする。二月の色変わりするころまでが勝負である。

製品化　全自動のノリ製造機で一日およそ二万枚を製品化する。

河田さんとのその後のやりとりで次のようなことがわかった。

——ことしのノリはどうですか?

「二〇〇万枚ちょっとです。今年は一枚一二円、例年だと八円。ふだんよいところが不作でしたからね」

——現在は、何人がやっているんですか?

「もう六人しかやっていません。ことしは例外としても、ノリの単価は年々安くなるしそれに高齢化ですね。今年から協業化を岡山県の水産課から指導されています。沿岸漁業構造改善事業ということです」

白石島漁協では、この協業化のために、組合員が佐賀県や福岡県などノリ養殖の先進県へ勉強のために視察にいっている。こうした資料をもとに、岡山県では国の審査を受けるための書類を作成中であるという。このノリ養殖の協業化

図2　白石海洋牧場の音響給餌コントロール基地

は笠岡諸島では、白石島のほか大島・真鍋島でも進行中とのことである。

5　海洋牧場

この白石島で、なぜ海洋牧場かというと、白石島の弁天島の沖合に灯台島がある。この地点がちょうど九州側の豊後水道の潮と大阪湾側からの紀伊水道の潮がぶつかり合う場所である。したがって、ここで稚魚を放流すればまんべんなく瀬戸内海の新たな資源促進として効果があるということで、この海洋牧場のプロジェクトが立ち上げられた。

事業内容は、総事業費約二一億円、期間は一九九一（平成三）年から二〇〇二年までの約一二年間の限定事業である。スペースは白石島と高島の間の約三五〇ヘクタール。事業目的は、現在の漁場環境を生かしながら、漁礁を設置したり藻場を造成したりして、魚の生息場所の拡大をはかる。将来は有用魚類の定着を図ってモデル漁場とすることである。

さらに、この事業の技術的な特徴として、次の二点があげられる。

①放牧型音響馴致《じゅんち》　中間養成池での餌を定期的に音で知らせながら与える。

②開放型音響馴致　放流魚と天然魚をも対象に音響で給餌をして近隣海域での定着をねらう。

ＭＦ二一複合型海洋牧場と[8]、社団法人マリノフォーラム21（日本の二〇〇海里の漁業開発を進める会）とするされた黄色い船体には「金比羅様」の神札がかかっていた。そして白石島漁協の人たちは「ここではハマチの養殖などをやっていないから、潮も赤潮などの汚れはない」と誇らしげに語っていた。

さらに、地元の白石中学校では、いくつかの水槽があって、そこにクロダイ・カレイ・キジハタといった高級魚の稚魚が入っている。生徒たちに、この白石島周辺に育つ有望な魚種の観察をさせている。生徒たちが、将来、この島の漁業を担うことになるかどうか。

「マリノフォーラム21」は、今度はいまはやりの深層水活用の新たなプロジェクトを立ち上げようとしている。白石島とは直接関係ないが日本漁業の試みを知る参考として少し紹介しておこうと思う。

この計画は、相模湾の深海から栄養塩類に富む海洋深層水を表面に循環させて、肥沃な漁場をつくるというものである。二〇〇三年には無人の取水・循環システムを湾内に設置し、深さ二〇〇メートルの海中から日量一〇万トンをくみ上げ表層に放流する。深層水が表面に回ると「湧昇《ゆうしょう》海域」という世界でも数すくないペルー沖やカリフォルニアなどのような好漁場となるというものである。国内沿岸のうち、水産資源に乏しい海域の生産性を高め、自給率アップをめざす補助事業として五か年計画で行なうものである。いま神奈川県の相模川河口（平塚市・茅ケ崎市）の南約一七キロにある「相模海丘」周辺で実験がくりかえされている。

ただし、瀬戸内海については、次のような指摘のあることを付記しておきたい。

瀬戸内海の特徴は、紀伊水道から豊後水道に至る二万二〇〇〇平方キロメートルと、東京湾の約一六倍の面積をもつ国内最大の内海である。しかし水深は三七メートルと浅く地形的に閉鎖性の強い海である。域内と後背地に国内人口の二〇%が住む人口密集域に面した海である。そのため水域は産業排水や生活排水の影響を受けやすく、富養化が進み、赤潮や貝毒被害が慢性化している。(9)

日本の漁業は、いままさに危急存亡の大きな曲がり角にある、といわざるをえない。この瀬戸内の二つの島の生業、今後五〇年後の変化を見る機会が得られたら、その変容のテンポは四半世紀にもちぢめられるのではないか。それが、必ずしも希望する方向かどうかは定かではない、この島の漁業に目をむけてそう痛感した。

おわりに

最近、海の汚れやいわゆる磯焼けなどのニュースが多い。女性で外洋ヨット歴三六年の海洋ジャーナリストの小林則子さんはある新聞に次のように警告を発している。(10)

瀬戸内海のゴミウォッチというのがある。ヨットの航海中は、ほかの船や漂流物にぶつからないように必ず交代で見張りに立つ。瀬戸内海ではゴミも要注意。ビニールひもやポリ袋が潮流の境目に帯状にたまる。ときには数キロにも及ぶ。ヨットのスクリューに巻きつくと故障をおこしてしまう。日本の外海は、まだ海の浄化力のためか、危機的な表情は見えない。でも内海は絶望的な感じである。特に東京湾はみそ汁の海。ヨットを係留しているが、船底にフジツボがつかない。水質が悪化してフジツボが生息できない。そのかわり、アンカーのチェーンがピカピカに光って痩せてくる。どんどん細くなってしまう。

その東京湾で、またまたショッキングな話が出てきたのである。新聞やテレビで「未処理の下水、海を汚染」とあって、(11)大都市東京の下水の一部が雨天時未処理のまま海に、つまり東京湾に流れこんでいることが明らかになったのである。この汚水は有明海でも、水門の排水口から出てくる汚水がノリ養殖への富栄養化となって、変色ノリの発生の因果関係としてとり沙汰されている最中である。

瀬戸内海のほぼ中央の白石島でノリ養殖をしている河田さんも心配していたが、この豊かだった内海にも目に見えない汚染が、忍びよって来ているのである。また、我々が白石島での宿にしていた旅館の主人とその父親に島の古くからの伝統の壷網を揚げてもらったところ、魚やタコよりも網いっぱいのクラゲにはびっくりさせられた。海の生態系を構成する生物と環境に関する長年の研究が高く評価され、今年の日本国際賞に選ばれた海洋生物学者のティモシィ・R・パーソンズさん（六八歳）は「世界各地で水産資源の減少が報告されている。将来は海水温の上昇など気候変動の影響も大きくなるだろうが、現時点で最大の原因は乱獲」だという。漁業は、ときに海洋生態系のバランスを大きく変えてしまう。たとえば乱獲が原因とみられるスケトウダラの減少は、クラゲの大発生を招いた。「特定の魚の資源だけに注目した研究では、漁業と海洋環境の両立はできない」というのが持論である。「漁獲の問題も見過ごせない。限られた資源を有効に生かすために、すべての漁業国は、混獲された魚を捨てずにもっと食品として利用するよう努力すべきだ」と話す。(12)

もうひとつの指摘がある。

瀬戸内海の漁獲量と魚種組成の推移から海の変化をたとえるなら、一九六〇年頃まで富栄養化以前で、表層も底層も生物の種類が豊かな多様性の高い『マダイの海』、それ以降一九九〇年頃までを富栄養化時代で表層の生物が多い『イワシの海』、その後現在までを富栄養化により生態系がバランスをやや欠いた『クラゲの海』と時代区分できるのではないか。クラゲの海ではクラゲやバクテリヤに流れるエネルギーの系が太くなり、魚類生産は細ってくる。(13)

註

（1）柳田国男　一九九一「時代ト農政——農業経済と村是」『柳田国男全集』二九（ちくま文庫）
（2）NHK総合テレビ　二〇〇一年七月三日（火）午後九時～十時
（3）農林統計協会　二〇〇一『図説漁業白書』（平成十二年度版）
（4）村上光由　二〇〇〇『図説水産概要』成山堂書店
（5）農林統計協会『図説漁業白書』（平成十二年版）
（6）NHKスペシャル「アジアのコメが消えてゆく」二〇〇一年四月二十八日午後九時～九時五〇分。このほか。五月五日NHK教育テレビ「たべもの新世紀『黒潮でブリを育てろ・宮崎』」、五月六日、TBS報道特集「消える魚？　日本周辺の海が激変——中国韓国との争奪戦と意外な流通」、五月十四日、NTVスーパーテレビ「高級魚の流通業界の裏側」五月十七日、テレビ朝日「苦悩！　諫早湾の漁師」などの番組を知見、参考にした。
（7）柳田国男　一九九〇『柳田国男全集』（ちくま文庫）二六
（8）社団法人マリノフォーラム21「日本の二〇〇海里の漁業開発を進める会」
（9）永井達樹　一九九九「瀬戸内海の持続的資源利用に向けて」隔月刊くみあい『漁協』七九

(10) 神奈川新聞「サンデーブランチ」二〇〇〇年　十一月二十六日
(11) 朝日新聞「未処理の下水海を汚染」二〇〇一年六月十四日
(12) 朝日新聞「夢中人」二〇〇一年六月十五日
(13) 永井達樹前掲書

③ 生業の変化と複合の地域相
——鵜来島・雄島・佐賀関の調査から

田村　勇

はじめに

生業活動は自然環境に依存しながら行なわれるものであるとみなされるが、これをよくみると、地理的条件や歴史的条件などによって個々それぞれに社会環境が形成されていて、沿海地域であるからといっていずこも同様な生業活動を行なっているわけではない。たとえば、離島と半島部の沿海地域では、漁業と農業を主とした生業形態をとっているところが多いものの、夫は漁撈、妻は農耕と明確に分業形態をとってきたのではなく、釣り糸を主婦が綯ったり、夫が田植えや畑仕事を手伝ったりするなど、夫婦がともに相補的関係を保ちつつ生業活動を行なってきたのである。

このことは、夫婦という立場上でのことばかりではなく、老若を含む家族においてもこの相補的関係をみることができ、あるいは近隣・縁者との関係においてもお互い労働力の授受を行なうことによって相互の生業活動を成り立たせてきたものであることをうかがうことができるのである。さらに、交通の要所としての条件を備えたところでは、交易や商業活動も早くから行なわれてきたのであって、人々の生業活動はそうした個々の外的関わりの上で地域に相応した生業基盤の上に営まれてきたのである。

このところ、生業活動は生きることとの営みであることを視座に据えてこれをとらえようとする研究がなされるようになり、生業複合論(1)なども提唱されている。本稿はこうした動向をふまえ、筆者が調査に赴いた離島と半島部の沿海地域における生業という営為の相補的関わりを見ながら、生業者のライフヒストリーもとり入れて調査地の生業の変化と複合の地域相をとらえることを目的にしている。

写真１　鵜来島の斜面に耕された畑

１　鵜来島の生活と生業の変化

概　況

鵜来島は高知県宿毛市片島港より海上二二〜三キロにあり、周囲六キロ、面積一・三二平方キロの島である。島の南北西の三面は花崗岩からなる急峻な断崖からなり、東面する入江につづく谷あいに道が通じている。そして、その左右の段々になった斜面に住宅が建っていて、道をはさんだ両斜面にオクとハナマエの集落が形成されている。一九九六（平成八）年現在の住民は世帯数が三五戸、人口七〇人に減少している典型的な過疎の島である。それでも、大正時代から一九六五（昭和四十）年のころまでは、人口六〇〇〜八〇〇人（世帯数三〇〇〜四〇〇戸）もの人々がこの島で暮らしていた時代もあったのである。（写真１）

鵜来島は離島という条件のためか島内婚が多い。そして、住民の多くがなんらかの姻戚関係にあって、この姻戚関係による関わりが島の社会生活の上に色濃く反映している。島の行政組織は区長、評議員四人（四地区四班の代表、三年交替）にタイシ（大使）とデヤク（出役）から成り、持ち回りで公的な雑務を消化している。

タイシとデヤクは島の各家が一年交替の輪番でこれにあたる。デヤクは原則的には廻り番がきまっていて、区長が指示を出し、タイシが各家に伝達しデヤクが出て区の公的な雑事を消化する。なお、区長は漁業組合長を兼任していたが、平成になって別々に選ばれるようになった。また、漁業組合は沖の島漁業組合に統合され、鵜来島は沖ノ島漁業組合支所となり、副組合長がおかれることになった。

島の男は島外の船に乗って島を離れ、主婦と老婦・子女は二反ほどある畑を耕し、老人と男子は小舟に乗って磯まわりでイサキを釣ったり、時期になると天草を採るなどして、生計を立てる生業形態をとってきた。島の生活で不自由なものは医者と水と電気と港であったという。これが戦後五〇年の間に大きな変化をとげて、どうにか島人たちの要望を満たすことができるようになった。そして、この間に大きな変化をしたのが漁撈活動である。

かつて、島人が共同で網船を出して操業していたタキムロ漁といわれた棒受網漁が無くなり、明治末期のサンゴ採りの豊かな時代も夢となって消えた。そして、次に行なわれていたカツオの一本釣りも島内の住民が七隻も所有していた船が一隻もなくなり、島外の一本釣船の船子としてデハタラキ（出働き、ヒョウともいった）に出るようになる。

漁撈活動の変化

鵜来島の漁業の起こりを伝える伝説に「随分と昔のことであるが、この島に流されてきた人が、晩にタイマツをともして磯へニナ（貝の一種）を取りに行ったところ、ムロがその火を見て寄ってきて足にこつこつ当たったといふ。それで、山のかづらを取って来てタマ（網の一種）に作ってすくって取ったのが初まりだといふ。」という話があり、牧田茂の「採集手帖（沿海地方用）」に記されている。ムロ漁はカナダマ（金たも網）のムロスクイ（ムロアジ掬い）漁業であったが、ボケアミ（棒受網）が始まってからは行なわれていない。その後、島人によって行なわれたこの島の伝統的な漁撈活動はムロの棒受網漁であった。

鵜来島周辺の島は村々でアジロ（網代）を持っていたことから、他の島と網代争いをすることはなかった。宇和島藩の所領とされていた藩政時代、鵜来島の漁船は藩に造ってもらったお預け船が七ハイ（隻）あって一年に一ハイずつ新造してくれたものを使っていた。お預け船は明治になり高知県の管轄に置かれるようになってもそのまま引き継がれていた。しかし、一八七六（明治九）年一月に起こった火災によって二軒を残して全村が焼失して以来、ムロ網漁は衰微していった。

いっぽう、明治のころにはカツオの一本釣りも始まっており、大正のころには発動機船が七隻もあった。しかし、一九三八（昭和十三）年にはこれも一隻しか稼働していないが、戦後になって再び七隻もの島人所有のカツオ船が稼働するようになる。カツオ船の乗り子を船方といった。船方には前金を貸して半期ずつ雇うという方法がとられた。

その後、宿毛や宇和島のカツオ船が大型化し、スピードアップするのにともなって、遠く三陸方面にまで出かけることも多くなり、カツオ一本釣り船員の引き抜きも盛んになったため、鵜来島の小規模なカツオ船はこれに太刀打ちできなくなり、衰退の原因になった。現在は島外のカツオ一本釣りの船方になる者以外は、足摺岬から九州の延岡までの範囲で個人持ちの船で一人で単独操業する曳き釣り漁業をしているだけである。

主婦と家族の生業参加

鵜来島は漁撈と畑作を主とする生業形態をとってきた。成人した男性は明治以後そのほとんどはカツオ一本釣りの船に乗り込んでいた。そして、老婦と主婦は主として畑仕事に従事するかたわら、とくに主婦は春のテングサ（天草）採り、夏のクワ（桑の葉）採り、秋のツバキ（ツバキの実）拾いなどをした。けれども、その他に春先や冬の夜の干潮時にはおかずにする岩ノリやナガレコ・アナゴなどの貝や海藻採りというような徒漁《かち》に従事しており、子供の頃からやってきたという主婦が多い。

また、子女は水汲みや薪拾いや炊事・洗濯や主婦の手伝いなど、また、一三歳以前の男子は春になると海にもぐってテングサ採りをしたり、老人にしたがって小舟に乗って磯根にいるイセエビの刺し網を延えにでかけたり、タイやイサキやイカ釣りなどを教えてもらいながら舟の艪押しを身につけたものであった。

島には急な斜面を利用した段々畑が一戸に二〜四反ほどあって、麦作とサツマイモ栽培を基本とした農業を行なっていた（前掲写真1）。一時はキビを植えたこともあるが、これはオチャ（間食）にして食べた程度のものであったという。また、麦はときどきやって来るボロ船とよばれた機帆の交易船に持っていって舟の上で野菜や米などと交換した。交換比率は米一俵に麦三俵の割合であったという。現在は麦はまったく栽培していない。

畑の作業は自家消費する蔬菜作りが主であったが、サツマイモなどはボロ船が買い取った。現在は夏期はサツマイモと里芋を作り、秋・冬期は白菜などの疏菜類、春期はニンジンやジャガイモなどを作っている。また、島の主婦や子女は戦前から戦後にかけてカツオ船の船主（姻戚関係にあって、夫や子どもが船頭や船子として雇われてもいた）のもとでカツオブシの製造にたずさわった時代があった。

カツオブシ製造のときに出る臓物（塩辛にした）以外のものは釜で煮あげ、カツオのアラとともに煮て、煮汁の中に刈り取ってきた萱と灰をまぜて肥料にした。肥料は畑にタメ（溜桶）を作っておいて親戚同士でこれを運んだ。このことをモヤイモチといい、並んで手渡しで運んだのでツギモチといった。肥料はイモの穫り入れの時期までに運び上げておいた。

夫や子どもたちの乗るカツオ船が出漁するときには、船主は乗組員を呼んでノリクミイワイを行なう。このとき主婦も招待される。また、漁期がすぎて漁を終えたときのアガリノイワイにも呼ばれて祝いの席に出た。カツオ船が出航すると出漁中の無事を祈って、老婦や主婦は毎月一日にはお宮でオコモリをしてきたものであったという。

生業活動と島社会

現在、鵜来島で民宿を経営しているのは一軒だけである。しかし、営業するのは不定期である。民宿の経営者は宿毛に拠点を置き、釣り客を乗せる島渡しの渡船業も兼ねているため、釣り客があるときの宿としてしか機能していない。平成九年現在、民宿の主人が鵜来島の区長を委託されている。したがって、公務上の視察や工事関係者が来島するときには、役目上民宿を開く。この島には、区長の妻が経営するこの民宿以外は宿泊施設はない。それでも一九五五（昭和三十）年から七五年にかけての高度成長の景気のよいころは島を訪れる観光客も多くあって、四軒もの民宿があったとされる。この民宿の二軒ほどは渡船業に転業し、あとの二軒は廃業してしまった。

また、島の小学校も一九八八年に一〇〇周年の記念式典を行なったものの翌年に廃校し、中学校もともに四〇周年記念を行ない翌年廃校している。かつて、学校の先生たちは祭りの折りには欠かすことができない貴重な人材であった。つまり、島の人口が少なくなって祭りがさびしくなったときには神輿の担ぎ手を島外から呼びよせる手伝いをし、みずからも担いでくれたし、祭りの出し物である牛鬼やヤグラを作ってくれる協力者でもあり、その担ぎ手でもあった。

鵜来島は島内婚が多くそのほとんどが個々に姻戚関係でつながっている。現在、島には三四戸の戸数があるが、その姓をみると高見姓七、田中姓五、宮本姓四、柴田姓四、中山姓二であり、残る一一戸はそれぞれ別姓である。したがって、宿毛に住まいを移しても、鵜来島の家は島の姻戚関係のある家に管理をゆだねている例が多い。

島の漁業は大まかにムロ網漁の時代とカツオ一本釣り漁の時代に分けることができる。このいずれの時代にも船主と船子のほとんどは姻戚関係でつながっていた。ただ、景気がよくてカツオ船も九隻あった戦後の時代は、一時期島外から乗組員を雇ったこともあった。ちなみに、カツオ船が姻戚関係の者たちで操業されていた背景には、藩政時代にお預け舟があって姻戚関係の者によって稼働していたころの体制が踏襲されていたものと考えられる。

島の運搬法は男はカルイ（背負い）、女はかつてはイタダキ（頭上運搬法）であったという。男のカルイは戦時中に鵜来島が防御の基地となり海軍が入ったときに工事につかわれたものが、島でカルイを用いた最初であるという。島の段々畑に水やりに行くときや肥料を運ぶ時は頭上運搬法が最適であった。先述したように島にはモヤイという言葉が残っている。つまり、労力授受の相補的慣行が姻戚関係の中で行なわれてきたのである。段々畑に肥料を運ぶのをツギモチ（手渡し法）によって行ない、これをモヤイモチ（協力して運搬）といったが、これも姻戚関係で行なわれてきたのであった。

2　三国町の生業の変化

概　況

福井県三国町は九頭龍川と竹田川との合流点にあって、竹田川の河口沿いに三国港が開かれ、この一帯に町場が形成された。三国港は早いころより北国から敦賀へと物資を運んだ北国船やハガセ船の途中の寄港地として栄えた川港である。さらに、江戸の中期以後西回り廻船で活躍したベザイ（北前）船の寄港地となり、廻船業が栄えた。対岸の新保港もベザイ船の寄港港として栄え、廻船業で一代を築いた者が多く出た。したがって、三国町の岬端部にあたる地域の男たちは、代々、廻船の水主《かこ》（乗組員）として船に乗り組むのが当然のことのように育てられてきたという。

三国町の雄島（旧雄島村）地区の男たちも古くから廻船の乗組員として働き、明治以降も国内や外国航路の貨客船の船員を多く輩出している。三国の港は廻船業が廃れた明治の末期以後、漁業を主とした生業を営むようになり、底引き漁業で栄えるようになった。そして、一九二五（大正十四）年にヤマトタイ（大和堆）の漁場が発見されて以来、動力船の稼働とともに漁業経営で成功する者が輩出するようになる。

旧雄島村は半島の岬端部にあって地の利を得ていたことから、アワビやサザエ、ウニなどの資源が豊かであった。また、古くから越前海女で名高かったところであって、東尋坊を中心とした岬端部周辺の地域は、男性は船乗り、女性のほとんどは夫のいない家をまもりながら海女としての潜水漁に従事してきたのであった。そして、この地でも農と潜水漁とボテフリなどの複合した生業がみられ、若年者と老人の生業への参加がみられる。

海女カヅキの話

油田コギク（一九一三年生）は安島区の一〇人兄妹の下から二番目に生まれた。子どものころは雑巾掛けや井戸の水汲みをして家の手伝いをした。若いときは肥樽を頭上運搬したこともある。父は大工であった。安島では「船乗りでなけりゃ嫁ないで」といったほどで、それで船乗りの嫁になった。夫の船がドック入りをするときには、三陸の釜石や神戸などいろいろなところへ会いにいった。小学校を終えてから八二歳までカヅイ（潜い）た。三年前にナホトカ号の油が流れ寄って海が汚れたので、それ以来カヅクことをやめた。若いときは東尋坊までいってカヅキをしていたという。

ウニカヅキは朝七時〜九時までの二時間である。出漁の合図は朝七時に漁業組合長（男性）が雄島の橋のところに赤い旗を立てて知らせる。ウニとワカメとテングサの出漁の判断は組合長、ナデ（サザエ・アワビ）の判断は海女頭が決める。昔の海女頭は判断が的確でいろいろな知恵があってえらかった。サザエとアワビの漁をナデというのは、手で海中の石などを撫でてさがすことからきているという。ナデは一〇日に一度、十月いっぱいまでであった。昔のノリ（岩海苔）は一月ごろから生えた。今は漁協でノリ田（岩場にコンクリートを流してノリが付く場所を作った。安島地区には三ヵ所ある）を作っている。ノリの漁期が終わるとワカメ（若布）の漁期が始まる。三月から採れるワカメは板ワカメにして風呂敷に入れて三国の町まで売りにいった。家では乾燥させて粉ワカメにして食べた。

安島のカヅキ漁の漁撈暦はノリ（岩海苔）十二月二十日すぎに一回、十日ごとに操業して三月に漁期が終わるとノリ田を洗う。ワカメは五月六日～六月十日、八十八夜から船頭をつけて船で出漁する。時間は七～八時の一時間であがる。モズクは六月十五日（一日のみ）、テングサは五月末、六月末、七月末、八月末の年四回、ウニ（ガンジョ）は七月二十七～八月十二日、サザエ・アワビは八月十～二十三日まで、九月（三回）、十月（三回）、その他シタダミ・ホソメ・ハバなどの漁がある。

海女の組織と海女稼業

旧雄島村の海女組合には米ケ崎、安島、梶、崎、浜地の五つの海女組合があるが、人数も多くもっとも漁獲量があってその組織もしっかりしているのは安島の海女組合である。安島の海女組合は一一七人が加入し、一人の理事のもとに七班からなり、各班ごとに海女頭がいる。各班は一六～一七人の班員から成り立っている。米ケ崎海女組合は海女頭のもとに、ニシ（西）、ヒガシ（東）、トウジンボウグチ（東尋坊口）、シタデ（下手）、ヤマデ（山手）、マツカゼ（松風）の六地区に分かれ、約二〇人の組合員がいて操業しているが、集落が三国町の町場に近く勤めに出ている主婦が多いため、その組織は明確ではない。

とくに、若い者たちが三国町に勤めに出るようになった一九六五（昭和四十）年以後は、伝統的な海女家業をして子どもを育ててきた母親たちが八〇歳近くになっても海女をしていることを恥ずかしく思う気風が育って、子供に意見されるようになり、老年になって海女仕事をするものが極端に少なくなった。また、若い女性にも海女稼業をさけたがる気風が育ちつつある。米ケ崎地区の八〇歳近い老海女（この老女も町役場で課長をしている息子に叱られるからといって名を教えてくれなかった）の話を、先述した安島の油田コギクの話と重複しないように述べてみると次のようになる。

海女かづきするときはモグサ（モチグサ）をまるめて耳栓にした。また、ゴム粘土を使ったときもある。ひとカヅキすると火にあたったが、そのとき皮膚にできた火焼けのことをアマメといった。ガンジョ（バフンウニ）はほぼ三センチ以上のものをとる。ガンジョはは三年ほどで成長する。採ったガンジョは家にもどって中身をだして塩にしておく。海女カヅキする時間は決まっていて夏は朝七時〜九時までである。

米ケ崎では六月から九月までは朝七時、一〇月からは七時三〇分に海に入るのが定めである。海女仕事をする人は早朝に海女カヅキにでないと一日が落ちつかないものである。潮の多い頃合いを「潮がこんでいる」という。アワビを見つけてもとれないときはテラシといって、アワビの貝殻をそこにおいて目印にしてあがってきた。貝殻がないときはサザエの殻などを代わりに置いた。アワビの大きさを計るものをヤマダテという。

雄島は昔は男島といって越前の女島と対であるといわれていた。かつて、祭りの終わり（十月の末ごろ）から正月の注連縄をつくるためのホンダワラ採りをしたこともある。これは干して束ねておいて業者が買いに来たときに渡した。崎や梶浦では最近までやっていたが、近頃は採ることをしなくなった。

主婦とボテフリ

三国町（旧雄島村）滝谷地区に住む村外ハナ子（大正十四年生）はボテフリ（魚の振り売り）をしてその人生の大半を過ごした方である。このライフヒストリーを次に述べる。村外ハナ子は鷹巣（現・福井市）で生まれた。三国の漁師から誘いがあって両親とともに移ってきた。三国の北小学校へ転校してきたのは小学校二年の時である。初めは底引網の倉庫を仕切って住んだ。道路拡張のため立ち退き、戦前、魚市場であった現在地に移った。

一九三五（昭和十）年ごろ、母にしたがってボテフリをはじめた。天秤に荷をつけて運んだ。電車は運賃のほかに天秤料というのを払った。天秤料を払うのが惜しいので風呂敷で背中に背負うようになった。六五年ごろから福井の駅近くにリヤカーを預けておき、町中はリヤカーに積んでフリ売りしてあるいた。

その後、乳母車に荷を積むようになった。そして、乳母車ごと電車に乗るようになり、最近は台車を使うようになっ

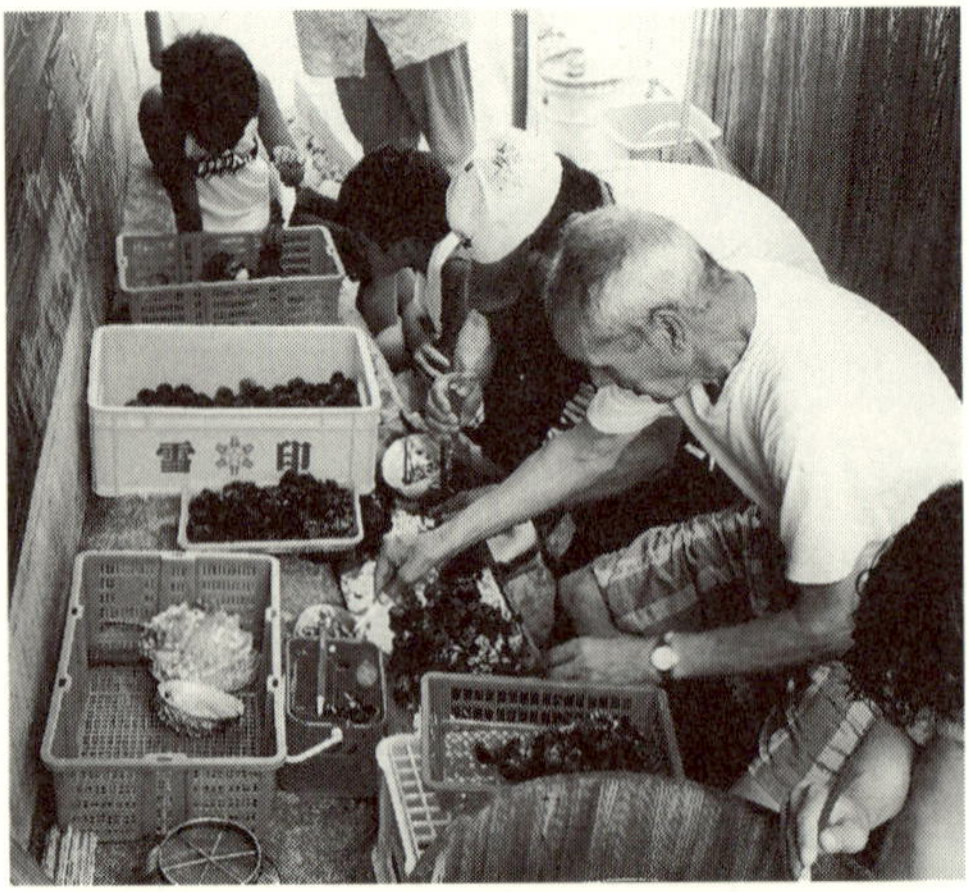

写真2　家族そろってウニの殻を割る（安島）

た。台車を最初に使い始めたのは話者であるという。得意先は福井の町中の旅館や一般家庭で四〇軒ほどあった。現在の得意先は自分がフリ売りをはじめたときからみて三代目になっている。

いつもは四時に起きて五時二〇分の始発に乗り、帰りは昼過ぎの二時ごろにもどった。四〇代のころにニナイ棒が折れて脚の上のタカモモをけがしてからは脚が弱くなった。昨年ごろから振り歩くことはやめて、電話で注文のあったときだけ娘の車に乗せてもらって持っていく。現在は娘が車で売りにいっている。

娘の亭主は長安丸という底引きの船をやっているので、この船で獲れた魚を売ったり、市場で仕入れたものを売ったりしている。市場の仕入れは魚商（仲買）に頼んでセリをしてもらう。手数料は昔から一箱について五分であったことから、今は消費税とおなじと考えている。市場のセリは三国独特の「イタゼリ」というもので、魚の入った箱ごといくらと値をつけてセリあう方法である。

魚は季節ごとのもので生のものもあるが、焼いて持っていくものが多かった。夏（五〜七月）はサバの丸焼きなど、冬（十一〜三月）はカニ、タラ、アマエビなど。売れないときは安くして売った。このような得意が二〜三軒あって、残りは得意に持っていって買ってもらうこともたびたびあった。ボテ組合の総会は二月二日に定められている。

製品加工と家族の生業参加

海女カヅキの仕事でもっとも収入の大きいのはウニである。ウニは漁の上手な人で、中の身だけで四〇〇グラムは採る。普通は二〇〇グラムを採るのがせいぜいである。ウニの値段は漁協におさめる卸値で一キロ五万円（一九九九年時）

もする。漁業組合が扱う以前は、ウニは塩をして蓄えておくと福井の土産物店であるカガミヤが買い取りにきた。（写真2）

安島地区では朝の九時ごろ磯上がりをする。生ウニの製品化は家族総出で行なう。まず、男たちはガンジョの殼割りをしてウニの身を取り出しやすくしておく。つぎに、男や子どもたちは口取りをするが、最近、二〇〇〇円ほどで口取り機が売り出されたので楽にウニの口がとれるようになった。そのあと、海水に浸して中のワタを取り出す作業がある。このときウニが痛まないように氷で冷やしておく。最近はボトルに水を詰めてこれを凍らせて使うようになった。

着替えを終えた主婦は海水の中で、細いスプーンを用い、その反対側が二本のホーク状になっているものでワタを取り出し、ウニの身を綺麗な海水で洗ってスプーンで身をとりだしショーケ（ザル）にあげて水をきる。一二時までに漁業組合におさめなければならないので急いで作業に専念する。ウニは規定のステンレスの金網目のザルに入れて持っていく。漁業組合でウニを計量して記録し、集荷室に持ち込み、組合では雇った二〜三人の主婦がこれをショーケに並べ、その上に塩をふって塩ウニに製品化する。

3 佐賀関の生業の変化と漁協の取り組み

概況

大分県佐賀関町は佐賀関半島の岬端部に位置している。そして、瀬戸内海の西南口の豊後水道に面していて伊予の佐多岬と相対している良港であったことから、廻船時代の風待ち、潮待ち港として栄えた。また、肥後（細川）藩の年貢の積出湊としての役割や早吸日神社・椎根津彦神社の参拝者など、交易・物資の集散地や信仰の地でもあったことから旅館や妓楼があって、早くから町場が形成されていた。

佐賀関町の岬端に古遠見山があり、すそ野にあたる部分のくびれた部分に佐賀関の町場がある。そして、町場の北部に佐賀関港、南部に漁港の下浦がある。大正期に古遠見山側に日本鉱業が進出して工場ができたことによって、漁撈や農耕、商業や接客業などのほかに港湾作業や工場に関わる生業活動がみられるようになった。

佐賀関町は早いころからアジやタイの一本釣りで知られ、下浦一帯は砂浜の広がる入江が点在していて地曳網を主としたイワシ漁を主漁とする生業が盛んであった。佐賀関町の現在の主産業は漁業である。漁業共同組合は一九六八（昭和四十三）年に佐賀関町、佐賀関、一尺屋、神崎が合併して成立した。しかし、五年後の七三年に神崎が分離して現在は三地区の支所で組織されている。

二〇〇〇（平成十二）年現在、正組合員四八三人・准組合員五一八人の合計一〇〇一人の組合員を擁している。組合の組織は組合長一人、副組合長一人、総務担当二人、販売担当二人、購買担当一人、利用担当一人、支所担当一人の九人の理事で運営されており、これに代表幹事一人、幹事三人が参与として加わっている。

また、佐賀関町漁業共同組合には、佐賀関町漁協婦人部（一一〇人）、佐賀関町漁協海士組（三五人）、佐賀関町漁協建網組（三一人）の関連組合組織がある。以下、佐賀関町漁業共同組合に所属する漁船と漁業者は次の表のようになる。

なお、漁船の数は木造船八隻、ＦＲＰ船八五三隻の計八六一隻がある。

一本釣り	瀬魚一本釣	建網	採貝海士・海女	採藻	その他
七二五隻	二〇隻	一〇隻	三五人	二五〇人	遊魚船六

地曳網漁とホシカ（干鰯）製造

一尺屋地区では地曳網が盛んに行なわれていた。一尺屋の海面は沖合の筏島や他の島々に囲まれた内湾の様な地形であったことから、いろいろな種類の魚群が入り込む条件を備えており、海草のよく繁る恵まれた漁場であった。明治から大正時代にかけてはシビ（マグロの幼魚）の地曳網が盛んに行なわれた。シビは頭と内臓を取り去って塩をして盛んに出荷した。サバは一九二九～三〇年ごろがもっとも獲れたといわれ、これも塩にして出荷した。藩政時代、日南海岸のイワシ漁は藩の財源として重視されていた。

一九三九年の瀬川清子の「採集手帖（沿海地方用）」の報告ではオヤカタ（網元）は一人いて、個々のヒキコ（網曳き人）六〜七人とは正月十日のエビス祭りに一年間の契約を取り結んでいたと記している。分配は網元五分、ヒキコ（五〜六人）五分の割合であり、網が陸までくるとヒキコの妻たちや浜の他の女たちが曳いた。女たちの手間賃はオカズにする魚だけであったと記されている。

また、一尺屋はトイモ（サツマイモ）所といわれ、この地ではこれを加工してイモ飴を作って臼杵や延岡方面に行商していたとする聴き取りをしている。戦後の一尺屋にはモト網・エビス網・新キ網・新網の地曳網の網元があった。各網元は正月二日に当番の家に集まってクジ引きをして順番を決めていた。戦後のイワシはイリコ（煮干し）に加工された。一尺屋のイリコの加工店は二〜三軒あり、原料は仕入れる先の網元がそれぞれ決まっていた。イワシは氷を入れておくと油が抜けて白くなることから、冬場でも氷をいれて置いた。一釜一二貫（四五キロ）を茹で上げ、セイロ（竹簾）に並べて干したという。そして、一尺屋の地曳網は一九五八年に終わりを告げることになる。また、佐賀関で行なわれた地曳網は白木区の海水浴場で行なわれていたのを最後に、七五年以降にはまったく行なわれなくなってしまった。

網漁業の変化と男海士

一尺屋にはボケアミ（棒受網）の他にボラ網、ゴチ網、アグリ網、ハマチ建網、磯建網（刺網）があった。現在は磯建網だけである。ボラ網は関崎灯台から精練所（現日本鉱業）方面に網代があって、一番から四番までの魚見があり、シロコ（雄）やアカコ（雌）を獲った。一四三〜四キロもあったが卵が入っているアカコは少なかった。捕った魚は氷を入れて臼杵へ出荷した。一九五五（昭和三十）年から六五年のころは北九州や熊本に出漁したこともあった。

ゴチ網は室生の沖までいって操業した。イワシのアグリ網は集魚灯をつけて夜間に操業した。大正のころは長さ一八尺、幅五尺三寸の船に四人乗って朝鮮半島の長関浦の沿岸で操業する船が何隻もあった。集魚灯は石油ランプからカーバイトへ、そして、戦後になってバッテリーに変わった。

一尺屋で現在用いられているものは刺網だけである。刺網のことをこの地では建網という。建網にはハマチ建網と磯建網がある。ハマチ建網は網目の荒い網であって、沖合で潮の流れに合わせて捕る漁法である。磯建網ではタカイオ（メジナ）やコノシロ・タイ・スズキ・サザエなどを捕った。

佐賀関の潜水漁は一七五八（宝暦八）年細川氏が肥後の藩主となり、佐賀関がその領地となって以来、アワビは献上干鮑としてその製造を申しつけられ、アワビ採捕は厳重な監視下におかれた。また、男児は七～八歳から一八～九歳まで御助米が下付されて、技術の習得が義務づけられ、幕末まで続いた歴史がある。

このとき以来、佐賀関のアワビは関村と白木村の特定の海士しか採捕できない慣行がうまれた。明治維新後は取り締まりがあいまいとなったために、一八八四（明治十七）年に関村と白木村の海士によって鮑捕獲同盟が結成され、その後、一八九七年に採鮑海士・磯突業・海士業の三業が明確にされた。

佐賀関では藩政時代から海士と海女が稼働してきたが、海女はもっぱらサザエとナマコ漁、海士は採鮑専門のものと魚突きやウニ採りをするものと明確に分かれていた。一八九九（明治三十二）年に海士組と海女組の協定がなされ（一九一三（大正二）年の協定書も残っている）、これには海女組も無垢島にかぎって六～七月の二か月間だけはアワビを採ってもよいとするとりきめが記されている。

佐賀関漁業の試み

全国的にその名が知れ渡った「関アジ・関サバ」は佐賀関の産物である。関サバのブランド化の発端は、NHKテレビの時事放談に佐賀関町長が出演していた番組を見た東京の業者から佐賀関漁協に問い合わせがあってサバを送ったことがはじまりである。また、「関サバ」という呼び名がついたのも、この間のやり取りの過程で自然に生まれたものであったという。

佐賀関ではタイやアジやサバはツラガイ（面買い）といって、漁業者は仲買業者のイケスに船をつけて活魚として直接取り引きをしていた。佐賀関には仲買業者が四店あり、漁業者が売り渡す仲買業者が固定化していたことから仲買業者の方が優位を占め、情実がらみの不利益をこうむることが多かった。それゆえ、漁業者の収入が不安定であって後継者が育たない状況があった。

そこで、漁業者の生活の安定をはかり、買取りと販売を漁協が直轄で行なうことによって魚価を高めて変動を少くし、経済的に余裕が持てるようにすることをめざした。これが組合の総会で認められ、一九八八（昭和六十三）年に漁協が買取販売事業を実施することになり、その販路を県外に広げるためにポスターを一〇〇〇部刷って全国に送りつけた。そして、翌年もこのポスター作戦を継続させたが、それでも宣伝が不十分とおもわれたので、改めて「関アジ、関サバ」のキャンペーンを実施した。

まず最初にはじめたのは北九州、そして、一九九〇（平成二）年には福岡、九一年は東京、九二年は大阪というように、関ものの味を知ってもらうために町役場の総務課長や産業課長も協力して町ぐるみで各地にキャンペーンを展開した。その結果、サバの刺身の食文化のなかった地方にも、サバの刺身は食べられるということを植えつけることに成功した。

佐賀関の一本釣りの漁業者は伝統的に関のサバよりも関のアジのほうが価値が高いものと思っていて、それまで関サバのブランド化については半信半疑でいた。ところがキャンペーンを展開した結果、「関アジ」よりも「関サバ」の名のほうが知れわたるようになり、アジとサバの価格が逆転したのであった。

はじめは漁業組合の総会でこの買取販売事業を提案したときには、組合員はまったく乗り気がなく、漁協の真意は伝わらなかった。計画を再考して、漁業者のためになることを明確にして次のような計画を再提案した。その提案の文面を要約すると次のようになる。

一、買い取り制度（魚価の安定、年間通して一キロ三〇〇〇円）……漁民生活の安定
二、専売制度（販売店との特約と看板貸与）……販売総額の固定化
三、休日の保障（毎週日曜日を休日にする）……漁業者の定休日の確保と若者の定着

課題は、商品である蓄魚数をつねに一定量確保して置き続けること。そして、最少限、魚体の鮮度と損傷を少なく保ちつづけることが必要であった。そこで、考え出されたのがサバを釣ったとき魚体に触れずに釣針をはずし、港までも

どるときに魚槽の海水の入替えがつねにうまく循環するように取水口の器具を改良することであった。

残る課題は、漁業者が仲買業者へではなく、漁業組合の蓄魚網（蓄養網）にどれほど持ってくるかということであった。つまり、この計画の最大の課題はそれまでの小売り仲買業者との折り合いをどのようにつけるかということであった。佐賀関には四軒の仲買業者がいたし、これらの業者はそれぞれ蓄魚網を持っていて、すでに蓄魚の直売経営をしていたのである。

漁業組合の目的は漁業者の生活の安定と後継者を生み出すための条件作りにあったことから、漁業者自身この計画に賛同することが最低限必要なことであったので、周知徹底するまでには紆余屈折が長く続いた。はじめは、それまでの仲買業者の顔を立ててそちらに漁獲物を持っていったり、値の高いときは漁業組合の蓄魚網に持ってくる漁業者は少なくなったりしたが、最近では計画通り五〇パーセントの入荷率を保つようになっている。現在、全国の特約店は大看板一〇〇店、小看板七五店あって、注文をうけるとそのつど生き締めにして関サバのラベルを貼って直送している。

写真3　佐賀関漁協の蓄養網（イケス）

なお、佐賀関漁協はマダイの中間育成（放牧漁業）もしている。漁業組合員が作業分担をして給餌作業をすることによって、就業日数を割り振って賃金が支払われるので、給与所得者と同じ保障を得るシステムがとられている。組合員はこれによって年金の積立を行ない、貯蓄することによって老後の生活の安定をはかることとなり、それとともに給餌することによって魚礁に定着している鯛を一本釣りすることによって漁業者の漁獲量の安定も得られることを目的にしたものである。

まとめ

これまで、三年間にわたって調査してきた鵜来島・雄島・佐賀関という、島と岬端部に位置する沿海地の生業の変化とその地域相を見てきた。

鵜来島は居住区以外の地勢は断崖であって、その断崖の谷間の斜面を利用して畑作が行なわれ、断崖が海面と接する水辺では採貝や採藻が行なわれ、海面から沖合にかけてはタイやイカなどの釣り漁撈が行なわれるといった生業空間がかたち作られていた。また、お預け船を基盤にしたムロ網漁からカツオの一本釣り漁への変化があり、島外の船に乗っての一本釣り漁から一人操業の曳き釣りする漁撈形態の単一化への変化が見られた。そして、姻戚関係によって結ばれた労働力の授受であるユヒのつながりとともに、主婦が主体の畑作とカツオ節加工や採藻や採貝などの生業の複合がかつて行なわれていたことを知ることができたのであった。

三国町の雄島区はかつての廻船業の繁栄時代の船員を輩出したところである。これは、土地が半島の岬端部という自然条件にあったことと、三国湊が近くにあったことによる生業の選択であった。この地の生業空間は台地上にわずかな水田と畑が点在し、この台地から臨海部の斜面に居住地と畑があり、雄島に至る岩礁と石よりなる遠浅の海面はウニやアワビや海藻の採取に適した生業空間がかたち作られている。

雄島区では男は海運業の船員として稼働年齢期間土地を離れ、停年後は郷里に戻って小舟を持って自給できる程度の釣り漁をする姿がみられ、女性は家を守りながら潜水漁に従事する生業形態をとってきた。そこには、主婦や子女による農作と潜水漁撈とボテフリという生業の複合がみられ、ここでも家族が関与する生業への参加が見られた。

佐賀関町は廻船の寄港地や信仰の地として早くから町場が形成されていた。また、豊後水道の好漁場があったことからアジやサバの一本釣りが伝統的漁法となり、佐賀関船とよばれた改良船で遠く対馬付近までいって一本釣りをする漁撈形態をとってきたが、さらに、外地に出かけて操業する網漁業などへの変化を見ることができた。そして、日本鉱業が進出してきて以後、工場地帯としての様相も示すようになる。

一尺屋区は臨海部からさほど離れていない山の山腹に畑があって一時はミカン栽培が盛んなときもあった。居住区が臨海部にあり、その先が湾をなして砂汀がひろがる生業空間を形成している。この沖合には筏島などの島が横たわり、島の周辺はいまも男海士の操業空間であって、現在はタイの放牧養殖場としても利用されている。なお、この一尺屋区ではイモ飴作りと行商、地曳網時代にはホシカ（干鰯）製造との生業の複合がみられた。

佐賀関町では漁業組合の事業として買い取り販売のシステムをとり入れ、アジとサバのブランド化を成功させて漁民の収入の固定化と生活の安定、そして、若者の定着化をはかってきた。そして、さらに、県の指導によるタイの中間育成事業をとり入れ、漁撈者が安定した生活をおこなえる新しい生業活動への試みがなされていることをとらえることができた。

註

（1）かって生業は複合的な営みであったものが近世の貨幣経済の進展とともに単一化してきたものであるとするものであり、水田耕作の場でもドジョウやフナ漁など、漁撈との複合などがみられることを指摘し、こうした視点は民俗文化全般への接近方法でもあることを主張している。（安室知　一九九二「存在感なき生業研究のこれから――方法としての複合生業論」『日本民俗学』一九〇、同　一九九七「生業複合論」『講座日本の民俗学5　生業の民俗』　雄山閣出版）

参考資料

越前町役場　一九七七『越前町史』上・中・続　越前町史編纂委員会
高知県立清水高等学校社研部　一九六八『郷土――鵜来島島民の生活』
酒井啓祐　二〇〇〇「大分県佐賀関町における海人集団」『大分地理』第一三号
佐賀関漁業組合　一九五八『佐賀関町漁業共同組合史』佐賀関漁業共同組合
宿毛市立鵜来島小学校創立百周年・中学校創立四十周年記念事業実行委員会　一九八九『わが母校　鵜来島』記念事業実行委員会

瀬川清子　一九四〇「大分県北海部郡一尺屋」「沿海採集手帳」
　同　　　一九四一「福井県坂井郡雄島村」「沿海採集手帳」
高木啓夫　一九六二「鵜来島採訪記」『土佐民俗』第二巻五三号　土佐民俗学会
弘瀬小学校　一九八二『わが故郷　土佐・沖の島』　郷土誌編集委員会
牧田　茂　一九三九「幡多郡沖ノ島村鵜来島」「沿海採集手帖」
三国町　一九八八『三国町百年史』三国町百年史編纂委員会
八木橋伸浩　二〇〇〇「土佐・宇和島境界域海村の民俗変化Part二」『論叢』第二四号

④大型海洋生物の民俗——地域的特徴と時代的変化

藤井　弘章

はじめに

沿海地域の民俗を考える場合、海洋生物とのかかわりは非常に重要な問題となる。それらは人々の生業を支える資源であり、ときには宗教的感情を喚起する存在でもあったのである。民俗を人と自然と超自然的なもの（神）の相互関係において捉えることができるとすれば〔成城大学民俗学研究所　一九九〇〕、沿海地域の民俗を考えるに際して海洋生物に注目することには大きな意味があるであろう。自然界の存在である海洋生物と人間のかかわりは両者の関係性を表すのみならず、人間と神、自然と神の関係をも表す場合が多いからである。ここではとくに実用性と宗教性を兼ね備える割合の高い大型の海洋生物を取り上げ、人間・自然・神の関係を通して沿海地域の民俗の地域的特徴と時代的変化について考えることにしたい。

ここで比較の題材として用いるのは一九三七（昭和十二）年から第二次世界大戦をはさんで一九五一年ごろまでに行なわれた「海村調査」「離島調査」の「採集手帳」（「採集手帖〔沿海地方用〕」「離島採集手帳」のこと。以下、個別には「手帖」「手帳」と略す）である。この「採集手帳」において大型海洋生物の記述がどのようになされているのか、その記述はどのように活用されたのかというような記述の問題について考えたうえで、追跡調査との比較を試みる。とくに、今回筆者が追跡調査を行なった岩手県普代村、東京都八丈町（八丈島）、高知県宿毛市沖の島・鵜来島の三か所における事例を中心に取り上げ、マンボウ、シャチ、サメの民俗を聞き取りによって復元し、「採集手帳」と比較したうえで心性の問題を考えることにする。

1　「採集手帳」における大型海洋生物記述の特徴

「採集手帳」にはどのような形で大型海洋生物に関する内容が記述されているのであろうか。現在成城大学民俗学研究所に残されている「採集手帳」を概観したところ、表1のような結果が得られた。頻度の高い順に、クジラ・ウミガメ・サメ・ジンベエザメ・シャチ・イルカ・アザラシ・エイ・マンボウの記述が見られることがわかる。この表ではサメについては「サメ」とジンベエザメを分けて並べておいた。これはジンベエザメだけがとくに明記されるためであり、他のサメは岩手県普代村のクロコザメを除いて種類がわからないからである。大型の海洋生物といえばこのほかにアシカ・トド・ジュゴンなども含まれるであろうが「採集手帳」には見られなかった。

内容に関しては、吉兆や凶兆としての予兆、漁の神、禁忌や畏怖の対象、捕獲・利用の対象などとして記述されている。全体的な特徴として、捕獲・利用に関する記述は少なく、信仰関係の記述が多くなっていることがわかる。捕獲・利用に関してはクジラの記述がもっとも多いが、ウミガメ・サメ・エイについても若干記されている。クジラについても和歌山県太地町の「手帖」以外では寄りクジラの事例などであり、やはり信仰関係の内容が多くなっているといえよう。

ただし、「採集手帳」に記されたことのみが調査時に存在した民俗のすべてであるとは限らない。普代村・八丈島・沖の島・鵜来島のウミガメについて検討したところ、昭和初期の海村調査時においては普代村では信仰、八丈島では利用、沖の島・鵜来島では利用と信仰のかかわりかたが並存していたということがわかった〔藤井　二〇〇二〕。「採集手帳」を用いて海洋生物の民俗を考える場合、この点を念頭におかなければならない。「採集手帳」の大型海洋生物に関する記述の特徴として、捕獲・利用にかかわるものよりも信仰的な内容にかかわる記述のほうが充実しているということが指摘できるのである。

それでは具体的な記述を抜き出して論を進めることとしたい。以下にあげるのは筆者が追跡調査を行なった岩手県普代村、東京都八丈島、高知県沖の島・鵜来島の「手帖」に見られる大型海洋生物に関する記述である。普代村は桜田勝

表1　「採集手帳」の大型海洋生物の記述

生物名	調査地	調査者	調査	内容
クジラ	岩手県久慈市（宇部村）	大島　正隆	海村	忌避
	岩手県下閉伊郡普代村	桜田　勝徳	海村	伝説、禁忌
	東京都三宅島村三宅島（三宅島各村）	最上　孝敬	海村	漂着、食用、漁の神
	新潟県西蒲原郡岩室村（間瀬村）	橋浦　泰雄	海村	漁の神、忌避
	新潟県両津市（佐渡郡内海府村）	倉田　一郎	海村	漁の神
	和歌山県東牟婁郡太地町	橋浦　泰雄	海村	捕鯨、食用
	京都府与謝郡伊根町（伊根村）	瀬川　清子	海村	捕獲、供養、漁
	兵庫県三原郡南淡町沼島（沼島村）	萩原　龍夫	離島	他生物との比較
	島根県隠岐郡都万村	大島　正隆	海村	漂着、食用
	長崎県小値賀町小値賀島	井之口章次	離島	伊勢参り、捕獲、供養
ウミガメ	岩手県下閉伊郡普代村	桜田　勝徳	海村	吉兆
	千葉県館山市（安房郡富崎村）	瀬川　清子	海村	禁忌、畏怖
	千葉県安房郡千倉町	瀬川　清子	海村	禁忌
	東京都三宅島村三宅島（三宅島各村）	最上　孝敬	海村	捕獲
	東京都八丈町八丈島（八丈島各村）	大間知篤三	海村	亀卜
	新潟県両津市（佐渡郡内海府村）	倉田　一郎	海村	吉兆
	兵庫県三原郡南淡町沼島（沼島村）	萩原　龍夫	離島	祭り
	高知県宿毛市沖の島・鵜来島（沖の島村）	牧田　茂	海村	禁忌、畏怖
サメ（フカ）	岩手県下閉伊郡普代村	桜田　勝徳	海村	利用
	東京都八丈町八丈島（八丈島各村）	大間知篤三	海村	船下ろし儀礼、凶兆
	香川県仲多度郡多度津町（高見島村）	武田　明	海村	禁忌、畏怖
	沖縄県平良市（宮古郡平良町）	森田　勇勝	海村	禁忌
ジンベエザメ	岩手県久慈市（宇部村）	大島　正隆	海村	禁忌、畏怖、漁
	岩手県下閉伊郡普代村	桜田　勝徳	海村	漁の神
	宮城県気仙沼市（本吉郡大島村）	守随　一	海村	漁の神、畏怖
	福島県いわき市（石城郡豊間村）	山口弥一郎	海村	漁の神
シャチ	岩手県久慈市（宇部村）	大島　正隆	海村	生態的な特徴
	岩手県下閉伊郡普代村	桜田　勝徳	海村	漁の神、禁忌
	新潟県岩船郡粟島浦村	北見　俊夫	離島	忌避
イルカ	新潟県岩船郡粟島浦村	北見　俊夫	離島	名称の由来
	新潟県両津市（佐渡郡内海府村）	倉田　一郎	海村	禁忌、漁の神
	香川県仲多度郡多度津町（高見島村）	武田　明	海村	神の使い、畏怖
アザラシ	岩手県久慈市（宇部村）	大島　正隆	海村	禁忌
エイ	兵庫県三原郡南淡町沼島（沼島村）	萩原　龍夫	離島	捕獲
マンボウ	岩手県下閉伊郡普代村	桜田　勝徳	海村	他生物との比較

注：調査地は現在の地名。（　）内は「海村調査」「離島調査」時の地名。

徳、八丈島は大間知篤三、沖の島・鵜来島は牧田茂が、一九三八（昭和十三）年にそれぞれ調査し、「手帖」にまとめている。本稿ではこれを便宜上、桜田手帖、大間知手帖、牧田手帖と呼ぶことにする。

a　黒崎では昔殿様に御用油を献じた（クロコザメの油、この鮫の背を割り油をとって、之を釜で焚き樽詰にして宮古に送った）。この鮫延縄舟は沖漁船即ち鰹船で、当時この漁舟を持つ浦は黒崎に限られてゐたといふ。黒崎ではこの舟が二艘あり、之を大黒丸、恵比須丸といふた。〔桜田手帖、二一。この数字は「手帖」の調査項目番号を示す。以下同じ〕

b　タジノカミ　漁の神としてゐる。マンボウとは違ふ。鯨の如きものでシビなどをくひに来るといふ（シャチかタカマツか）。もと此辺りでも鮪流し（流網漁）に出てゆくと、良くタジが追ふて来た。タジはシビを食ふが、然して漁舟にはあたらぬ。タジのカミをエベス、漁の神といふが別に祭る事は無い。然しタジノカミの悪口は言はれぬと云ってゐた（黒崎）。〔同右、七八〕

c　カツオ舟がジンベイザメに遭ふと、満船するほど大漁した。然しジンベイザメは滅多にゐるものではない（黒崎）。ジンベイザメには漁の神がついてゐるといふ（太田名部）。〔同右、七八〕

d　鯨が来たといふて船を沖に出しても、鯨はゐなくなりついてゐた鳥もゐなくなってしまふ。然るに鰹が群来してゐる時には、船を其処へつけても鰹は逃げない。之はカツオに舟霊様がついてゐて、人に捕られる様にしてゐるからだといふ（黒崎）。〔同右、七八〕

e　鯨と舟霊様がゲンベイ（賭博の事）をして鯨が負け続け遂に自分の眼（マナグ）を賭に張ってまた負けた。それで鯨はマナグを張り潰されていまマナグが小さい（同上）。〔同右、七八〕

f　俺のヒイジイサンの時代に此処の網に鯨が入った。で縄で巻いてとった事があるが、此際鯨に汐を吹きつけられて身体の加減をわるくし、鯨と同じ様なうなり声をし乍ら死んだ人があったといふ（同上）。〔同右、七八〕

g　太田名部の大謀網で、亀があがったといふて酒をのませて放してやった。大漁の兆しだといふて噂をしてゐた。〔同右、九〇〕

h　漁船の船下しにはサメノエサと呼ばれる大きな鏡餅を二枚造っておき、先づ一枚をコマシ（撒き餌？）として、其船の乗組達が船の上から浜の砂地へ投げる。祝に呼ばれて来てゐる若者達がそれを争ひ拾ふのである。次ぎに一枚は紐の先につけた鉤にひっかけて投げる。予め鮫になる男が定められてあり、それがその餌を掴んで滑稽な身振りをしながら逃げまはり、そしてやっと舟の上に引きあげられて、殴られる。すると一同舷を叩ひて祝ひあひ、それから撒き餅となる。（末吉村）〔大間知手帖、六六〕

i　漁船にサメが追ひかけて来ると、悪ひ前兆といふ。（樫立）〔同右、九〇〕

j　以前村社で神官が亀の甲を一寸角位にうすくしてそれを柊の枝であぶって、その割れ具合によって良し悪しを定めた。六十年位前まではしてゐた。（樫立村）〔同右、九一〕

k　お亀様は人によっては売る人もあるが、買って迄逃がしてやる人もある。〔牧田手帖、七八〕

l　母島の浜田家は甚平一統と称して昔から亀を食べない。先祖の甚平といふ人が遠いところから亀に乗ってこの島へ渡って来た為だといふ。〔同右、八三〕

m　弘瀬では亀バエといってシモノハナにお亀様に似たハエがあってそれに当てると漁が出来んといひ丁度航路に当っているが大分アライタところを通る。〔同右、八六〕

ここで注目したいのは各事例の記述方法である。まとまった文章になっているものはなく、すべて細かく分割された文章となっている。これは「手帖」の性格に規定されているようである。「手帖」の場合には、あらかじめ設定された一〇〇項目の質問に対応する形で記述する方法がとられており、同じ生物に関する民俗であっても該当する項目に分散して記述されている。沖の島・鵜来島におけるウミガメ記述は三か所に分散して書かれているが、他の「採集手帖」における海洋生物の記述もこのような形が多い。とくに海洋生物に関する質問が立てられているわけではないためこのような記述にならざるをえない。各調査者が各自の関心と話者の関心によって抽出された事例を各項目へと振り分けた結果、このような信仰関係の項目に当てはまる民俗が多く記述されることとなったのである。そのなかで、桜田の「手帖」では七八項目にシャチ・マンボウ・ジンベエザメ・クジラに関する記述が集中しており、調査者の海洋生物に対する高い関心がうかがえる。(1) しかし、奇妙なことに桜田はその後これらの事例を自らの著作において取り上げることはなかったようなのである。「手帖」に記述された個々の事例はどのような変遷をたどったのであろうか。次にこの問題について考えてみたい。

　各事例の活字化の様子をまとめたものが表2である。桜田手帖の記述に関しては『海村生活の研究』に記述されたのはb・c・dのみであった。大間知手帖ではhのみ、牧田手帖では記述されたものはない。しかし、桜田手帖のeが牧田の著作に引用されるというように、別の研究者によって取り上げられる場合もあった。個々の事例の変遷をまとめてみると以下の三つの場合が考えられる。

表2　「採集手帳」事例の活字化

番号	『海村生活の研究』	他の著作
a		
b	漁撈と祝祭	
c	漁撈と祝祭	
d	船に関する資料	
e		牧田『海の民俗学』
f		
g		
h	船に関する資料	大間知『八丈島』
i		
j		大間知『八丈島』
k		
l		牧田『海の民俗学』
m		

①『海村生活の研究』に記述される場合

『海村生活の研究』に記述されたb・c・d・h四例のうち、その後調査者自らの著作にも引用されたのはhのみである。この事例については管見の範囲では、後述するように神野善治氏の論文にも引用されている。

　各事例の記述部分について見てみると『海村生活の研究』では、関敬吾執筆の「漁撈と祝祭」、倉田一郎執筆の「船に関する資料」の部分に引用されている。しかし、瀬川清子執筆の「海上禁忌」にはこれらの事例はひとつも出ていないのである。ただし、瀬川は自らの担当部分において、牧田の沖の島・鵜来島の「手帖」記述の事例をひとつも取り上げていないのであり、この場合は『海村生活の研究』執筆者（瀬川）がなんらかの事情により特定の「手帖」を見なかったという要因が考えられよう。

②著作に取り上げられる場合

調査者自らが著作において引用する場合と、他の研究者が自分の著作のなかで引用する場合とがあった。h・jは大間知が、lについては牧田が自らの著作において取り上げている。一方で、調査者自らが取り上げない場合もあった。桜田手帖の事例は『海村生活の研究』に記述されても、桜田自身が取り上げることはなかったようである。今回の普代村追跡調査での共同調査者である野地恒有氏のご教示によれば、桜田が普代村の事例を引用することはあまりなかったという。豊富に採集された海洋生物に関する事例についても同様に自らが活用することはなかったようである。

ただしeのような形で、桜田手帖の事例が世に出ることもあった。これは牧田が引用しているのであるが、この場合は「手帖」を通覧することのできた牧田個人の事情によるところが大きいと思われる。牧田の「船霊考」は柳田がまとめようとしていたもののようで、柳田から牧田に「船霊考」と書かれたカードの袋が与えられ〔牧田　一九五四〕、牧田はこれをもとに「船霊考」を書いたため「手帖」の事例を使うことになったのであろう。

③『海村生活の研究』や他の著作にも記述されない場合

「手帖」に記述がある事例でも、『海村生活の研究』に記述されないものが多数あった。

①②の場合にはその後もさまざまな研究に活用される道が開けているが、③の場合にはその事例は忘れ去られていく運命にあったといえよう。今回の共同研究はこれらの事例復権をも意味しているのである。

「手帖」と『海村生活の研究』の比較に関してはもうひとつ重要な問題がある。事実誤認で記述されていく場合である。今回の検討部分に関していえば、bに関する記述が『海村生活の研究』では間違った記述がされているのである。『海村生活の研究』の該当部分は以下のとおりである。「岩手県普代村では、マンボウを漁の神と考えてゐる。今一つはマンボウと異なり鯨の如きもので、鮪などを捕へ食ふタジノカミといふものがある。これを漁の神と考えてゐる。」となっている。ここでは、漁の神としてマンボウとタジノカミ（シャチ）がふたつあげられている。ところが、先述の桜田手帖の記述をよく見れば、タジノカミは漁の神であるが、マンボウとは違うとしているのである。これは大きな間違いであるといえよう。マンボウやタジノカミに関しては桜田もその他の研究者も取り上げることがなかったため、間違いが普及することも、また訂正されることもなかった。(2) これは他人の「採集手帳」を用いて全国の民俗をまとめようとする場合の陥りやすい欠点であるともいえよう。マンボウ・タジノカミの問題については、次章においてもう一度取り上げる。

2　追跡調査との比較

この章では前節であげた個々の事例を取り上げ、追跡調査の結果によって「採集手帳」を補う形で昭和初期ごろの民俗を復元し、そのうえで現在との比較を試みる。最初に前節で触れたb事例、マンボウとタジノカミの問題について考えたい。

マンボウ

繰り返すことになるが、関敬吾は『海村生活の研究』のなかで普代村においてはマンボウを漁の神としていると誤記したが、桜田の「手帖」にはタジノカミをマンボウとは違うと記述するだけで、それ以上のマンボウに関する言及はなかった。追跡調査では、関の記述がまったくの誤記であるのか、つまり普代村においてはマンボウを漁の神とすることがなかったのかということについて聞き取りを行なった。あわせて普代村の特徴をとらえるため、三陸一体におけるマンボウの民俗についても把握を試みた。

聞き取りの結果は以下のとおりである。普代村に限らず三陸一体ではマンボウのことをかつてはバンガと呼んでいた。昭和の初めごろにはマンボウと呼ぶのは知識のある者だけで、一般の者はバンガと呼んでいたという。バンガとはマンボウの硬い皮のことであり、そこからつけられた名前であるというが（宮古市赤前）、マンボウの大きさがバンガイ（規格外に大きいことを指す）であるためにつけられた名前であるともいう（久慈市久喜）。マンボウはカモメに目をつつかれても寝ているといい、よく寝る人のことをマンボウザメのようだといった。銛で突いて捕獲することもあるが、ほとんどは定置網にかかったものを捕獲するだけである。水温の高い夏によく捕れるが、売り物にはならず、漁師たちだけで食べるものであったという。現在ではマンボウは三陸地方の名物として名が知られるようになっているが、市場に流通するようになり、高級魚として扱われるようになったのはごく最近であるという。

ただし、明治時代の三陸海岸南部の釜石から気仙沼方面ではマンボウを中華料理の製品として輸出することもあったのである。当時の水産会などが発行した文献から判断すると、輸出したのはマンボウの皮と身の間にある透明の軟骨のサメスガという部分であった〔大日本水産会　一九一〇〕。これを加工することに成功したのは一八八九（明治二十二）年、宮城県気仙沼の宮井常蔵という人物であったという〔西田　一九七八・本吉郡誌編纂委員会　一九七三〕。彼は各地にマンボウの利用法伝習に赴くなど活躍し、三陸のマンボウ製品は内国博覧会や水産博覧会などにも多数出品されるようになった。ところがその後この産業が定着することはなく、近年に再び流通されるようになるまでは市場に出回ることはなくなっていたのである。

一方でマンボウに関しては、禁忌の伝承も存在している。今回の追跡調査では聞き取ることはできなかったが、普代村のマンボウについては、家に妊婦のいる者が船に乗っているとマンボウはすぐに予知し海の底に沈んでしまう（黒崎）という報告もなされている〔早坂　一九八一〕。また南隣の田野畑村島の越では、妊婦のいる者を隠さないとマンボウは捕れないという〔早坂　一九八一〕。全国的に見ればマンボウに関する禁忌伝承は和歌山県や千葉県など各地に伝えられており、そうした地域ではこの魚を特別視する傾向があった〔藤井　一九九九〕。それに対して三陸では禁忌伝承や食用後の儀礼（皮を海に流すなど）は希薄であり、食用利用に熱心であったと考えられるのである。三陸地方では、関の記述したようにマンボウは漁の神というわけではなかったといえよう。

シャチ（タジノカミ）

それではタジノカミとはいったい何ものであるかが問題となってくる。桜田手帖にはこれをクジラのごときものでマグロを食べるとし、シャチかタカマツかと記している。先述のように、桜田やその他の研究者もその後この問題に関して言及することはなかったようである。しかし今回の追跡調査において確認すると、ここには海の民俗に関する非常に重要な問題が横たわっていることが判明した。つまり、畏怖すべき海の神と同義でタジノカミをとらえているという点である。

現在でも普代村やその周辺部でタジノカミのことを聞くとすぐに反応を得ることができた。漁師の人たちによるとこれはシャチのことであるという。三陸ではシャチのことをタツ・タカ、丁寧な人はタツノカミあるいはタジノカミと呼んでいたというのである。これはたんに漁の神であるというわけではなく、非常に恐ろしい存在でもあるという。以下聞き取りによる内容をまとめておく。

シャチのことを「きかないものだ」（元気がいい、あばれる、強い、獰猛）と表現する漁民もいる（普代村太田名部）。漁民は船の帆のような三角の小さいセビレが海面に現れることによってシャチの来遊を知る。これが現れることを三陸ではタツという。神の出現と同義の表現であることからもこの地域の漁民にとって、シャチがいかに大きな存在であったかがわかる。シャチが現われるのは岬の沖で、湾の中には入ってこず、居座ると一週間、長いときには二か月も動かないという。

普代村の南隣の田野畑村では、「タツノカミが来ると聞けば、サザエでも三日前から頭痛がする」「タツノカミが来れば七浜かれる」などという。丈夫な殻や口蓋に守られた堅固なサザエさえもシャチを恐れ、これが来ると魚がいなくなるという意味で使われている。主に定置網に影響し、現れる場所によって漁獲量に大きな差が出るため、シャチは「神であったり敵であったりする」と表現する漁民もいる。「手帖」にタジノカミの悪口は言われないとあったのは、これに対する恐れの表われであったと考えられる。

シャチはマグロ、サケ、マス、クジラなどを食べるという。三陸沖には夏網、秋網のときに来遊し、夏は南から北上する魚を、秋網は北から南下する魚を食べる。夏網のときは、釜石沖にシャチがタツと、シャチがいる以南は大漁が続き、秋網のときは釜石沖にタツと、それより以北が大漁する。シャチが魚を追い回すと、魚が集まってそこだけ異常な大漁をするということがある。釜石では一九三九～四〇（昭和十四～五）年ごろ、シャチのおかげで大漁し、その金で戦闘機一機を陸軍に献上したという人もあった。ふつうの定置網では、二〇〇キロほどのマグロが一〇本から二〇本入るところを、その網には一〇〇〇本、一五〇〇本とマグロが入ったという。このようにタツノカミによって大漁することをタツマワシとよんでいる。岩手県宮古市では、シャチの強運にあやかって、辰丸という船名をつけた人もいた。逆にシャチのおかげでまったく漁がなくなることも多く、それによってカマケーシ（倒産）する人もいたのである。このように漁不漁を明確に左右するシャチは、単純に漁を呼び込む神として信仰されていたわけではない。漁民にとっては、早くどこかにいってもらいたいという気持も強く、近くまで船を出してその日獲れたいちばん高い魚（マグロなど）を放り投げてやることもあった。これはシャチに対する儀礼的な働きかけとも見える。丁重に神をまつり、無事に去ってもらう心意と共通する行為であるといえよう。実際に海でもっとも獰猛ともいわれ、クジラさえも襲うといわれるシャチは、漁民にとっても恐ろしい存在であった。シャチは海の幸を捕らせてくれる存在であるだけでなく、魚を来させず、漁民の生活までもおびやかす非常に恐ろしい存在でもあったといえるのである。

シャチに対する特別視の強さはイルカと比較するとよくうかがえる。全国的に見ればイルカは魚を追いまわしてしまうという理由によって漁民に嫌われているところが多い。ところが魚を追い込んで大漁をさせてくれるとして喜ぶ場合もあるのである。宮古市ではイルカが魚を追い込んでくれることをイルカマワシと呼んでおり、八丈島中之郷ではかつてはイルカが網にトビウオを追い込んでくれるために「イルカ様」と呼んでいたという。中之郷ではかつてイルカは絶対に網に入らなかったが、最近では網から魚を抜いたり網を破ったりするようになり、イルカを嫌うようになったという。八丈島の大賀郷でも同様であった。八丈島においては漁への影響の与え方によってイルカ観が変化していったのである。イルカの場合は恐ろしいという感覚が薄く、したがって好悪どちらかの感情に単純化されやすい海洋生物であったと考えられる。

桜田手帖にあるタジノカミは単なる漁の神であったわけではなかった。莫大な大漁をもたらしてくれる漁の神であると同時に、漁民の生活までも脅かす非常に恐ろしい一面をもあわせもっていたのである。

サメ

次にh事例のサメノエサについて取り上げる。この事例は船下ろしの際にサメノエサと呼ぶ鏡餅を撒き、それに飛びついたサメ役の者が儀礼的に釣り上げられるという内容である。「手帖」、『海村生活の研究』においてはh以上の記述はないのであるが、大間知の『八丈島』においては、「このように鮫がえらばれたのは、おそらく明治初期までは、それが漁の最も重要な対象であったことによるのであろう」という大間知の考えが記されている。その後この事例については、神野善治が「漁撈儀礼とエビス」という論文のなかで全国的な模倣漁撈による予祝儀礼のひとつとして取り上げている〔神野　一九九二〕。神野氏はこのなかで、正月行事や船下ろしのときに行なわれる魚釣りの模倣は予祝儀礼であり、餅や薪でかたどった魚形に漁民は特別な力を感じていたとしている。ただし神野氏は、サメ釣り儀礼が八丈島と青ヶ島にあると紹介するのみで、これについての検討は行なっていない。ここでは追跡調査によって八丈島におけるサメ釣り儀礼を再考し、八丈島におけるサメのもつ意味について考えてみたい。

八丈島におけるサメとサメノエサのもつ意味について考えるため、追跡調査では以下の視点でサメ釣り儀礼について話を聞いた。①大間知が取り上げた末吉地区において儀礼の内容を再確認する。②中之郷、大賀郷地区においても聞き取りを行い、各地区の比較を試みる。③儀礼だけでなく、サメそのものとのかかわりやサメについての感情をも把握する。以上の手順で行った調査結果は次のようなものであった。

まず末吉地区における聞き取りから大間知手帖との比較をしておきたい。概略としてはほぼ同様であるが、以下の点が異なっている。「手帖」ではサメノエサは二枚の大きな鏡餅であり、そのうちの一枚がコマシ（撒きエサ）として撒かれたと記述されている。ところが、今回の聞き取りにおいては、コマシを撒いてから魚形をしたサメノエサを撒いたという話を聞いた。大間知手帖と追跡調査の結果では餅の撒き方と餅の形が相違している。追跡調査の話者は明治生まれであり、この差を単純に時代による変化と断定するわけにもいかないようである。次に他の地区における儀礼の様子について見ておきたい。

中之郷では次のようであったという。まず船を造船所から出して港の上につなぎ止め、フナダマの女の子を乗せて餅まきをする。このとき、フナダマの親や船の関係者が船上から餅をまく。小さい餅をまいてから、魚の形に作った餅に釣りをつけて投げる。それをつかんだ若い衆をマグロとして船に上げて大漁を祝う。また、大賀郷ではサメノエサはひらべったい餅であり、引っ張ったり引っ張られたりやりとりをしながらサメ役が船に引き上げられた。ここではサメ役は叩かれないが、船のデッキが叩かれたという。

各地区ともに基本的な部分、つまりオカにつないだ船の上から餅をまき、そのうちの大きな餅に釣り針をつけて投げ、これをつかんだ人を船に上げて大漁を祝うという概要は共通している。なお、いずれの地区でも同様の儀礼を行なっていたのは木造船のころであり、プラスチック船になってからは行なっていないという。プラスチック船になってからも船下ろしはしているが、かつてのような盛大なものではなくなっているようである。

一方、各地区で相違している点は、餅の形、船に上げられた人への対応、そして釣り上げた魚の名称である。先述した末吉地区における餅の問題は、地区間における地域差としても現れている。餅の形は末吉、中之郷では魚の形に作っているが、大賀郷では平たい餅であった。末吉ではこの魚にヒレやしっぽまでつけたという。また、釣り上げた人を叩くというのは末吉だけであった。大間知手帖にも「殴られる」とあるが、聞き取りからもサメノエサをつかんだ人をみんなで船に押し上げてぼんぼん叩いたということであった。大賀郷で船のデッキを叩いたのはサメを叩く代わりであったという。さらにもっとも重要な魚の名称の問題については、末吉、大賀郷では釣り上げるのはサメというが中之郷ではマグロであるという。中之郷で漁師をしてきた方に聞いたところでは、「サメなんか釣ったら笑われる」ということであった。一方マグロについては、釣れば大漁旗を立てて帰ってくるというほど価値の高いものであった。このため中之郷では「大漁の神」としてマグロを釣り上げたという。

大間知はこの儀礼にサメが選ばれたのは明治初期までサメがもっとも重要な対象であったためであると推測する。たしかに神野が取り上げた事例においても、カツオやサバ、クジラなどを模倣漁撈の対象とするのはその魚を捕っていた地域であるようである。したがって、サメが八丈島において重要な漁獲対象ではなくなったとき、中之郷ではマグロという当時商品価値の高かった魚に変化したが、末吉、大賀郷ではサメがそのまま存続したとも考えられる。末吉でサメ役の者を、大賀郷で船のデッキを叩くというのは祝いの表現であるだけではなく、実際のサメを漁獲したときの行為をも表わしていると思われるのである。サメからマグロに儀礼対象が変化するのは物理的理由であるが、サメが儀礼対象として存続する理由には何があるのであろうか。

聞き取りの範囲では、八丈島においてはサメの商品価値はなかったという。とくに漁獲対象になることもなく、かかってきたものを食べるだけであった。売り物にはならず、近所などに配るだけであった（末吉）。とくに中之郷ではサメは漁の邪魔をする嫌われ者であるという。またお祝いなどにサメを出すとサメル（冷める）といって嫌うともいう。大間知手帳のｉ事例においてはサメが悪い前兆としてとらえられている。大賀郷でも魚の頭だけ残して逃げるので嫌うとされる。それでも末吉や大賀郷ではサメは縁起物であるといういい方をするのである。中之郷では嫌われるだけであるが、とくに大賀郷では嫌いながらも縁起物としている。模倣漁撈においてサメが選ばれ、また存続してきたのは、八丈島の人々がサメに特別な力を見ていたからであろう。サメは強い力をもった海の神の化身であり、ときには漁を授け、ときには漁を奪ってしまう恐ろしい存在であったのではなかろうか。以上から推測すると、八丈島におけるサメとのかかわりは明治ごろまでは利用と信仰が並存していたが、昭和初期には単なる儀礼対象と忌避の対象となり、現在では若干の利用と忌避の心意が残されているだけということができるのではなかろうか。

3　地域的特徴と時代的変化

第一節では「採集手帳」における大型海洋生物記述の特徴を検討し、第二節では個々の事例について「採集手帳」と追跡調査の比較を行なってきた。最後にそれらを踏まえて大型海洋生物にかかわる民俗の地域的特徴と時代的な変化について検討したい。第二節で普代村のマンボウ・シャチ、八丈島のサメについて検討したが、これらの生物は他の地域においてはどのようなかかわりがなされてきたのであろうか。マンボウ・シャチ・サメ・ジンベエザメを順に取り上げ、追跡調査を行なった三か所を中心に地域的な特徴と時代的変化について考える。

マンボウについては「採集手帳」には普代村以外の記述はないが、追跡調査では若干の話を聞くことができた。八丈島では捕獲して食用とすることもあるが、それほど熱心ではなかったという。八丈島の人々は島に出稼ぎ漁に来ていた房州（千葉県南部）の人々がマンボウを好きなことは知っている。しかし、その習慣が広まることはなかったようである。沖の島・鵜来島においてはカツオ漁などのときに見つけると突いていた。捕るのは四～五月ごろであり、夏に捕る三陸よりも時期が早い。身だけを取って皮を海に流すという。ここでは利用はするが、三陸に見られた禁忌伝承などは存在しない。

マンボウを盛んに利用しつつ禁忌・畏怖の対象として見ている和歌山県や千葉県のような地域もあるが〔藤井　一九九九〕、今回の調査地では利用・信仰ともにそれほど熱心ではなかったようである。ウミガメの民俗に関する諸類型（信仰型、利用型、信仰・利用並存型）を参考にマンボウの民俗について分類すると〔藤井　二〇〇一〕、普代村は信仰・利用並存型に近く、沖の島・鵜来島は利用型であるといえよう。八丈島はいずれにも属さない位置にあるのかもしれない。八丈島、沖の島・鵜来島に関しては時代的な変化はとくに見られなかったが、普代村に関しては利用しながら禁忌の対象でもあった存在から、利用するだけの存在へと変わってきたと捉えることができる。

シャチに関する「採集手帳」の記述は、普代村以外には隣接地域の岩手県久慈市、日本海側の新潟県粟島に見られる。久慈の事例は沖で船の周囲をぐるぐる回ることがあるというだけのものであるが、同様の行動をとるクジラが忌避されていることから、この場合のシャチも忌避的な心意で語られたのかもしれない。また、粟島におけるシャチはクジラを追いかけて食い殺すために忌避されるとある。ここでは「立ちエビス」と呼ばれると記されているが、三陸におけるシャチがタツに関係する名称であったことと関連があるのではなかろうか。追跡調査では八丈島において話を聞くことができた。八丈島の三根では三陸と同様にシャチが魚を追い回して大漁することがあるといい、これをシャチマワシと呼んでいる。ただし、他の地区ではシャチに関する話はほとんど出なかった。聞いて知ってはいても見たことがないという人も多いようである。シャチの民俗を分類すれば、普代村をはじめ三陸地方一体では畏怖をともなった信仰型になろう。アイヌではシャチを神の顕現ととらえており〔山田　一九九四〕、シャチに関する心意は北日本に特徴的な民俗であると考えることもできる。その他の地域では利用も信仰もなかったように見受けられる。八丈島では魚の位置を知る民俗知識として利用している程度であった。なお、三陸地方のシャチの民俗に関しては時代的な変化はあまり見られないようである。これは現在においても漁業に多大な影響を与えつづけているからであろう。

サメ（フカ）は「採集手帳」に香川県と沖縄県の事例が記述されている。香川県の事例は、海の中をのぞいて自分の体が海面に映るとフカに「とられる」ため、あまり海の中をのぞいてはいけないという伝承である。沖縄県のものはフカに食われて死んだときなどにフカの類を食べることを禁じるという内容となっている。これは沖縄県に広く分布するサメを食べない家系の伝承につながるものであり、同様にウミガメを食べない家系の伝承も沖縄県には分布している。こうした伝承は先祖が海で遭難したときにサメやウミガメに助けられたために子孫がその肉を食べないとするものである。今回追跡調査を行なった高知県の沖の島母島《もしま》にも同様の伝承が存在する。ここにはウミガメを食べない家系と、サメを食べない家系がそれぞれ別に存在していた。その家以外の者はとくにサメに対する心意は顕著ではなかったが、沖の島ではサメを捕ることはほとんどなかったようである。隣の鵜来島においては小さいサメを捕ることはあったというが、ここでも利用は多くなかったように思われる。なお、「手帖」にはかつてクロコザメの油を取ったとされている普代村であるが、とくにサメに対する話は聞くことはできなかった。

サメに関してはとくに地域的な特徴はないように思われる。普代村や八丈島においてかつての利用がしのばれるが、昭和初期においてはあまり利用しなくなっていたと思われる。また信仰面では八丈島・沖の島において禁忌・畏怖の対象であったことが推測されるが、昭和初期にはいずれも畏怖の対象ではなかったようである。八丈島の船下ろし儀礼においてサメノエサが使われなくなったのは象徴的なできごとであったと考えられる。

ジンベエザメには魚がついているという話は「採集手帳」に四例記されている。いずれも東北地方であるが、このことは八丈島、沖の島の追跡調査でも聞くことができた。八丈島の中之郷ではこのサメのことをモンツキザメともいい、イワシやカツオがついているという。ここでは船底から静かに持ち上げられているのを知らずに、魚を釣りすぎてジンベエザメに船を沈められたという言い伝えもあった。ジンベエザメについては捕獲して利用するということはいずれの地域においてもなかったようである。このサメとのかかわりは漁の神（エビス）として尊ぶ一方で禁忌・畏怖の対象として恐れるという形態が存在した。この形態が八丈島や、「採集手帳」に見られる岩手県久慈市、宮城県気仙沼市の場合である。普代村や沖の島では八丈島におけるシャチと同様、民俗知識の域を出ないのかもしれない。

以上のことをまとめると、大型海洋生物の民俗の特徴としては次の三点があげられよう。

第一としては大型海洋生物は魚をもたらす漁の神（エビス）としての側面だけでなく、禁忌や畏怖の対象という側面もあわせもっていたという点。とくに三陸におけるシャチにその傾向が顕著に見られるが、サメやジンベエザメにも同様の特徴が見られたのである。第二はそれらとのかかわりには非常に多様な地域性があったという点である。ウミガメで検討した場合ほど明確な地域差は出なかったが、それでも同一の生物に対する対応や心意が同じではないことは示すことができたであろう。そして第三として、現在では禁忌・畏怖の側面や地域的な特徴が消え、全国的に画一化した民俗が広まっているという点があげられる。八丈島のサメのように利用が少なくなり、信仰も薄くなっていった場合もあるが、普代村のマンボウのように利用は続いているが信仰面だけが消滅していった場合もある。その変化のしかたにはそれぞれ相違があるが、いずれにしても海洋生物に対して昭和初期ほどには禁忌や畏怖の対象としての感情がなくなっているといえよう。ウミガメが変化してきたように単なる縁起物や漁を授けてくれる象徴と見るか、八丈島のイルカのように嫌悪の対象となるか、あるいは普代村のジンベエザメや八丈島のシャチのように民俗知識として漁を左右するもの、またはたんなる生物として見る、というぃずれかの道をたどっているように思われる。大型海洋生物の民俗を見ると、人間と自然との関係が人間上位の関係で一方向に利用・保護する形になると同時に、自然と神の距離は遠くなり、人間と神との関係も自然と乖離した形態へと変質していると考えられるのである。

註

（1）ただし、桜田勝徳が調査した岩手県宮古市重茂（重茂村）の「手帖」には大型海洋生物に関する記述は全く見られない。ここでは七八項目にはエビスの祭りを短く記すのみである。

（2）筆者はかつて誤記のまま引用してしまったことがある〔藤井　一九九九〕。

引用文献

大間知篤三　一九五一『八丈島』創元社
神野善治　一九九一（原論文は一九八五）「漁撈儀礼とエビス」北見俊夫編『恵比寿信仰』雄山閣出版
成城大学民俗学研究所編　一九九〇『昭和期山村の民俗変化』名著出版
大日本水産会編　一九一〇『日本重要水産動植物図解説』大日本水産会
西田耕三編　一九七八『気仙沼双書　七　続けせんぬま史話』ＮＳＫ地方出版社
「日本の食生活全集岩手」編集委員会編　一九八四『日本の食生活全集　三　聞き書き岩手の食事』農山漁村文化協会
早坂和子　一九八一「岩手県北漁村の信仰」岩崎敏夫編『東北民俗資料集』一〇　萬葉堂出版
藤井弘章　一九九九「マンボウの民俗――紀州藩における捕獲奨励と捕獲・解体にまつわる伝承」『和歌山地方史研究』三六
藤井弘章　二〇〇一「地域差と地代差からみたウミガメの民俗――海村・離島追跡調査から」『民俗学研究所紀要』二五　成城大学民俗学研究所
牧田茂　一九五四『海の民俗学』岩崎書店
本吉郡誌編纂委員会編　一九七三（原本は一九四九）『本吉郡誌』名著出版
柳田国男編　一九八五（原本は一九四九）『海村生活の研究』国書刊行会
山田孝子　一九九四『アイヌの世界観』講談社

5 寄り物をめぐる共有意識と占有観——能州寄鯨処分一件

高桑 守史

1 「海より流れ寄るもの」

一九四九年に刊行された柳田国男編『海村生活の研究』（日本民俗学会）には、二五の項目が配列されている。その項目のいずれもが、当時の海村の生活の実態を知る重要なてがかりを提供しているが、その中に大藤時彦によってまとめられた「海より流れ寄るもの」という一項が含まれる。そこに記載されている内容の大部分は、海中より出現した神仏も含め、浜辺へ流れ寄った神や仏の伝説である。いわゆる漂着神（寄り神）についてである。これら寄り神には、神仏像そのものが漂着したり、海中より出現したりするものも多いが、神仏像以外のものが流れ寄り、これがなんらかの不思議を催すなかで、その地域や特定の家系の神として祀られていったものも多い。その中には、和船や流木、石や磐舟、海藻や魚介、貴人や漂着死人などといったものが含まれる。そしてこれらの多くは、嵐の後などに浜辺に打ちあげられたなにげないものぐさであり、私たちも普段浜辺にたつと眼にすることのできるものである。つまり、なんでもない漂着物（寄り物）が、それが見い出される過程で奇瑞を成すことにより漂着神（寄り神）として祀られるということである。人々は、こうした事実の記憶を、以後、定期的な祭りを通して再確認しながら、現在へと伝承していく。各地に展開する浜降祭や浜出祭などには、多様な祭りの機能の一つに、漂着地の聖地化の再確認と共に、それら故実への記憶の呼び起しの役割をもっているものと考えられる。

ただし、これら漂着物（寄り物）が、ただものではないとする人々の観念は、漂着神（寄り神）信仰にとどまらず、広く一般に寄り物拾い慣行の中に見い出すことができる。

かつて海辺の村々の暮らしのうえで、これら寄り物は、人々の暮らしをうるおす貴重な生活資材と考えられていたのであり、なかでも流木は薪木や建築用材料として重宝されてきた。日本各地にこうした流木が多く流れ寄る場所があったようで、寄木浜や寄木岬などの地名が各地に見い出されることでもわかる。かつて村々の浜辺ではこうした寄り物が浜辺に打ちあげられる時化のあった翌朝などに、人々が浜辺に出て寄り物を拾いあつめる光景があちこちで見られた。

こうした慣行は、「寄り物拾い」や「浜歩き」などと呼ばれ、最初に見つけた者がこれを所有することが多かったが、拾うに当たって一定の作法が必要とされた。あたかも自分が探していたものが見つかったようにその寸法を測るようなふるまいをする、必ず寄り物に声をかけ黙って拾ってはならない、などの約束事があった。これを怠ると祟りがあるとされた。このことから寄り物は、人々の意識の上でただものではないと考えられていたことがわかる。おそらくは、寄り物そのものに超自然的な霊力が内在する、あるいは憑依しているものとして考えられていたということと、海の彼方より神あるいは神的存在が、人々にこれを授けてくれるという神授観が相俟って、独特のこれをめぐる慣行が伝承されてきたのではないかと考えられる。沖永良部島などに伝わる、人間に位を授けるために海の彼方より流木となってやってくるニライの神は前者の例だろうし、山形県庄内浜に伝わる「弘法様の寄せ木」などは後者の例であろう。

そして寄り物は、このようなものばかりでなく、季節的に涌くように出現する魚族やイルカやクジラなどの海棲哺乳類もまたこの範囲のものとして理解されてきた。東北の厳しい冬の海に雷鳴と共に出現するハタハタや、沖縄で食用される小魚スクなどは、浜辺近くに寄り来る魚であり、香川県で伊勢の使わしめとして伝えられるイルカの千疋連れやイルカ参詣として知られる近海でのイルカの群遊や、シビなどの魚群についてくるとされるクジラエビスやクジラッキの伝承にみられるクジラなども、クジラ塚やクジラ墓の存在と共に特別なものとして意識されてきたといってよい。

ところで『海村生活の研究』の元となる調査は、柳田の指導の下、一九三七年より一九三九年にかけて全国約三〇か所の海村を対象に行なわれた「離島及び沿海諸村に於ける郷党生活の調査」であり、調査員によって一〇〇の調査項目を盛り込んだ「採集手帖（沿海地方用）」に基づいて統一的に調査が実施された。しかしこの調査項目をみる限り、寄り物に関する関心は必ずしも高いものとはいえず、第八〇項目に「漂着神」がある以外、これと係わりそうな項目は、第三四項目の「占有標識」と第八六項目の「祟る場所」ぐらいにとどまる。

じじつ、先に触れた「海より流れ寄るもの」では、その記載のほとんどが、漂着神に関するものであり、寄り物一般や寄り物拾いの慣行については触れられていない。

それにもかかわらず、寄り物に対する柳田自身の関心は並々ならぬものがあり、一九五〇年、加能民俗の会の機関紙『加能民俗』第一号に「寄り物の問題」と題する一文を寄せ、「かつて風位考の一節中に、中世以来北陸一帯の地方語であったアユの風は、海からいろいろの好い物を吹き寄せる風の名だったろうと説いたが、其意見は今もかへずに持って居る。島国の特殊産業として、寄物拾いは省みられざる一つの課題だった。」と述べているし、翌五一年に、柳田の喜壽を記念して特集を組んだ『民間伝承』一五－一一には、柳田自身、「知りたいと思うこと二三」と題し、子安神と子安貝のこと、みろくの船のことなど八つの項目をあげ、その一番に寄物のこと、二番に海豚参詣のことをかかげて今後の課題としている。寄り物については「漁業の根源にもこの方面からもう一度観察すべき事柄が多かりそうな気がする。」とし、イルカ参詣についても「これも寄物の幾つかの信仰のように、海の彼方との心の行通いが、もとは常識であった名残では無いかどうか。」とこれらに関する資料の集積を促している。

この特集号には、こうした柳田の問題関心にそう形で、数多い同人による寄り物やイルカ参詣などに関する各地方における報告が寄せられ、寄り物をめぐる共有意識を知る上で興味深いものが多い。

たとえば、桜田勝徳は、トカラ列島宝島に関して「宝島の寄物」という一文を寄せているが、その中で寄り物の処分について「処分法　如何なる漂流物も沖で探せば拾得者のもの、岸にうちあげたものはその見積代金が一円以下であると拾得者のもの、一円以上なれば如何なるものでも一島共有物になる。船などは誰が探しても必ず一年間（警察に届けてから）待って後、島民の共有にする。」と、浜辺で拾い上げられた寄り物は、軽微な物は別として、拾った者がだれであれ、すべて島全体の共有物として扱われていた様子を報告している。またイルカ参詣に関する項において、北見俊夫は「対馬の海豚とり」という一文で、対馬の横浦湾でのイルカとりは、大・小千尋藻、鐺川、横浦の四ケ浦の共同漁業となっていたことを報告している。

さて小論では、日本各地における寄り物慣行の関係から、能登半島外浦地方における近世のクジラ処分の問題をとりあげ、以下に紹介していく。

2　近世能登外浦地方における寄鯨処分

小論においてとりあげる調査地は、奥能登外浦地方に位置する漁村、現石川県鳳至郡門前町鹿磯地区である。鹿磯の近代以降の動向については、すでに拙著『日本漁民社会論考——民俗学的研究』（一九九四年　未来社）などにおいて論じているので、ここでは省く。

ただし、小論において論ずる近世中後期の状況について簡単に触れておく。

一六七〇（寛文十）年の「能州鳳至郡鹿磯村物成之事」（鹿磯区有文書）の記載をみてみる。

能州鳳至郡鹿磯村物成之事
壱ケ村草高　内三石　明暦弐年百姓方ヨリ上ルニ付無検地
一、三拾壱石
　免七ッ弐歩内弐歩明暦弐年ヨリ上ル
右免付之通新京升ヲ以可納所、夫銀定納百石ニ付百四拾目宛、口米ニ壱斗壱升弐合宛可出也
同村物成之事
一、百弐拾壱匁　山役
一、四拾四匁　地子銀
一、百六拾八匁　外海船櫂役
　外五拾八匁退転
一、九百四拾弐匁五分　猟船櫂役
　内三百五拾七匁五合出来
一、百四拾四匁六合　間役
　内九拾八匁六合出来
一、六拾九匁　刺鯖役
右小物成之分者　十村見図之上ニ而指引於有之者　其通可出者也
　寛文拾年九月七日（御印）
　　鹿磯村
　　　百姓中

この村御印によると鹿磯は、藩政期において、草高三一石を産する加賀藩の高方村落（百姓村）として位置づけられ、同時に小物成の記載から漁業にも従事していた、いわゆる零細な半農半漁村（端浦村落）として実態的には存立していた村であることがわかる。

一方一七三五（享保二十）年の史料である「奥両御郡高免村付込帳」によれば、鹿磯村は「百五軒　惣家数　内三拾八軒　百姓家　六拾七軒　頭振家」とあり、三八戸の高方百姓を中心に村落での暮らしが営まれていた。この伝統は近代以降においても、共有地の権利と結びつき、百姓株をもつ三八人衆として変わらず受け継がれてきている。しかし実質的には、高方村落として把握されていたとはいえ草高三一石という微細な石高からもわかるように、鹿磯村は山と海に挟まれた狭矮な地にはうように立地しており、後背可耕地も少なく、零細ながら、網・釣・突漁を中心とした小規模漁業に対する依存度がきわめて高く、主漁従農村的性格を当時より保持していたものと思われる。

さて、このような外浦地方の沖合にクジラが流泳することが、ときおりあり、そのおりには、各村浦より小船を出し、捕獲することで、村の経済は大いにうるおった。しばしばそうした機会があるわけではないため、一度これを見つけると、村中あげてその捕獲に熱中した模様が当時の史料からうかがえる。「鯨が流れ着くと七浦がうるおう」といわれてきたように、捕獲に成功すると、それによる収入は大きかった。しかしクジラは他の魚族と違い、破船などの寄り物と同様、見つけしだいこれを村役人に届け、その処分にあたっては、藩より下達された処分法に基づき、これを処分することが義務づけられていた。ここに加賀藩より能登の浦方村役人である一〇村に下達された興味深い史料がある。

三ケ國浦方寄鯨有之刻割符仕様御定覚
一、鯨寄候居村江拾歩之図を次　五歩可被下事
一、右居村浜ならびに両脇三ケ村充六ケ村に弐歩充可被下　但三ケ村つづき無之弐ケ村有之候而も同前事
一、右居村近取里方三ケ村江壱歩可被下事右之趣被仰出候条可得其意候　鯨寄候ハヾ御在國の時分は早々小松江可申上候　御留守之刻は□方江可及案内者也
承応弐年弐月拾五日
横山左近
奥村河内

能登浦方十村中

『手鑑秘録』に収められた史料であるが、これによると寄鯨は見つけしだい届け出ることが義務づけられている。さらに捕獲状況いかんにかかわらず、全体を十歩に分け、クジラが寄った村には、その内の五歩を、当該村落の左右に連らなるそれぞれ三か村、都合六か村に四歩（二歩×二）を、当該村落の後背農村（里方）三か村に一歩を配分することとしている。つまり、寄鯨に関しては他の魚族と異なり、それを獲った個人や村の所有ではなく、近在浦一円に、クジラの寄った村との位置関係に応じて分配処分しなければならないものとされ、一頭のクジラが寄れば、まさに「七浦がうるおう」のである。

鹿磯村沖合にも数度にわたってクジラが流泳し、そのつど、村役人に届け出ている。その一、二の例を区有文書よりながめてみたい。

流鯨ニ付届状

態以飛脚申上候　然ハ去秋放生津八兵衛舟破損所江　当正月十一日に長さ五尋計之切鯨寄り申候　此度之鯨之義深見村之支配に被為仰付候哉　鹿磯村支配条々に而御座候ニ付　如此御窺申上候　以上

元禄弐年正月十一日

鹿磯村肝煎
三郎右衛門
同村与合頭
与　三
同
藤五郎

十村道下村
清助様

乍恐申上候

一　長弐尋　巾弐《ママ》尺　厚さ弐寸五歩

右鯨切当正月弐月　鹿磯村条之内かたのり島ノ脇江流寄申に付御注進申候　巳上

享保三年正月

走出村
甚右衛門殿

鹿磯村肝煎
三郎右衛門
同村組合頭
藤九郎

この二件の流鯨届状は、一六八九（元禄二）年と一七一八（享保三）年のものであるが、村役人である十村役に、目撃した場所、クジラの大きさなどをつぶさに報告している。自らの村の前海に流泳するクジラを見つけ、これを他村にさきがけて、いちはやく申告することにより、クジラが他村沖合へ進入する前にクジラが自分の村に寄ったことを村役人に認めさせれば、一〇歩の内の五歩を自村のとり分とすることができるのであり、刻を争うさまは、飛脚をたてたりしていることでもわかる。

藩政期における漁村では、それぞれの村境を限りに、自村の前海を専有し、独占的漁場として利用していたのであり、外浦地方の漁村においても、この慣行は例外ではなく、しばしば漁村間で、この海境をめぐって相論が発生していた。鹿磯村でも隣村の天領黒島村との間で、海境相論がしばしば起こり、中でも一七二一（享保六）年に生起した両村間の相論は、近隣の村々をまきこんだ大事件にまで発展し、今日今なお両村民のそれぞれに大きなしこりを残している。こうした村浦各自の漁場海域の囲い込みが、クジラ発見の先手争いに拍車をかけるものとなっていた。

さて、元禄二年の鹿磯、深見両村の海境に流泳したクジラの処分については、捕獲したクジラは一〇人の商人による入札により売りさばかれ、その代金が定書にしたがい、各村浦に分配された。

覚

一、壱つ長五尋　深見村鹿磯村領さかい寄中鯨
代銀壱貫六百五拾六匁　但入札拾通之内高値段
内

一、五歩　深見・鹿磯
代八百弐拾八匁

一、四歩　吉浦・五十州・皆月・千代・藤浜・赤神
代六百六拾五匁六分

一、壱歩　道下・勝田・六郎木
代百六拾五匁六分

右当正月十一日に深見　鹿磯領境流寄り申鯨　最前入札被仰付、高値段御払置代銀唯今如此御定配分就被仰付　鯨代銀年を以村々江請取人々江相渡し申所相違無御座候　以上

元禄弐年後ノ正月十八日

伴七兵衛殿
大石弥三郎殿

ふかみ村肝煎
久左衛門
鹿磯村肝煎
三郎右衛門
吉浦村肝煎
介右衛門
五十洲村肝煎
源右衛門
皆月村肝煎
与三兵衛
池田村（藤浜村か?）肝煎
九右衛門
赤神村肝煎

彦右衛門
道下村肝煎
惣右衛門
勝田村肝煎
四郎右衛門
六郎木村肝煎
谷右衛門
千代村肝煎
源右衛門

この文書によれば、クジラは深見村、鹿磯村の両村の海境あたりに寄ったため、五歩の分配は両村平等の相取りとなり、定書通り、残りの四歩は、両村の左右に連なる吉浦・五十洲・皆月の沿海各村三か村、同じく千代・藤浜・赤神の沿海各村三か村の都合六か村に分け与えられ、残り一歩についても、道下・勝田・六郎木の後背にある農・山村に分配されている。

一方の享保三年の寄鯨の処分に関しても、元禄二年のときと同様、定書に従い順当に配分されている。

覚
一　壱つ　長弐尋　巾弐尺　鹿磯村領海へ寄申鯨
内
五歩　鹿磯村
四歩　左右六ケ村　深見村
吉浦村
五十洲村
千代村
藤浜村
赤神村
壱歩　後三ケ村　道下村
勝田村
六郎木村

〆

右当月鹿磯村領海江寄申鯨　如此御定配分就被為仰付　請取申所相違無御座候　已上

享保三年二月

鹿磯村肝煎
三郎右衛門
深見村肝煎
藤五郎
吉浦村肝煎
長吉
五十洲村肝煎
源右衛門
千代村肝煎
伝兵衛
藤浜村肝煎
九右衛門
赤神村肝煎
彦右衛門
道下村肝煎
太兵衛
六郎木村肝煎
谷右衛門
勝田村肝煎
太郎兵衛

山森多宮殿
沢田重郎兵衛殿

しかし、寄鯨処分がいつも順当に行なわれていたわけではない。この処分が完了した直後またしても一頭のクジラが鹿磯沖に流泳してきた。

このクジラをめぐって、隣村天領の黒島村との間で争いが起こった。これまでながめてきたように、寄鯨の処分は、あくまで加賀藩支配の村々についての定書であり、鹿磯村の直隣に位置する黒島村は、天領であるため、両隣六か村の内には勘定されていない。このような場合、つねに除け者扱いされてきている。こうした事実も重なり黒島村と隣村藩領の村々との仲は、あまり良好なものとはいえなかった。

同年二月二十四日、このクジラをめぐって、鹿磯村肝煎より十村役の走出村、甚右衛門にあてた訴状がある。

書付を以申上候

一、当月廿三日午刻時分　鹿磯村より壱里半程下弐里計沖長サ十五尋程之鯨流居申所鹿磯村之者共見付猟舟拾七艘に人数大勢乗罷出「めど」をうち引綱を付　半里計茂引参申処　御公領黒嶋村より領舟并てんま等多出し追々罷出及口論申候　然は海上にてあやまち等可有之候哉と奉存　双方相談仕候て鹿磯村へ成共黒嶋村へ成共引着次第鯨半分宛配分可仕と納得仕引申候内　深見村赤神村より猟舟を出何茂一集引申候

然所磯近罷成候得共　黒嶋村半右衛門と申者鹿磯村之引綱を切放し　殊に登り潮候御座候故　黒嶋村之領へ引着申候　就夫納得之通鯨半分宛配分可仕と奉存候処に　如何様之存入に御座候哉　鹿磯村へは少茂配分不仕迷惑に奉存候

右之通少茂偽り不申上候　如何可被仰付候哉　御窺申上候　以上

享保三年二月廿四日

鹿磯村肝煎
三郎右衛門
同村組合頭
藤九郎

十村走出村　甚右衛門殿

さらにこれを追いかけるようにして、クジラとりの現場にかかわった漁民たちから口上書が出され、このときのさらにくわしい状況が縷縷説明されている。

重て私共被召寄御吟味に付　口上書を以申上候

当月廿三日麦畠修理可仕与奉存山に罷出候処　鹿磯村より壱里半程下弐里計沖に鯨流居申に付　俄船を拵罷出候　庖丁綱桶等持参仕鯨に乗移り「めど」を打ち半里計茂引参申処に　黒嶋村より茂見付追々大勢猟舟てんま等にて罷出　右之鯨に乗移り可申与仕候処　私共申候者海上法不存候や　我々如此「めど」打ち最早半里計茂引参候へは不罷成儀与申候所　黒嶋村之大勢脇指かたけ理不尽に乗移「めど」打ち一所に引可申と申合候に付　海上之義殊に脇指ぬき居申候得ば　自然あやまちも可仕候哉と少時見合罷有候得ば　黒嶋村金助　平右衛門と申者両人見兼候ニ何とそ双方私談に納得仕鹿磯浦へ成共　黒嶋村へ成共引着次

第に鯨半分宛配分可申候間　双方口論を延引着可申と申懸候に付　近頃無理之儀ニ奉存候得共　黒嶋村は　御公領之儀殊に海上脇指等持居申候故　あやまち茂仕候へば如何と奉存　無是非納得仕引参候内　深見村より猟舟弐艘赤神村より猟舟六艘罷出一集に引参申候所　漸々磯近く罷成候節　黒嶋半右衛門与申者鹿磯村之引綱切放し押領之仕形仕候へ共　私共最前より右鯨乗居申候故無拠存候哉　重て右黒嶋村金助　平右衛門より申候は　重て何程を切候ても　右誓約之通少茂相違無之儀に候間　堪忍仕くれ可申と達て詫申に付　其通に仕候へば相残候鹿磯村之引綱切残り引着申候　其砌登り潮波茂騒御座候に付　黒嶋村領へ引着申候右私共被召寄段々御吟味之上申上候通　少茂相違無御座候　以上

享保三年弐月

鹿磯村猟師

次兵衛　市郎右ヱ門　孫右ヱ門　与吉　太郎右ヱ門　徳左ヱ門　喜左ヱ門　五ヱ衛

豊右ヱ門　又右ヱ門　所兵衛　半三郎　彦左ヱ門　太郎左ヱ門　孫四郎

この二史料により鹿磯村側の主張するところは、以下の通りである。

一、鹿磯村領の沖のクジラを鹿磯村の者がまず見つけ、出漁の上、最初に「めど」を打った。

一、その後になって黒島村の者がやってきて、クジラに乗り移り「めど」を打ち、双方の間で所有をめぐって口論となった。

一、黒島村の者は脇差しなどをもって威嚇したりもしたが、双方話し合いの上、いづれかの浦に寄せ、クジラを折半することで合意した。

一、そんな折、深見村や赤神村からも漁舟がくり出し、一集りになってクジラを引いていたところ、黒島村の者が、鹿磯村の引綱を勝手に切り離し、黒島村へクジラを引きあげた。

一、折半を約束したにもかかわらず、黒島村から鹿磯村には、クジラの分け前がなかった。

このように鹿磯村では、自分が最初に見つけ、仕留めたクジラを黒島村に横取りされた旨を訴えたのである。これに対し、黒島村からも口上書が出されている。

流鯨之儀ニ付　加州御領鹿磯村より書付差出　金沢御役中様より被仰遣　鹿磯村書付之趣被仰渡御吟味ニ付　口上を以申上候

一　当二月廿三日巳刻時分黒嶋村海壱里沖に鯨流居候ニ付　早速黒嶋村より猟船てんま弐拾五艘人数大勢追々罷出鯨頭ニめどを打縄を附引申所ニ　鹿磯村赤神村深見村より是又猟船多く乗出理不尽ニ鯨尾江縄を附　右三ケ村之舟共一集ニ罷成　鹿磯村之方

江引申候　黒嶋村船之儀ハ黒嶋村方江引申候　互ニ引合申候　拙者共情分を以黒嶋村磯近ク引寄候得ハ　右三カ村之舟共無是非躰ニ而罷帰り申候　黒嶋村半右ヱ門鹿磯村方之引縄を切放候段申懸得共　偽ニ而御座候　此儀何共難心得申懸与奉存候　右之通鹿磯村与納得ニ而ハ鯨引不申候　黒嶋村情力を以引付候故　鹿磯村江配分可仕様無御座候　且又寄物等之儀　先年より海堺浜堺を限り支配流物何ニよらず割合仕候儀無御座候　以後之義も前之通ニ可仕候　惣而隣村江対し理不尽成義不仕候　段々御吟味ニ付口上書差上申候

以上

享保三年三月廿七日

黒嶋村庄屋
徳左衛門
仝村組合頭
佐左ヱ門　仝　孫作　仝　三兵衛
仝　伊右ヱ門　仝　弥助　仝　四兵衛

下村
御役所

この相論は、いささか長引いたようで、同年十月にも、黒島村より口上書が提出されている。いささか煩雑の感はあるが、寄クジラに関する慣行を知るうえで、興味深いものがあるので以下に記す。

流鯨之義御尋に付　乍恐口上書を以申上候

一　當二月廿三日　黒嶋村一里計沖鯨流居申に付　早速見付　舟共出　鯨之頭にめどを打　引申處に　鹿磯村　深見村　赤神村右三ケ村之舟共追々に罷出　理不尽に鯨之尾に綱を付　三ケ村之舟一集に罷成　鹿磯村江と引合　何共妨に罷成難義仕申候然共　黒嶋村之者情力を以　鯨引付申候處に　鹿磯村より配分可仕旨申掛候得共　況物口上書を以申上候通り　配分可仕筋無御座候

一　黒嶋村半右衛門　鹿磯村之舟綱　切放申由　鹿磯村より申掛候得共　毛頭左様成義は無御座候

一　黒嶋村平右衛門　金助　和談に而鯨引申由　鹿磯村申掛ケ候得共　是又偽りに而御座候

一　三十三年以前に流鯨有之候處に　黒嶋村鹿磯村深見村三ケ所〆引合候得共　黒嶋情力を以引付申候　其節茂何方江茂配分不仕候

一　當正月鹿磯村江鯨寄申處に　近在村々江配分仕候由承候得共　黒嶋村江少し茂配分不仕候

一　斯様成流物寄物等先年より之法有之哉と　御尋之趣奉得其意候　前々より寄物流物等終に御私領村へ配分仕義無御座候　私領村よりも終に配分請申事も無御座候

右申上候通 毛頭偽り無御座候 然所に 鹿磯村より 黒嶋村之者前々よりかさつ成義仕由被申上 何共迷惑千萬に奉存候然共 鹿磯村之義は不申及 隣村に對し 終にかさつ仕覚無御座候 且又 當夏も鹿磯村に奥州會津様米舟破船仕候而 濡米近在之衆寄入札御座候に付 黒嶋村者共茂入札仕度旨願申候得共叶不申候 其上隣浦に破舟等有之 近在入札仕候而茂 黒嶋村之者には入札させ不申候 斯様に商内物等其外何かに付て黒嶋村を外し申候段 私共迷惑に奉存候 以上

享保三年戌十月

黒嶋村庄屋 徳左衛門
組頭 佐左衛門
同 孫 作
同 伊右衛門
同 三兵衛
同 彌 助
同 四兵衛

下村
御役所

先の鹿磯村の主張に対し、黒島村からは、以下の通り反論している。

一、クジラを最初に見つけ、「めど」を打ったのは黒島村である。
一、その後より 鹿磯村、深見村、赤神村の漁舟がきて、鯨尾に縄をかけ、自所へ引こうとした。
一、鹿磯村は、その際、和議を以て、クジラを折半することとしたと主張しているが、これは嘘である。また、黒島村の者が鹿磯村の引綱を切放したというのも嘘である。
一、黒島村の者が、力を合わせて自所へクジラを引いたので、鹿磯村以下の三か村はあきらめて帰った。それゆえ、分け前を与える必要はない。

これを見る限り、両者の主張は、真向から対立している。いずれが正しいかはわからぬが、黒島村から提出された享保三年十月の口上書には、寄り物や流れ物をめぐる過去のいきさつが詳しく書れていて興味深い。それによると、クジラをはじめ、破船やその積荷などは、これがあったときには、入札などを通して近隣の村で分配をしていた様子がわかる。しかしこれは加賀藩領に属す村の内だけで、天領である黒島村は、これらの枠からすべて除外されていたといえる。享保三年のクジラ騒動における黒島村の態度は、こうした加賀藩領の村々の天領の村への継子いじめ的態度に対する、黒島村の見返し的なものであったのかもしれない。

ここで用いた史料は、とりわけのことわりのない限り、鹿磯区有文書であり、『諸岡村史』(一九七七　諸岡村史発刊委員会)に所収されているものによった。また黒島村関係の二点については、黒島区有文書であり、中谷藤作『黒島小史』(一九三八　私家版)に所収されているものによっている。以上、史料の出典に対して明記しておく。

3　寄り物をめぐる共有意識と占有観

前節において、藩政期における能登半島外浦地方の寄鯨処分に関する慣行についてながめてきた。そこでは一般の魚族の漁獲とは異なり、クジラに関する限り、他の寄り物の扱いと同様、周辺村落と平等分配、ことばをかえれば、共有物として処分されていた。寄り物やクジラは、人意や作為とはかかわりなく、潮流や風など自然が生起する一時の偶然によってもたらされるものであり、これは定期的に回遊したり、磯に自棲する魚族とは異なり、計画的に捕獲したり、拾得したりできぬものである。そういう意味では、真に海からの贈り物であるといえる。前節においてながめた事例は、加賀藩の村浦支配の下に布達された政令による処分法に従順にしたがい、実行する漁民像を浮彫りにするが、しかしこれは必ずしも、布令による強制とばかりいえぬのではなかろうか。藩政期における漁村支配は、多くの場合、それぞれの旧慣を踏襲して制度化したものであるといわれるが、漁民の漁獲物に対する共有意識や平等分配観は、彼らの漁撈活動における口明け慣行や、惣網などによる共同漁撈での魚の分配などの中に、歴史を通して貫徹され体現されてきているといってよい。このうち口明け慣行は、多くの場合、海上での魚族は、これを最初に見つけ獲った者の所有となるという漁撈本来の自由の原則を、村民平等に保障するものであった。また共同漁撈における漁獲物の分配については、『海村生活の研究』に所収されている「漁獲物の分配」(最上孝敬)に報告されている多くの事例や、漁獲物の分配と漁撈形態との関係をそれぞれ共同漁撈形態（ゆひが浜形態）・共有漁撈形態（もやひ浜形態）・経営漁撈形態（なごの浦形態）と、発展段階的に位置づけようと試みた倉田一郎の「漁獲物分配とその問題」（『経済と民間伝承』一九五一　東海書房）などによって明らかなように、村民全体や、漁撈仲間の間での平等分配が広くうかがわれ、とりわけ倉田が示した「ゆひが浜形態」や「もやひ浜形態」の段階の村では、形式平等主義にもとずく分配観が、色濃く表出されている。こうした分配観の背景には、漁獲物に対する共有意識が存在しているものと考えられ、個人による漁とは別に、村民や漁撈仲間による惣仕事によって得られた漁獲物の処分には、とりわけこの意識が強く反映しているものといえよう。このような意識や慣行は、多くは、一村限りのものであったが、対象によっては、数か村におよぶものもあったと考えてよい。稀に流れ寄るクジラなどは、その一例であったものと推察できる。

これら、寄り物や寄り物の一種として扱われたイルカやクジラに対する共有意識は、先にみた神授観とも深く関係するものといえるが、同時に、柳田が指摘する「漁業の根源」とも密接に係わるものでもあるといえる。すでにながめたように、所有に関していえば、漁撈においては、獲った者が勝ちという自由平等の原則が貫ぬかれており、これは裏をかえせば、海の魚はだれのものでもなく、皆のものであるという共有意識に基づいているといえる。

これはいわば、区画や所有が困難な、海に対する漁民の論理であるともいえる。寄り物拾いの多くは、海上ではなく陸地に属する浜辺での慣行であるが、ここに漁民の獲得物に対する共有と占有の論理が持ち込まれているとみることができる。「浜歩き」や「寄り物拾い」での慣行の中で、これを最初に見つけた者が占有するという例も多いが、第一節においても触れたように、その際に、ただ黙ってこれをとってはならないとするところもある。沖永良部島の知名村では、浜に寄るユイキ（寄り木）を拾う時には、あたかもそれがもともと自分が所有していた物であるかのように、寸法を測ったりしながら、「お前はどこに行っていた。捜していたぞ。」などと声をかけたうえで拾わねばならないとする慣行があった。もしこうしなければ、必ず祟りがあるとされた（野間吉夫『シマの生活誌』一九四二　三元社）。

寄り物は、皆のものであるという共有意識と、最初に見つけ拾得した者の私有となるという占有観は、一見矛盾するもののごとくみえるが、共有物を独占するにあたっての、祟りを意識した拾得作法を実施することで、矛盾なく一体化してきたものといえよう。

以上ながめてきたように、漁民の漁撈活動を通して体現されてきた、「海の論理」は、漁獲物の分配や寄り物慣行にも反映されてきているといえるが、浜辺を中心として各地で伝承されてきたカンダラやドウシンボウなど盗み魚の民俗にも今後この方面からの検討の必要があるものと考えている。

Ⅳ　信仰生活の諸相

❶漁民のエビス信仰

田中　宣一

はじめに

磯での藻類採集や潜水しての貝類採捕も重要な漁撈活動だといえるが、もっとも一般的かつ主要な漁撈といえば、船を用いての釣漁・網漁であろう。水産物の養殖も年々盛んになっているとはいえ、やはり最大の漁撈活動が船を漕ぎ出して魚類を捕獲することであるのは、昔も今も変わりがない。

多くの漁民は、日々、「板子一枚下は地獄」の世界に生きてきた。同時に、漁撈が自然相手の採集活動であるからには、いかに潮流や瀬の状態、気象、魚群の習性などを熟知した経験豊かな漁民も、豊漁・不漁に一種の時の定め的な思いを抱き、そのような不確実な世界のなかに生きてきたのである。船内に無線装置が備えられ、精度のよい魚群探知器が開発されても、漁撈が海上での採集活動である以上、身の危険と漁の当たりはずれからはなかなか解放されるものではない。したがって、安全と豊漁を、どうしても超人間的・超自然的な霊格すなわち神に頼ろうという気持ちになるのは、やむをえないことといわねばならない。このような心性は、農民や商人、山林業者や諸職人等々、働く人々すべてに共通することではあろうが、漁民においてはそれが、とくに厳重なように思われる。

漁業の民俗学的研究には、漁法や魚具そのものと、それらの背後にあるさまざまな伝承的知識を取り上げることができる。漁民社会や特有の漁撈組織、漁業権や資源保護に関する諸慣行（たとえば口明けなど）を対象とすることもできる。また、水産物の加工法や商品としての販売流通のシステムまでも、視野におさめることが可能であろう。このような幅広い研究分野のなかにあって、先に述べた、海上・船上活動に伴う危険性と採集活動の不安定さの克服を神に頼ろうという漁民の信仰は、漁業民俗の基底をなす重要な研究課題だといえる。

早くに桜田勝徳は、『漁村民俗誌』[1]のなかに「漁祭と海の信仰」「船と航海」の章を設け、さまざまな豊漁祈願や船霊・漂着神など海と漁にかかわる漁民の信仰を論じて、この分野の研究に先鞭をつけている。一九三七（昭和十二）年から始まった「海村調査」や一九五〇年からの「離島調査」においても、信仰の面には十分な注意が払われて、多くの資料が集積された。「海村調査」の正式報告書である『海村生活の研究』では、これらが「漁撈と祝祭」「海の怪異」「海より流れ寄るもの」「海へ流すもの」「海辺聖地」「海上禁忌」「血の忌」として整理されている。「離島調査」の報告書『離島生活の研究』は地域単位に編集されているために、『海村生活の研究』のように全調査対象地の海と漁の信仰を鳥瞰することはできないが、各調査地の報告のなかには、他の民俗と関連させつつ海と漁の信仰が詳述されている例が多く、地域の漁業民俗を考えようとする場合、信仰の問題を抜きにしては十全な理解に達することの困難であることを示唆している。

1　漁民の信じる神

開敬吾は、『海村生活の研究』の「漁撈と祝祭」の章において、漁民の信ずる神を次のように整理した。

漁夫の間にあっては概して三つの神が信仰されている。一は漁の神であり、他は海の神である。しかし今回の調査の結果ではそれほど明確には現われていないが、前者はエビス様と謂われ、後者は龍王様といっている。（中略）今一つの信仰対象は船霊様である。[2]（筆者註　常用漢字と現代仮名づかいに改めた。以下、引用文については同じ）

漁の神としてのエビス、海の神としての龍王、船の神としての船霊、この三つが漁民の信ずる三大神格だというのである。筆者はこれを参考にしつつも、漁民が信じている神は、地域神・海神・漁神に三大別するのが適当かと考えている。そして、漁神の下位概念として船の神・網の神・海上漂流神（もしくは漂着神）が考えられ、このうち船の神は海神の下位概念ともなりうる。これらの関係を図示すれば、図1のようになる。いくらか敷衍してみよう。

　地域神は、広く地域社会全体と地域の個々人の安寧繁栄を約束する神ではあるが、漁民が漁撈にかかわらせて信じる場合には、海上安全や豊漁をかなえてくれることを期待している。わが国では半農半漁地域が多く、同じ神を農民が農耕にかかわらせて祈願すれば、その人にとってはその場合、農耕神とみなされる。同じ漁民でも漁撈を意識せずに、少しばかり耕作している田畑の作物の豊穣のみを祈ることもあるだろうし、正月や例大祭に詣ずればこの神に地域の安寧や家内安全を祈ることになろう。このように地域神は融通性に富む神ではあるが、沿海諸地域には、漂着神の伝承の伴う地域神が少なくなく、また、海神・漁神的性格を強くもつ住吉神社や金毘羅神社、宗像神社などが地域神として祀られているケースも多く、漁民が漁撈にかかわらせて信じる神を考える場合でも、地域神の存在は無視できない。

　海神とは、海波の平穏と海上での安全を願う神である。漁民は心のなかで、海・凪など単なる自然神に祈ったり、遠くに見える山に鎮まる神を頼る場合もあるであろうが、海上安全を標榜する大小の社寺の神札・護符を船中に祀り、つねにそれらに安全を祈りつづけている。造船時に船霊《ふなだま》を祀りこめ、その加護を信じてもいる。船中のみでなく、漁民同士海辺に海上安全の神々の小祠を設けて共同で祭祀したり、各自で屋内に祀ることも一般的である。

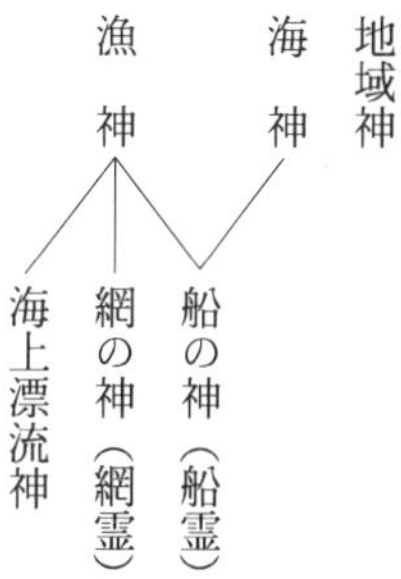

図1　漁民の神

　漁神とは、豊漁を祈る神である。これも、大小の神社の神札を船中や海浜の小祠や屋内に祀って祈願する。また、船の守護神として船霊の支援をも期待する。不漁の際には、船霊をとくに丁寧に祀ったり、ときには新たな神体に祀り替えたりする例が多いことから、船霊が漁の神としても意識されていることがわかる。このことは、船霊の神体の一部として毛髪を提供した女性に対し、漁果の一部を持参することからもいえるであろう。

　漁神としては、網の神や漂流神の存在も無視できない。網の神とは、大型定置網の浮子《うき》の部分を漁を授けてくれる網霊（オオダマサマなどと呼ぶ）として祀る例が西日本に多く、また、定置網のミトグチ（魚の入り口）に神霊を意識して神酒を注ぎかける例も多く、明らかに網の一部にも豊漁の神が意識されている。漂流神とは、たんに漂着神伝承によるものにかぎらず、鯨・海亀をはじめ、特殊な石、流木、流れ藻、さらには水死体までも豊漁をもたらせてくれるものとして祀る例が多く（じじつこういう漂流物の周囲には魚群のまとわりついていることが多いらしい）、これらも一種の漁神として意識されているのはあきらかである。

漁民が漁民として信じる神は、右のように三つに類別できる。ただ、海神・漁神的性格の強い住吉神社や金毘羅神社などが、海神・漁神に限定されずに地域神として祀られていたり、本来は海神・漁神の性格のない地域神が、氏神であるがゆえに船中に祀られている例があるなど、漁民自身がつねに筆者のいう地域神・海神・漁神を截然と三類別しているかどうかはわからない。

そのなかにあって、「海村調査」「離島調査」で多く報告された龍王やエビスは、今回のわれわれの調査においても、龍宮や弁天などと並んで各地で海神・漁神として依然信仰され続けていることがわかった。そこで小稿では、全国の沿海諸地域において漁の神としてはもっとも馴染み深いかと思われるエビスにつき、幾地域かを取りあげて、信仰の継承あるいは変容の具体的諸相を、その要因とともに考えてみたい。それに先立ち、エビス信仰を概観しておこう。

2 エビスの信仰

現在、エビス(3)を神とする信仰は、漁民のみならず農業・商業を営む人々のあいだにも、さまざまなかたちで広く定着している。未開の異俗の人々というほどの意味のエビスが神として文献上に現われるのは平安時代のことらしいが、(4)最初から海や漁にかかわり深い神として登場している。それが鎌倉時代から室町時代にかけて畿内中心に多くの信仰を集め、とくに室町時代には福神信仰の高まりのなかで七福神の有力なメンバーに加えられるにいたって、都市部の商人の間に商売繁盛を約束してくれる神として迎えられるようになった。福神信仰がしだいに農村部へ浸透する過程で、在来の各種豊作祈願の神との習合をへて農耕神としての性格も帯びるようになった。というわけで、エビスは現在、わが国有数の民俗神として多くの人々の信仰を集めているのであるが、文献に登場した早いころから海・漁にかかわり深い性格を示していたことや、現在漁民信仰においてもっとも豊かな展開をみせていることから、エビスは本来、漁民のなかで育まれてきた神だったかと思われる。

現在、エビスの信仰は、奄美諸島や沖縄県を除く全国ほとんどの地域に分布している。このうち沿海諸地域のエビス信仰をながめてみると、東日本と西日本では、西日本のほうが分布が濃密、かつ信仰形態が多彩である。東日本において漁民信仰が稀薄だというわけでは決してないが、ことエビスに関しては、その発祥と展開に西宮神社（兵庫県）・厳島神社（広島県）・美保神社（島根県）・宗像神社（福岡県）などがかかわっていたと考えられるだけあって、西日本によく浸透している。

鯛を小脇に抱えて手に釣竿を持つエビス像を祀るのは全国的で、中世の福神信仰の広まりのなかで定着していったエビスイメージであろう。この場合には、大黒像とセットにして祀られることがほとんどである。たんなる自然石を神体とする例も全国的であるが、神体に自然石を用いるのはどちらかというと西日本に多い。大型定置網の浮子を網元宅でエビスの神体としていたり、海波に揺れる浮子に網関係者がエビス神を観念するのも、西日本とくに瀬戸内周辺に著しい信仰形態である。

湾近くに寄るクジラをエビスの訪れとする信仰も広い。大型のクジラそのものが有用であるのはもちろん、他の魚を追ってくるなどいわゆる幸を与えてくれるからであろう。魚群を伴いつつ漂流する流木や海藻の固まりにエビスを観念するのも、似たような心意かと思われる。漂流死体に対しても同じような観念がもたれている。漂流死体を鄭重に扱わねばならないというのは全国的であるが、これをエビスと呼ぶ例は、下野敏見によると、東北地方にもエビス信仰の南限にあたる薩南諸島にもなく、日本列島のなかでエビス信仰全体よりは少し小さい分布圏をなす伝承だという。(5) 筆者のみるところ、この少し小さい分布圏のなかも均質ではなく、西日本の方が漂流死体をエビスとする伝承は濃いように思われる。

海中に釣糸を垂らすときや網を入れるときなどに、しばしば豊漁を祈って「ツヤ、エビス!」とか「エビスさん頼む」などと唱えるのも、西日本漁民のものである。ただ、新潟県山北町の川漁において、捕獲した鮭を撲殺する際に「オエビス、オエビス、オエビス」と唱える例が報告されており、[6]「エビス!」なる唱え言の分布は東日本にも及んではいるのであろう。

3 「海村調査」「離島調査」との比較

「海村調査」「離島調査」の各報告には、なんらかのかたちでエビスに言及したものが多い。当時熱心に信仰されていたからであろう。今回のわれわれの調査においても熱心さに変わりはなかったが、この五〇年ないし六〇年間の激しい社会組織の変化や漁組織・漁形態の変化によって、信仰の様相にはそれなりの動揺がみられた。筆者が直接に調査したもののうち、過去の報告が比較的詳しい三地域を選んで変化の実相を垣間見てみよう。

岡山県笠岡市白石島

福島惣一郎は『離島生活の研究』[7]の笠岡市白石島の報告のなかで、オダママツリと一月十日の初エビス・十日エビスについて報告している。A・Bとして引用しよう。

A　四月三日をオダママツリ（網霊祭り）といい、オカガミをつくって神棚にそなえ、浜のエビスにも進ぜてからサカモリをする。オダマは大黒様であるという。オオダマというときには大きなタマ網であるともいい、昔は苧《お》を用いて網をつくったからであるという。

B　（一月）十日は、初エビス・十日エビスといって仕事を休む。またこの日にはオダマオコシ（網玉起こし）といって大漁の予祝を行ない、一年間の計画をたてる。竜神の祭りは、一月十日の初エビスにその年の豊漁を予祝して行なわれる。エビス講は、正月十日漁師だけが集まって行なわれる。

まず、オダママツリであるが、福島はオダマ（大黒様）とオオダマ（大きなタマ網）を明確に区別しており、当時はそのように説く人があったのかもしれないが、今回の調査では明らかにできなかった。しかし、カッコづきで網霊祭りとしているのだからオダママツリの実態は網霊祭りだったと考えられ、そうすると、瀬戸内地方では広く大型定置網の中央に置く浮子（アバ）もしくは浮樽（ミトダル）をオオダマサンと呼んで漁網の神としていることからみて、(7) 筆者には、これはオオダママツリと理解すべきではないかと思われる。Bのオダマオコシについても同様である。

変化と現代の様相　オオダママツリ・オオダマオコシは、現在でもそういう名を聞いたことがあるという人は多い。しかし、八〇歳代の人でも具体的な行事内容は覚えていない。この行事は一九五〇年ごろまでは定着網の網元を中心に行なわれていたようだが、網の権利が漁協へ移るようになって消滅したのであろう。

初エビス・十日エビスは、現在でも旧暦一月十日をそのように呼び、漁をする人は皆、各自で浜のエビスに参りにいく。現在はただそれだけであるが、今回の聞き取りによると、一九四〇年代には宵宮にあたる九日夜に漁師が浜のエビス祠の前に集まって火を焚き、飲食を共にしていたという。一九四八年ごろ巾着網に大漁が続いたことが現在なつかしく語り伝えられており、エビス祠の前での九日夜の行事はそのころは盛んだったという。これも大きな網元の衰退とともに徐々に消滅していったようである。

白石島では、漁師宅で神棚にエビス像を祀るほか、浜という場所に共同のエビス祠がある。そこへは、十日エビスのとき以外にも、網が破れると同じ網の仲間同士で仕事を休んで参りにいったり、不漁がつづくと漁を休んで参りにいったりし、そのあとで仲間の誰かの家で酒盛りをしたという。これはエビスゴモリと呼ばれており、一種のマンナオシである。エビスゴモリも一九五〇年代には行なわれていたというが、現在ではほとんど行なわれない。浜のエビスは、オダママツリや十日エビスのように定期的な豊漁祈願をするほかは、もっぱらこのようなマンナオシの対象だったようである。

このほか浜のエビスは、十月の氏神の祭りの際の神輿の重要なお旅所の一つである。これは現在でも同じである。

小括　各漁師宅のエビスのほか、浜のエビスが祀られており、これは「離島調査」当時と同じである。浜のエビスの具体的な祭りとしては、旧暦一月十日の初エビス・十日エビスにだけは参りに訪れる人がいるが、その宵宮の行事や、オオダママツリ・オオダマオコシに関連した行事、それに、不漁などの際の不定期のエビスゴモリなどは、現在では行なわれなくなっている。その要因には、一般的な信仰心の衰えもさることながら、それらの行事の中心になっていた有力な網元の退転が挙げられよう。

愛媛県越智郡宮窪町

倉田一郎は「採集手帖（沿海地方用）」[9]の質問74（神への供物などを問う内容）・78（漁の神などを問う内容）に答え、地域のエビス祭りと各家のエビスについておおよそ次のように報告している。A・Bとしてまとめてみよう。

A　浜方では新暦九月十日にオエベスサンの祭りを行ない、宮の窪の四トーといって、四つの頭屋の戸主が小鯛を二尾ずつ持ってきて供える。九日の宵には太夫が来て頭屋宅のカドに注連縄を張る。九日宵から漁は休みとなる。オエベスサンは漁の神である。

この頭屋は、旧暦正月八日の初祈祷という行事の際に、前年度の頭屋宅に皆が集まって籤をひいてきめる。このとき参加者は五〇銭とか三〇銭とか持寄るが、頭屋宅では五円とか一〇円など多く出す。新旧頭屋のあいだに、格別の引継ぎ儀礼は行なわれない。五〇年ほど前の明治中期には頭屋は一軒だけだったというが、その後、北・南・中ジョ・ハシという四つの組ごとに一つの頭屋を選ぶようになったので、昭和十三年当時は右に述べたように四頭屋制をとっている。四頭屋制になったのは、元来八〇ほどだった戸数が五〇〇ほどに急増し一軒の家だけでは皆が入りきれなくなったためである。

B　浜方では各家でもオエベスサンを祀っている。オエベスサンは男神だといい、女性が神酒をあげる。なお、漁の神はオエベスサンだけでない。ある漁師宅の神棚を見ると、ただの板を壁間に架けたところに山代サン（稲荷だという）・大黒さん（古く浜で拾ったという黒い木片）・舟玉サン（長顔・高鼻の像で今治で買い求めたという）・観音さんなどの画像・神札を祀り、これみな漁の神だと考えられている。

ここでは、在方という農村地域に対して漁村地域を一般に浜方というようだが、右にいう浜方とは、宮窪町宮窪のなかで漁民が多く住む浜という地区を指している。

変化と現代の様相 浜方の世帯数は約五〇〇で、現在、そのなかは約三〇世帯前後の広報区（単に区ともいう）一六に分かれている。戦前は倉田一郎が記しているように確かに四つに分かれていたが、現在のこの一六の広報区の役員を広報委員と称するとともに常会長・自治会長とも呼ぶことからみて、戦中の町内会や戦後の自治会結成のなかで、四つがさらに一六に分けられていったものと思われる。

浜にはオエベッサンと通称されている美保神社が祀られている。かつては漁協所在地の西に鎮座していたものを、漁協移転に伴い一九七九年に漁協前の埋立地に遷移新築した立派な社である。倉田の報告には登場しないが、一八二六（文政九）年の刻銘を持つ常夜燈があるので、「海村調査」当時には当然祀られていたはずである。倉田のいうオエベスサンの祭りが、この美保神社にかかわる祭りであることは間違いない。

美保神社の祭りは、現在は十月十日前後の日曜日に行なわれる。宮窪全体の氏神である尾形八幡神社の例祭と同じ日である。宵宮（土曜日）の夕刻五時を目安に青年が美保神社の幟を境内に立て、丸一日、すなわち祭り当日の夕刻五時までそのまま立てておく。この幟の立っているあいだは漁止めとの慣行があり、この祭りがムラ休みになるのは、「海村調査」当時も現在も変わらない。宵宮には地区の主だった人や漁協の役員が神社に集まり、タユウサン（尾形八幡神社宮司）を招いて形どおりの祭典を執行する。祭りの当日には、尾形八幡神社の神輿が各地区を練りながら浜へ下りてき、いったん船で沖合にでたあと午後遅く美保神社に渡御し、そこで激しく練ったり、獅子舞をしたりする。現在のオエベッサンの祭りとは以上のとおりで、夕刻にはもう漁止めは解除になるのである。しかし神輿はその夜は美保神社に留まり、翌日に何か所かに立寄りつつ尾形八幡神社へ還御する。

では、かつての頭屋の制度はどうなったのであろうか。浜地区が四つの組から一六の区に分かれた段階で「海村調査」当時の四頭屋制が崩れ、各区ごとに頭屋を決めるようになったようである（すなわち頭屋の数は一六になった）。そしてオエベッサンの祭りには、前日に区の若い者が各戸を回って米を集め頭屋に持参し、また、年輩の者は頭屋宅で料理の支度をし、当日には皆が頭屋宅に集まってにぎやかに祭りを楽しんだという。一九六〇年ごろにはまだこのようにしていたというが、頭屋の出費があまりにも大きく、それに家が広くなければ頭屋をつとめることができないので特定の家数軒だけが過重な負担をしばしば負わねばならないことになり、しだいに頭屋での飲食の慣習はなくなったという。したがって現在は、「海村調査」当時のような頭屋制度はなくなっている。しかし、頭屋という名称と若干の機能は継承されており、エビス祭りのときに尾形八幡神社の神輿が立寄って馳走の招待を受ける頭屋が、浜全体で毎年数軒決められている。この頭屋は、新築した家などが縁起をかついで申し出てつとめることもある。

なお、倉田の報告にある初祈祷（ハッピトといっている）は、漁師のおもだった者が海南寺（真言宗）の住職とともに漁協の船に乗り、岬や近くの島々を巡って海中に米飯を投ずる海難者供養の行事として、今も行なわれている。ただ、オエベッサンの祭りとは関係がないようである。

狭義のオエベッサンの祭りは右のようであるが、旧二月一日のナラビツイタチ、七月第二日曜日の水軍レース、九月第二日曜日のスポーツ大会にも、前日の夕刻から当日の夕刻まで丸一日（水軍レースのみ当日朝から翌朝までの丸一日）、美保神社境内に幟が立てられて漁止めとなり、これらも漠然とオエベッサンの祭りだと考えられている。

このうち水軍レースは、宮窪町がかつての村上水軍の根拠地であったため、町当局が町起こしの一環として平成に入って始めた行事である。しかし、その数年前まで旧五月五日に押し船競漕や相撲が行なわれており（このときも漁止めだった）、それがちょうどこのころはタイ漁の盛期にあたるため漁止めを撤廃しろとの声が大きくなり、漁協の総会で、長年続いた旧五月五日の行事を取り止めてしまった。水軍レースは、それを町の行事として復活させたものといってもよい。スポーツ大会は一九八五年ごろに始めた。しかしこれも、一九八五年前後までは盆も漁止めだったのを各家への帰省者の楽しみを考えて盆の漁止めを撤廃したので、漁止め回数の増減という点で符合している。

美保神社に幟が立てられ漁止めとなって何か行事をするのを漠然とオエベッサンの祭りだとする心意からすれば、かつては旧二月一日、旧五月五日、盆、十月十日の四回が広義のオエベッサンの祭りであり、現在では旧二月一日、七月第二日曜日、九月第二日曜日、十月十日（その前後の土・日）の四回がオエベッサンの祭りだということになる。

次に、個人で祀るエビスの件であるが、倉田の報告にあるようにオエベッサンは男神なので女性が神酒をあげるという伝承は、筆者は聞くことができなかった。しかし漁師宅には他の神々とともにエビスは必ず祀っているようであり、「海村調査」当時と基本的な変化はないと思われる。神体としては木像もあるが、木像の神体とともに、毎年氏神の神札などと一緒に配札されるエビス・大黒一対の神札（絵像）を祀るのが一般的である。この神札は筆者がみるところ西宮神社系のではなく、出雲の美保神社系ではないだろうか。

浜には大型定置網はないので、瀬戸内海各地に例が多い網霊にエビスを観念する伝承はみられない。しかし、船から釣糸を垂らすときに、頼むから魚を釣らせてくれという気持ちで「オオダマッ」と唱えることは多いらしく、このオオダマとしては船霊を念頭に置いているともいうがエビスだという伝承もある。釣り上げるときに魚が落ちてしまうと、「エエクソッ、オオダマッ」などと悪態もつくという。また、船タデが終わると、「オオダマ漁させてくれ」などと唱えて船タデに用いた竹竿で船腹を叩くこともある。

小括　当地のエビスの信仰が浜に所在する美保神社を中心にしていることは、「海村調査」当時も現在も変わらない。祭りに漁止めが厳守されていることも同じである、ただ、社会組織の変更に伴って頭屋制度が崩れたために、かつてエビス祭りのにぎやかさを支えていたかと思われる頭屋宅における共飲共食は、一九六五年ごろでなくなってしまった。美保神社に幟を立てて漁止めを知らせる点でエビスと深くかかわると思われている他の広義のエビス行事は、形を若干変えながらも当地の特色ある行事として存続している。個人宅のエビスの祭祀にも大きな変化はないと考えられる。

鹿児島県薩摩郡上甑村

上甑村は、甑列島四村の一つである。「離島調査」の正式な調査対象地ではなかったが、『離島生活の研究』には小野重朗の調査報告が掲載されており、しかもエビスについて興味深い記述がなされているので取りあげることにした。

小野の調査は、「離島調査」より一〇年ほど後の一九六〇年ごろと思われる。エビスの報告例がどの集落のものか明記されていないが、川崎晃稔が他で引用している上甑村平良の内容ときわめて類似しているので、(10) 平良のものと考えてよいだろう。小野重朗は十日エビスとしておおよそ次のように報告している。

大敷き網（筆者註　原文は綱）の漁場にまつるエビス神の祭りについて記しておこう。巾着網や大敷き網の網元はエビス神をまつっていて、旧一月十日（今は新暦）に十日エビスという行事をする。船中のなかで両親揃ったものを三人選び、一人は産婆に、二人はエビスとり（一人が男神とり、ほかが女神とり）となる。三人は舟に乗って海に出る。三人ともに新しい褌をつけて、エビスとりは新しい手ぬぐいで目かくしをして海に飛びこみ、もぐって手にふれた石をそのまま拾い、抱いて浮き上がってくる。早く浮いた方を女神、後から浮いた方を男神とする。産婆は待っていて、その石を新しいトマに包み、持ち帰ってエビス社に安置し、古い神体は海に返す。その後の二月以降の十日エビスは、酒を供えてみなで一杯飲むだけである。

これは、集落内や各家で祀るエビスではなく（甑列島ではそれらの祭りも盛んである）、定置網の漁場近くに祀るエビスについての報告である。内容は、今回の聞取りから判断して、小野が調査したと思われる一九六〇年ごろよりいくらか前の実態を示しているように思われるが、それについては後述したい。まず、平良の現状を述べておこう。

現代の様相　平良には現在、弁慶・深浦・木の口という三か所に定置網の漁場があり、漁協が漁業権を持ち船や網を所持し、経営している。定置網の船の乗組員は漁協の組合員のなかから雇用している。一九六五年ごろは三〇人ぐらいいたが、その後まもなくこの網漁に従事する船を櫓漕ぎ船からすべてエンジンつきのにするなど（プラスチック船にしたのは平成に入ってから）、船を大型化・機械化して船数を少なくしたために、現在は八人だけで仕事をしている。

三か所の漁場のうち、弁慶には九月一日前後にやや小さな網をカマエル（設置する）。台風の影響がまったくなくなるころ、すなわちだいたい一月に入ってからこれを取りはずして、近くに本格的な大型定置網を設け、六月末までおく。深浦漁場のは十月にはいってから本格的な網を設け、六月末までおく。弁慶と深浦の両漁場は比較的近いが、もう一つの木の口はこれと少し離れたところにあり、網も小さい。その木の口へは九月一日前後に設置し、六月末までおいておく。弁慶・深浦両漁場近くの弁慶浜に納屋があり、定置網設置期間中の日々の網繕いは長年この納屋でしていた。しかし、近年、平良漁港の整備に伴い、漁港の一角の埋立地で網の作業をするようになったので、弁慶浜の納屋はいまは荒れるにまかせたままになっている。

前置きが長くなったが、エビスについて述べよう。弁慶の定置網が見下ろせる場所に一つと、深浦の網が見下ろせる場所に一つ、計二つのエビスが祀られている。これらは集落内の恵比寿神社とは異なり、各定置網固有の漁の神だと考えられていて、原則としてこれらの網関係者だけによって祀られている（集落内の恵比寿神社は平良の漁師すべてで祀る）。両定置網のエビスの祭場は比較的近く、ともに弁慶浜から上って行った小高い山の上にある。両エビスの神体は高さ三〇センチほどの自然石二基（男エビス・女エビス）で、毎年旧十月十日に海中に潜って拾いあげてくる。これに関する一連の行事をエビスカヅキと呼び、次のように行なわれている。

前日に、網関係者で山道の草刈りをしたり、祭場の整備をしたあと、[11] 旧十月十日のエビスカヅキ当日は、朝のうちに漁をすませ（したがって当日も漁は休まない）、午後一〇時ごろに弁慶と深浦両方のエビスのエビスカヅキの役割分担を、同時に籤によってきめる。役割とは、幟持ち・花持ち・供物持ちなどのほか、肝腎の海中から神体を拾い上げ抱き上げる役四人である。四人は、男エビス関係者二人と女エビス関係者二人に分かれ、それぞれは潜って石を拾い上げる人（カヅキ方という）と拾い上げた石をトマにくるんで抱き上げる人（これを産婆という）とに分かれる。このように分担すべき役は多く、しかも弁慶と深浦との両方のエビスカヅキを同時に平行して行なうため、現在の漁協の定置網の関係者八人だけではまったく手不足である。かつてのように多くの関係者がいたころは関係者だけでエビスカヅキを実施できたが、現在ではそうもいかないので、漁協の組合員のなかからかつて定置網の船に乗った経験のある人など、現在の定置網関係者以外の者も加わっているようだ。

さて役割分担が決まると、海中から神体を拾い上げ抱き上げる役四人のうち、男エビス関係者は白褌・白鉢巻、女エビス関係者は赤褌・赤鉢巻を着けて近くの小川で禊をしたあと、そのままエビスの祭場に近い海中に入る。胸ぐらいの深さまで進んだところで、男エビス・女エビスともにカヅキ方は手拭いで目隠しをして同時に潜り、手にした石を拾い上げる。これがその後一年間エビスの神体になる石であるが、一度拾い上げた石は不満足な形であっても決して取り替えてはならない。このように拾い上げた石は、男エビス・女エビスともに産婆役がすぐにトマ（トマを編んだもの）で抱き取りトマに包んで胸に抱く。このときがエビス誕生の瞬間だと考えられているが、作業はすべて海面下で進められる。祭場に無事安置されるまで、神体を人目に触れさせないためであろう。そのあと浜に上がり、幟持ちを先頭に、トマに包まれた神体石を抱く産婆役、カヅキ方、花持ち・供物持ち、他の関係者の順で山上のエビス祭場まで行く。祭場で待つ定置網関係者の長老が神体を受け取って祠に安置し、花を飾り神酒・魚・米・塩などを供えたあと、参加者一同でエビスを拝むのである。神体を包んでいったトマはそのまま祠に屋根として葺かれる。ただし近年、祠にはスレート製の永久的な屋根が葺かれたので、このトマ葺きは必要なくなり、そのため、海中でのエビス抱きにもバスタオルが用いられるようになり、神体を祭場まで包んでいったあとバスタオルはそのまま家に持ち帰るという。なお、前年の神体石は前日の祭場整備の際に取り除かれ、前々年までのものと一緒に祭場周囲に並べられる。このようなことが弁慶・深浦両エビスで同時平行で実施されたあと、両方の関係者は弁慶浜の納屋に合流して、型どおりの直会をする。

右のようなエビスカヅキによって定置網ごとの新たなシーズンの漁の神が定まるのであるが、その後はこのエビスに対して特別な祭りは行なわれない。近年まで弁慶浜の納屋で網繕いをしていたときには、エビス祠がそこから近いので誰ともなく気がむいたときしばしば花を供えにいっていたというが、現在では山上のこのエビスの見守るなか、日々、海上で網モチ（網上げ）作業を繰り返しているだけである。

そして六月末に定置網を取り上げるとき、取り上げた跡に次のシーズン（九月初旬）に入れる際の目印のために錨につけた浮子（タンポと呼んでいる）を入れるが、この浮子の周囲を船で一周し浮子に神酒を注ぐ。この浮子をエビスとはみなしていないが、神酒を注ぐときに皆が山上のエビス祠の方を向いて、来シーズンの漁もよろしくとの意で手を合わせるという。

変化の諸点　小野重朗の報告と現在の実態とを比較すると、基本な信仰は異なっていないが次の五点に相違がみられる。一つ目は期日、二つ目は定置網の組織、三つ目は潜る人の資格、四つ目は前シーズンの神体石の扱い、五つ目はシーズン中の祭祀の継続である。以下、少し検討してみよう。

まず期日であるが、かつての定置網は十一月に入ってから、海の状態によっては正月になってから網を入れたこともあり、エビスカヅキは網を入れたあとの最初の十日（旧暦）にしていたという。したがって、小野のいうように一月十日ということもしばしばあったらしいが、固定していたわけではないようだ。それが網をカマエル（入れる）時期が早くなり旧十月十日に固定したのであるが、それが何年ごろなのかは明らかにできなかった（一九七五〔昭和五十〕年以前であることは間違いない）。

次に組織についてであるが、漁協（平良漁協）が弁慶漁場の定置網を経営するようになったのが一九五二（昭和二十七）年、深浦漁場のは五六年である。[12] それ以前は個人が網元として経営していた。網元時代には、漁期が近づくと網元が乗り子希望者を集め、船中ツナギという宴を張って定置網ごとに組織を固め、エビスカヅキはその網単位（船中ごと）でなされていた。漁協が二つの網を経営するようになって定置網関係の組織は一本化されたが（したがって漁そのものは同じ人々が毎日両網とも上げるが）、エビスは網ごとの漁の神だとの意識が残っているので、エビスカヅキだけは別々に（しかし同時に）行ない、籤によって両網どちらかの役割につくのである。

三つ目の潜る人の資格は、かってはたしかに両親そろった者が担当していた。しかし、関係者が少なくなり、しかも若い人が少なくなると、両親そろった者を四人（両網合計で八人。小野報告にある三人は疑問）選ぶことが不可能になり、遅くとも一九六〇年ごろにはこの原則は崩れてしまっていたようである。

四つ目の古い神体の扱いであるが、現在は好不漁にかかわらず前年の神体石は前々年までの神体石と一緒に祠周辺に並べておく。今回の調査では小野報告のように古い神体を海に返したことは確認できなかったが、かっては不漁のシーズンにかぎり、シーズン終了後に神体を山からころがり落としたり、はなはだしい場合にはシーズン途中で神体を取替えることもあったという。神体石にそれだけ重要性を認めていたのである。したがって現在でも、不漁がつづくと、海中からエビスの神体石を拾い上げたり抱き上げる役を担当したその網の関係者四人は言うにいえない責任を感じるのだとは、ある漁師の言である。

五つ目のシーズン中の祭祀であるが、現在ではほとんど何もしていない。しかしかっては小野報告にあるように、網を入れてある六月末まで、神体石にかかわった四人が神を授かった人として毎月十日（旧暦）にエビスまで供物をしにいったという。

エビスカヅキについて述べるべきことは以上である。

これとは別に平良集落には恵比寿神社があり、旧十一月三日に漁協の主催で漁関係者すべてが参って祭りをし、そのあと賑やかに直会をしている。このほかに旧六月八日にチンチンドン祭りとも呼ばれる水神祭りがある。これは海の祭りとも考えられているので、弁当持参で参った人々は弁当の一部を近くの海に投げ入れ、さらに一部を神に供えてから食べるのである。漁や海の神以外では、三島神社（氏神）の祭りが旧九月九日（このときのみ神職が祭典を執行）、山の海の祭り（ヤマノコロンという）が旧六月二十四日にある。また、漁師宅の神棚にはすべてエビスが祀られているという。

小括　平良には漁師が共同で祀る恵比寿神社とは別に、定置網の網ごとにエビスが祀られている。そしてこのエビスの神体は自然石で、エビスカヅキという行事の際に海中から引き上げ、シーズンごとに毎年祀り替えているのが特徴である。エビスカヅキの方法は、現在の方法と『離島生活の研究』のなかの小野重朗の報告にあるのと基本的に同じであるが、細部にわたれば五点ほど相違の生じていることがわかった。その変化の要因として、定置網の経営主体が個人の網元から漁業協同組合に移ったこと、網の関係者すなわち網に雇用される人々の数が、設備の近代化や若年労働者の減少により少なくなったことなどが挙げられる。

おわりに

島嶼部も含め日本の広い沿海地域ではさまざまな生業が営まれているが、漁業はそのもっとも代表的なものである。小稿では、漁業のうち魚類の捕獲に従事する人々の信仰、とくにエビス信仰のこの五〇年ないし六〇年間の変化を垣間見ようとした。

漁業とは、水界の魚介類や藻類を採捕・養殖する漁撈活動のほか、それらの加工・販売等の経済活動まで含む広い概念であり、漁業民俗とは、それら諸活動に従事する個人や集団の伝承的営為である。人の営為であるからには、目的達成に向けての人間関係の調整、自然への働きかけの技術的工夫のほか、さまざまな精神活動を無視することはできない。漁業を経済や技術の面からとらえることのほかに、漁業従事者の精神活動に焦点を定めてみることもまた重要ではないだろうか。小稿において、エビスを漁の神とする観念やその祭祀のあり方を追ったのは、その試みの一つである。

「海村調査」と「離島調査」の各報告にはエビスに言及したものが多く、それらは個人宅で祀るエビスと共同で祀るエビスとに大別できる。第二次世界大戦後の漁業制度の諸改革にもかかわらず、それら諸改革が信仰面の改革を意図したものでなかったためか、今回の調査の結果、エビス信仰には個人・共同のにかかわらず、「海村調査」「離島調査」当時と現在とに基本的な変化はなかった。

共同で祀るエビスには、集落全体で祀る氏神化したエビスと、あらゆる漁師が共同で祀るエビスと、網エビスとでも呼ぶべき定着網の守護神的エビスで網の仲間同士で祀るエビスとがある。信仰そのものに大きな変化がなかったとはいえ、それらを支える組織の変更によって祭祀形態には変化が生じていた。組織の変更とは、集落の自治組織の組み替えや、定置網の漁業権が網元個人から漁協への移行に伴う漁撈組織の変更のことである。そういう意味では、これらは地域の内発的要因によるものとは必ずしもいいがたく、この五〇年ないし六〇年間の中央での諸改革が、エビスの信仰にも影響を及ぼしているといえよう。

註

(1) 桜田勝徳　一九三四『漁村民俗誌』一誠社（のちに、『桜田勝徳著作集』1　名著出版　一九八〇　に所収）
(2) 柳田国男編　一九四九『海村生活の研究』日本民俗学会　二九九頁
(3) エビスの表記は、恵比須・恵比寿・戎・夷・胡子・蛭子などさまざまあるが、固有名詞や引用文を除き、小稿ではエビスで統一した。
(4) 長沼賢海　一九九一「えびす考」北見俊夫編『恵比寿信仰〈民衆宗教史叢書28〉』雄山閣　所収
(5) 下野敏見　一九九一「エビスと水死体――ヤマト・琉球比較の視座から」（前掲註（4）北見俊夫編同書　所収）

（6）菅豊　二〇〇〇『修験がつくる民俗史』吉川弘文館　七五頁
（7）瀬戸内海歴史民俗資料館　一九七九『瀬戸内の海上信仰調査報告（東部地域）』二一八頁
（8）この「採集手帖」は、成城大学民俗学研究所「柳田文庫」に保蔵
（9）川崎晃稔　一九九一「南九州のエビス信仰」（前掲註（4）北見俊夫編同書　所収）一〇三〜一〇四頁
（10）祭場・小祠の作り方については、『上甑村一〇〇年』鹿児島県上甑村　一九八九年　参照
（11）前掲（10）同書

❷ 集落の山の神から採石業者の山の神へ
——香川県丸亀市広島の事例を中心に

松田　睦彦

はじめに

香川県丸亀市広島は香川県下では庵治・牟礼、小豆島に次ぐ花崗岩の産地である。明治以来続く石の切り出しによって島西部の山肌は白くえぐられ、山容自体が変化しているところも少なくない。二〇〇〇（平成十二）年度末の時点で事業場数四一、事業主・従業員数九七、石材生産量一三万六〇〇〇トン、生産金額四億四〇〇〇万円余り。(1) 採石業は島で中心をなす産業である。

この産業に従事する採石業者たちが、もっとも大切にする神が山の神である。山の神は集落単位で採石業者たちによって祀られている。正、五、九月の九日が祭日であるといい、簡略化されつつはあるが今でも祭りが続けられている。現在、島では山の神は採石業者の神であるという認識が一般的である。

しかし一方で、広島には採石業者以外の人びとによって祀られてきた山の神の存在も、聞き取り調査や「離島採集手帳」（以下「手帳」）によって確認することができ、採石業者によって祀られている山の神はその山の神を分祀したものであることがわかった。

それではなぜ、どのように採石業者は山の神祭祀の中心となり、山の神が採石業者だけの神と認識されるようになったのであろうか。本稿ではその過程を事例に即して復元することによって民俗変化の一側面を明らかにしたい。具体的にはまず、広島の採石業者以外の一般島民が祀る山の神について概観し、つぎに広島の採石業者の祀る山の神について概観する。そのうえで、山の神祭祀の主体の変化や山の神の性格の変化の過程とその原因について考えてみたい。

離島をフィールドとして研究をしようとすると、一般的には海とのつながりに重点を置くことが多い。しかし、見方を変えれば離島は海から突き出た山であり、その山はそこで生活する人びとにとって、かつては薪や材木などの資源を得たり、開墾して耕地を得ることのできる重要な場であった。したがって、離島の生活・文化を研究する場合、山は見過ごすことのできない要素の一つであると考えられる。

1　広島における山の神信仰

山の神に対する信仰は各地で見ることができるが、それらを総括して山の神の神観念や信仰様態をまとめることは難しい。山の神という名称は山を司る神、あるいは山に鎮座する神といった広い枠組みとしてのみその実態を表しているのである。しかし、山の神の神観念や信仰様態には共通する部分も見られ、民俗学あるいは民族学ではそこに注目して研究が深められてきた。大枠として山の神は農業神的なものと山稼ぎの人びとによって祀られるものの二つに分類することができる。柳田國男は前者に注目して、祖先神・田の神と同一のものとして山の神を位置付けた。(2) 一方、山稼ぎの人びとが祀る山の神は自然神的な要素が強く、山を支配する神として認識されている。

さて、広島では現在でも採石業者の祀る山の神とは別の山の神の存在を、広島にある七集落のうち立石を除く六集落で認めることができる。以下集落ごとに山の神祭祀の概要を聞き書き資料と文献資料を用いながら記述してみたい。

A　江の浦

山の神については現在ほとんど話を聞くことができない。王頭山の中腹にあったものがそうではないかという話を数人から聞くことができた程度である。しかし、『離島生活の研究』の武田明の報告には若干の記述が見られる。武田は「年中行事」の項で正月十一日について次のように記している。「江の浦では、またこの日をヤマノカミノゴメイニチという。江の浦の山には山の神さまがあるが、平家の落人をまつってあるのだともいい、この日は朝から夕方までおこもりをした。ここの山の神は二体あるが、兄と弟の神で、仲が悪いといい、間をあけてまつってある」。(3) また「手帳」では「この他に山の神さまを祀ってあるところが二三ヶ所ある。この島でも山の神の日は山へ鎌を持って行くな山の神のイキアヒに逢うと頭が痛くなるからと言ってゐる」[4]と記録している。さらに瀬戸内海歴史民俗資料館が一九八二年に行なった調査でも江の浦の山の神について「王頭山の山の神」として報告されている。「昭和13年ころ、社を建てた。瓦や水をかついでいって建てた。正月11日が祭日。戦争中には、家族が入営式の旗をもって、安全を願った。この時、酒・餅・オシメ（しめ縄）をもっていく」[5]。

B 釜の越

現在、釜の越では、集落のもっとも山寄りの位置に八畳ほどの広さの小屋が建てられ、そこで山の神が祀られている。祭祀の中心は採石業者である。しかし、古くは甲路へ抜ける山道からさらに山へ入る道のツジ（峠）にあったという。これをモトヤマノカミという。モトヤマノカミは人が乗れるほどの大きく平らな石の上にさらに大きな石がかぶさったその間に小さな石が祀られているという。以前は正月九日には必ず四～五人の老婦人が連れ立ってお参りにいっていたという。山や山に入る人を守ってくれる神だという。

また、現在小屋で祀られている山の神も、もとは採石業者が祭祀の中心というわけではなく、集落全体の信仰を集めていた。誰かが病気や怪我をしたときにはお百度参りをしていたという。

C 甲路

甲路については山中に山の神があったという話も聞かれるが、その詳細についての資料を得ることはできなかった。しかし、甲路は集落自体が採石業の発達とともに拡大し、青木から独立したという経緯があり、集落の氏神が山の神となっている。よって詳細は次項の「採石業者の山の神」で扱うこととする。

D 青木

青木に住む一九一〇年生まれの女性の話によると、どの集落の山の神も山道のツジのあたりにあり、稜線づたいに山の神を巡ることができたという。

青木の山の神は、青木から江の浦へ行く道から心経山に登る道が分かれるところにあった。この話者が子どものころには祖母に連れられて、よくお参りをしてまわったものだという。娯楽が少ない時代の楽しみのひとつだった。特別な供え物やご利益はなかったが、信心深い人は参っていたという。今では青木と江の浦を結ぶ山道は使われなくなり、山の神に参ることは困難であり、参る人もいない。

E 市井

山の神はやはり江の浦への道の峠にあるという。一九四四年生まれの男性が江の浦の中学校へ通っていたころにはもう参る人は見かけなかったという。山の神は古い石だった。当時、島の中心は茂浦であり[6]、江の浦へ用事があって山道を通る人は中学校に通う子どもか、電報や郵便の配達人くらいだった。

F 茂浦

茂浦でも若干の話は聞くことができた。茂浦の山の神は江の浦へ抜ける県道の脇に祀られている。この道は一九九五年から九六年にかけて峠の部分を切りとおす工事が行なわれ、現在の位置は旧道より数メートル西にずれ、さらに一〇メートルほど低くなっている。山の神は移動する際に新しい石の祠が建てられた。一九二三年生まれの男性によると、山の神はもともと旧道の大きな松の木の根元にあった。とくに祭日はなかったが、江の浦へ行くときなどにお供えをした。また、漁師はオコゼが取れるとお参りにいき、オコゼを供えて豊漁を祈願した。現在では旧暦三月二十日のお大師参りの時にいっしょにお参りするという。また、山の神の命日は十一月か十二月だという人もいる。この山の神のある土地自体に山の神という名が付けられている。

G その他

文献資料の中には広島の報告として書かれてはいるが、広島内における具体的な採集地の記載がないものがあるので、ここで紹介しておきたい。

一九七四年に香川県教育委員会から発行された報告書には「山仕事とヤマノクチアキ」として次のような記述が見られる。

山の木を浜まで出す仕事があるが、これにはダシブといって運び賃をくれる。そのときはオイダイで背負って出すことが多い。運び出された雑木は船でもって丸亀、多度津、玉島方面へ売りに行った。

正月の四月《ママ》がヤマノカミノクチアキの日である。この日は大豆を三方に載せ、それに白紙に包んだ米とをもって、その年のアキ木の方角に行って供える。

正月十三日をヤマノカミノゴメイニチとよぶ。なおその年の最初に出かけるときはクマウジをさける。[7]

さらに「山仕事」の項では次のような記述がある。

ヤマハジメは正月四日で、おみき・塩・にしめ・お洗米を持って山に行く。正月十一日はヤマノカミノゴメイニチといって山に入らない。[8]

この報告に対しては多少慎重な態度でのぞむ必要があるだろう。なぜなら、この「山仕事」つまり用材の伐採を行なっていたのは広島の住民ではなく手島の人だという話が残っており、広島の住民は賃稼ぎの運搬に従事していただけである、という話が聞かれるからである。また、これらの報告には山の神に対する信仰は見られるが、その対象が広島の山中に祀られている山の神であるという確証はもてない。さらに、行事の日取りのずれも認められる。しかしながら、広島の島民が山の神の存在を認識していたという事実自体は確認することができる。

以上、広島で採石業者とは関係のない山の神が存在したことを集落ごとに確認した。その性格については詳しく知ることができなかったが、茂浦では他地域でも聞くことができる山の神とオコゼの話が聞けるのが興味深い。また山の神の祀られている場所の多くがツジ（峠）であることも示唆的である。多分に賽の神的な要素をもった山の神であったことも想像に難くない。しかし、現在遡りうる範囲においては、広島における山の神信仰はそれほど強固なものではなかったと考えられる。

2　採石業の概要と採石業者主体の山の神信仰

採石業の概要

広島の採石業は大阪城築城の際に石を切り出したのがその起源であると伝えられているが、実際に現在の採石業の基礎となったのは中村宗兵衛ら三人の石材企業家が甲路に一八八五年三月に開いた石丁場である。当時職人は二四人であったという。[9] 小豆島から職人を招いたという話も残っている。その後、日本社会の近代化にともなって土木工事用の石の需要は高まり、良質の花崗岩を産出する広島には大正から昭和初期にかけて石丁場が増加していった。

広島の採石業者は多くが島外から出職として来た人々である。現在釜の越で丁場を開いている九軒の採石業者のうち、判明しているだけでも六軒が島外から先代、あるいは先々代が来島しており、その出身地は岡山県の北木島・児島、広島県の倉橋島・尾道、香川県の宇多津・小豆島といった地域である。その他、広島全体では愛媛県の大島・広島県の福山、香川県の詫間などの出身者もみられる。北木島や倉橋島、小豆島も石材の産地である。とくに北木島や倉橋島へは愛媛県越智郡から多くの職人が出稼ぎに出ていた。広島の採石業者にも、このような出稼ぎ職人を先祖とする人々が多くいることが予想される。

広島で採られる石の用途は墓石、間知石（石垣用）、捨石（埋め立て用）の三種類が中心である。一九九〇年代前半のバブル期までは安定した売上を保っていたが、その後は徐々に下降し、二〇〇〇（平成十二）年度の売上高は最盛期であった一九九一年の約三分の一近くまで落ち込んでいる。これは日本の景気悪化と中国からの安価な製品の流入の増加によるものである。中国からの輸入の増加は現在でも続いており、二〇〇一年三月には輸入金額が過去最高の六六億円となっている。[10] この金額は年間の売上高が四億円あまりの広島の採石業にとっては大きな脅威である。こういった状況の中で採石業者の数は徐々に減少し、一九八一（昭和五十六）年には六〇軒あった事業所が二〇〇〇年には三分の二の四一軒となっている（表1）。

一九九七年度の農作物の出荷高が約四一万円、[11] 漁獲高が約六〇〇〇万円[12]という島の産業の現状において採石業の占める割合は非常に大きい。また、高齢化、過疎化に悩む広島において、唯一若者の就業が認められるのもこの採石業である。採石業の衰退は島の存続にもかかわる大きな問題である。

採石業者の山の神信仰

広島での採石業者による山の神信仰を見る前に、一般的に採石業者による山の神信仰がどのようなものかを概観しておきたい。

管見によれば採石業者による山の神に対する信仰に関する詳しい論考はなく報告例も少ないが、採石業者が山の神を祀ることは各地で行なわれているようである。

表１　採石業者数と年間売上高の推移

年度	事業所数	従業員数	年間売上高（円）
1981年	60	132	1,206,495,000
1982年	58	155	1,223,024,000
1983年	58	151	1,199,841,000
1984年	55	125	1,025,704,000
1985年	53	116	1,031,224,000
1986年	51	124	1,043,186,000
1987年	53	128	1,048,885,000
1988年	52	127	1,196,459,000
1989年	52	114	1,228,278,000
1990年	52	112	1,214,697,000
1991年	50	117	1,364,588,000
1992年	49	105	1,186,842,000
1993年	47	102	1,142,642,000
1994年	45	86	991,173,000
1995年	43	78	921,578,000
1996年	40	76	870,540,000
1997年	—	—	750,185,000
1998年	41	73	657,614,000
1999年	39	70	642,618,000
2000年	41	97	443,514,000

注：青木石材協同組合提供資料により作成

愛知県岡崎市では「石切をやる山石屋は、山の神を祭る風習があり、旧の十一月七日に丁場にボタモチ、オミキを供えて、この日は仕事を休んだ」[13]という。茨城県笠間市でも正・五・九月の一日の年三回、山の神の祭りが行なわれ、さらに事故がおきて死者や怪我人が出たときなどには「臨時山の神」が行なわれ、仕事場を清めたという。[14]また、同県真壁郡真壁町では正・五・九月の八日に山の神祭りが行なわれ、二〇年に三〜四回の割合で採石と加工が合同して「合同山の神祭」を行なうという。[15]

香川県内でも断片的ではあるがいくつかの事例が報告されている。採石業の盛んな小豆島では「山の神は採石場ごとにまつり神酒、花をあげる。年に一回、一月九日に神社境内にまつる山の神に参る。内海町福田の山神は、拝殿の向うに花崗岩の石祠がある。明治三十九年五月建之、寄附人当村石丁場中とある。この石祠が安置されるまでは、数畳に及ぶ巨岩の下にちょっとした石をたてて祠《ママ》っていた」[16]とある。また、木田郡牟礼町では「丁場の採石業者にとって一番大事なおまつりは、山の神様の祭りである。正、5、9月の7日と年に3回お祭りをする。その日は休みとなる。この日は親方は徹夜で山の神様の社にこもって山仕事の安全と繁昌を祈願する」[17]という。小豆郡土庄町豊島家浦では「石丁場には、どの丁場にも山の神様を祀っている。山の神様が石職人の守護神だからである。正月9日が祭日で、魚の干物、するめ、野菜、菓子などを供える」[18]という。綾歌郡国分寺町新名では加工業者が「正月と7月にそろって、山の神を祭る」といい「現在の山の神は、伊予の石鎚さんをお祭りしている」[19]。

山の神を愛媛県の大三島にある大山祇神社の祭神である大山積命であるとするところは多い。小豆島の大部では「石屋のおまつりといえば、ほかに大山住神社と吹子祭です。大山住神社というのは、大三島にある、いわゆる山の神さまで、正月の九日におまつりするのです。交通の不便な昔は代表者がもらってきた分身を各自おまつりしたのですが、最近は便利になったせいか、そろって初参りにい」[20]くという。また、岡山県笠岡市白石島でも採石業者が講を組織しており、毎年旧暦四月二十二日の祭りに船やバスをチャーターして大三島へ出かけ、さらに正・五・九月の九日には山の神祭りが行なわれる。神社境内の傍らにある山の神の石祠の中には「大山祇命」と彫られた石が入れられている。[21]現在ここで山の神祭りが行なわれている。また、石材組合の集会所には「日本総鎮守　大山積大明神」と書かれた掛け軸が掛けられている。以前はこの掛け軸を三つの谷（おりくち・長谷・ウグメ）ごとにまわし、山の神祭りを行なっていたという。白石島の隣の北木島でもかつては採石業者による山の神祭りは盛んであった。島のもっとも北西に位置する瀬戸では、一〇軒の採石業者が集まり、正・五・九月の九日に祭りをしていたという。祭神は大山祇命である。白石島や北木島に採石の職人として渡ってきた人には伊予の人が多かった。とくに北木島の瀬戸は伯方島の人がもっとも多かったという。このような採石業者の山の神としての大山祇命の広がりは、伊予出身の職人の動きと無関係ではないと考えられる。[22]

採石業者の山の神信仰については報告例が少なく、その全容を明らかにすることは困難であるが、山を生産の場としている以上、山の神を祀ることは自然の成り行きであると考えられる。しかし、その心意は山への感謝などといったことよりもむしろ、災害などの現実的な問題の解決にあるように思われる。

3　広島における採石業者の山の神祭祀

A　釜の越

先述のとおり釜の越における山の神祭祀の中心は、現在では採石業者である。山の神の祭日は正・五・九月の九日である。祭りの世話は九軒の採石業者が三軒ずつ三つの組に分かれて一回ずつ交代で行なう。二〇〇一年五月九日の祭りでは朝の八時半に当番の家が小屋までの道と小屋周辺の草刈り、小屋の中の清掃を行ない、「山の神神社」と染め抜かれた幟を立てた。その後、祭壇に大根・椎茸・サキイカ・昆布・塩・洗米・神酒・天ぷら・菓子などを供えた。剣山で免状をうけた地元の老人が一〇時半に祈祷を開始した。以前は岡山県児島から石鎚山の行者が来ていた[23]ので当番の家がたくさんの料理をふるまっていたが、今年からは簡略化された。祭神は三柱あるが、真中が大山祇命、あとは石鎚権現（左右不明）で、もう一柱はわからないという。祈願の内容は作業安全が中心で、その他家内安全など一般的なことだという。

釜の越ではまた、ある丁場の横の山中にもう一つ山の神が祀られている。大きな岩の上に先のとがった小さな石が乗せてあるだけの簡単なものである。この山の神はある採石業者が個人的に祀っているものである。さらに合同で山の神を祀る以前には丁場で山の神を祀っていたという業者もいる。どのように祀っていたかは不明だが、「山の神は二つはいらない」ということで廃棄したという。釜の越では丁場で山の神を祀っている例は他には聞くことができないが、丁場にある事務所に神棚を造っている丁場は一軒ある。この神棚には厳島神社・湊川神社・四国乃木神社・大宰府天満宮・明治神宮などさまざまな神社の札が祀られているが、とくに丁寧に祭りを行なうのはやはり、正・五・九月の九日であ

大正八年六月
寄附者
山本愛吉
南清平
岩根勘□郎
三野利平
世話人
三野利平

図1　山の神台石の寄附者名（青木）

る。以前釜の越に行者が来ていたころにはこの事務所でも祝詞をあげてもらっていたという。また、正・五・九月九日の山の神の祭りの日に家の神棚に行者に来てもらったり、この日にはふだんより丁寧に手を合わせるという採石業者もいる。家の神棚には石鎚・厳島・剣山・八栗寺などの札が祀られているが、とくに丁場の神としての「山の神」を祀っているということはないという。

B　甲路

甲路においては集落の氏神自体が山の神の名を名乗る山の神神社である。この神社は甲路から山へとつづく道の途中にあり、山の中腹に位置する。甲路にはもともと数軒の家しかなく青木の一部であったが、採石業が盛んになるにつれて家が増加し、現在のように一集落を形成するにいたった。山の神は明治以後に青木の山の神を分祀したものだといい、[24] 祭神は猿田彦太神という。[25] 正・五・九月の九日に祭りを行なっていたが、現在五月の祭りは掃除をする程度となっている。九月の祭りは氏神祭りの性格が強く神輿も出る。また、毎年九月には伊勢の大神楽が島を集落ごとにまわるが、甲路に大神楽がまわってくる日も九日にあわせてもらっている。採石業の発展とともに形成された集落であるために、氏神である山の神の性格は他地域で採石業者が氏神とは別に作業安全などを願って祀る山の神のそれに近い。

C　青木

青木で採石業者によって祀られている山の神は、青木の氏神である青野神社本殿裏の石祠の中にひっそりとたたずんでいる。その台石の左脇にはこの石祠を建立した年代と寄付者名とが刻まれている（図1）。これによると、現在の位置に山の神が建てられたのは一九一九（大正八）年のことである。また、寄附者名を見ると採石業者であると確認できる人の名前が三名含まれている。この山の神祠が青木で採石を行なっていた人びとによって造られたことは確実である。

さて、青木の山の神の祭りは、一九二九年生まれの男性によると昭和三十年代の前半には正・五・九・十一月の八日に行なわれていたという。十一月の祭りは七日の吹子祭りと連続して行なわれた。祭では火を焚き、神酒・ハジキ豆・南京豆・さきスルメなどが供えられる。祭りの当番は青木の採石業者が三つの班に分かれ、一回ずつ担当しているという。この祭りは古くから行なわれていたようであるが、一九四七年生まれの別の話者の話によると、以前は採石業者全体でこの山の神を祭るのは正月だけだったという。それが、二〇年ほど前に青木の石材販売組織（墓石以外）である「青木地区栗石協同販売」ができてから採石業者同士が集まる機会が増え、山の神の祭りも盛んに行なわれるようになったという。現在では青木の採石業者を五班に分けて（一班三〜四軒）祭りの当番を務め、他の班の人びとの接待を行なっているという。

また、青木では各丁場で個人的に山の神を祀る人も多い。現在ある一八軒の採石業者のうち一〇軒は祀っているということである。そのうちの一軒では採石場脇のブルドーザー用の道のかたわらの大きな石の上に祀られていた。祠は石を組んだだけのものである。とくに祭神などは決まっておらず「山の神」と呼んでいるという。以前は行者が神札を置いていったがどこの札かはわからない。青木全体での山の神祭りが盛んになる前はこちらの山の神の祭りが中心で、正・五・九月の九日には必ず参っていたという。

以上、採石の盛んな三集落における採石業者による山の神とその信仰について概観してみた。

採石業者の祀る山の神は同一集落の採石業者が合同で祀るものと個人的に丁場などで祀るものとの二種類をあげることができる。祭日は正・五・九月の九（八）日であり、おもな祈願の内容は作業の安全である。ここで注意したいのはこれらの合同で祀られている山の神がもともと採石業者以外の島民によって祀られていた山の神を分祀したものであるにもかかわらず、新たな祀り手である採石業者によって山での作業安全の神という独自の性格が与えられている点である。採石業は山の恵みを享受するというよりも、山自体を破壊して切り売りする仕事である。また、つねに危険と隣り合わせの状況での作業であり、大きな事故が起これば死者も出る。採石業者の山の神信仰の根底には災害への恐怖がもっとも大きな位置を占めているのである。

4　山の神祭祀の変化

釜の越における山の神祭祀の変化

これまで集落ごとに祀られている山の神と、そこから分祀され採石業者によって祀られている山の神の双方を個別に見てきた。前述したように採石業者の祀る山の神に先行して存在した集落の山の神はほとんど忘れ去られ、現在広島で山の神といえば採石業者の祀る山の神であると認識されている。それでは、このような祭祀主体の変化はどのような過程を経て起こったのであろうか。釜の越の事例をみてみたい。

釜の越の採石業者が合同で山の神を祀るようになったのは新しく、一九六五（昭和四十）年のことである。そのころ日本社会は高度経済成長の真っ只中にあり、採石業界も好景気にわいていた。しかし、当時の丁場では機械化が進んでおらず昔ながらの手作業であった。(26) したがって利益の増大はまた危険の増大をも意味した。このころ釜の越では事故が頻発し六三年には大きな事故で二人が命を落とした。この事故をきっかけに「山の神を粗末にしているからではないか」という話が持ち上がり、石鎚山などを熱心に信仰していた人などが中心となって、もともと地域全体で祀られていた山の神を釜の越の採石業者全体で祀るようになったという。そして一九六四年には集落で祀っていた山の神を、採石業者が中心となって小屋を建てて祀り直した。その後、岡山県の児島から行者を呼ぶようになった。

この山の神の社の中には寄附者名の書かれた板が掲げられている。もっとも古いものは一九六五年のもので「昭和四十年一月九日建造」と書かれている。六四年という話とは日付がずれているが、建造年を正月の山の神の祭日に合わせた結果であろう。寄附者名が四九と旧青木石材事業協同組合の名前がみられるが、この名前には採石業者以外も多く含まれており、当時の山の神の祭祀主体が採石業者だけではないことを物語っている。また、この社が一度火事にあい再建された際の「昭和四拾四年五月九日落成」と日付のある板の寄附者名にも同様に採石業者以外の名がみられる。ただしこの時は青木・甲路・茂浦・江の浦からも寄附が寄せられており、寄附者は採石業者と確認できるものが多い。この段階ですでに釜の越の山の神の祭祀主体が採石業者に移っていることがわかる。その後、一九八二年には「山の神拝殿屋根改築」が、八五年には「屋根（庇）工事」と「井戸工事」が、八八年には「山の神神社電気工事」が行なわれているが、寄附者はいずれも採石業者に限られている。このことから山の神の祭祀主体は一九七〇年代から八〇年にかけて完全に採石業者へと移ったものと考えられる。

　この祭祀主体の移行に伴って山の神の性格は採石業者の丁場において安全を司る神へと変化する。それまでは定った祭日もなく参る人も限られていた山の神が、採石業の守り神となることによって小屋の中に祀られ、正・五・九月の九日に祭日が定められ、宗教者も関わり、集落で採石業に関わるすべての人びとから祀られることになったのである。

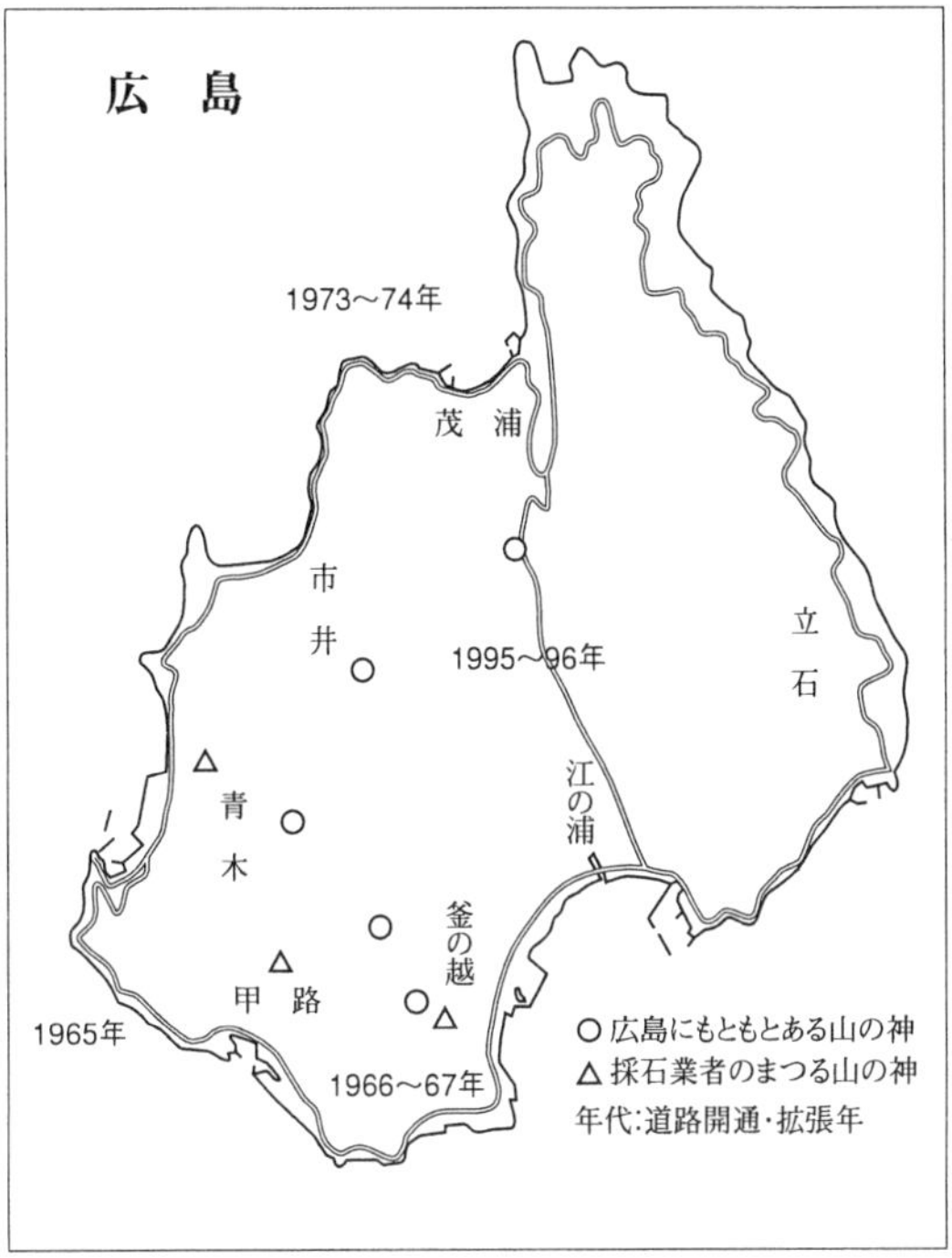

図２　広島の道路関連地図

変化の原因

それではなぜこのような祭祀主体の交代が起きたのであろうか。直接的な原因としては一般島民による山の神に対する信仰心の衰退と、採石業者による山の神信仰の隆盛が考えられる。採石業者の信仰については論じたので、ここでは一般島民の山の神信仰の衰退について考えてみたい。

　現在では山の神に関する話はほとんど聞くことができないが、武田が調査を行なった一九五一（昭和二十六）年の段階ではかなり具体的な話が語られている。五〇年というタイムスパンはけっして短くはないが、現在の広島の老人がその存在すらほとんど覚えていないというのは意外である。筆者はそのもっとも大きな原因を周回道路の整備による山道の荒廃にあると考えている。

広島にはもともと江の浦―釜の越間を除いて、海岸沿いの道はなかった。他集落に用があって行く場合には山を越えるしか方法がなかったのである。しかし、一九六五年ごろから順次海岸沿いの道路が拡張あるいは開通し、[27]島に自動車と自転車がいっきに普及する。それと同時に山道は使われなくなり、山道にあった山の神も忘れ去られることとなった。江の浦―茂浦間の山道はほぼそのまま拡張されたので幸運にも茂浦の山の神はその難を逃れた（図2）。現在では各集落を繋いでいた山道はまったく見る影もなくなっている。[28]

さらに、青木の事例からもわかるように、採石業者の販売組織の成立による採石業者同士のまとまりの強化も原因の一つとして挙げられるだろう。広島における販売組織は集落ごとに分かれており、そのことが同一集落内における採石業者同士の繋がりをより強固なものとしている。山の神の祭祀の実行や小屋の管理などは採石業者同士の協力関係があってはじめて成り立つのであり、そういった意味では販売組織の存在は大きい。

また、過疎化による耕地の放棄も原因の一つであろう。瀬戸内海の島を形容して「耕して天に到る」とはよくいわれることであるが、広島もその例にもれずかつては山の斜面のかなり高いところまで耕地として利用していた。しかし人口の減少[29]にともなって山の耕地は放置され、今では山林へと戻った。今では見上げる山の上にある山の神も、山が耕地で覆われていた時代にはもっと身近なものであったにちがいない。

まとめ

採石業者によって祀られる山の神は一般島民によって祀られていた山の神を分祀したものであり、名前も同じ「山の神」である。ところが、その性格や祭日は採石業者によって新たに規定されたものであり、まったく異質のものといわざるをえない。つまり、山の神は特定の集団によって読み替えられたのである。これを民俗の変化ととらえるか新たな民俗の創造ととらえるかは微妙な問題であり、調査者の視点によってどちらともとらえうるであろう。今回筆者は、採石業者の山の神が一般島民の山の神を分祀したものであることが現在でもある程度認識されており、またごくわずかではあるが釜の越の事例のように採石業者が祭祀主体となった山の神に参る一般島民がいることから、前者の立場に立って変化の過程を跡づけてみた。

現在広島では山の神といえば近代になってから移住してきた採石業者の神として認識されているが、それに先行して集落ごとに一般島民によって祀られる山の神が存在した。これらの山の神は周回道路の整備や過疎化など高度経済成長にともなう島の置かれた環境の変化によってその存在感は薄れていく。しかし、高度経済成長は同時に島の代表的産業である採石業を活発化させた。この過程において山の神の祭祀の中心は採石業者へと交代し、現在のように採石業者の神として一般的に認識されるに至ったのである。山の神信仰という民俗を消滅の危機にさらしたのが当時の社会的状況であるならば、またそれを生かさしめたのも当時の社会的状況なのである。

変化という視点から民俗をとらえようとすると、行事の簡略化や社会組織の崩壊といった消滅へと向かう姿を問題として取り上げることが多い。また、消滅を免れようと地域おこしをかねて特定の祭りや踊りなどを意識的に盛り上げようとする事例もみられる。広島の山の神の事例はそのどちらにも属さないが、祭祀主体や与えられた性格が変わりながらも、山の神という存在自体は残りつづけているという姿も民俗変化の一つの形にほかならない。

註

(1) 青木石材協同組合提供の資料による。
(2) 柳田國男「山宮考」「先祖の話」(『定本柳田國男集』一〇、一一　筑摩書房　一九六九)
(3) 柳田國男指導日本民俗学会編『離島生活の研究』国書刊行会　一九六六　五〇一頁
(4) 武田明『離島採集手帖』第八冊　香川県仲多度郡広島村立石浦　江ノ浦、成城大学民俗学研究所蔵　二五頁
(5)『本四架橋に伴う島しょ部民俗文化財調査報告』(第2年次) 瀬戸内海歴史民俗資料館　一九八二　二二〇頁
(6) 広島支所は一九七四年に茂浦から江の浦へ移転した。
(7)『民俗資料緊急調査報告書』(塩飽諸島のうち広島・手島・小手島) 香川県教育委員会　一九七四　二六頁

（8）同書　三一頁
（9）丸亀市立広島西小学校創立百周年記念事業推進委員会編『「心経」百年のあゆみ』丸亀市立広島西小学校　一九八七　一一三頁
（10）『石材』二〇〇一年五月号　石文社　七九頁
（11）ＪＡ広島支所による
（12）丸亀市農林水産課による
（13）磯貝勇「石屋」『日本民俗学大系』第5巻　生業と民俗　平凡社　一九八五　二九三頁
（14）西村浩一「常陸の石工」『日本民俗学会報』第五七号　日本民俗学会　一九六八　四三頁
（15）西村前掲論文　四六頁
（16）『小豆島の民俗』岡山民俗学会、香川民俗学会　一九七〇　三〇一頁
（17）『香川県の諸職――香川県諸職関係民俗文化財調査報告書』瀬戸内海歴史民俗資料館　一九八九　四二頁
（18）同書　一四五頁
（19）同書　二二一頁
（20）渡辺益国『石屋史の旅』渡辺石彫事務所　一九八七　一三〇頁
（21）八木橋伸浩・遠藤文香・松田睦彦「笠岡諸島白石島における民俗の変容と継承」『岡山民俗』二一五　岡山民俗学会　二〇〇一　七頁
（22）松田調査　二〇〇一年
（23）この行者は岡山県の児島から来ていたということから、鎌倉時代から当地で発達した五流修験の行者であると考えられる。また、広島では四国の二大霊山である石鎚山と剣山に対する登拝が広く行なわれており、先達をつとめる人は多く、また実際に山で修行をしたという人もいる。
（24）堀家守彦編『丸亀市神社名鑑』一九九六
（25）註7前掲書　一四二頁
（26）釜の越で重機が導入されるようになったのは昭和五十年代に入ってからだという。
（27）一九六五年に国土地理院より発行された二万五〇〇〇分の一地形図を見ると、釜の越―甲路間の道路は当時まだ開通していない。また七〇年の修正版を見ると、前版では幅員一・五メートル以上となっていた茂浦―市井間の道路が一・五メートル未満の小道となっている。

(28) 広島の隣の小手島では道路の整備に伴って山の中に張り巡らされていた小道が使われなくなり、その小道沿いにあった山の神の祭りは行なわれなくなった（松田調査）。

(29) 資料編の表1参照。

③ 離島の民俗における地域性と中央文化

——新潟県粟島の疱瘡習俗を事例として

川部　裕幸

はじめに

離島は、その地理的条件から独自の風俗習慣を形成し、伝承してきたととらえられることが多い。本土とは海を隔てた自然環境の中で、島の住民たちが長年、よりよい生活のために試行錯誤を繰り返した結果、島の生態系や社会的条件に適合した生産生業の形態がしだいに形を整えられていく。また、島民同士の連帯と協力のあり方や交通交易の方法なども創意工夫され、後代にも通じるものは島の慣行として次世代に受け継がれていく。もちろん伝えられていく生活様式は、不変なものではなく、外部社会から導入された新しい知識や技術、また島内部の自然および社会的環境[1]の変化に応じて、時どきに修正や改良が加えられて、島の生活文化＝民俗として展開していく。このような離島の民俗のとらえ方は一つの有力な視座であろう。

しかし、離島の民俗のすべてが、島の自然環境・社会的環境を背景に形成され、伝承されてきたわけではない。柳田国男が早くから気づいていたように、日本列島における民俗の分布状況に「遠方の一致」が見られる事実は、中央文化が古代から日本列島の津々浦々、山間僻村まで伝播し、その土地で受容され伝承されてきたという大きな日本文化史の趨勢を示している。

柳田によると、日本人は「大昔からの都を仰ぎ慕う無邪気なる性情」[2]を持っており、郷土の旧慣因習よりも、都府城下に「文化の基準」[3]を求めようとする傾向は顕著であった。柳田はそれを「文化の中央集権」[4]と呼んだ。「日本人の既往の生活意識を見ると、あらゆる点に雅俗という観念にかなり強くとらわれていたことが知られる。上流の雅びに憧れ、都府城下の華美に心ひかれることは人間自然の情かも知れないが、都市崇拝、城下礼讃の気持ちはあまりにも強かったように思える」[5]として、中央（都《みやこ》）や上流の文化が地方の庶民文化に対して、一つの規範として機能していた事実を強調する。そして「雅俗都鄙の問題は、日本文化の本質を論じる者には無視することはできない」[6]と、郷土生活の研究において留意すべきことと指摘している。

実際、年中行事や人生儀礼や信仰などの民俗の中には、各地域の自然・社会的環境とはあまり関係なく、中央文化が受容されていったことが認められるものがある。たとえば、大隅和雄[7]によれば、北海道では実際の季節と関係なく、出身地あるいは「都」の季節通りに年中行事が営まれることがある。三月、雪の中で雛人形を飾り、五月、肌を刺すような冷たい風の中にコイのぼりを立てる。このようなことは、行事暦が太陽暦に統一され、学校教育やマスコミによって年中行事の全国画一化が推し進められた近現代になって登場し始めた現象ではなく、すでに近世の松前城下で見られたという。上層の武家や豪商の間では、自分たちが暮らしている土地の季節感に従うよりも、京都や江戸の季節変化通りに年中行事を営むことに意味を見いだしていた。その意味とは、自分たちは中央文化に則って生きているという自負であり、喜びである。こうした感情は、柳田の指摘する都鄙観念や雅俗感覚があって、初めてわき上がるものであろう。

中央（都）と辺境（田舎）、そして上流文化と庶民文化とは、対等な関係でも対立する関係でもなく、後者（辺境・庶民文化）が前者（中央・上流文化）を「仰ぎ慕う」関係であった。「都は多くの田舎人の心の憧憬地」[8]であった状態が、長らく日本列島の文化的状況であった。そして、社会・経済的条件が許せば、少しでも前者に近づこうとする後者の願望は、生態系や社会的環境などと共に、その地域の民俗を形成する大きな要因の一つであったと考えられる。[9]

右に述べてきた視点は離島の民俗をとらえる際にも考慮されるべきであろう。とくに、行事や儀礼などのいわゆるハレの民俗の中には、離島の自然条件や生業形態・社会構造に根ざした側面と、そうした地域性とは関係なく、中央文化を憧憬し、それを模倣しようとする側面とがある。本稿では以上のような問題意識から、粟島の疱瘡習俗を検討し、その地域性と中公文化受容の様相を明らかにすることを試みる。

図1　粟島と関連市町村

1　粟島および疱瘡の概要

粟　島

新潟県岩船郡の粟島については、本書資料編を参照いただきたいが、ここでは、これからの叙説のために一九五〇年代以前の島の様子を確認しておきたい。

島の生活は、一九五〇年代以前においては、男性の漁、女性の農を基本としており、食糧に関しては自給自足の度合はかなり高かった。島で生産できない生活必需品は、おもに村上市岩船との連絡船によって搬入していたが、今日でもたびたび起こることではあるが、冬季になると日本海が荒れるため、相当日数交通が途絶えることも珍しくなかった。一九三〇（昭和五）年に島に無線電信が設置されるまでは、船が唯一の連絡手段であり、一九二六（大正十五）年十二月二十五日の大正天皇崩御の知らせが伝わらず、新年拝賀式を行なったとのエピソードは、島の隔絶性を示すものとして、『離島生活の研究』で粟島を担当した北見俊夫が、報告の冒頭に述べているものである。[10]

また、北見によると一九五〇年で、島の人口は八九六人、内浦集落一〇〇世帯、釜谷集落三二世帯の合計一三二世帯であった。そのうち島外からの移住者は、僧侶や教員などを含めても八世帯と僅少であった。[11] また昭和初期までは婚姻も島民同士がほとんどであり、[12] 一九六九年の時点においても、島内婚姻率九一・七%と、島外からの婚入も少なかった。[13]

明治中期の『越後風俗志』という郷土雑誌には、「粟島の記」として探訪記が四回連載されているが、その第一回目の後書きには、次のようにある。「粟島は北海の孤島なれども、人情、風俗大いに見るべきものあり。昨秋、当会員(長岡温故談話会)が当地を跋渉して、見聞の細大を記せしものあれば、続々記載して劉覧に供すべし。[14]」同地方の人からも、「孤島」ということで、早くから民俗学的な眼差しが注がれていた。

疱瘡《ほうそう》の概要

疱瘡とは天然痘・痘瘡とも称されるウィルス性の急性伝染病であり、悪化すると「あばた」として跡を残す大きな発疹(腫れ物)が全身に出ることを特徴とする病気である。

今日でも多くの日本人が、水疱瘡や麻疹(はしか)には、子どものころに一度はかかるように、江戸時代、少なくとも都市部においては、疱瘡は、子どものころ一度はかかる病気であった。それくらいウィルスは常在しており、ちょうど今日のインフルエンザのように、ほぼ連年で冬から春先にかけて、大なり小なり流行を繰り返していた。ただ、インフルエンザと異なって、一度かかって快復すると終生免疫が保持されるため、再度罹患しないことが保証されていた。

幕末に種痘が導入され明治期に広く普及するまで、この病気に対しては、有効な予防策や治療法は確立されておらず、近世の多くの人々にとって、疱瘡とは医師の施療よりも身内の手厚い看病、そして神仏祈願と「まじない」に頼るしか対処の手だてがなかった病気であった。したがって、近世には疱瘡除けあるいは疱瘡安全の御利益を謳った神社仏閣・小祠が各地に数多く存在し、また多種多様な「まじない」が簇生した。そして、疱瘡病人と家族に対しては、さまざまな社会的慣行が整えられていった。

明治・大正時代を通じて種痘が普及し、疱瘡の流行をほとんど見なくなっても、近世の疱瘡習俗は各地で引き続き行なわれていた。その理由は、この時代の種痘は必ずしも安全なものではなく、子どもによっては、ひどい発熱や化膿の症状を引き起こすものであり、ときには全身発疹や脳炎などの大事に至ることもあったからである。親たちを心配させるに十分な危険性を伴うものであり、種痘普及後も、種痘児のために真剣に安全を祈願する慣行は続いていた。こうした状況があったので、疱瘡をめぐる習俗が、一九五〇年代くらいまでは日本各地で伝承されていたのである。なお、日本では、天然痘（疱瘡）の国内発生を見なくなったため、一九七六年から一斉種痘は廃止された。

2　粟島の疱瘡習俗

粟島では現在、疱瘡に関係する民俗は、釜谷集落に疱瘡神の小祠が祀られていることを除いては、まったく絶えてしまったが、一九四〇〜五〇年代までは、かなり盛んに行なわれていたらしい。一九五〇年に粟島を調査した北見は、前掲『離島生活の研究』の中で、年中行事の項に、疱瘡に関連する次のような行事を報告している。(15)

十一月五日　ホウソの神の祭日（内浦）。今宮様が厄病神として立ててある。婆さんたちが夕方から布団を持ってお堂へこもる。これを「ホウソノヨゴモリ」といい、朝帰宅するが、祭りは六日まで続き、夕方には神楽がある。この日はまた、「オヤキの日」といって、米・小麦などを臼で挽いて湯でこね、そのまま丸めて食べる。

引用文中の「神楽」とは、この地方では、神楽舞いのことではなく、太鼓の連打から始まる神職のご祈祷を指すが、二〇〇〇年の筆者の調査でも、ほぼ同じ内容を聞くことができた。また、釜谷集落でも同じ行事が内浦集落の三日前に行なわれていたことを知ることができた。すなわち、釜谷では十一月二日は、「疱瘡の夜ごもり」といい、夜、若いお母さんたちが子どもを連れ、布団を背負い、弁当を持ってお宮に集まる。そして一晩囲炉裏で火を焚いて夜ごもりをする。翌三日は、疱瘡神のお祭りであり、お宮に「太夫様（神職）」が来て、「お神楽」を上げる。また、米を挽いて粉にして「オヤキ」を作って食べる。またこれを内浦の親戚まで配る。お返しとして十一月六日には、内浦からオヤキが来る。昭和三十年ごろまで行なっていたという。二つの集落とも同じ行事を日を違えて行なっていたことがわかる。日付がずれているので「オヤキ」の交換が行なわれることが興味深い。

この行事に関連すると思われる記録が前掲『越後風俗志』に見られる。[16]

(粟島は)元来、天然痘あらざりし地なるが故に、種痘の最初は是れを忌み、応じるもの無かりしに、或年天然痘流行し、旬日を経ずして島人の内百余名死亡せり。是より大に恐れを懐き、進みて種痘を為すに至れり。以来、年一回其死亡者の霊を祀るを疱瘡まつりと名付け、島内の女子は晴れ着を装ひ、身元に応じ酒或は下物《さかな》を携へ、富裕なる一家に会し、男子を交へず終日酒宴を開くことを例とせり。

この風俗志を再録紹介した安藤潔によると、「或年」とは、新潟県下で天然痘が大流行した一八八七(明治二十)年を指すかとあるが、[17]この記事中の「疱瘡まつり」が、前記の年中行事に継続していたとすると、粟島の疱瘡神祭りは、明治中期に始まり、一九五〇年代までの約七〇年間のみ存続した年中行事ということになろう。

また、疱瘡に関する習俗として、北見の報告には見られないが、子どもたちが種痘を受けたときの習俗をかなり詳細に聞くことができたので、それを次に述べる。

昔は二歳と一〇歳で種痘をした。二歳の時には「初種痘」といって、特別な儀式を行なった。一〇歳の時にはとくに何もしなかった。

四月か五月ごろ、子どもたちが種痘を受けると、各家庭では、新しいワラで作った「サンバイシ(桟俵)」を用意する。「太夫様」に赤い紙で幣束を切ってもらい、それを茅の棒に挟んで「サンバイシ」の中央に立て、「太夫様」に拝んでもらってから、家の神棚に上げた。そして毎日、種痘がうまく付くようにお祈りをする。

そして、何回か神棚から「サンバイシ」を下ろし、子どもの頭の上にかかげて、その上から「ニゴシ(米の研ぎ汁)」を沸かして冷ましたものを、少しずつ振りかける。これを「お湯を頂かせる」という。この「まじない」をすると、治りが早い、あるいは早く「カセル(またはカシケル)」といっていた。「カセル」とは、疱瘡の発疹の膿が固まってカサブタとなり、快復に向かう状態をいう。完全に「カセル」と、「サンバイシ」を神棚から下ろしお宮に納める。

その年種痘をした子どもたちがほぼ全員治った頃を見計らって、「太夫様」を呼んで「お神楽」を上げてもらう。

またその日、老人たちが、茅で二メートル程の大きな船を作り、「疱瘡神送り」を行う。茅の船を三、四人で担ぎ、太鼓を叩きながら村中を廻る。先頭の人が「何の神送ろばぁ〜」と音頭をとると、後の人たちは「疱瘡の神、送るぞ〜」と大声で応じながら村を一巡する。学校に行っていないような小さい子供も付いて廻る。最後に海岸で、小豆飯と小銭を紙に包んで船にゆわえつけ、海に送り流す。サンバイシも一緒に茅の船に乗せて流した。

このようなことを、内浦でも釜谷でも、太平洋戦争前ぐらいまで行なっていたという。ほぼ同じ内容が、『あわしま風土記』(18)と石垣悟(19)の報告の中に確認できる。

3　関連する習俗と考察

前節で述べたことから、粟島の疱瘡習俗には、①年中行事として「疱瘡夜ごもり」と翌日の「疱瘡神のお祭り」があり、また②種痘時に行なわれた特別の儀礼があったことが明らかになった。この節では、粟島の疱瘡習俗を、島内と周辺諸地域の関連習俗と比較検討することによって、その特徴を抽出し位置づけを図りたい。

年中行事としての疱瘡習俗

「疱瘡夜ごもり」とは、女性たちがひと晩お宮に籠もることによって、心身ともに精進し、その翌日に疱瘡神の来臨を仰ぎ、子どもの疱瘡安泰を祈願した行事であろう。

粟島では、「疱瘡夜ごもり」以外にも、神仏祈願の形態として「夜ごもり」は盛んであった。石垣悟によると、釜谷集落では、毎月一日・十五日・二十八日を「月の三日《さんにち》」と称して、女性や老人たちは早朝、集落内のすべての社祠にお参りをする。また昼になると、とくに女性は仕事を休んで、鎮守塩釜六所神社に弁当を持って集まり、お供えした後にみんなで会食する。釜谷ではこのように神社に行き、弁当を供えてから食べることを「夜ごもり」と称している。(20)

また、内浦集落でも、女性たちが豊作や大漁祈願そしてその御礼、あるいは親戚や近所の人の病気快復祈願のためなどに、月に数回、弁当持参で鎮守八所神社のお籠もり堂に籠もることがあった。昭和初期の時点ですでに昼間だけの行事であったが、その昔は夜間に寝泊まりしたらしい。[21]

釜谷では、この他にも雨乞いとしてお婆さんたちがお不動様に「夜ごもり」することや、八十八夜のころに行なわれる風除け祈願の「夜ごもり」、また春秋の彼岸に地蔵堂に「夜ごもり」するなど、数多くの夜ごもり行事があった。[22]

こうした夜ごもり行事は、気温や風雨などの気象、海流の状態や人知を越えた魚群の回遊など自然のあり方に、その収穫・漁獲が大きく左右される島の農業や漁業の順調なることを祈願する宗教的な意味合いが強かったのであろうが、また同時に仕事の休み日すなわち娯楽的色彩も強かった。本土であれば、町場や近郷近在のお祭りや縁日に出かけることは比較的容易であろうが、海上はるかに離れた粟島では、昭和四十年代になってほぼ毎日のように連絡船が通うようになるまでは、娯楽も島内で充足させることが多かった。前掲の『越後風俗志』には「他に取るべき快楽あらざれば、月六斎の休日を待ち、壮年の男女最寄の一所に相会し、飲食歌舞を以て朝より夜を徹すを常とし、老人幼者といへども、またその群に加はり浮れ居ること敢て希見《めずらし》からず」とある。[23] これは明治中期の様子であるが、娯楽の乏しかった時代には、仕事を休んで仲間と一緒に飲食歓談することは、大いなる楽しみであっただろう。

ただ、こうした夜ごもりの習俗は、この地方（岩船郡一帯・下越地方）では、粟島のみに見られるものではなかった。

粟島最大の夜ごもり行事は、正月の夜ごもりであった。これは有志の男性が、大晦日から正月六日まで七日間にわたってお宮に忌み籠もる正月神事である。一日三回の潮垢離と「拝み」を上げる厳粛なものであり、戦前まで行なわれていた。[24] この正月の夜ごもりは、粟島との連絡船の発着地、村上市岩船でも行なわれていた。岩船の石船《いわふね》神社では、正月の「七日夜ごもり」と称して、大晦日から神社の籠もり堂に、船乗りや漁師などが参籠する行事が、一九三五（昭和十年ごろまで行なわれていた。[25] そして、この地方の政治・経済の中心である村上市街地、すなわち近世の村上城下においてもっとも格式の高い鎮守羽黒神社では、近世後期、毎年、一〇〇人以上の参籠者を集めて「お年越し」の「夜ごもり」が行なわれていたことが、神官の日誌から明らかになっている。[26] また、粟島に距離的にはもっとも近い岩船郡山北町では、近年まで「夜籠もり行事盛行の風」[27] があり、町の各地区で、年間三〜四回以上の夜ごもり行事のあったことが報告されている。さらに岩船郡朝日村や県境を超えた山形県温海町にも「夜ごもり」と称される行事が数多くあった。[28]

そして「疱瘡夜ごもり」と称する行事は、現在でも、粟島から直線距離で五〇キロ弱ほど離れた北蒲原郡中条町で行なわれている。[29]

中条町小船戸では、毎年三月二十八日、小学六年生までの子どもたちが、宿の家に集まり「疱瘡様の夜ごもり」を行なっている。現在では、夜間ではなく、昼に集まる。家並み順で回る宿（当番）の家が、小豆ご飯を作り、みんなを代表して、集落のはずれにある疱瘡神の石塔にお参りに行き、お供えをして子どもたちの健康を祈願する。その後、各自が持ち寄ったお菓子などを飲食しながら半日を楽しく過ごす。

中条町鴻巣でも最近まで「疱瘡夜ごもり」が行なわれていた。[30] また、新発田市滝谷でも、「疱瘡様夜ごもり」の行事が、四月二十八日にお婆さんたちが集まって行なわれていた。さらに、新発田市五斗蒔では明治後期、種痘をしたとき、女衆が「疱瘡夜ごもり」をしたという。[31]

このように見てくると、粟島の夜ごもり行事は、島の自然環境や社会的環境を背景として、生活安泰のために天佑を願う信仰心や娯楽の機能を充足させるものであるが、その呼称と形式は周辺地域に広く分布している夜ごもり習俗が、島に導入されたものという位置づけが可能であろう。とくに正月の夜ごもりは、対岸の岩船や村上城下の行事にならった可能性は高い。

そして「疱瘡夜ごもり」も、『越後風俗志』の記述を信頼するならば、天然痘病死者続出という危難に見舞われて、そのような疫災が二度と起こらないことを請い願う切実な島人の気持ちから生まれた行事であろうが、やはりその形式と名称は周辺の行事に範をとったものであろう。ただ管見の限りでは、「夜ごもり」と称していても、正月夜ごもりを除いては、昼間の行事となってしまっているものが多い中で、粟島の「疱瘡夜ごもり」だけは、神の来臨を仰ぐに当たって、前夜に籠居するという「夜ごもり」本来の形式を行事の休止時まで保っていた点が注目される。また、疱瘡神の祭り日に行事食として「オヤキ」を伴う事例は他地域では見かけなかった。このオヤキが疱瘡となんらかの関連があるのか、あるいは別の行事と疱瘡習俗が融合したものなのかは、今後の課題である。

種痘時の疱瘡習俗

種痘を受けたときに行なわれる一連の行事は、多様な内容を含むが、次の三つの段階から成る祭儀と見ることができる。

ア、種痘をすると、「サンバイシ（桟俵）」に赤い御幣を立て、神棚に祀ること。
イ、快復に向かうと、桟俵を種痘児の頭上にかかげ、その上から「ニゴシ（米の研ぎ汁）」を振りかけること。
ウ、快復後に、茅の船を用いて「疱瘡神送り」が行なわれること、である。

このような習俗は、粟島の孤島という地域性ゆえに形成され、保持されてきた俗信的要素の強い習俗と思われるかもしれないが、じつはこの地方では、これに類似した習俗がかつて広く行なわれていたことが数多く報告されている。一例を挙げてみよう。

（岩船郡山北町）立島では、疱瘡にかかると（引用者注 植え疱瘡〔種痘〕のことと思われる）、神主にお祓いをしてもらい、オンベ（御幣）を切ってもらいました。オンベとサンバヤス、アズキママ（小豆粥）を、家の大神宮様（神棚）に供え、二週間経つと、村の氏神様に納めた。また、村の子供たちが治った頃、カヤを束ねて大きな船を作り、オンベとサンバヤスを積んで、川に流した。[32]

簡略な記述であるが、「ニゴシ」をかけることを除いては粟島とまったく同じといってもよいであろう。このほかにも、アの種痘をすると桟俵に赤い御幣を立てて疱瘡神を祀る習俗は、村上市岩船地区八日市、[33]北蒲原郡中条町、[34]新発田市上荒沢・田貝・五斗蒔・旧市内、[35]新潟市北山・長潟・姥ヶ山・割野・曽川[36]などから報告されている。イの桟俵を頭上に戴かせ米の研ぎ汁をかけることは、県の北部では類例を見つけることができなかったが、県南の柏崎市笠島では、種痘を植えてから「一二日目にサンバイシに笹の葉を差し、赤飯を載せて（種痘児の頭上に）いただかせ、笹に湯を浸して振りかけ」るとある。[37]この他にも、『新潟県史』民俗編[38]によると、新井市や中頸城郡清里村や吉川町、そして、

『新潟市史』民俗編には、新潟市濁川でも、種痘児の頭上からお湯などを振りかける「まじない」儀礼が行なわれていたことが記載されている。

そして、アとイの習俗は、じつは新潟県のみならず、全国的に見られるものなのである。明玄書房『日本の民間療法』全六巻には、病気と保健に関するさまざまな民間信仰や行事、「まじない」や民間薬などが、四七都道府県ごとに集成されている。[40] これによると、多くの県から疱瘡に関連したいろいろな習俗が報告されているが、アの習俗は、北海道と九州を除き、東北から中国四国にかけて、二四都府県から報告されている。また、イの米の研ぎ汁（または湯や水）をかける習俗は、関東から中国四国にかけて、一三都県から報告されている。もちろん、この県別の報告を以て正確な全国分布を知ることができるとはただちには考えられない。県ごとの調査状況や執筆担当者の取捨選択によって大きく左右されるものだからである。しかし、そのほかの様々な文献資料の記載から判断して、アとイの習俗を「全国的」とみなしても、そう大きな誤謬は含まれないであろうと考える。

それでは、どうして、桟俵に赤い御幣を立てることや、桟俵を頭上にかかげて、その上からお湯をかけるなどという、かなり特異な習俗が全国的に分布しているのであろうか。そこにはどのような理由が存在するのだろうか。考えられる可能性の一つとしては、近世の大都市（江戸や京阪）の習俗が全国的に伝播したことが推測される。その理由は先に述べたように、江戸時代、都市部では疱瘡は常在し、風土病と化していたので、疱瘡をめぐる習俗は、都市で発達を遂げ、定型化したと考えられるからである。

図2は山東京伝の戯作『昔話稲妻表紙《むかしがたりいなづまびょうし》』（文化三（一八〇六）年）の挿し絵である。主人公、南無右衛門の息子、栗太郎が疱瘡で病いの床についている場面であるが、その病床の近くには、特別の棚が設けられ、「桟俵」に「赤幣束」を立て、「疱瘡の神」を祀っている。ここでは紙幅の関係上、他の史料を例示することはできないが、このような疱瘡神祭祀の形式は、戯作の中だけの話ではなく、現実においても江戸市中では広く行なわれていた。[41]

また、イの習俗は、江戸時代には酒湯《さかゆ》（または笹湯《ささゆ》）と呼ばれていたものであり、これも広く江戸では行なわれていた。酒湯とは、疱瘡の快復期あるいは本復後に、病人の頭上から米の研ぎ汁や酒などが入ったお湯を笹の葉で振りかけるという儀式である。酒湯は最初、治療の一環として行なわれたというが、しだいに疱瘡快復の祝いの儀式となっていく。しかも、ふつうの快気祝いではなく、子どもの通過儀礼的な色彩を帯びてくるのである。というのは、前記のように、江戸時代に都市で暮らす者にとっては、疱瘡罹患はほぼ免れえない状況があり、かつまた疱瘡には一度罹患すれば二度と罹らないという性質があったため、都市で生きていく限りは一度罹って、疱瘡に対する免疫を持つことが、必須要件とみなされていたからである。そのため、疱瘡快復期に行なわれる酒湯の儀式は、避けて通ることのできない人生の大きな難関を無事に通過とした慶事として祝われた。

この酒湯が江戸時代には、上は天皇・将軍から、そして近世後期になると全国的に下級武士や町人、さらには農村部でも行なわれていたことは多くの史料が示している。(42) そして、粟島の近辺でも近世初期から行なわれていた。

慶安二（一六四九）年に村上城主となった松平直矩の事績をまとめた「直矩公御代記」には、誕生に始まり、産育儀礼・元服・縁組みなどの人生儀礼や官位叙任や所領の変更など、直矩の生涯を叙述する上で欠くことのできない大きなできごとが記されているが、その中に、疱瘡の病歴が記載されている。(43) 疱瘡罹患は右に述べたように、江戸時代には重要な通過儀礼的な意味合いがあったので、近世の伝記の類、一代記や列伝、家譜などには疱瘡罹患と酒湯の記録は頻繁に見かけられるのである。徳川将軍家の「御家譜」と「幕府祚胤伝」に基づいて徳川宗家関係者の酒湯を追究した前川久太郎によれば、この文書には、三代家光以下、歴代将軍の酒湯儀式が記録されているという。(44)

図2　『昔話稲妻表紙』（東京都立中央図書館東京誌料文庫蔵）

「直矩公御代記」によると、村上藩主松平直矩は、一〇歳のとき、「慶安五（一六五二）年正月九日より御疱瘡、同廿一日、御酒湯被為掛也」とある。[45]また直矩の再室（後妻）の疱瘡罹患も記録されている。「寛文十三（一六七三）年二月十二日より御気分悪敷、同十三日御熱有之、御疱瘡被遊也、同廿五日御酒湯被為掛也」。[46]幼年の藩主や奥方様が疱瘡に罹りはしたが、無事その危難を乗り越えて酒湯の儀式を行なったことは、当然、家臣団にも知れ渡っていたことであろう。

また、村上城下の町人たちの最高役職である「大年寄」の公的日誌「村上町年行事所日記」によると、享保十七（一七三二）年「正月（二月カ）三日　殿様（内藤信興　十七歳）御疱瘡被為遊候旨　江戸より御飛脚到来ニ付　両御奉行様へ御機嫌窺ニ　年寄中御出候様廻状出ス」「同七日　殿様　御機嫌好御酒湯御引被為遊候旨　江戸より到来候由被仰出　両御奉行様へ御悦罷出候事」とある。[47]城下の町人たちも、殿様が疱瘡の後、酒湯という儀式を行なっていたことを知っていた。

そして『村上市史』の近世編には、藩主や天皇が酒湯を行なった史料をあげて、次のように述べられている。「この方法（酒湯）は、禁裏や藩主といった身分のものばかりでなく、広く庶民の間にもあったと考えられ、これに似た習俗は、昭和になっても村上周辺のそこここで聞かれた。[48]」すなわち、村上では、近世初期から支配者層の酒湯の記録があり、おそらくは時代が下ると庶民の間でも広く行なわれるようになっていたと思われる。というのは、昭和になっても村上周辺では、あちこちでこの習俗を聞くことができたからというのである。

注目すべきは、この酒湯はたんなる儀式に留まらず、伝染することが知られていたこの病気の伝染防止の一つの方策となっていた点である。それは、江戸幕府が延宝八（一六八〇）年に出した御触書によって知ることができる。この触書は、江戸城に出仕して将軍に拝謁する者への登城規定である。それによると、疱瘡や麻疹に罹った者やその看病人は、酒湯を済ませないうちは、御目見えを遠慮するようにと規定されているのである。[49]酒湯は、疱瘡の快復初期と中期そして完全快復後の都合三回行なうことが、当時の慣例であったが、三回目の酒湯を済ませた病人は、他人に移すことがない安全な人と公認されていたのである。

おそらく各藩も、幕府の法令にならって、家臣に対して酒湯を済ませてからの出仕を義務づけたであろう。そうなると、疱瘡に罹った藩士は必ず酒湯をしなければならないことになる。その慣習が、武家から城下町の町人、そして郷村へと波及し、疱瘡に罹った人間は誰でも酒湯をする習俗が確立した。酒湯はこのようにして、江戸時代、全国津々浦々へと浸透していったのであろう。

その酒湯の具体的な様子はどのようなものであったのであろうか。江戸の医師、石塚汶上が著した疱瘡の医書『護痘錦嚢』続編（文政七〔一八四二〕年刊）には、酒湯のかけ方として、図3のような挿し絵が載っており、その説明には次のようにある。

まず、小豆・鼠の糞・酒を入れたお湯を用意する。疱瘡児を座敷の中央に座らせて、その頭上に桟俵をかかげる。そして熊笹をたらいの湯に浸して引き上げ、桟俵の上から熊笹で湯を振りかける動作をする。

図3　『護痘錦嚢』（国立国会図書館蔵）

これは、上層武家の酒湯の様子を描いたものであり、細かい相違はあるが、子どもの頭上に桟俵をかかげ、そこに湯をかける形式は、まさに粟島で戦前まで行なわれていたものと同じである。また、笹を用いて湯をかけることは、柏崎市笠島で報告されていたものである。

このように見てくると、粟島のイの湯かけの行事は、離島という地域性から形成されたものではなく、近世初期から上流階層の人々が行なっていた酒湯の行事の流れを汲むものであることがわかるであろう。すなわち、粟島のアとイの習俗は、疱瘡習俗が発達した時代の文化的な中心であった江戸や京阪から、村上城下や岩船を通して伝播したものと考えられるのである。

最後に、ウの茅の船を用いて「疱瘡神送り」を行なう行事について簡単に触れておきたい。茅の船を用いて神送りを行なうことは、粟島では

「疱瘡神送り」のみならず、サナボリの時に行なわれる「虫の神送り」と、六月二十一日あるいは風邪の流行時にも臨時に行なわれた「カゼの神送り」があるが、この三つはまったく同じ形式であった。(50) 悪神を船に乗せて島から送り出そうとする行事がたびたび行なわれたことは、自分たちの日常生活圏から外部社会へと出ていく唯一の手段が船であったという島の実生活を、観念の世界にも投影した結果であろうか。

おわりに

粟島は離島ではあるが、これまで述べてきたように、民俗的には決して孤立しておらず、周辺のさまざまな風俗習慣が導入されていた。もちろんそこには、粟島の自然・社会的条件からさまざまな形式や意味が加味されることもあった。また島の他の習俗との混合が行なわれ、独自の形態になることもあった。

本稿は、粟島の疱瘡習俗の中に、島の地域性に基づく側面と、連絡船の発着地である岩船および村上周辺、さらには下越一帯に見られる民俗が移入された側面、そして近世の都市民俗が伝播してきた側面などが、重層的に存在していたことを、改めて確認する試みであった。

註

(1) 社会的環境とは、土地や船・漁網などの生産手段の所有状況が寡占的か均等かなどの経済的要素と、社会階層の構造や家格意識、親方子方関係、地縁血縁の結びつきの強弱などの政治・社会的要素を含む語句としてここでは用いる。
(2) 柳田國男　一九二九　『都市と農村』（『柳田國男全集』二九　（ちくま文庫　一九九一）　三七九頁
(3) 柳田國男　一九三四　『民間伝承論』（『柳田國男全集』二八　（ちくま文庫　一九九〇）　三三〇頁
(4) 前掲（2）三七八頁
(5) 前掲（3）三三九頁
(6) 前掲（3）三三二頁

(7) 大隅和雄 一九八九 「つくられる『年中行事と民俗』」『週刊朝日百科 日本の歴史別冊 歴史の読み方9 年中行事と民俗』 朝日新聞社
(8) 前掲(3) 三三〇頁
(9) 食文化においては、こうした趨勢はすでに指摘されている。すなわち、近世後期、中央の料理文化が地方農村部まで伝播し、摂取されていった過程については、原田信男『江戸の料理史』(中公新書九二九 一九八九)を参照。
(10) 北見俊夫 一九六六 「新潟県岩船郡粟島」日本民俗学会編『離島生活の研究』 集英社 (引用は国書刊行会により一九七五年に復刻された版による) 一八一頁
(11) 前掲(10) 一九〇頁
(12) Y・K生 一九三〇 「島を訪ねて」『新発田新報』一九三〇・八・一二 (引用は、安藤潔編 一九九四『神秘郷・粟島 今は昔…』〈粟島浦村教育委員会発行〉の再録による) 七〇頁
(13) 明治大学社会学関係ゼミナール (編集発行) 一九七〇 「離島のムラ 新潟県岩船郡粟島浦村 実態調査報告」『明治大学社会学関係ゼミナール報告書 第六集』 二五〇頁
(14) 大平与平次編 一八九五 『越後風俗志』 長岡温故談話会発行 (引用は、安藤潔編 一九九四『神秘郷・粟島 今は昔…』〈粟島浦村教育委員会発行〉の再録による) 二〇頁
(15) 前掲(10) 二二四頁
(16) 前掲(14) 二三頁
(17) 前掲(14) 二三頁
(18) 風土記編集委員会編 一九九一 『あわしま風土記 三訂版』 粟島浦村教育委員会発行 四四頁
(19) 石垣悟 二〇〇一 「粟島釜谷における年中行事」西郊民俗談話会発行『西郊民俗』一七四号 二七頁
(20) 前掲(19) 一九〜二〇頁
(21) 高橋文太郎 一九三三 「越後粟島採訪録」『旅と伝説』六巻一一号 (引用は、池田弥三郎他監修 一九七六 『日本民俗誌大系』第一一巻 角川書店 再録による) 五〇五〜五〇六頁
(22) 前掲(19)、前掲(10) 二二八頁
(23) 前掲(14) 一八頁
(24) 「山北のボタモチ祭り」記録集作成委員会編 一九九一 『山北のボタモチ祭り』山北町教育委員会発行 四八〜五二頁

(25) 前掲（24）四九頁
(26) 村上市（編集発行）一九九九『村上市史 通史編2 近世』五二八頁
(27) 前掲（24）五頁
(28) 前掲（24）五頁
(29) 中条町史編さん委員会編 一九九二『中条町史 資料編 民俗・文化財 第五巻』四三三〜四三四頁
(30) 新発田市豊栄市北蒲原郡医事衛生史編集委員会編 一九八二『新発田市豊栄市北蒲原郡医事衛生史』新発田市豊栄市北蒲原郡医師会発行 三頁
(31) 直江広治監修 一九七二『新発田市史資料編第五巻 民俗（下）』新発田市史刊行事務局発行 二四〜二五頁
(32) 筑波大学さんぽく研究会編 一九八六『山北町の民俗2 人生儀礼』山北町教育委員会発行 四二頁
(33) 村上市（編集発行）一九八九『村上市史 民俗編上巻』六九頁
(34) 前掲（29）四三二頁
(35) 前掲（31）二三〜二五頁
(36) 新潟市史編さん民俗部会編 一九九一『新潟市史資料編10 民俗Ⅰ』八三頁
(37) 新潟県（編集発行）一九八二『新潟県史 資料編22 民俗・文化財編一 民俗編Ⅰ』一三四頁
(38) 前掲（37）一三四頁
(39) 前掲（36）八三頁
(40) 明玄書房（発行）一九七六〜一九七七〈日本の民間療法〉全六巻
(41) 前川久太郎 一九七六「馬琴日記に見る江戸の痘瘡習俗」『日本医史学雑誌』二二巻四号、皆川恵美子 一九八八「日本近世子ども事情の一側面――痘瘡における子どもからくり」『武蔵野女子大学紀要』二三号、など参照。
(42) 酒湯に関しては、別稿「疱瘡酒湯の儀礼と「生まれ清まり」の観念」を予定している。
(43)「直矩公御代記」は、村上市（編集発行）一九九四『村上市史 資料編2近世一 藩政編』三一八〜三六五に収録。
(44) 前川久太郎 一九七五「江戸幕府に於ける痘瘡・麻疹・水痘の酒湯行事の変遷」『日本医史学雑誌』二一巻一号
(45) 前掲（43）三二七頁
(46) 前掲（43）三二二頁
(47) 鈴木鉀三（校訂）一九九一『村上町年行事所日記（一）』村上古文書刊行会発行 二〇一頁
(48) 前掲（26）五三六頁

(49) 前掲(44)四二〜四三頁
(50) 安藤潔　一九九九『越後粟島のわらべ唄』粟島浦村教育委員会発行　一七六〜一七七頁

④ 地域社会と宗教——福井県三国町と大分県佐賀関町の比較から

高橋　泉

はじめに

福井県坂井郡三国町と大分県北海部郡佐賀関町は、北陸と北部九州というように距離は離れているものの、いくつかの共通点をもっている。

第一に、いずれも港町であり、三国港は江戸時代には、津軽海峡を通り江戸に向かう東廻海運、下関海峡を通り大阪に至る西廻海運といったいわゆる北前船の発展で栄え、また九頭竜川とその支流を利用した内陸の船運の拠点でもあった。(1)一方、江戸時代の佐賀関港も、各大名の年貢港および海陸の要路であった。(2)明治時代になっても、両港の繁栄は続くが、明治中期になると鉄道輸送の発達と船舶の大型化により、海運の要としての両港の役割はしだいに衰退し、商港から漁港に変貌していくこととなった。しかし、商港としての衰退の後、やがて新たな産業の誘致が、両地域に活力を与えることになる。佐賀関町では、久原鉱業株式会社佐賀関鉱山附属製錬所（現　日鉱金属株式会社佐賀関製錬所）が一九一七（大正六）年に操業を開始したことによって、企業城下町的状況下で町は再び活気づいた。一方、三国町では、一九七一（昭和四十六）年に三国港が福井港と名称を変えて重要港湾の指定を受け、港近くの海岸部が福井臨海工業地帯として開発がなされていった。

第二に、両町とも県庁所在地に隣接しているという地理的な意味での共通性がある。したがって、いずれも地方の政治・経済の中心に比較的近い地域であり、いわゆる僻村ではない。

第三に、両町とも宗教面では浄土真宗（以下、真宗と略す）が強い地域であるという共通した特徴をもっている。三国町のある福井県の越前地方は、真宗寺院が多く、その門徒数が多い。寺院総数の中で真宗寺院の占める割合は、福井県全体では五〇％だが、坂井郡では七六％、三国町では七三％を占めている。(3)一方、佐賀関町では、九か寺ある寺院を宗派別にみると、臨済宗妙心寺派四か寺、真宗本願寺派二か寺、真宗大谷派一か寺、浄土宗一か寺、日蓮宗一か寺である。真宗は寺院数では三分の一であるが、真宗寺院一か寺あたりの門徒数は他宗派と比較すると相対的に多い。

以上のような共通性をもった三国町と佐賀関町という二つの地域社会について、主として宗教の側面から比較検討しようというのが、本稿の主旨である。そして、宗教的側面のなかでも、第三にあげた真宗の強い地域であるという共通した特徴に焦点をあてて論じていきたいと思う。

真宗の地域的比較については、森岡清美が真宗寺院の都道府県別の分布をもとに検討を行なっている。それによると、真宗一〇派のうち巨大教団である本願寺派と大谷派の二派について、前者の一九五八年時点での全国の寺院総数は一万〇四四一で、うち福井県が三九一、大分県が三〇三である。後者の一九五九年時点での全国の寺院総数は九一三〇で、うち福井県が二九九、大分県が二一八である。この数は都道府県の人口規模の違いがあるので単純に平均値をとって比較することはできないが、本願寺派に関していえば、大分県の仏教各宗派を合わせた寺院総数の四分の一を占めるものであり、福井県では四分の一に達しないが仏教各宗派の中で最大多数を占めるものなのである。また、福井県に関しては、高田派五一、出雲寺派四六、誠照寺派四二、三門徒派二八、山元派一二他の地方的中小教団の存在もみのがすことはできない。(4)

また、有元正雄は近世における主要な真宗地帯の構成と特質を、明治前期の郡区別真宗寺院率に依拠して検討している。そして、真宗の主要門徒地帯として、(イ)北陸、(ロ)西中国、(ハ)中北部九州、(ニ)近畿、(ホ)東海の五つの地帯を措定している。さらに、これらの地帯性を比較検討するに当たって、比較的小地帯である東海地帯を省略し、安芸国を中心とする西中国門徒地帯と肥後国を中心とした中北部九州門徒地帯を一括して西日本門徒地帯として整理し、(一)北陸門徒地帯、(二)西日本門徒地帯、(三)近畿門徒地帯を近世真宗の三大門徒地帯として措定し、真宗門徒の地帯性の比較検討を行なっている。(5)有元の五つの地帯措定にしたがえば、三国町は北陸門徒地帯、佐賀関町は中北部九州門徒地帯に位置づけられる。いずれも真宗地帯に存在する地域である。

以上のような先行研究をふまえつつ、真宗の強い地域であるという共通した特徴に焦点をあてて二つの地域社会を比較検討したいと思う。有元の比較検討は真宗の信仰・組織両面で地域差を追究することを目的としたものであるが、本稿では、真宗と民間信仰その中でも俗信との関係に焦点をあてたい。真宗の強い二つの地域社会において俗信はどのように取り扱われているのかを比較検討することにより、真宗と俗信との関係を追究したいと思うのである。なお、両町の概況等については紙数の関係で省略するが、それらについてはいずれも資料編に記載されているのでそちらを参照されたい。

1 両町の歴史から

i 三国町の歴史から

三国町のある坂井郡は、寺院総数の中で真宗寺院の占める割合が、福井県内でももっとも高い地域であるが、その歴史的経緯は、一四七一（文明三）年の蓮如による同郡吉崎における坊舎の建立に由来するといってよい。室町時代の北陸の歴史は、一四七四（文明六）年に勃発した加賀の一向一揆をはじめとする真宗本願寺門徒勢力による一向一揆にいろどられていることは周知の事実である。

笠原一男は一向一揆の歴史的意義について述べた中で、本願寺教団の発展と一向一揆の発生の地域性について次のように論じている。「真宗本願寺教団が大きく発展した地域は、越中・加賀・能登・越前等々の北陸諸国、美濃・三河・尾張などの東海諸国、それに近畿一帯・紀伊国・中国地方のほか、飛騨国などであった。これら本願寺教団の発展した国々を見ると、飛騨国を除いて（飛騨国は本願寺領国たる越中・加賀・美濃国にとりまかれた国である）その全部が、社会・経済的発展が進んだいわゆる先進地帯、及びそれに隣接する国々であったことが知られるのである。これらの国々は、荘園制は早くから崩れ、惣村的な村々が生まれた地帯であった。つまり、農民の成長が関東・東北・九州等の後進地帯の国々よりも早く進んだ地方であった。こうした国々に本願寺教団は早くから、しかも深く根を張ったのであった。」「これにくらべて、関東・東北・九州などの地方における真宗の発展は極めて微々たるものであったといえる。これらの地域には、一向一揆の発生など全くみられなかったことはいうまでもない。一向一揆の勃発をみるほどにまで、真宗、とくに本願寺派の教線が伸びなかったのである。[6]」こうした真宗本願寺教団の発展にははなはだしい地域差がみられた原因として、それら二つの地域における真宗受容の社会的基盤の成熟・未成熟の差によることが考えられる。「すなわち、近畿・北陸・東海・中国などの諸地方は、荘園制の崩壊、農民の惣村的結合の形成、中小名主的農民層の増加等々の面で、関東・東北・九州の諸地方より進展を示した地方であった。本願寺教団は年寄・乙名などの有力名主層を中心に惣村を基盤として発展していったのである。[7]」

笠原がいうように、「本願寺教団は、地域的にも、時期的にも惣村の形成と比例して発展していったことが考えられるのである。[8]」一向一揆はそうした背景をもって勃発したものである。これらの状況は越前においてもまたしかりであり、蓮如の坂井郡吉崎における坊舎建立の三年後に起きた最初の加賀の一向一揆は吉崎を発火点としていることがそれを如実に示しているであろう。一五七三（天正元）年に朝倉義景が織田信長によって滅ぼされると、越前の情勢は混乱状態となったが、翌年、一向一揆勢が勝利し、越前は本願寺坊官の下間頼照他が支配する一揆持体制となったのである。しかし、一五七五（天正三）年、再制圧をめざす信長軍が、木ノ芽峠他から越前に侵入し、一揆勢は壊滅させられた。わずかな期間の門徒領国化であったわけだが、その後の越前では本願寺派に対する粛清策が実施され、寺院・門徒に対して転向が強制されるなど、厳しい弾圧が実施された。[9] 江戸時代に入ると、幕藩体制が確立していく過程で、真宗も寺請制度の一翼を担い、体制化していった。

一九八六（昭和六十一）年時点の三国町における寺院総数は六四であるが、そのうち真宗寺院は四七（七三％）で、その内訳は、大谷派二一、高田派一六、本願寺派九、出雲路派一となっている。大谷派がもっとも多いのが特徴であるが、真宗各派のなかでも比較的規模の小さい宗派の存在、とくに高田派の寺院数の多いのがもう一つの特徴である。また、真宗以外の寺院は、浄土宗、日蓮宗が各四、真言宗、曹洞宗が各三、如来教一、単立二となっている。[10]

次に真宗寺院の創立期についてみよう。一九六四（昭和三十九）年時点の真宗寺院数は四七（うち廃寺二）であるが、これら諸寺院が真宗寺院として三国町に創立された時期について検討したい。すなわち、現三国町内において真宗寺院として創立（寺号許可を得ていなくても開基されたとされる年をもって創立とした）されたものはその創立年を、他派から真宗（真宗内の派は問わない）に転派した寺院はその転派の年を、また、すでに真宗寺院であったものが三国町に転入した場合はその転入年を、それぞれ三国町における真宗寺院の創立と考えて、その時期を、蓮如の北陸教化以前の創立、蓮如の北陸教化以後の室町時代の創立、江戸時代の創立、明治時代以後の創立の四期に諸寺院を分類してみた。その結果は、蓮如教化以前が一一（うち高田派六、出雲路派一）、蓮如教化以後室町時代が一六（うち高田派六）、江戸時代が一五（うち高田派五）、明治時代以後が四（うち高田派一）、不明が一であった。[11] これらの事実から、この地域においては、蓮如の北陸教化以前には高田派等の寺院が多く、本願寺系寺院は少数派であったこと、蓮如の北陸教化を契機として室町時代に本願寺系寺院は飛躍的のその数を増加させ過半数を占めるに至ったこと、前述したように室町時代末期に起きた一向一揆の敗北とそれに伴う大弾圧、そして東西本願寺の分裂といったことを経験したにも関わらず、江戸時代に本願寺系寺院はさらに増加し多数派となっていったこと、明治以後もその傾向は変わらなかったこと、また、高田派寺院も本願寺系寺院と比べて少数派となったとはいえ、これらの時期を通して確実に増加したこと、そして、各派合わせた真宗寺院数は真宗以外の寺院数に対して七割を上回る多数派を形成するようになったことなどがわかるのである。このように、江戸時代に幕藩体制のなかに組み込まれ体制化しながら安定した多数派となっていったこの地域の真宗は、一向一揆にみられた闘争力を失ってしまったであろうか。幕末から明治初年にいたる幕藩体制の崩壊とそれに続く近代国家形成過程における混乱期に、この地域では真宗門徒の大一揆が発生している。

このことについて三上一夫は、明治初年の版籍奉還、廃藩置県を経て、戸籍・学制・地券・徴兵等の新政策が矢つぎばやに展開するなかで、北陸地方はじめ全国各地の「真宗地帯」において、真宗僧侶・門徒層が大決起するという、いわゆる「護法一揆」の続発することに着目し、一八七〇（明治三）年十月の「多度津藩下騒動」はじめ一〇件ほど数えるこれらのほとんどが、翌年の廃藩置県より明治政権が中央集権的絶対主義の国家体制を指向する段階、つまり一八七二〜七三（明治五〜六）年を中心に続発していると述べている。この地域における「越前護法大一揆」は、一八七三年三月に大野・今立・坂井三郡下で生起し、「南無阿弥陀仏」の旗を立て、三万人が参加した大暴動であったという。[12] 一揆勢が掲げる諸要求については、①耶蘇宗拒絶之事、②真宗説法再興之事、③学校ニ洋文ヲ廃スル事、の「三か条の願書」が出され、その他の関連諸事項として、④朝廷耶蘇ヲ好ム、⑤断髪洋服耶蘇ノ俗ナリ、⑥三条ノ教則ハ耶蘇ノ教ナリ、⑦学校ノ洋文ハ耶蘇ノ文ナリ、⑧地券ヲ厭棄シ諸簿冊灰燼トシ、⑨新暦ヲ奉セス、などがあげられた。[13] これらの諸要求から、一揆の背景には、神仏分離運動の行き過ぎによる廃仏毀釈や廃合寺問題、さらには説法禁止令などに対する真宗擁護、また同年実施されたキリスト教解禁に対する警戒心からの耶蘇反対、さらに新政府の打ち出す諸々の新政策に対する反対、そして同年公布された地租改正法に先立つ地券忌避等があったと考えられる。[14]

以上から、この地域における真宗門徒の大一揆は、新政府の宗教政策と近代化政策に反対して真宗を擁護する目的をもったものであったことがわかるが、まもなく鎮圧されて関係者は厳しく処罰されることになった。この一揆の性格は、近代化に反対する保守的側面と、自らの信仰の権利を守り抜こうとする革新的側面という矛盾した両面を合わせもつものであったと考えるが、その性格の是非はさておき、一向一揆にみられた闘争力を三〇〇年の時を経て再現させたものであったともいえよう。

ii 佐賀関町の歴史から

豊後国は鎌倉時代以降、大友氏が守護となり、府内（現 大分市）を中心に勢力をふるった。豊後はフランシスコ・ザビエルが布教活動を行なった地として知られている。ザビエルは一五四九（天文十八）年に鹿児島に上陸し、その後、平戸を経由して、一五五一年に京都、山口などを経て府内を訪れている。府内訪問は領主大友義鎮（宗麟）の招きによるものであった。ザビエルが日本を去った後も豊後はキリスト教の主要な布教拠点地域の一つとして、一五八一（天正九）年には府内にイエズス会のコレジオ（宣教師の養成学校）も開校された。当時、家督を長子義統に譲り後見役となっていた義鎮は、同じキリシタン大名である肥前の大村純忠・有馬晴信とともに、イエズス会宣教師ヴァリニャーニのすすめで、翌年、少年使節をローマ教皇のもとに派遣した。これが有名な天正遣欧使節である。義鎮は一五七八（天正六）年に受洗し、その後七万人の家臣に信仰を分かったという。一五八七（天正十五）年に没したが、臨終は、信者として模範的なものであったという。[15] この時期の大友氏は薩摩の島津氏に大敗し劣勢で、一五八六（天正十四）年、島津氏が豊後に侵入するが、豊臣秀吉の九州進攻で救われ、豊後一国は安堵されるが、義統の代の一五九三（文禄二）年に文禄の役の際の不手際により改易された。

江戸時代には豊後国内に七藩が成立し、他国の藩領や幕府領も多かった。佐賀関は一六〇一（慶長六）年以来肥後熊本藩領となり、藩主加藤清正の支配下にはいるが、一六三二（寛永九）年の加藤氏改易にともなって、熊本藩主となった細川氏の支配下となり、江戸時代を通して熊本藩の飛地であった。周知の通り、キリシタンは豊臣秀吉による弾圧に始まり、一六一二（慶長十七）年の江戸幕府による禁止令、そして、一六三七（寛永十四）年に起こった島原の乱を契機として、その後、過酷な弾圧を経験することになる。豊後の諸藩においても厳しい取り締まりが行なわれたが、佐賀関も例外ではなかった。キリシタンを探し出すための宗門改めの方法として踏絵があったが、肥後藩鶴崎配下においてはこの踏絵を影踏といって正月に実施した。佐賀関会所に関・白木・一尺屋の村人を集め、鶴崎からの役人、総庄屋・村役人の面前でキリストの絵像を両足にかけて踏ませ、その顔色、動作を証拠にキリスト教信仰の有無を確かめたのである。[16] また、熊本藩はキリシタンを一掃するため、各郷村に産土神を定めその神事を盛んにしたり、仏教寺院の創立に努力したという。このようにして豊後にとくに多数いたキリシタンもしだいにかげをひそめ消滅していったのである。[17]

江戸時代以前における佐賀関町内での開基の寺院についてみると、一一八五（文治元）年から一六〇〇（慶長五）年の間に創立された寺院数は一〇である。古い時代の宗派は今のそれとは異なっている場合があるが、創立時の宗派が不明のものもあるので、とりあえず、現在の宗派を基準にしてみると、禅宗寺院が六（臨済宗四、曹洞宗一、不明一）、浄土宗寺院が三、宗派不明が一である。[18] これからわかることは、佐賀関では江戸時代以前には真宗寺院は存在していなかったという事実である。そこで次に、真宗寺院の創立年代についてみてみたい。本願寺派徳応寺は一六一五（元和元）年創立で、興正寺末であったが、一八七六（明治九）年の興正派独立時に本願寺末となった。同派教尊寺は、初代住職が有志と共に一宇を建設することを企てて藩主細川光尚に上願した。光尚の尽力で一六四一（寛永十八）年に本山から寺号ならびに本尊を許されて創立された。大谷派浄慶寺は、初代が島原の乱の時、征討のため九州に下り、乱鎮圧後、出家の意志強く真宗に帰依し、一六五〇（慶安三）年に一宇を創立した。その後、一六五六（明暦二）年に大谷派となっている。[19] これら真宗寺院の由緒から、その創立年代が、徳応寺は幕府によるキリシタン禁止令直後、教尊寺は島原の乱直後、浄慶寺も島原の乱後ほどなくであることがわかる。また、教尊寺の創立に関しては、初代住職他の熱意とともに藩主の強い配慮も伝わってくる。それから、浄慶寺の創立に関しては、初代の寺院創立が島原の乱と深く関わっていることが伝えられている。これらのことから、開基の側の布教の熱意と藩側のキリシタン対策の意図との利害が一致し、この時期に真宗寺院の創立がいっきに進められたことが考えられるのである。そして、真宗寺院は他宗派寺院と比べて創立年代が遅く、また、寺院数が少ないにも関わらず、江戸時代以降しだいに門徒数を増やしていき、やがて、この地域で相対的に多数派を形成していくことになるのであった。もう一つ述べておかなければならないのは、この地域では、明治初年に門徒層の「護法一揆」が起こっていることである。「大分・海部・大野・直入四郡騒動」と称されるこの一揆は、一八七二（明治五）年十二月から翌年一月にかけて生起している。一揆は上記四郡下で発生し、神仏分離などの新政府の宗教政策反対、物価引き下げ、減免要求、出銀反対といった諸要求を掲げ、打ちこわしが行なわれた。これは「越前護法大一揆」のほんの二か月ほど前のことである。[20]

2 両町の宗教について

i 三国町の宗教について

ここでは三国町の宗教の現状について述べるが、その事例として、同町安島区を取り上げて具体的に検討したい。現在、安島区内には、寺院が二か寺、神社が一社存在する。寺院は二か寺とも真宗大谷派である。一つは勧帰寺安島支坊といい、石川県小松市にある勧帰寺が本坊で、その道場として十七世紀初め（元和年間）には存在していたと考えられる。一八七二（明治五）年に道場廃止令（廃合寺に伴う動き）が出されたため道場は廃止となり、まもなく復活する。

もう一つの高徳寺は、一八六六（慶応二）年本山より寺号附与され、分離独立して現在に至っている。また、一九八六（昭和六十一）年時点では、大谷派の安島教会が存在していたが、その後、住職が亡くなって廃止されている。それから、安島区内にある東尋坊は明治以来自殺者があとを絶たず、そのための救い寺として日蓮宗の尼寺妙信寺が大正末に東尋坊につくられ、現在二代目の尼僧が寺を守っている。さて、安島区の寺社は以上の通りであるが、現存する大谷派の二か寺の門徒は区世帯の三割にすぎない。他は区外の寺院の檀家である。区世帯の寺院への所属状況はおよそ以下のようである。金津町柿原の照厳寺（大谷派）が八〇、その支坊で三国町崎の善楽寺出張所が一五〇、勧帰寺安島支坊が四〇、高徳寺が六〇、三国町錦の智敬寺（大谷派）が一五、同町水居の法受寺（同派）が五、同町宿の圓蔵寺（同派）が三、同町米ヶ脇の西光寺（本願寺派）が三、同町嵩の松樹院（高田派）が一五、同町梶の圓光寺（同派）が一五、同町南本の西光寺（浄土宗）が五といった状況である。また、日蓮宗の妙信寺の檀家は東尋坊をのぞいた安島区にはいない。それから、もともと大谷派の門徒だったが創価学会となった世帯が五ほどあり、世界救世教も個人レベルでは入っている人がいるようだ。以上の概況の数値は、聞き書きによって得たおよそのものであり、正確さにかける部分もないわけではないが、だいたいの傾向はみてとることのできるものである。ここからわかることは、近年の新宗教をのぞいた、既成仏教についてみると、すべて浄土系宗派で占められていること、その中でも真宗が九九％と圧倒的であるということ、真宗の中では大谷派が九割を占めるということである。また、区内に寺院が二か寺存在するにも関わらず、所属の寺院が区外に広く点在しており、区外の寺院の檀家が七割にもなるのも特徴的であるといえる。次に神社は一社あり大湊神社という。雄島に鎮座する式内社であるが、架橋されていて徒歩で渡れる雄島と集落内の二か所に社殿がある。祭神は事代主命・少名彦命で、古くから海上安全と外敵防御の守護神として信仰されてきた。十六世紀中期（永禄年間）に朝倉義景はここを参拝し、一族の祈願所と定め社領を加増し保護したが、天正年間の織田信長の越前侵攻の折、兵火にかかり社殿を消失し社領も没収された。江戸時代に入り一六二一（元和七）年に福井藩主松平忠直から社領二〇石を寄進され保護を受けた。この時の寄進状は三保大明神寄進状となっており、神領氏子拾ヶ村として安島浦・崎浦・梶浦・平山村・西谷村・嵩村・覚善村・滝谷村・宿浦・米ヶ脇村の一〇か村の名があり、その総社とされた。また、海上守護の神として、三国湊に寄港する船方が海上安全祈願におもむく神社でもあった。[21] 大湊神社のおもな祭は、三月二十、二十一日に行なわれる神幸祭（お獅子祭）と四月二十日（春の雄島祭）と十月二十日（秋祭）の例祭である。八月十四～十六日の盆踊りも集落内の大湊神社の境内で行なわれる。昔は、男は腰巻姿、女は海に潜る時の白衣姿で、男女に分かれてなんぼや踊りを踊ったという。装束は変わったが、なんぼや保存会が設立され、盆踊りは現在も続いている。

ii 佐賀関町の宗教について

佐賀関町の宗教について述べる。まず最初に町全体の宗教施設についての概要を述べ、続いて、関地区さらには一尺屋地区の状況について具体的に論述したい。佐賀関町には、宗教法人として登録されている神社が二一、宗教法人として登録されていない神社や祠が二八存在する。また、現在教化活動をしている寺院が九、布教所が三、現寺院の末寺となっているか、地区住民が管理しているか、あるいは跡のみ残っている寺が一一あり、他に記録があるか、あるいは旧跡があるが由緒不明の旧寺院が一一存在した。その他に、金光教佐賀関教会・天理教豊関分教会・同佐賀関分教会・同咸鏡分教会・日本基督教団佐賀関教会・救世主教・尺間嶽講社・生長の家・立正佼成会・創価学会・龍の口講の教会等が存在する。[22] 関地区には、宗教法人として登録されている神社が、早吸日女神社・椎根津彦神社・六柱神社・山神社・神明社・天満社の六社ある。[23] その中の中核となっているのが式内社の早吸日女神社であり、この神社の宮司が他の神社の宮司を兼務している。早吸日女神社はお関様・関権現ともいい、神武天皇東遷の途次、早吸の瀬戸（権現礁）において海女黒砂、真砂が海底より取り上げて、奉献した剣を神体とすると由緒に記されている。この剣は蛸が長い間、速吸（早吸）の瀬戸の海底で守護していたもので、神社と蛸は深い縁があるとされている。そこで、蛸の絵を奉納して、蛸を一定の期間食べずに願いごとをすると必ず成就するといわれ、これを蛸断祈願といい、拝殿には参拝者が奉納した蛸の絵が何枚もはられている。[24]

この神社は代々社家によってまつられてきたが、江戸時代には六家あった社家は、明治以降その数を減じ、現在では小野本家一家が社家として奉仕している。現在の氏子数は旧佐賀関町を中心として約二三〇〇戸である。[25] 各区から氏子総代を選出（一〇〇世帯以上の区は二人、以下の区は一人）して総代会を組織している。また、一九五八（昭和三十三）年に講社として関権現講が創立され、年一回十一月二十九日に関権現講祭が行なわれる。神社と氏子との関係は寺檀関係ほど深くないので、氏子と接する機会を持ったほうがよいという宮司の提案で設立に至ったものである。一九七四（昭和四十九）年には敬神婦人会が組織された。氏子総代の妻が世話役をつとめ、月一回の神社清掃奉仕等の活動を行なっている。一九七八年からは毎年五月三日に境内にある藤棚を中心にしてふじ祭が行なわれている。

年間の祭礼の中で最大のものは、七月二十八〜三十日に行なわれる夏祭（権現祭）である。二十八日の神衣祭は神体の衣をとりかえる神事で、古くは毎年けがれのない乙女を選び別室にこもらせて織った麻布一二尺を神衣として新調したというが、現在は既成の麻布を浄水ですすぎ祓い清めて奉る。また、薦行事があり、薦をもって神職以下三度これを越させる。引き続き御道具調べという行事があり、翌日の神幸祭に必要な神具いっさいを神殿内から出して点検し収める。神輿も神殿内の中央に安置する。この神輿に夜のうちに、神霊が渡御するため、夜渡祭ともいう。二十九日は例祭・神幸祭であるが、山神社開扉式・子供神輿・山車の練り・大志生木岩戸神楽があわせて行なわれる。神幸祭には海士からアワビ・サザエ・メバルを供える。古くからアワビは神体の剣を取り上げたとされる権現礁でとったものを捧げてきた。これとともにトビクマと称し、餅米と小麦を混ぜて蒸したものを供える。三十日は還幸祭であるが、山神社閉扉式・山車の練り・早吸太鼓・花火大会があわせて行なわれる。還幸祭は神体が御旅所を出発して古宮まで行き神社に戻るというものである。茅の輪行事という真菰で大・中・小の輪を作り、大で神輿、中で神具、小で神職以下の参拝者を潜らせる。そのとき、「水無月の今日ぞ夏越の祓して、すがぬき棄てつ佐保の河原に」という歌をとなえる。この茅の輪をくぐると心身ともに清浄となり諸災退除するといわれている。[26] 一九七〇年発行の『佐賀関町史』にはこうした祭礼時の潔斎や忌について、「祭神が祓戸の神であるため、潔斎・忌制が特に厳しく、各神職の家に潔斎室を設け、祭典前からその室に籠り、別火の食物を摂って潔斎し、祭典に奉仕する。祭典終了後、直会を火合せと称して常の火と合火する。境内に御供殿、炊井があり、御供は一切ここで調整して奉ることになっている。忌制も厳しく、死者の近親者は四十九日を経なければ社参できず、子供の宮詣りも百日経て後に、百日詣りと称し初詣りをする制が現在でも残っている」と記されている。三〇年後の今回の調査でも宮司から、「祭礼前には潔斎をして、沐浴を行ない、別火の食事をする。沐浴は昔は井戸で行なったが今は風呂場でする。別火の食事は元は炭火を使っていたが今は潔斎専用のガスコンロと電気釜を使っている。道具は変わっても形だけは残さなければならない」という話を聞いた。(27)

佐賀関町には、現在教化活動をしている寺院が九か寺あるが、宗派別にみると、臨済宗妙心寺派四か寺、真宗本願寺派二か寺、真宗大谷派一か寺、浄土宗一か寺、日蓮宗一か寺である。そのうち、関地区には、現在教化活動をしている寺院が六か寺ある。真宗本願寺派の徳応寺、浄土宗の正念寺、臨済宗妙心寺派の地蔵寺・福正寺・錦江寺の三か寺、日蓮宗の立正寺である。徳応寺は一六一五（元和元）年の建立と伝えられ、江戸時代には興正寺末であったが、一八七六（明治九）年に西本願寺末になったことはすでに述べた。町内の木佐上に末寺の宝蔵寺と徳応寺道場をもつ。(28) 六か寺の中では檀家（門徒）数が最も多く八〇〇をかなり上回る。正念寺は一五八六（天正十四）年の建立と伝えられ、地区内に末寺の東隣庵、回向院、定恵庵、仏門庵をもつ。(29) 檀家数は約七〇〇である。地蔵寺はもとは南禅寺末（臨済宗南禅寺派）であったが、一六八九（元禄二）年に妙心寺派に転属した。町内の大志生木に末寺の慈雲軒、小志生木に同じく地蔵庵をもつ。(30) 檀家数は二一三を上回る。福正寺はもとは臨済宗東福寺派に属していたが、一六二八（寛永五）年に妙心寺派に転属した。江戸時代には細川侯上京の際の休息所であった。地区内に末寺の済度寺・吸泉寺をもつ。(31) 檀家数は一七〇である。錦江寺は弘安の役の戦死者の供養のため正安年間（一二九九～一三〇一年）に建立されたといわれる。地区内に末寺の東漸寺、町内に同じく円通堂をもつ。(32) 檀家数は約一五〇であるが、五年前に先代住職が死亡してから、鶴崎の寺の住職をしている息子が住職を兼務している状態にある。立正寺は一八七二（明治五）年に鶴崎にある日蓮宗の法心寺の布教所として設立され、一九四二（昭和十七）年に新寺建立の許可を得て、法心寺の末寺となった。(33) 町内に檀家数三五余である。

次に、町内一尺屋地区における門徒組織について述べておきたい。一尺屋地区は町内神崎にある真宗本願寺派の教尊寺の門徒が大半であるが、上浦には地蔵寺の檀家が散在している。教尊寺住職によると、かつてこの地域においては、各家に仏壇はなく、ツジモトに仏壇があり、人々はこのツジモトに参っていた。また、一尺屋ではツジモトでなくても御文章の古いものを所有している門徒の家が数軒あるという。[34] ツジモトについては森岡清美が「辻本」考において詳しく論じている。それによると、道場開基仏に相当する名号や絵像を納めた厨子を安置する家のことであると述べている。[35] 一尺屋地区における教尊寺の門徒組織について述べると、まず、下浦四組・上浦四組・田ノ浦二組に白木地区の室生一組を含めて、各組に組の代表者である世話人が複数いるが、組によっては五〜六人の世話人がいるところもある。それらが集まり一尺屋地区全体で一つの参会を構成している。参会とは世話人会のことをさし、全体で三六人の世話人がいて、そのなかにはツジモトも入っている。ツジモトは下浦に三軒、田ノ浦に二軒あり、上浦にはかつて一軒あったのだが現在その家はツジモトではなくなっている。ツジモトは昔は指導的立場にあった。神崎の教尊寺は、前述の通り一六四一（寛永十八）年の建立と伝えられ、現在の檀家（門徒）数七〇〇で、そのうちの三五〇が一尺屋地区の檀家（門徒）である。一尺屋には教尊寺道場がある。

3　「採集手帖」の俗信に関する項目の比較

一九三九（昭和十四）年に大分県北海部郡一尺屋村・佐賀関町、翌年に福井県坂井郡・丹生郡諸村と、両地域で行なわれた海村調査の「採集手帖」はいずれも瀬川清子のものである。ここでは両地域の「採集手帖」の中の俗信に関する項目から、五項目選んで比較してみたい。五項目を選択した理由は以下の通りである。「採集手帖」（沿海地方用）における一〇〇の調査項目のうち、信仰に関する項目、なかでも俗信に関連すると判断したものが三三ある。そのうち両地域の「手帖」に記述があるものが八である（一方の地域にしか記述のないものは比較ができないので除いた）。その中から俗信に関連した記述が比較的よくみられると判断したものがここで取り上げる五項目なのである。なお、坂井郡・丹生郡諸村の「手帖」は両郡の旧五か村にわたっているが、ここでは現在三国町となっている旧雄島村のものだけを取り上げた。[36]

①死亡直後に焚く飯に関する作法。その始末。別れ飯を食べる範囲。

魂招きも花も団子もない。庭火もない。死去のしらせは一人。「××さんはまいったわいのう」「それはおのこりです」と悔みを云ふ。坊さんがマクラッケに拝みに来る。何のイミゴトもないザックバランな村だ。（後略）（雄島村）〔三国町〕

（前略）湯棺を納めたあとは糠と塩で洗ふ。男達は海に行って洗ひ棺柄をこわす。こわさぬと海で死んだボーコンが船に潮をくむから底を抜く。（後略）（海女六六歳）〔佐賀関町〕

②船霊様はどうして祀りますか。

新造船は神主様をのせて雄島詣りをする。そして、波除、霧除の札を船に納める。船玉様としての神符は雄島様のお札位。（大湊神社）〔三国町〕

大黒・恵比須・船玉の神様の軸物を買った時にはオショウネを入れて呉れと神主さんに頼む。神主さんは修祓するが神下しは出来ぬといふ。（雄島村安島）〔三国町〕

船玉様がイサム（なく）事は船にのってる人なら知ってる。南の風模様で険悪の時には、そこに行けばイサムといふ場所があるさうだ。イサミ方によっていろいろ兆をいふ人もある。（一尺屋村長）〔佐賀関町〕

船玉様は帆柱の下に、金襴の布でつくったヒイナサマ一つ、十二文、柳の木でつくったサイコロを入れる。サイコロはイリコや飴の商ひにゆく商売船によい。網船等では十二の船玉様といふ。船玉様がイサム場所が二、三ヶ所ある。（一尺屋漁師・区長）〔佐賀関町〕

③舟の上で忌み或は嫌ふものごとは何々ですか。

元日でも漁にゆく。例祭に休む位で村に休日が決まっていない。金物を海におとしてもかまはぬ。（雄島村）〔三国町〕

漁では女も乗るから嫌はぬわけだが、村の女先生達がのった船を村の若者が洗ったのは、おしろいつけたのを汚れたと思ったのだろう。（一尺屋村長）〔佐賀関町〕

④狸、貉、海坊主など、変化物の話はありませんか。

漁に出ると死人がつくと云ふ。しゃくの底をぬいて放るとよい。御飯をまいてから。それは「しゃくかさしゃくかさ」と云ふものだから。急に魔がさして行くへ知れずになると村中が出て、鳴物をたたいてさがす。近頃二十才のカコをしている若者が狐にばかされて山中をかけて居ったと聞いて大さわぎしてたづねたらぼんやりして出て来た。（雄島村）〔三国町〕

昔は狐にだまされる事が多かった。大人が居なくなると火打ちとヒヂ（枡の小さいの）を叩いて、「誰それがさがせんぞ。戻し返せ」とおらんで歩いた。本人はそれを見ていても物が云はれないと云ふ事だ。（後略）（一尺屋村長）〔佐賀関町〕

海女のおそるるもの。フカが恐ろしいだけで化物がない。（後略）（海女）〔佐賀関町〕

⑤氏神様や船霊様などの力で、助けられた話がありませんか。

（前略）三国港に入る刹那怒涛に合ふとお札の前で「雄島さん、助けて呉れないなら日頃の信心をどうして呉れる」とどなる。是は難船したものでなければわからぬ気持だ。助かった人は海から上ったぬれた身体で雄島さんに詣りカミダチと云って一年間好物をたつと申し出る。一年たつとお礼参りに来てかへりには歩いて帰れぬ程のむ。（後略）（雄島村安島神主）〔三国町〕

門徒宗故神だのみを嫌ふ。山中で寂しい時もナムアミダブツ。ういもつらいもおそろしめに会ふても嬉しい事でもナムアミダブツ。神様にもナムアミダブツ。神棚のある家は少い。あっても仏壇のやうに立派でない。（後略）〔三国町〕

（前略）異様な物音が海中でする時には、お祭の時にお札を受けてからに船に持っていって危い処ではお札を沈めたり、岬に立てたりする。口明前に村全体として、それを立てる処が決っている。〔佐賀関町〕

以上、両地域の「採集手帖」から、俗信に関連する項目を五つ選んで比較してみた。三国町も佐賀関町も港町であり、安島地区も一尺屋地区も「漁村」であるため、海に関する俗信がみられることがこれらの例からもわかるであろう。ただし、俗信に関する記述がみられるのとともに、俗信をあまり信じていないという記述も散見される。たとえば、①の三国町の記述などは何の忌ごともないざっくばらんな村だとあるし、③の三国町の記述は船上の忌を気にしていないし、④の佐賀関町の記述の中には、海女の恐れるものはフカだけで化物はないというものがみられるし、⑤の三国町の記述にも、門徒宗故神だのみを嫌うという答がある。じつはこうした回答はこれだけではない。一方の地域にしか記述がないので上記では取り上げなかったものを二例ほど紹介しよう。

⑥調査項目記入欄以外に追加されている記述。

耳に唾をつけて（海に）入る事はあるが呪文などいはぬ。不浄にも別食せぬ。ヤクには神詣りを遠慮するが寺にはゆく。（中略）神様に願ふたりなどせん。りゅうじんさんもない。神様をたのまぬ。（後略）（雄島村海女七五歳）〔三国町〕

⑦同上。

ここには神様や仏様を頼んで海に入るものはありません。粗末にはせんがマンまして下さることは神様たのんだって出来やしません。そのしまに鮑があるならだが、なけにゃどもならん。結構な身体下さってからにその上に神様に御苦労かけることいらん。（中略）ここには海の神様もありません。（後略）（雄島村海女六二歳）〔三国町〕

以上、海に関する俗信などの記述がみられる中で、神頼みや呪いの類はしないという記述が散見される。それもとくに三国町のほうにそれが目だつのである。⑥は七五歳の海女の話であるが、確信をもって俗信を信じない答となっている。⑦は六二歳の海女の話であるが、神仏に頼らず、自らの労働によって生活していこうとする態度がみてとれる。

4 まとめ

三国町と佐賀関町という海村調査の対象となった二つの地域を比較検討した。両地域は前述のようにいくつかの共通点があるが、本稿では、いずれも真宗地帯に存在する地域であるという点に着目した。そして、真宗と民間信仰の関係、その中でも俗信との関係に焦点をあてた。すなわち、真宗の強いこれら二つの地域社会において、俗信がどのように取り扱われているのかを比較検討することにより、真宗と俗信との関係を追究しようと試みた。歴史的にみれば、三国町は真宗布教の先進地域であり、一向一揆を経験した地域である。佐賀関町は真宗の本格的布教は江戸時代に入ってからであるが、それ以前の室町時代に、キリスト教の主要な布教拠点の一つであった府内に近かったため、キリスト教布教の経験をもつ地域である。そして、真宗とキリシタンという違いはあるが、近世初期に宗教弾圧を経験していること。江戸時代に本願寺系寺院が教線を拡張し、信者数において多数派を形成するに至ったこと。近代初期に門徒層の護法一揆が発生していることなどは共通点としてあげられる。それでは、両地域の宗教生活の現状はどうであろうか。同じように真宗地帯の中にありながら、地域社会の宗教生活に対する真宗の影響力には多少違いがあるように思われる。門徒数でみた場合、三国町における真宗は仏教各宗派に対していわば安定的多数を占める状況にあるが、佐賀関町のそれはいわば相対的に多数であるにすぎず、真宗・浄土宗・禅宗が共存しながら互いの信仰を守っている状況にあるともいえる。そうした状況がそれぞれの地域の俗信のあり方に微妙な影響を与えているように思われる。前述したように、両地域ともに海に関するものなどの俗信がみられる。しかし、その中でとくに三国のほうについては、神頼みや呪いの類はしないという記述が散見される。高齢の海女の話の中などに、確信をもって俗信を信じない意識がみられるのである。瀬川が調査を行なった戦前の時点ですでに俗信を信じるよりも、生活や人生上のさまざまなできごとに対して、合理的に対処していこうとする意識や態度が目だっているのである。このことは他の地域と異なる真宗地帯の特徴、なかでも門徒が圧倒的多数を占める強固な真宗地帯の特徴であるように思われる。

付記　本稿で論じたテーマについて筆者はすでに二つの小論を書いているが、それは以下のものである。

拙稿　二〇〇〇「地域社会と宗教――福井県坂井郡三国町安島の事例」『仙台白百合女子大学紀要』第四号　仙台白百合女子大学・短期大学

同　二〇〇一「地域社会と宗教（二）――大分県北海部郡佐賀関町の事例」『民俗学研究所紀要』第二五集　成城大学

民俗学研究所
本稿はこの小論を基礎にして、さらに両地域の比較という視点の導入によって新たな展開を試みたものである。
また、本稿は三国町安島在住の北野英憲氏、坂野上要氏、能登谷英雄氏、松村忠祀氏、佐賀関町役場及び公民館関係部局の各氏、佐賀関町関地区在住の小野清次氏（早吸日女神社）、東光爾英氏（徳応寺）、丹羽演誠氏（正念寺）、姫野晴道氏（地蔵寺）、三ヶ尻学生氏（立正寺）、森哲外氏（福正寺）、同神崎地区在住の藤音浄明氏（教尊寺）への面接調査から得た資料に負うところが大きい。深く感謝する次第である。

註

（1）三国町史編纂委員会編集　一九六四『三国町史』三国町　二五四〜二九六頁
（2）佐賀関町史編集委員会編　一九七〇『佐賀関町史』佐賀関町　五一〇頁
（3）三国町百年史編纂委員会編集　一九八九『三国町百年史』三国町、六五七頁
（4）森岡清美　一九六二『真宗教団と「家」制度』創文社　四八〜六一頁
（5）有元正雄　一九九五『真宗の宗教社会史』吉川弘文館　一七三〜二〇四頁
（6）笠原一男　一九六二『一向一揆の研究』山川出版社　八二九〜八三〇頁
（7）同前　八三〇頁
（8）同前　八三一頁
（9）小泉義博　一九九九『越前一向衆の研究』法蔵館　三〇〜三三頁
（10）前掲『三国町百年史』六五七頁
（11）前掲『三国町史』一七五〜一八五頁
（12）三上一夫　一九八七『明治初年真宗門徒大決起の研究』思文閣出版　三〜四頁
（13）同前　六六頁
（14）同前　一三〜一六頁、六六〜六九頁
（15）ペトロ・アルーペ・井上郁二訳　一九四九『聖フランシスコ・デ・サビエル書翰抄』（下）岩波書店（岩波文庫）
一二五〜一二六頁

(16)前掲『佐賀関町史』　三二八〜三二九頁
(17)同前　三三三頁
(18)同前　一四八〜一四九頁
(19)同前　八六九〜八七七頁
(20)前掲『明治初年真宗門徒大決起の研究』　四頁
(21)大湊神社「大湊神社縁起」　前掲『三国町百年史』　七二八〜七二九頁
(22)前掲『佐賀関町史』　八二四〜八九八頁。寺院数のうち布教所以下の部分について八六六頁には次の記述があり、本文で参考にした八八五〜八九一頁の記述と若干の差異がある。「布教所として活動しているのは、五ヶ寺、その他旧寺院であって部落民の公用に利用されているもの九ヶ寺、礎石及び塔のみ残っているもの十三ヶ寺がある。」
(23)前掲『佐賀関町史』　八二四〜八四九頁
(24)早吸日女神社発行パンフレット他
(25)小野清次　一九九四　『豊国の神々（北海部郡編）』　早吸日女神社社務所（大分合同新聞掲載）　一七頁、二〇頁
(26)酒井啓祐　二〇〇〇　「大分県佐賀関町における海人集団」『大分地理』第一三号、大分大学教育福祉科学部地理学教室　六〜八頁　前掲『佐賀関町史』　八二七頁
(27)小野清次氏談
(28)前掲『佐賀関町史』　八七五〜八七七頁
(29)同前　八七三〜八七五頁
(30)同前　八八〇〜八八二頁
(31)同前　八七七〜八七九頁
(32)同前　八七九〜八八〇頁
(33)同前　八七二〜八七三頁
(34)藤音浄明氏談
(35)森岡清美　一九七八　『真宗教団における家の構造』　御茶の水書房　三〜三八頁
(36)瀬川清子　一九三九　「採集手帖（沿海地方用）　大分県北海部郡一尺屋村・佐賀関町」。同　一九四〇　「採集手帖（沿海地方用）　福井県坂井・丹生郡諸村」

V　日常生活の展開

❶離島生活と水

八木橋伸浩

1　離島の生活──問題の所在

日本の離島は無人島を含めて総数三九二二島を数え、その総面積は国土の約二・五％を占める。日本の離島社会の民俗的研究で多大な成果をあげた宮本常一は「島とは四囲を海にめぐらされて地域的にはある独自性を持ちつつ、社会経済的には本土へ何らかの形で従属的に結びつかねばならない運命を持った世界であった。しかも島で生産される物質が、島にもっとも近い本土に対して必要のないようなものである場合、島は本土のさらに遠い社会に結びつかねばならなかった。それがまた島民をどれほど不幸にしたことか」と嘆き、さらに「瀬戸内海中部および東部の島々などは、島の狭小と急峻と、花崗岩崩壊の砂壌土のために、その生産力は極めて低かった。また漁業も島が多い上に内海であるため権利が複雑で外海のような自由な操業はむずかしく、入漁制限とか入漁料のためにたえず苦しまねばならなかった」〔宮本　一九六九　一七〜一八〕と、離島生活の困難さを強調することが常であった。

離島とは本土から隔絶した島社会であり、通例、水と土地に制約された生活空間を有し、孤立的環境下で古い習俗を温存している反面、外的要因による変化を生じやすいのが特徴とされてきた。すなわち、本稿で取り上げる「水」は、離島生活を制約する重要な要因として通常理解される。実際、たとえば一九七三（昭和四十八）年に第三次一〇年計画として策定された離島振興法の基本施策には、交通・通信施設等、産業の振興と基盤、国土保全施設、社会生活環境施設等の各整備が掲げられているが、社会生活環境施設等の整備は当時新たに加えられた項目で、具体的には水道・電気・教育・文化・医療・環境衛生・社会福祉・住宅・公園・下水道・消防の整備〔日本農業研究所　一九七九　八〕がその対象とされている。水に制約される離島の生活において水道施設が生活環境整備の対象に取り上げられることは自明であった。また、当時の離島振興事業として掲げられた一五項目の内には、治水・治山・道路・空港・農業基盤・電気等とともに「簡易水道」が挙げられており〔前掲書　一二九〕、日常生活を基本的に支える水まわりの整備が重要であったことが理解できるだろう。

離島の生活を制約する要因は多々あるが、水は人間の生存につねに不可欠なものである。これまで離島の民俗を調査した報告は多々あり、当然、水に関する習俗や日常的な慣行等に関する報告も含まれている。そこでは離島での水の大切さが強調され、確保の手段や使い方に関する民俗的慣行が離島生活の知恵として説明されることがつねであった。だが、そこに調査者の水に対する価値観が反映され、水が不足する状況ならば水を倹約する思想や行動は当然、というステレオタイプの認識があったとはいえないだろうか。不足は辛さとなり、島の暮らしの困難さばかりが際立つ。

本当にそうだろうか。水に制約された島に暮らす人々は、みな水を大切に思い、水を節約し、水に対して特別な思いを抱いてきたのだろうか。調査者の認識は島の人々の認識と同じなのか。日常的に慢性的に不足であるものを、人は常に不足と意識しながら生活するだろうか。私にはこの点がどうにも釈然としなかった。宮本常一以下、代表的な離島の民俗調査報告にこうした視点が反映された痕跡はなく、島の人々の水に対する意識や行動に着目し、その民俗的な真意の分析を試みた成果はわずかでしかない[1]。そこで本稿では、生物の生存に不可欠であり、かつ離島生活上の制約要因の一つともなってきた水という存在に改めて着目する。離島に暮らす人々の水に接する態度を再確認し、制約される水は離島生活における独自の民俗的慣行や意識を形成する要因となりえるのか等、いくつかの視点に立脚し、離島に暮らす人々と水との民俗的な関係を読み解いてみたいと思う。

2 水道敷設以前の水確保手段

水に制約される離島の生活において、簡易水道等の施設が整うまで、水はどのように確保され、使用されてきたのであろうか。その大まかな状況を理解しておくために、少々長くなるが辞書的な記述を引用しておこう。「水にこと欠くことの少ないわが国ではあるが、島はその限りではなかった。一般に水道の普及するまでは、井戸を利用することが最も多く、その他、湧水、流水、天水などに依存していた。水に乏しい島では屋敷内に井戸があるのは稀で、たいてい共同井戸を利用しており、それもふつう十数戸に一つ程度、はなはだしい所では三〇〇戸に一つという所さえあった。そうした井戸水に塩分が含まれていることも少なくなく、また、井戸水だけで不十分な場合は井戸水を飲料水専用とし、風呂・洗濯用には天水を用いるというように使い分けることも行なわれた。さらには、海岸が崖をなし台地上にしか集落が立地しえない島や、重粘土と玄武岩から成る島では、水が土中に流れ込まずに流失してしまうので、天水に頼らざるをえなかった。この天水採水法にはさまざまな工夫がこらされ、屋根に降った水を竹ないしは木製のトヨで受けて桶にためる、あるいは樹から藁を使ってためるなどの方法がよく見られた」〔大島、他編 一九八三 三一〇〕。

水道施設が整備される以前の離島は、塩分が含まれやすい井戸水や天水に生活用水を頼らざるをえない厳しい状況にあり、使用目的別に使い分けも行なわれていたようである。さらには、地形や地質によっては天水への依存度が高く、天水の採集方法にもさまざまな工夫のみられたことが理解できる。以下、本節では離島における水道敷設以前の水確保手段を、宮本常一の『日本の離島』(一)や『離島生活の研究』を手掛かりに確認してみたい。

伊豆諸島各地で調査を実施した宮本は、生活用水の確保に関するさまざまな情報を記録している。利島では「島の小さい上に、(中略)地形は急峻であり、水にとぼしい。だから人びとは大きな木の下に甕をすえ、木にふりかかった雨水が幹をつたって来るのを、幹にワラを巻きつけてせきとめ、甕の中へおちこむようにして水をためている。この水甕はボウフラのわく根源地になっており、決して清潔とはいえないが、他に水をもとめるべきところもないのでやむをえない。子どもたちがないているとき、この雨水を湯呑に一ぱいあたえると、子どもはニッコリ笑って泣くのをやめるという。他地方で菓子や餅をもらったように喜ぶのである」〔宮本　一九六九　七四〜七五〕という。同じく利島を調査した西垣晴次も、「利島の生活条件を規制しているのは離島であることとともに極度の水不足である。島でカワと呼ばれる泉の湧出しているのは二カ所、それも水量は多くない。この二カ所の泉だけで、島の需要を満たすことは不可能である。そこで天水を利用することになる。各家ではコンクリートのタメに天水を貯えてこれを利用する。山中には木に笹竹を結び付け、根元に甕をおき、甕に水を貯えるしかけもみられる」〔日本民俗学会編　一九七五　五七〕と宮本同様、天水に頼らざるをえない状況を報告している。さらに西垣は、「昔、神津島のハンナイ沢に七島の神が集まって、神津の神から水の分配をうけた。ところが利島の神は寝過ごしたため、与えられた水が他の神より少なかった。利島の神はそれを怒り、水の入った容器をけとばして帰ってしまった。その容器から流れ出た水が現在の神津島の利島ガワだという。利島では神が水をもらってこなかったので、今も水のために苦しんでいるのだ」〔同前〕という興味深い伝説を併せて記録している。

式根島は「周囲三五丁ほどの小さい島であるが、良い入江もあり、島は低い台状をなしていて、一見居住に適しているかに見えるが、水がないため居住不能とせられていたのを、周囲がムロアジの好漁場であるところから飲料水を雨水から仰ぐことにして、人びとが住みつくようになった」〔宮本　一九六九　七八〕という。また、一九五六（昭和三十一）年の簡易水道完成で伊豆諸島中もっとも水に恵まれる島とされた御蔵島でも、水道敷設以前の婦人たちは「水源地へのぼって汲み入れた桶を頭にササゲ、朝夕坂道を往復した重労働」から免れず、「以前の飲料水は、御山の中腹のメンバタの下のクドレから湧く清水を、一〇〇メートルほど竹のトイで引き、二つの水槽に貯えておいたのをめいめいの家で汲みとって用いた」〔日本民俗学会編　一九七五　九七〜九八〕と桜井徳太郎は報告している。このように利島や式根島、御蔵島が飲料水を天水や湧水に依存していたのに対して、神津島は「火山岩から成っており、（中略）この白色の岩の風化してできた土は養物のすくないために作物の栽培に不適である。ただ、水だけは十分にある」〔宮本　一九六九　七八〕と伝説通り水には不自由しない状況であった。同じ伊豆諸島でも島によって水まわりの生活環境にかなりの差のあることが読み取れる。

井戸水利用のケースも確認しておこう。宮城県牡鹿郡女川町江島を調査した亀山慶一は、「昭和二五年の調査では、井戸は島に直径二メートルの大型一個、および小型二個あるのみで、一つの井戸の平均使用戸数は五〇戸にも及んだ。しかもこれらのうち小型一個は洗濯および風呂水用となっている。このほかは地水が皆無のため比較的富裕な家はコンクリートの大タンクを設け、雨水を屋根から樋でひいて貯水していた。しかし夏は旱天続きのため、井戸の使用が制限され、深刻な水飢饉が襲来する。水飢饉になると水も割当てされる。朝夕の定刻に衛生組合長が井戸の格子蓋をあけると、夥しい井戸端風景が展開する。渇水しても水を岡に汲みに行くことはないという。大網の建つ所に渇れない井戸が一つある。荒藪の井戸と呼んでいる。森洋子氏の昭和四〇年の調査によると（『しま』四五）現在、島には全部で一一の井戸がある。この中には、飲用水に使えなくて洗濯などの水に使っているもの、水が少なくて十分使用できないものがあり、結局飲用水に使える井戸は三つだけ。このうちの一つは学校専用の井戸で、モーターを使って汲みあげている。残る二つの井戸に島の人々はすべて頼っている」〔日本民俗学会編　一九七五　一六～一七〕と報告している。井戸の総数は増加しても、結局、飲用可能な井戸の数は三か所のみで、これをそれぞれ五〇戸もの家が使用し、夏季には深刻な水飢饉の状況が発生していたことがわかる。

一九五四～五五年に簡易水道が敷設された長崎県東松浦郡樺島を調査した竹田旦は、同島は「本竃には井戸は一つしかない。それは先ノ組にあるものだが、村ノ組と中ノ組にはそれぞれ溜め水のカワがある。これは上から流れてくるのを受けたものである。（中略）干魃で作物に困ったことはあるが、飲料水に事欠くようなことはない」〔前掲書　七一五〕と天水との併用を示唆しながらも、水に不自由のなかったことを報告している。村田熙が調査した鹿児島県大島郡三島村黒島は「昔は井戸も少なく、水汲みもたいへんであった。また、大里では竹の筧で水を引くところもあった」〔前掲書　八七三〕が、一九六一年に水道が敷設され水まわりの環境は大いに改善されている。また、鹿児島県の屋久島のように、「水が豊富にあり、これを水力電気として動力化すれば、近代工業をおこすことも可能である」〔宮本　一九六九　三〇〇〕とされた島もある。一口で離島といっても、水まわりの状況は一様ではなかったのである。[2]

3　水道の普及状況

前節で確認したように、すべての離島がつねに水にこと欠く状況ではなかったが、内地に比べて電気・ガス・水道等の基本的な生活環境条件の整備が立ち遅れていたのはまぎれもない事実である。さまざまな離島振興事業の展開は、その差の解消をも目的とするものであり、簡易水道の敷設や海底送水の実施などは生活用水確保のための具体策の一つであった。

表1は離島の水道利用状況等について『離島統計年報』所収の一九七三年、八九年、九六年のデータを比較したものである。東京都・兵庫県・山口県・香川県・長崎県・熊本県は七三年時点で天水利用が確認された一都五県、鹿児島県は同時点では天水利用が確認されないものの八九年時点で確認されるケース、本土復帰以前の七三年のデータを有しない沖縄県も八九年時点で利用が確認されるケースとして表に加えた。さらに岡山県と高知県はともに天水利用がデータ上認められないものの、次節以降の具体的な調査地を含む地域として掲載した。（　）内の地名はその離島名を示している。

一九七三年以降、鹿児島県を除けば全国の離島人口はすべからく減少傾向にあることがまず表全体をとおして指摘できる。東京都・兵庫県・沖縄県は比較的減少率が鈍いものの、二三年間で山口県は約三三％、岡山県は約五三％、香川県は約五二％、高知県は約四〇％、長崎県は約六一％へと減少。九州地区は元々その地理的条件から離島数・規模の事情が異なるものの、熊本県の約四％への激減は特筆すべき変化といえよう。

上下水・専用水道・簡易水道による水道普及率は一九九六年時点で表掲載のすべての地域が九〇％以上の達成率となり、全国でも九七％以上の高率を示している。多くの離島は現在、水に不自由する環境下にないことが理解できる。当然、井戸水・流湧水・天水という水道以外の水利用の数値をみても、各地ともに改善が進んでいる状況は一目瞭然である。全国でみても、九六年時点で天水の利用人口はわずか一七三人にすぎず、その約七六％を長崎県が占める状況となっている。たとえば伊豆諸島を有する東京都の場合も、天水の利用人口は九六年時点で東京都の離島人口全体の〇・〇四

表1　離島の水道等利用状況　　（単位／人）

県名（島名）	年度	住民登録人口（A）	水道利用人口				普及率	その他使用水利用人口			
			上下水	専用水道	簡易水道	計（B）	B/A	井戸水	流湧水	天水	計
東京都	1973	34087	—	—	32361	32361	94.9	—	—	1726	1726
	1989	32826	14229	—	18382	32611	99.3	10	138	67	215
	1996	31744	13639	—	17957	31596	99.5	52	83	13	148
兵庫県	1973	13840	—	—	11447	11447	82.7	262	1585	546	2393
	1989	11465	5852	—	5190	11042	96.3	46	377	—	423
	1996	10792	5393	—	5362	10755	99.7	—	37	—	37
山口県	1973	24823	—	—	13716	13716	55.3	11069	—	38	11107
	1989	10085	2184	202	7079	9465	93.9	620	—	—	620
	1996	8113	1798	115	5913	7826	96.5	287	—	—	287
岡山県	1973	10282	—	—	2513	2513	24.4	7576	193	—	7769
	1989	7063	6367	—	328	6695	94.8	338	30	—	368
	1996	5472	5143	—	216	5359	97.9	64	49	—	113
（白石島）	1973	1512	—	—	232	232	15.3	1280	—	—	1280
	1989	1136	1058	—	—	1058	93.1	78	—	—	78
	1996	943	909	—	—	909	96.4	34	—	—	34
香川県	1973	13592	—	280	4953	5233	38.5	8205	—	154	8359
	1989	8678	426	—	7872	8298	95.6	372	—	8	380
	1996	7050	708	—	6202	6910	98.0	140	—	—	140
（高見島）	1973	355	—	100	—	100	28.2	145	—	110	255
	1989	226	—	—	123	123	54.4	103	—	—	103
	1996	163	163	—	—	163	100	—	—	—	—
（広島）	1973	1471	—	—	—	—	—	1471	—	—	1471
	1989	883	—	—	822	822	93.1	61	—	—	61
	1996	625	—	—	568	568	90.9	57	—	—	57
高知県	1973	1189	—	—	1033	1033	86.9	—	156	—	156
	1989	662	—	—	651	651	98.3	—	11	—	11
	1996	472	—	—	472	472	100	—	—	—	—
（鵜来島）	1973	238	—	—	238	238	100	—	—	—	—
	1989	121	—	—	121	121	100	—	—	—	—
	1996	69	—	—	69	69	100	—	—	—	—
長崎県	1973	315400	92335	7779	166935	267069	84.7	32135	14985	1211	48331
	1989	222989	63436	5242	149663	218341	97.9	2406	1987	255	4648
	1996	193108	50900	3006	136677	190583	98.7	1335	1058	132	2525
熊本県	1973	132077	27826	8126	41522	77474	58.7	36596	17670	337	54603
	1989	6001	5251	—	704	5955	99.2	22	24	—	46
	1996	5351	4794	—	543	5337	99.7	4	10	—	14
鹿児島県	1973	93916	20285	618	53578	74481	79.3	11787	7648	—	19435
	1989	214023	98986	496	104504	203986	95.3	3550	6446	41	10037
	1996	197720	92434	12428	88578	193440	97.8	1153	3125	2	3142
沖縄県	1989	134315	114346	84	18488	132918	99.0	601	160	636	1397
	1996	131637	112858	—	18405	131263	99.7	281	67	26	374
全国	1973	1018108	203057	17106	510946	731109	71.8	229023	53964	4012	286999
	1989	923764	396911	6601	477561	881073	95.4	29802	11882	1007	42691
	1996	826982	382161	15991	407689	805841	97.4	14592	6376	173	21141

注1：原則として1973年度に天水を利用していた県と、調査地に該当する島のみを取り上げた

注2：白石島では1977年より海底送水／高見島では1983年に海水淡水化プラント完成、1992年より海底送水／広島では1987年より海底送水

注3：データはすべて『昭和48年版離島統計年報』（1974）『1990離島統計年報』（1990）『1997離島統計年報』（1997）〔以上、日本離島センター〕による

%にすぎない。ただし換言すれば、全離島人口の二・五%の人々がいまだに井戸水や流湧水に依存している状況であり、二万人を上まわる人々はいまだ水道の恩恵に浴していないことになる。

後述する具体的な調査地の状況についても確認しておきたい。高知県は一九九六年時点で簡易水道による水道普及率が一〇〇%に達しており、現在、同県下の離島で基本的に水に不自由する状況は改善されているといってよい。だが、現実的には数値だけでは計り知れない実態というものを鵜来島の調査データは教えてくれることになる。岡山県の笠岡諸島に属する白石島も、九六年時点で人口の約四%の三四人が井戸水利用者とされるが、この島では水の不自由はほとんど認識されないといってよい。また、香川県の塩飽諸島に属する高見島は、数値的には天水や井戸水に頼る状況が解消され、現在は上下水道の利用へと転換したことを示し、同じ塩飽諸島の広島も簡易水道が九割方普及したことを示している。だがやはり、この二島の水利用状況や水に対する感覚も、数値だけで計り知ることはできないようだ。

4 水の利用形態の変化と利用慣行の変化の実際

a 高知県宿毛市沖の島町鵜来島の事例（調査期間 一九九八～九九年）

高知県宿毛市沖の島町鵜来島では、戦前までは共同井戸四か所（湧水含む）、個人井戸八か所が飲料水や生活用水を確保するために使用されていたが、どの井戸もきれいな水が出るわけではなく、塩分を含み、洗濯物も白くならなかった。そこで、飲み水には湧水を利用することが多かったという。水は非常に大事なもので、水汲みは主婦の仕事であった。毎日早朝必ず、飲み水は桶やバケツを天秤棒の前後に担いで汲みにいき、各家庭の大きな水甕に溜めていた。大切な水ゆえに茶碗を洗うのにも気をつかい、米の研ぎ汁も便所に入れて肥にしたり、畑にまいた。(3) また、島には二〇戸ほどの家に五衛門風呂があった。一九五五（昭和三十）年ごろまではもらい風呂が普通で、通例は親戚の家に行き、互いに遠慮なしが原則であった。風呂は毎晩ではなく、数日に一回の割合で入浴した。風呂の水を運ぶのがまた大変で、石鹸もほんのわずかの水で流したという。(4)

だが、第二次世界大戦をはさんで状況は大きく変化する。一九四一(昭和十六)年、海軍が島に砲台を三基据え、弾薬庫や兵舎も建設。島民だけでも水不足なのに多人数が島に入ったため、海軍は集落とは反対側の山の斜面の谷を塞ぎ海軍専用の貯水場を建設した。これが戦後、払い下げられて生活用水確保の環境が飛躍的に向上したのであった。

さらに昭和末期には宿毛市が貯水場の大改良工事を実施し、旧海軍貯水場三〇〇トンの下の岩場を爆破し一〇〇〇トンの貯水タンクを増設。そこから集落側斜面に建設したドーム型タンク一四〇〇トンへ送水し、さらにいったん小学校隣りに建設した滅菌および濾過用のタンクへと水を落とした後、中腹に新設した貯水槽へと汲み上げ、ここから各家庭に給水するシステムが完成した。これにより水の不自由さは大幅に改善され、水にこと欠く状況は解消した。(5)

一九九六年は梅雨時も台風シーズンも雨が少ない年であったが、〇一五七の問題もあり、島民全員で貯水槽を清掃し水四五〇トンくらいを廃棄した。結局同年は雨があまり降らず、結果的に水に不自由し、飲み水を定期船や建設業者の船で運ぶ事態を招いている。

現在、島における生活上の最大の問題は医療と水だという。水源地に流れ込む水がたとえ天水だとしても、潮風や樹木についた塩分の影響が深刻で、普通の水の約四倍の塩分が島の水には含まれている。塩分除去の機械は三五〇〇万円くらいするとされ、島の人口を考えると行政の支援は難しい状況である。また、保健所からは、建設当時に比し人口が激減した状況から、貯水槽の水量を半減させるよう指導があり、機械導入をいっそう困難にしている。(6)

b 岡山県笠岡市白石島の事例(調査期間 一九九九〜二〇〇一年)

笠岡市役所によれば、笠岡市は水と土地のない場所で、とくに水では苦労してきたという。現在は高梁川から上水をもらい、笠岡市は県内で水道料金がいちばん高い行政区域となっている。先代の市長時代に笠岡諸島の各島までの送水管が完成したが、それまでは各島では生活用水の確保に苦労し利用上の工夫もみられたという。(7) だが、笠岡諸島のなかで神島と白石島だけは水が豊富に出る。白石島は中心部分がへこんだ地形をしていて水をよく溜めるが、他の島は鉢を伏せたような地形のため水が流出してしまうのだという。(8) なお、白石島で真水を大量に必要とするノリ養殖が盛んになったのは送水管敷設以後のことで、島の経済生活の変化に水道が与えた影響も少なくない。

送水管敷設以前の白石島では、川端の井戸など何か所かの共同井戸（五～六軒で使用）と各家ごとの井戸とによって生活用水がまかなわれていた。当時は内部を掃除する「井戸がえ」も毎年のことで、たとえば奥条地区の共同井戸は七夕の日が井戸がえと決まっていた。[9]

一九七七（昭和五十二）年の海底送水管敷設後は、水道水が生活用水の主役になったが、消毒のカルキが臭くてまずいと感じる島民は少なくないという。また、現在、井戸水はポンプによる汲み上げに変化したものの、洗濯用など使用目的別に水道水との使い分けが行なわれているケースは稀ではない。なかには、水道は屋内に引いてあるが使用せず、

写真１（上）　白石島の共同井戸（2000年）

写真２（中）　いまも使われている井戸。白石島・山川家（2001年）

写真３（下）　白石島の天水採集装置（1999年）

今もすべての生活用水をあえて井戸水でまかなっている家もある。すなわち、白石島では程度の差や使用目的の差はあるが、いまだに井戸水は生活のなかで活用されている。ただし昔から海岸近くの井戸には塩が差すことがあり、この水で沸かした茶は山側の人間が飲むと「味噌汁くらい辛い」と評されたという。また、洗濯すると白布が茶色くなるカナ気の出る井戸もあった。(10)

一九六五年ごろまでは、何軒かに一軒の割で風呂があり、もらい風呂が当たり前だった。追い炊き分の麦藁を一把持っていき、風呂にはつかるだけでタオルも入れないのが礼儀だった。風呂の所には通例、水溜めの壺や甕が埋めてあり、その上にスノコを敷き、その上で体を洗ってから入浴した。風呂水や生活排水もこの壺に入れて取っておき、下肥を延ばしたり直接畑にまく水として利用した。(11)無用に流し捨てることはなかったのである。現在も生活排水を昔同様に畑にまく習慣が白石島では見られる。現在の井戸の水位は、送水管敷設以前に比べてかなり下がっている。そして少々塩気が差しても、水に不自由したという意識はない。水を節約するということも考えたことはないという意見がほとんどだという。(12)

なお、島内の下浦地区の採石場近くの斜面頂上付近の畑など何か所かに、古い大きな鉄釜等を半分地中に埋め、その上部にトタンを斜めに載せた天水採集装置の設置が認められる。水の不足を感じずにきた白石島ではあるが、畑まで水を運ぶことの大変さからこの装置が使用されるという。しかし現在は畑の減少とともに装置も姿を消しつつある。

c　香川県丸亀市広島の事例（調査期間　二〇〇〇〜〇一年）

塩飽諸島に属する広島では基本的に各戸に必ず一つ以上の井戸がある。島の井戸水に塩分が含まれることはほとんどなく、また山の湧水もあり、水で不自由したことはない、という意見が多く聞かれた。だが実際には、水量や水質はケースバイケースのようで、海岸近くで塩が差す井戸もあれば、小高い場所では枯れてしまう井戸もある。低地では一メートルも掘れば真水の吹き出す場所もあれば、高台の家では一〇メートル以上も掘らなければならないこともあった。(13)

『離島生活の研究』所収の武田明の報告にも、イズミと呼ばれた各家の井戸は「大半は塩分が少しくあって、それを辛

写真４　風呂と排水をためる甕（広島、2000年）

写真５　近接する井戸（右）と風呂（左）（広島、2001年）

抱して飲んでいるようである」〔日本民俗学会編　一九七五　四七四〕と、塩分混入のほどが記されている。

使わない井戸の上に家を建てたり物を置いたりする場合は、井戸に蓋を閉めるが、井戸の横には必ず空気の出る穴を開けておく。基本的に、井戸は邪魔になっても潰さないものだという。井戸の横には通例、花立てが付いているが、以前は正月には門松（松の枝）を立て、雑煮を供えた。一九五五（昭和三十）年ごろまではツルベで水を汲み、甕に運んで飲み水にしていたという。[14]風呂ももらい風呂の場合は追い炊き用の麦藁を一把持っていった。広島ではほとんどの家では井戸の近くに風呂があり、両者からの短い水路の先に排水を溜める甕が土中に埋められ、排水は畑の肥料としてまかれた。風呂の水汲みは子どもの仕事だった。[15]

広島には現在、丸亀から海底の送水管が敷設されており、この水が各戸に簡易水道となって供給されている。調査中、島内で水道管の交換工事が実施されており、市役所の現場担当者に話を聞いたところ、現在、島の生活で水に不自由することはないとのことであった。丸亀市域の離島へは、丸亀－牛島－本島－広島－小手島－手島の順で送水管がつながっており、広島まで海底の送水管が届いたのは一九八七年のことである。それ以前は統計データ（表1参照）も示すように井戸水に頼る生活だったわけだが、簡易水道の敷設前、川から水を引き溜池をこしらえ農業用水の確保が計られ、現在も水田用に利用されている。当地は典型的な瀬戸内海気候の島で雨の少ない土地柄である。梅雨時に好天気が続けば井戸の水位も下がり、島の人口が倍になる盆の時期には水不足になることもまれではなかったのである。

こうした体験からか、水に不自由しないとはいっても、井戸水利用当時から水を大切にする意識は強かった。このため、現在でも盆で帰省してきた若い人たちが水道の水を出しっ放しにしたりするのを目の当たりにすると、必要でない水を無駄に流していると感じてしまうという。[16]また、今は水道の水は使い放題だ、という認識がある一方で、畑にやる水には神経を遣う人が多い。二〇〇〇（平成十二）年の夏は六〇日以上も雨が降らない時があったが、多くの畑では土も作物も干上がっていた。作物のほとんどが自家消費分といえばそれまでだが、一度水をやったら毎日やらなければ作物はすぐにだめになってしまうが、やらずにいれば植物はそれでなんとか頑張るものだ、というのが島民に共通する認識だという。[17]現実の水まわりの環境、水に対する認識と行動、両者の間にはズレのあることがわかる。

d　香川県仲多度郡多度津町高見島の事例（調査期間　一九九一年以降毎年）

香川県の塩飽諸島に属する高見島は、統計資料（表参照）からも明らかなように、一九八八（平成元）年時点でもっとも水道普及率の低い島の一つであった。資料ではこの時点で天水利用は解消され、井戸水か水道の利用へと転換し、さらに九六年時点では水道水の完全利用が実現している。だが、実際の事情はもっと複雑である。

河川も池も存在しないこの島には、浦と浜の大きな二集落があり、斜面地の浦は天水、平坦地の浜は井戸（地下水）が基本とされてきた。浦には共同井戸が何か所かあるが、これはすべて天水を採取するためのもので、流れ込む雨水を蓄える施設が井戸の形をしているだけのことであった。

一九八三年には海水淡水化プラントが完成したが、結局うまく稼動せず失敗に終わり、今もその施設は取り壊されることなく寂しい姿をさらし続けている。九二年に多度津町からの海底送水設備が完成するまでは、天水と井戸水に頼る状況を改善すべく、多度津町からの給水船が定期的に水を島まで運んでいた。これが山の中腹に作られた貯水池に汲み上げられ、簡易水道として機能していたのであった。

たとえば高見島小学校では、一九九〇年からこの簡易水道が敷設され、翌年の調査時点では学校の水飲み場には三本の蛇口が付けられていた。三本はそれぞれ、天水・井戸水・簡易水道からもたらされたもので、当時の校長の「いずれも飲料水としては信用できない」との言葉は印象的だった。島外の善通寺市出身の校長やその他の教員にとって、よそ者はどの水を飲む場合でも一度沸騰させることが必要で、教員たちはみなそうしてから飲んでいるということであった。夏場の調査で、校長から冷たい水でもと勧められ、三本の蛇口から一本を選択せよとの試験問題は、よそ者の私にはじつはすべて不正解だったというわけである。余談だが、この質問のあと湯冷まし後に冷蔵庫で冷やされた麦茶をごちそうになった。校長のウィットに富んだ会話とこの時の体験は、島の水に対する私の興味の起点となるものだった。ちなみに小学校では八八年までは天水を飲料水として使用していたが、子どもたちは慣れていて、いずれの水でも関係ないという。(18)

浜では船着場を造って道幅を拡げた関係から井戸水に海水が混じるようになり、水がしょっぱくなってだめになったとの声も聞かれたが、浜の井戸水にはもともと多少の塩分が含まれ、真水というわけではなかったようだ。島の名物に茶粥があるが、天水で作る浦のものはおいしく、塩の入った浜のはまずい、といった島民の説明からもそれは想像される。また、かなり以前のことだが、県知事が島を訪ねた際、口に含んだ水を吐き出したことを記憶している浜の人間は少なくない。なお、浜の某家は、顔を洗う際にはその年の方角を向いて顔を洗うといい、その水をホカさず（捨てず）、他の人はそれにまた水を足して顔を洗うという。正月元旦には井戸から迎えた若水で雑煮を炊くが、井戸水を生活用水としてたくさん汲むのは二日目からだった。ちなみに井戸の神さんは外に別にあるが、現在でも井戸の蓋の所にはお供えなどをしている。そして元旦は風呂に入らず、二日が初風呂であった。風呂の水汲みは子どもの仕事で、当時は塩気のために石鹸の泡もたたなかったという。(19)

前述の校長によれば、とにかく島の人は水を大切にし、野菜の苗を植える際も、苗のまわりにヤカンの水を少しずつチョロチョロと垂らすだけで、これで枯れないから不思議だという。また、薬のビンのような容器の口に蓋をし、そこに小さな穴をあけ、これを土に挿すと、中の水が水圧の関係で少しずつ出て、二日間くらいかかってビンの中の水がなくなるのだそうだ。[20] 少雨を特徴とする瀬戸内海気候の地で、水田を持つこともできなかったこの島の暮らしの知恵といえるだろう。島に送水管が敷施されたのは一九九二（平成四）年のことで、多度津町の小高い丘の上のタンクに汲み上げられた水は、高低差を利用する単純な方法で島へと送られてくる。以後、島の水事情は大きく変化し、生活用水の確保における不安定な状況は解消されることになった。だが、多くの島の人々にとって、この時点での変化は水道の蛇口から出てくる水の出自が変化しただけのことであり、むしろ水を使ってお金がかかることに対して当惑したというのが正直な感想だったようである。

写真６　高見島の天水採集装置（2000年）

送水管敷設後も野菜などへの水やりは、これまで同様、わずかの水で対応しているという。また、昔は畑作物一つ一つに油紙を被せ、水分の蒸発を少しでも防いでいたが、現在はこれがビニール袋になった。もっとも、水を豊富に使用できないのでビニールハウス栽培は高見島では行なわないという。わずかに農業栽培する切り花も、スタアチアや菊など水をあまり必要としない花が中心になっている。[21] 島内の畑の各所にはドラム缶で作った天水採集装置が置かれており、これは送水管敷設以前と変化はない。この装置はドラム缶の上部にトタン板を傾斜させて載せ雨水を溜めるもので、晴天時には蓋をして水の蒸発を防ぐ。岡山県の白石島では失われつつある同様の工夫が、この島では現役として活躍中である。

また、洗い物をする時は水を出したままにせず桶に溜めて使ったり、洗濯の最後のすすぎ水は畑の野菜にやるためにとっておく。風呂は、つかる前にまず体を洗ってから入り、風呂水は二晩三晩はぬくめ直す。風呂の残り水は草木に

やったり、洗濯に使用する。こうした日常的な節水意識は送水管施設前と同様に高い。(22)

5　離島生活と水利用意識

ここまで文献や実際の聞き書きデータをもとに、いくつかの離島における生活用水確保の状況、水道敷設の時期、水利用慣行等についてみてきた。水にこと欠き不自由な暮らしを強いられた島もあれば、水の不足を感じずにきた島もあった。これらの事例で日本の離島生活全体を理解することはとうてい不可能だが、離島に暮らす人々の水に寄せる意識や態度の一端をうかがい知るためのきっかけにはなったものと思う。

さて、宮本常一の『日本の離島』(一)には、水不足の島と比較的水に恵まれた島とに分け、一日の平均一人当りの水使用量、一日の水汲みに要する時間を調査したデータが「島の水道状況」(一九五六〈昭和三十一〉年)として付録で掲載されている。数字そのものは本稿では省略するが、データの特徴は水の使用量の少なさと水汲み時間の大きいことにあり、簡易水道の敷設による給水状況の著しい向上なども注記されている。また、同様の付録「島の悩み」には、飲料水にすこぶる不便を感じる(東京／利島)、真水の欠乏、貧困、衛生観念の低さからトラコーマに罹患しやすく困っている(山口／沖家室島)、困窮島で学校も店も娯楽施設も全くなく、飲料水も悪く、電灯もない(愛媛／由利島)、飲料水不足で水質が非常に悪い(福岡／藍ノ島)、過去に疱瘡やコレラ等の流行病で多数の島民が死亡した原因は、飲料水が少なくしかも汚いためである(鹿児島／硫黄島)といった水関連の記載もみられる。

この付録部分だけみれば、離島生活がいかに水に規制されたものなのか、水の欠乏がいかに重要な事態を招くのかを示唆しているといえる。だが、全国各地の離島を取り上げ、その窮状に大いに言及した同書とはいえ、本文中の水に関する記述は豊富とはいえず、「水道状況」のデータが本文中に反映された痕跡はない。離島生活と水の関わりへの関心は認められるが、水不足の島と比較的水に恵まれた島とにデータを分けた付録からは、離島がすべからく水に制約される状況にないことを逆に意識すべきかもしれない。付録「島の悩み」の水関連の記述もわずかでしかなく、水道敷設率の向上とともに、水が離島生活を規制する根源的な要因から外れつつある状況を、ここでは考慮する必要があるだろう。だが、簡易水道などが敷設され天水や井戸水に頼る状況が改善されたとしても、たとえば鵜来島のように多量の塩分混入に悩むケースもある。また、多くの離島で深刻な過疎化、高齢化が進展するなか、旧来から慣れ親しんできた生活用水の使用やその方法に伴う意識は単純ではない。この点を白石島・広島・高見島の事例を中心に検討し、本稿のまとめに代えることにしたい。

高見島での聞き取り調査では、島を出た経験を持つ人や島外から移住してきた人は「高見島は昔から水に不自由した」と語る事例が多く確認され、水の苦労を意識したことがないとする意見の人々は、多くの場合自分自身が節水を行なってきたという意識に乏しく、島外から嫁や孫などが来て水を使う際にその使用法の違いに驚くという事例が多々みられた。このことは白石島や広島の事例でも触れたとおりである。この点に関して江橋美恵・伊藤奈緒子は「降水量が少なく、水源に乏しい高見島で生まれ育った人々にとって、使える水の量に制限があるということは一時的なことではなく、日常のこと、つまり節水するかということは島の人々には日常的な習慣となって、あまり意識されなかった」〔江橋・伊藤　一九五五　五三〕と指摘している。水不足から米を作った経験のない高見島の人々が、水道敷設以後も畑の作物への水やりに旧来の方式を採用し、相変わらずドラム缶の天水採集装置が畑の各所に設置されている状況は、離島で暮らす高齢化した人々の慣習的行動として理解することが可能だろう。白石島や広島でも水に不自由したことがないという意見が多く聞かれたが、つかるだけの風呂の入浴方法などにみられるように、もともと水の使用量が多いわけではなく、物理的な水量とそれを生活上使用する体験的な感覚が体に染み付いており、当たり前の行動・認識として慣習化しているゆえに節水という意識が希薄だと考えられる。

しかし、だからといって節水の意識がもともとなかったのではない。「共同井戸へ水汲みに行っていた頃は、そこは周りの目を気にするという社会的規制による節水が行なわれていた。そして家庭に蛇口を設置したことにより、水源は家の外から家の中へ入った。（中略）蛇口が設置された時点ではまだ水量が豊富でなかったために人々は社会的規制によらない私的な節水を始めた」〔同前〕という江橋・伊藤の指摘は示唆的だ。共同井戸などでの水の利用慣行は各地でみられるものだが、そこに社会的な規制力が働くことは水確保が制約される離島ならば当然といえ、時としてそれは日常的な暗黙のルールとなり、あえて強調されることなく人々の意識のなかに埋め込まれていったことは想像に難くない。これが、初期の簡易水道による各家庭の蛇口のひねり具合に反映されていった。そして水不足を気にする必要がなくなって以後も、その意識は継続したのである。だからこそ、島外生活者の水使用の状況に接すると「無駄」の感覚が頭をもたげてくる。

大切なことは、当たり前のことを普通に行なっている、という感覚である。筆者は過去、過疎・高齢化の進んだ社会においてはこれまで培われてきた生活慣習がそのまま持続する傾向が強いことを指摘したことがある。それは変化を求める必要性が極度に低い社会に適応される〔八木橋　一九九〇　一一六～一一八〕。離島の多くは当該条件を充分に満たす社会といえ、水の利用法も水に対する感覚も、島で暮らし続けてきた住民たちが子どものころから身に付けてきた民俗的な「しぐさ」や「感覚」として持続しているにすぎないと考えるのが妥当といえよう。亀山慶一が宮城県の江島の事例として、夏場の水飢饉時にはかまびすしい井戸端風景が展開するものの、渇水しても岡に水を汲みにいかないと報告したのも、不足を前提とした社会的「しぐさ」といえるかもしれない。生活排水を肥に混ぜてまく行動も当然のことだったのだ。

このことは、都市社会の対極に位置するともいえる離島社会の特徴の一端を示すとともに、日本の多くの過疎・高齢化社会に共通するものでもあろう。さらにいえば、日本社会そのものが大きな島社会であり、今回の事例は現代の日本社会全体のなかで民俗をいかにとらえるべきかの問いに対し、なんらかのヒントを与えてくれるものともいえるだろう。

離島はすべて水に制約される一律の条件下に置かれていたわけではない。気候条件、島の位置や規模、地理・地形・地質的条件などにより水の利用状況には格差があった。その格差は井戸への塩分含有の事例が示すとおり、島内での立地条件から生み出されるものでもあった。そして、水の不足状況のいかんにかかわらず、利用者側の「不足」「苦労」や「節水」といった意識は単純かつ一様ではなく、これまでの水にこと欠く離島のイメージは改めて検討される必要がある。水道普及率が向上した今日ならばなおさら、水に対する島民の感覚や水利用慣行、信仰等の意味や形態については、より慎重に検討する必要があるだろう。

註

(1) 離島生活と水の利用意識に言及した成果としては、江橋美恵・伊藤奈緒子「水——水まわりの文化変容」(『瀬戸内・高見島の生活誌』所収、一九九五)などがある。
(2)『日本の離島』、『離島生活の研究』ともに水に関する記述はきわめて少ない。後者では新潟県岩船郡粟島、島根県穏地郡五箇村久見、佐賀県鎮西町加唐島、長崎県北松浦郡小値賀島、鹿児島県出水郡長島の報告にもわずかに飲料水関連の記述が、また、雨乞い等の信仰関連、溜池等の生業関連の記述もあるが紙幅の関係から本稿では省略した。
(3) 鵜来島在住、出口叔香氏(一九三〇年生)からの聞き取りデータ(一九九八年調査)。
(4) 鵜来島在住、出口和氏(一九二六年生)からの聞き取りデータ(一九九八年調査)。
(5)(4)に同じ。さらに『宿毛市史』を参照。
(6) 宿毛市役所鵜来島出張所、岡崎忠義氏からの聞き取りデータ(一九九八年調査)。
(7) 笠岡市役所秘書広報課、石井善子氏からの聞き取りデータ(一九九九年調査)。
(8) 白石島在住、山下茂房氏(一九三八年生)からの聞き取りデータ(二〇〇〇年調査)。
(9) 白石島在住、小宮山典之氏(一九三一年生)からの聞き取りデータ(二〇〇一年調査)。
(10) 白石島在住、山川信子氏(一九三三年生)からの聞き取りデータ(二〇〇一年調査)。
(11) 白石島在住、山川益生氏(一九二七年生)からの聞き取りデータ(二〇〇一年調査)。
(12)(10)に同じ。
(13) 広島在住、竹田敏男氏(一九五二年生)からの聞き取りデータ(二〇〇〇年調査)。
(14) 広島在住、横瀬實氏(一九三八年生)からの聞き取りデータ(二〇〇〇年調査)。
(15) 広島在住、香川義孝氏(一九四五年生)からの聞き取りデータ(二〇〇〇年、二〇〇一年調査)。
(16)(14)に同じ。
(17)(13)に同じ。
(18) 高見島小学校長、大浦喜哉氏(故人)からの聞き取りデータ(一九九一年調査)。
(19) 高見島在住、宮崎惣吉氏(一九二五年生)からの聞き取りデータ(一九九五年調査)。

(20)（18）に同じ。
(21)（1）前掲書参照。
(22)（21）に同じ。

参考文献

日本民俗学会編（柳田國男指導）一九七五『離島生活の研究』国書刊行会（同書原本　集英社版　一九六六）
宮本常一　一九六九『日本の離島』第一集（宮本常一著作集四）未来社
宿毛市史編纂委員会編　一九七七『宿毛市史』宿毛市教育委員会
日本農業研究所編　一九七九『離島の現状と問題点』（「農業事情調査」報告書第二三輯）日本農業研究所
大島暁雄他編　一九八三『民俗探訪事典』山川出版社
江橋美恵・伊藤奈緒子　一九九五「水――水まわりの文化変容」大森元吉・八木橋伸浩編『瀬戸内・高見島の生活誌』国際基督教大学教養学部社会科学科人類学研究室
日本離島センター編　一九七四『昭和四八年版　離島統計年報』日本離島センター
日本離島センター編　一九九〇『一九九〇　離島統計年報』日本離島センター
日本離島センター編　一九九七『一九九七　離島統計年報』日本離島センター
ミツカン水の文化センター編　一九九九『水の文化』三　ミツカン水の文化センター
ミツカン水の文化センター編　二〇〇〇『水の文化』四　ミツカン水の文化センター
法政大学陣内秀信研究室・岡本哲志都市建築研究所　二〇〇〇『舟運を通して都市の水の文化を探る』
八木橋伸浩　一九九〇「講集団の変容」成城大学民俗学研究所編『昭和期山村の民俗変化』名著出版
八木橋伸浩　二〇〇〇、二〇〇一「土佐・宇和島境界域海村の民俗変化――高知県宿毛市沖の島町鵜来島・沖の島の事例から」（PartⅠ、Ⅱ）『論叢』（玉川学園女子短期大学紀要）二四、二五
八木橋伸浩・遠藤文香・松田睦彦　二〇〇一「笠岡諸島白石島における民俗の変容と継承」『岡山民俗』二一五　岡山民俗学会

❷マスコミとくちコミと老人たち——香川県丸亀市の広島における

石川　弘義

塩飽諸島の一つ、香川県丸亀市の広島で視られているテレビは次のようなものだ。「西日本テレビ」「瀬戸内海テレビ」「山陽テレビ」「OHK」「テレビ瀬戸内」および「NHK」。

ラジオは「西日本」、「NHK第一」「NHK第二」「ABC」「毎日」「大阪」「たんぱ」「NHK－FM」「FM香川」および「FM岡山」。

このテレビ局とラジオ局のリストを見ただけでも、広島の視聴者及び聴取者たちが接触しているコンテンツは東京や大阪のそれと基本的には変わっていないことが明らかといえよう。それは、「ネットワーク」の関係としても表われている。

具体的には次のような「つながり」が存在してるということである。「西日本テレビ」―「日本テレビ」、「瀬戸内海テレビ」―「テレビ朝日」、「山陽テレビ」―「TBS」、「OHK」―「フジテレビ」、「テレビ瀬戸内」―「テレビ東京」。

今日のメディア状況が結果としてもたらした情報の「画一性」と「同時性」という、マスコミ論ではまず最初に出てくる話題がここでも確認できるように思う。

そうして、これと同じような傾向は新聞の中にはさみこまれて流通しているチラシにもはっきりとうかがうことができる。平成一三年初秋のこれらのチラシ広告の送り手はたとえば次のようなものだ。「UNIQLO」「ダイエー」「ヤマダ電機」「日本テレコム」等々。そのコピーのいくつかを紹介しておく。

「UNIQLO」のヘッドコピーは「カジュアルからビジネスまで、秋の着こなしを高品質アイテムで応援！」「ますます多彩な秋のユニクロ」。全体の戦略はユニクロ独特の低価格路線の展開にある。これは東京でわれわれが見る表現とまったく同じである。しかも丸亀市と宇多津町というきわめて近いところに出店しているところがさらに興味を引く。これも多店舗展開主義の端的な表われであるようだ。

「ダイエー」は「全館あげて、いいものお買い得! スーパーカーニバル」がヘッドコピーで、その下に「秋物早くも、当社平常価格の半額、三〇%OFF」「びっくり! プライス」という低価格訴求。しかもここに登場する商品は衣料品だけではなく、DVD・デジカメ・食器洗い機の比較的高額の電化製品などもみられる。そうして、これらの商品を扱っている店として紹介されているのが丸亀商店、系列店としての東広島店・四条店・須恵店と鹿屋店を含む「ハイパーマート」である。なお、ここに登場している全商品の数を数えるとおよそ七〇〇種類になった。

次に「ヤマダ電機」。「他店チラシよりさらに安くします。店頭価格表示にご期待ください。ヤマダは、ポイントまたは現金値引きでお安くします」がまずヘッド。それに続くのは商品の写真と価格で、ざっと数えたところ裏表合わせて三〇〇種類。なおこのチラシで特徴的と思えるのは「取り扱い店舗」のリストが全国対象となっているということだ。たとえば船橋店・千葉本店・高崎本店家電館・小牧店・川崎店・横浜本店などの名前をここに見ることができるのだが、その裏側にテックランド高松店・松山本店・高知店などこのチラシが本来対象とすべき地域の名前が出ている。これも量販店の合理化方式の表われでもあるのだろうか。

こうしたチラシの表情にまず全面に出ているのが、大量生産と大量流通と大量市場を原則とする消費生活の論理と装置であることはいうまでもない。人口わずか六百数十人というこの小さな社会でもこの論理から離れるわけにはいかないという事実が、予想したこととはいえ、まず迫ってくるのだった。

ところで、島の人たちの日常の消費行動で基本的に大きな意味をもっているのがフェリーによる丸亀市街地との往復である。ほとんど人の消費行動はこのコミュニケーションのルートに依存しているといってよい。それはまた、同時に収入を確保するために不可欠な行動のための要素でもあるし、また家族間のコミュニケーションをなめらかなものにするための方法のひとつでもある。たとえば、中学生の子どもの教育のために母親が丸亀の地方《じかた》側に住み、父親が広島で単身の生活をするというようなライフスタイルがそれだ。

なお消費生活に関しては、スーパーマーケットが大きな機能をもっていることも報告しておかねばならない。青木地区のスーパーマーケット「天野」で取材していると、この店が都会型のスーパーマーとはかなり違った性格のものであることが浮かび上がってくる。

たとえば配達の業務。圧倒的に多い老人の顧客のために、この店の経営者天野修一氏は毎日四時以降は必ず配達の仕事に時間を当てている。そうしてここでとくに興味のあったのが、この店では新聞も配達しているということだった。それは数でいうと約六〇部で、具体的には「四国」「朝日」「毎日」「読売」そうして「毎日」の各紙で、その部数もほぼこの順になっているという。なお、「四国新聞」の評判がよいのは「丸亀競艇」関連のニュースが充実しているからとのこと。

ところで、この店はいわゆる「よろずや」である。酒類、食品はもちろんクギ、ロウソク、さらには下着に至るまでそろっていて、品ぞろえの様子からいうと今日の「コンビニ」に近いという印象だ。なかには、ほこりをかぶっている商品も目に入ってきたが、とにかく品数の多いことには驚かされた。

それからもうひとつこの店で私がおもしろいと思ったのは、それが結果的には老人たちのコミュニケーション・センターの役割を果たしているということであった。店のすみに少し大きめのテーブルがあって、ここで客同士がお茶を飲んだりビールを飲んだりすることができるようになっている。つまり、この空間はモノを売る場所であると同時にコミュニケーションを楽しむ場所、くちコミセンターにもなっているということなのである。

老人たちのコミュニケーション

老人たちのコミュニケーションにとってスーパーマーケットが大きな意味をもっていることは以上の通りだが、ここにはもうひとつ重要な要素のあることが明らかとなった。それは携帯電話である。

過疎と高齢化の進展にともなう独り暮らし家庭の増加は、島が抱える重要な問題のひとつだ。この島の住人たちの六〇%は六五歳以上。しかもその半分以上が独り暮らしをしているといわれている。そこで「朝と晩に顔を合わせることがとても大事になってくる」。——これは地福寺で住職からうかがった話の一部だが、これはこの島では人間関係がなによりも重視されるということを端的に物語っている。そうしてこの人間関係の無事を伝える上でなによりも有効なのが携帯電話なのである。

しかし「ケータイ」が重視されるようになったきっかけは、仕事との関連であったという。たとえば老人が一人で漁に出たとき、「ケータイ」を持ってもらうことで事故が防止できるということがある。しかし近年では「ケータイ」はむしろ男同士のつきあいで基本的に大きな意味を持ち始めているようだ。

「いいおかずが入ったから」「いい酒が手に入ったから」。これらの情報はすべて「ケータイ」で伝えられ、決して大げさな言い方ではなしに「一週間宴会が続く」ことも珍しくないという。さらに父親だけではなく息子までが持つようになって一軒の家に「ケータイ」が三台、というような状況も最近では生まれてきているという話もある。島という閉じられた社会のなかで、定点ともいうべき伝統的な「くちコミセンター」が存在する一方、こうした「ケータイ」による新たなコミュニケーション手段が活用されていることは、高齢化したこの島の人・家同士のネットワークのあり方を考える上で重要な示唆を与えてくれる。

そうしてその結果、新しい変化が生じることとなる。それは公衆電話の極端な減少ということで、現在ではこの島に存在する公衆電話はわずか三台になってしまったという。

なお老人を支援する制度としては「デイサービス」がある。この島でこの制度の始まったのは一九九八年からのことだが、二〇〇一年の一月からNPOによって運営されることになった。参加者は一回一三人から一五人というが、入浴サービスの評判がとくによい。しかし、全体としては、そこにいけば知ってる人に会えるということの魅力がなんといっても大きいようであった。

ところで老人たちの生活とその意識については、丸亀市が「一般高齢者」「医療介護高齢者」「施設入所者」「特養入所待機者」、そうして「一般」を対象とした調査を一九九八年に行なっているので、以下その結果の一部を紹介しておきたい。

定住の意思について

「これからもずっと住み続けたい」（九三％）、「当分は住み続けたい」（五％）という回答が圧倒的に多いが、島嶼部では同様の回答は八割に落ちる。「住み続けたい理由」は以下の通り。「生まれ育った土地だから」四四％、「子供が近くにいるから」三四％、「家族や友人知人がいる」三二％。

住まいの状況について

大半が「持ち家」で（八七％）、「夫婦の専用居室もある」と回答した人が九三％、「緊急時の安全器具」については「電話」が八二％。それ以外は「消火器」が四四％「ガス漏れ警報機」四二％と、電話への依存度の高いことが浮き彫りにされている。これは通常でもスケッチした状況と符合する事実である。

収入と仕事

「年金」を主たる収入源とする人が九六％。「国民年金」と「厚生年金」がその五五％である。この結果を見て私は、以前に岡山県笠岡市の白石島で聞いた次のような話を思い出した。「この島の主な産業は何ですか」という私の質問に帰ってきた答えが「年金です」だったのである。

「生きがいについて」

この老人たちがいま「生きがい」と感じているものは以下のとおりである。「旅行」四五％、「買い物」四二％、「近所との付き合い」四一％。

これは私が広島で老人たちからうかがった話でもまったく同じであった。「朝起きたら、お互いに元気かと声をかけ合う」のが基本という話だったが、このような話もべつに悲壮な感じを持って伝わってはこない。「八〇％は独居老人」という現実がそうさせるのかどうか、これは私のようにほんの少し生活をかいま見たものには判断することは不可能だ。

以上のように見てくると、この島では老人は「独居」生活を送るべく制度化されているという見方もできないことはない。しかしそれが必ずしもある種の寂しさに通じるものでもないことは、基本的には住民たちの多くがその先祖をたどっていくと親類同士ということになるという事実とも関連しているようだ。それに住民たちのほとんどが実際に鍵をかけない生活をしているという事実のあることも見逃せない。つまり悪いことをする人の存在がそもそも想像できないという、人間関係へのあっけらかんとした信頼がこの「独居」生活の底にあるということなのかもしれない、ということなのである。

そうしてこのような事実はいいかえると次のようなことにもなるだろう。独居生活の人たちの社会心理の底のほうには、生活よりも人間関係のほうが大事という感覚があり——これは現実に前出の住職が言った言葉だ——さらにその奥には深層的には、島の人は皆どこかでつながっているという一種の歴史感覚に似たものが控えている。そうして表層的には「ケータイ」がこの感覚をバックアップするものとして機能している。こういうことなのではないのか。

ある東京人の見た広島

前回、この島を訪れたとき、私は研究仲間の八木橋君に紹介されて非常におもしろいライフスタイルをおもちのご夫婦とお会いしている。そこで今回は少しゆっくりとお話をうかがいたいと思った。

小池通と典子のお二人がこのカップルなのだが、彼らはこの島では最も新しい移住者である。まず通氏がここに来たのは今から八年前。現在六四歳だから五六歳のときに移って来たということになる。現在は大工さんや漁師さんの手伝いをしている。高松で仕事をしている奥さんが週末だけ帰ってくる。

ここへ来る前は小池さん夫妻は東京の六本木に住んでいた。それもあの交差点に面したマンションに、である。二人とも大手の広告代理店勤務の時代があって、通さんはこのころグラフィックデザイナー、奥さんはコピーライターの仕事をしていた。

ところが五〇代の中ぐらいから東京脱出を考えるようになってくる。しかも海のそばに住んでみたい、こう考えた二人は千葉・伊豆・三浦半島さらにはハワイ、シドニーあたりまでも歩き回った。しかし、どれも当時考えていた条件には合わない。そうこうするうちに近くに住んでいた友人が広島の出身で、彼に従来の希望を伝えたところ、「ありましたよ」という言葉とともに彼らの前に突如現われ出たのが現在の立石（広島の一集落）の土地なのだという。

ここでこの土地に建てられた小池さんの家について説明をしておこう。

まず土地が広い。二〇〇坪はかたいという感じだった。家はスレートを巧みに使った茶色が基本のデザイン。一見してなにかアートに関係がありそうな人が住んでいる――そんな印象を与える建物だ。そうして庭にはレモンやライムの樹が実をつけ始めている。

家のデザインの基本は通さんがやったわけだが、グラフィックデザイナーだから平面はこなしても立体は苦手。それで高松の建築会社に頼むことになったという。全体の感じは都会風だけれども、それが出すぎるのを抑えようとする意図もどことなく感じられる。海とグリーンに囲まれた環境に溶け込みたいという施主の考えがうまく伝わってくるような感じの家とでもいったらいいだろうか。

では、このようにしてこの新しい環境に入ってきた小池さん夫妻はどのように受け入れられていったのだろうか。氏も言うように、二人はこの立石では初めての「よそもの」だった。事実、はじめのうちは「新入り」に対する目を強く感じることがしばしばだったという。そこで彼らが何をしたというと、これはきわめて簡単なことだった。朝、ひとに会ったら必ず大きな声で「おはようございます」ということ。これが努力のすべてだったという。

しかし、これは奥さんの話だが、通さんは東京にいたときはこの挨拶がにがてな方だった。つまり新しい環境でそれなりに努力したということのようなのだが、しばらくして近所の人が「いい人でよかった」と言ってくれたとのこと。そうしてその後、通さんは島にいる大工さんの手伝いを始める。最初は、大工の修業から始めたが、その内、下水道工事、草刈り、木の剪定、屋根の修理等等なんでもやるようになっていく。「仕事と思ったらダメですね、楽しみとしてやってるんです」という話だったが、こういう感想を持てるということは、彼のパーソナリティーの柔らかさを示すものかもしれない、と私は思ったものだった。

ところで、この二人が急速に溶け込んでいった理由のひとつに、最初から住民票をおいたという事実もあったと彼らは分析している。つまり本気で住もうとしているということが、まさに口コミで伝わっていたということなのだろう。

さらにまた、この土地のお祭りのための準備などの伝統行事に積極的に参加したということも、適応を早めた理由のひとつとも考えていいようだ。その結果でもあるのだろう、通さんは今は総代の一人になっている。ここへきて六〜七年目のことであった。常会で選ばれたのである。今は祭りで神輿を担ぐ数少ない担ぎ手の一人として、欠かせない存在になっている。このほか消防団員にもなっていて、年一回総合訓練に参加しなければならない。地区対抗の運動会も同様で、二人でよく走ったとのこと。

このようにしてこの土地に溶け込んでいった二人は、同時にかなりクールな観察者でもある。二人が観察したことの中にはたとえば次のようなことがあった。

まず「立ち話」の話。ここでは立ち話が盛んで道路でも畑でもこれはしょっちゅう見かける光景だ。これはひとつには、気候のよさと日照時間が日本一という恵まれた条件が大きく関係しているようだ。雪国では「いろり」を囲んでお茶と漬物のコミュニケーションがあるけれども、このような条件に恵まれた瀬戸内海ではそれが「立ち話」という形をとることになるのだろう、というのがお二人の解釈だった。

ところがこの立ち話には「おあがりなさい」がまったくないという。つまりその延長として、家に入ってお茶を一杯飲んでもらおうという風習がないという。これは二人の見るところでは、ここには「立ち入らない」というコミュニケーション習慣のようなものがかなり根強く存在しているせいだ。そうしてこれは同時に、コミュニケーションと人間関係がなが続きする原因のひとつにもなっていると二人は分析する。

さらに、このような、見ようによっては距離を置くコミュニケーションの習慣は、このように立ち話とお茶の使い分けというような形をとる。つまり普通のコミュニケーションでは立ち話だがお茶は出さないという使い分けが存在しているということだ。これはなにを意味するのか。

小池さんたちの解釈では、お茶を出すことは「お接待」に属し、普通のコミュニケーションとは違った範疇のことだという。では「お接待」とは何か。

これは四国の人々の性格に深く関係したことだ。たとえばタオルの産地である今治市で、商品にならないタオルをあげる、あるいはミカン農家が商品にならない形の悪いミカンをあげる、というような行動の底にあるのがこの「お接待」の精神なのだ。この場合、自分の懐が痛まない程度が原則のひとつであり、さらには親しくなりすぎてはダメということも重要だという。そうしてそこにあるのは、「自分も一緒にお参りしてきてください」という考え方あるいは心構えだというのだ。

ここまで書いてきて今私は先日読んだばかりの辰濃和男さんの『四国遍路』〔岩波新書 二〇〇一年〕の一部を思い出している。「お接待」について辰濃さんはこう書いている。

六番安楽寺のあたりを歩いていたとき、「ロクバンサーン、ロクバンサーン」とお店の中からよびとめる人がいる。そっちは違う道だ、六番札所への道はコッチを行きなさいとわざわざ教えてくれるための「ロクバンサーン」だった。七番十楽寺を出て、雑貨屋により、ティッシュペーパーを買おうとしたら「貰い物だけれど」と言って二袋を差し出された。お接待だった。

九番法輪寺の境内には、墓地を売る店があり、そこの女主人にお接待の焼き芋をいただいた。「歩いて回っているお遍路さんには、接待させてもろとるんや」

若い、背の高い女性が、店の前に現れた。お遍路中の夫とここで待ち合わせているのだという。体の調子が良くなくて、夫と一緒にお遍路には行けなかった。夫は八十八の札所を歩き抜いて結願をはたし、そこから十番切播寺に戻り十番からこの九番の法輪寺に向かっている。「もうじき現れるはずなんですよ」。長身の妻は弾んだ声でいった。

私が店を離れようとすると「失礼ですがお接待させてください。主人もきっと皆さんのお接待をいただきながら、歩いたことでしょうから」といい、千円札を差し出すのだ。ためらいながら、ありがたくいただいた。（略）

しばらく歩いて、家の前にいた男性に植村旅館への道を尋ねた。話をしているうちに「お遍路さん、お茶、飲んでいきなさいよ」と言われ、われながらずうずうしい事だと思うが、玄関の間に上ってお茶をごちそうになった。私の心の鞄は接待の数々で早くもはちきれんばかりだった。〔同書 二八〜二九頁〕

私はこのくだりを読んでとても感心したものだったが、上記のような小池さん夫妻の話をうかがってこの感動はさらに増幅されたように思う。そうしてこの感じは、小池さんがいった「この島は明るいんですよ」という言葉にも通底する部分があるように私には思えたのだった。

そうしてこの「明るさ」には、目の前は海、さらにその先には丸亀城が見えるという環境がその原因となっていることは明らかだが、しかしもうひとつ老人たちの持っている明るさがつけ加えられるべきだろう。これは前出の「天野」さんのお店でお会いした老人たちから私が感じたことでもあるのだけれども、もうひとつ小池さんのいったこんな言葉からもうかがえることのようだ。「ここでは死ぬことが暗くないんです」。

たとえば独り暮らしのおばあさんを朝訪ねる。こんな時多くの人のいうのが「ばあちゃん生きてるか」だという。

さてここで、私はもう一冊の本を思い出している。獅子文六の『てんやわんや』という小説なのだが、一九四八年に「毎日新聞」に連載されたものである。新聞小説で読んだのか、それとも映画で見たのか記憶は定かでないのだけれども、これが四国に対する私のイメージ形成に大きく影響したことは疑いない。いや正確には、この島のもっている明るさ（の描写）に非常に強く印象づけられたということなのだ。

主人公は敗戦直後の東京でつとめさきの出版社の社長のいい加減さに嫌気がさして、知己を訪ねて四国に逃げのび「四国独立運動」に巻き込まれてしまうという話なのである。そうしてこの運動の主唱者である僧りょについて作者は次のように描写している。

伊予、阿波、土佐、讃岐——四つの国は、四つの自由の象徴である！
その四国島の独立！（略）彼の言うことは、それにしては、理路整然たるものがあった。
欠乏からの自由について、彼の建てた生活必需物資島内自給計画は、いちいち数字を挙げて、いやにコマかいのである。
四国四県の米、麦、甘藷の主食生産高は三百二十五万の島民を養うに、少し不足しているが、彼の計画では、稲の二回作が可能で、人口希薄の土佐へ、人口過密の讃岐から大移動を行い、水田大開発を始めることによって、自給自足は達成するというのである。
　塩は、讃岐、土佐でとれる。
　砂糖は、土佐と讃岐で自産する。
　建築資材は、土佐と伊予の大森林地帯がある。（略）
　酒も、土佐、讃岐の芳醇から、各地私醸の芋焼酎「ホケ」に至るまで、島内の上戸に不自由はさせない。（略）
　なんでも、島内にないものはない。石油、鉄、石炭、そしてウラニウムを産しないことは、絶対平和主義の四国島にとって何という幸福であろうか。〔『てんやわんや』新潮社　一九四九年　二一二〜二一三頁〕

獅子文六がこのように四国を描いたことの背景には、再婚した奥さんが愛媛の出身だったということも関係していると思われるが、彼には南の島に題材をとった滑稽談もあって、荒廃した東京と南国の明るさとの対比はこのころの彼がもっともこだわっていたテーマのひとつでもあったのである。そうして、彼が描写した明るさはここ広島ではいまでも続いている。これがなんといってもおもしろいところなのだ。

過疎、住民の六〇％が六五歳以上——このような話を聞くとある種の暗い雰囲気を予想しがちだが、そうして事実最初は私もこんな感想をもったものだが、いろいろと話をうかがっているうちに、それはしだいに消えていった。これが小池さん夫妻の目と耳とを借りて、私がこの香川県丸亀市の島でもつことができた感想でもっともインパクトの大きなもののひとつなのであった。

③ 沿海地域の女性労働

竹内由紀子

1　女性労働への視点

海村調査参加者のうち、もっとも多くの調査地におもむいた瀬川清子は、『海村生活の研究』に「海村婦人の労働」を著した。[(1)] 沿海地域の女性は、自給用・販売用の農作、夫の獲ってきた漁獲物の加工、販売（行商）、漁具（縄・網など）の作成、自らが行なう漁業（潜水漁など）、出稼ぎなどで一家の収入の一翼を担っていた。また、家計の消費に関しても「常に妻に管理せられる事が多い」と指摘している〔一九四九　一一六〕。瀬川の業績は、沿海地域における女性の経済上の重要性を指摘するに留まらず、女性労働のありようを確認することが、地域社会の把握のために重要な手段であることを明らかにしている。[(2)]

家族の協同労働で稲作に従事する農業村落とは異なり、沿海地域では、複雑な生業複合の様相を呈する。この複雑な経済活動を把握するために、女性に注目することが有効である。本稿では、今回筆者が追跡調査に参加した福井県坂井郡三国町安島《あんとう》地区と新潟県岩船郡粟島浦《あわしまうら》村の生活変化を、女性の経済活動に注目しながら記述する。この作業によって、複合する生業を営んできた地域社会の性格を分析したい。

2　海に入る女性——福井県坂井郡三国町安島地区

嫁の義務としての潜水漁の後退

安島は、観光地として著名な東尋坊を地籍に含む岬端集落である。明治初頭に二〇〇戸を越える大きな集落であり、現在は三四六世帯が居住する。近世期から、男性は三国湊の水夫、女性は潜水漁（海女）[(3)] に就く傾向が強かった。陸運が発展し、海運が後退した明治中期以降の一時期、男性は地元安島で釣り・刺し網漁業に従事したが、大正末から昭和初期における全国規模の漁船の動力化・大型化に岩礁地帯ゆえ対応できず、船舶会社・漁業会社へ船員として就職する者が増加した。一方、女性は一貫して潜水漁に従事した。一九六〇年代に三国町内の第二次産業が発展し、男性は自宅から通勤可能な職場に就職するようになる。また同じ時期に、東尋坊を訪れる観光客が飛躍的に増加し、東尋坊での観光産業が活況を呈すると、女性たちも収入が安定した雇用労働に転換する者が増えた（資料編参照）。

安島地区へは、瀬川清子が一九四〇年に訪れている。調査当時は、嫁入り道具としてオモケ（潜水漁に使用する桶）を持参した〔「手帖」一〇七〕(4)。「嫁行ったら、海に入らなアカンかった」と言われるように、潜水漁は、既婚女性の当然の義務とされていた。しかし、本格的な潜水技術の習得や漁撈は婚入後で、石川県舳倉島のように(5)嫁入りの条件に潜水漁の上手下手が関与することはなかった。

一九九九年現在、雄島漁業協同組合（以下、漁協と略す）安島支部組合員一一七人のうち、女性は正組合員・準組合員合わせて六五人である。この女性組合員は、すべて潜水漁に従事する人々である。年齢構成は、六〇歳以上が四四人で七割を占め、最年少は四五歳で、後継者問題が取り沙汰されている。

「嫁は潜水漁」という規範がどのように変化したのかみてみよう。先述した嫁入り道具にオモケを持参する義務は、安島地区内同士での婚姻に限定されていたが、一九五〇年代までの婚姻は、ほとんど安島地区内で行なわれていた。一九六〇年代に入ると、徐々に他地区からの婚入者が増えていった。このころ、オモケを持参する習俗は消滅した。ちょうど東尋坊の観光客が増え、観光売店等の開店が相次ぎ、地元女性を雇用しはじめたころで、潜水漁と売店をかけもちする者もでてきた。そこで組合では、東尋坊に勤める者は組合から抜けることを義務づけた。これによって、安島女性には、潜水漁が一元的な義務としてではなく、潜水漁か東尋坊勤務かという二者択一的な選択肢として提示されるようになった(6)。現在では、組合員が減ってきているので、勤めを持つ人を準組合員としている(7)。

潜水漁の技術習得は基本的に婚入後であった。安島出身者でも、娘時代の漁は遊び程度で、若い嫁は「海習《うみなら》いっ子」の状態である。何年も経験を積んだベテランとは雲泥の差がつくので、後には指折りの水揚げをあげる人でも嫁入り当初は「辛かった」「海入《うみはい》るのが嫌で」と述懐する。婚入後に習いはじめるので、地区外からの婚入者のみならず、地元出身女性も、習得が比較的容易な売店勤務を選択するようになっていったのではないか。

ただし、従来も、女性たちが担った仕事は潜水漁のみではなかった。自給用田畑の耕作、薪・松葉など燃料の確保といった消費生活に関わる労働に加えて、さまざまな収入機会をとらえてきた。たとえば、瀬川の話者であった一八七八（明治十一）年生まれの女性の生涯を追跡調査したところ、潜水漁のほか、自身の漁獲の行商、観光海女、道路工事の砂利運搬、タバコ耕作、地区内の富裕家での女中など、さまざまな仕事を経験している。どの仕事を選ぶかは、それぞれの効率性、個人の資質などによって合理的に判断される。こうした労働は、「家業」のように姑から嫁へと受け継がれていくものではなく、自身の得意・不得意、好き・嫌いといった個性や時機に応じた、効率性を基準にした取捨選択の結果である〔竹内　二〇〇〇　一六二〕。このようななかにあって、従来言われてきた「嫁は潜水漁」という規範も、他の労働との兼ね合いの中で消滅していったと考えられる。

漁撈活動における男性と女性

つぎに、男性の漁と女性の潜水漁の関係について述べる。瀬川の調査当時から今日まで、潜水漁はウニ・サザエ・アワビ・ワカメ・テングサの漁が中心である。これらは、女性による潜水漁によって捕獲されてきた。隣村の米ヶ脇では男性の海士もおり、越前海岸沿いに南下した越前町などでは、むしろ男性海士が中心であるのに、安島では潜水漁に男性は関わらなかった。ウニ漁の最初の口開けの日をアラハリといい、泳ぐ必要のない浅瀬にもウニが豊富にいたので、ふだん潜水漁に従事しない子どもから高齢者までもが参加したが、これにも男性は加わらなかったという〔倉野　n.d.〕。

大正末から昭和初期の様子を描いた聞き取り資料〔倉野　n.d.〕によれば、潜水漁に男性が関わらなかったのとは対照的に、男性の漁から女性は忌避されていたという。水揚げ後の三国への運搬などのほかは、漁具の手入れなどもすべて男性の手によってなされ、女性に触れさせなかった。漁船に乗ることも禁じられていた。しかし、筆者の調査では、こうした女性忌避の観念があったことを知る人は少なく、大正生まれの数人に記憶されているだけであった。後述するワカメ漁の船は、漁船とは形態が違うので、[8]女性忌避の観念があった時代でも乗ることができたのだという。現在では、ウニ漁とワカメ漁に男性が参加している。ウニ漁では、漁協組合員の男性は一週間操業できる。また、ウニ漁には組合員以外でも一万五〇〇〇円の入漁料を支払えば参加できるが、この許可日数は、女性が一週間、男性が三日間である。男性も参加はできるが、女性を優先する仕組みとなっている。男性で潜水する人もおり、女性以上の漁獲をあげる上手な男性もいるという。潜水漁という技術自体が女性にのみ閉じているわけではない。

ワカメ漁は船を使って漁場まで行く。船の操作は男性が行ない、ワカメを採取する作業は女性が行なっている。現在では、定年した夫が船を操縦して妻だけを乗せていく「夫婦船」のケースが圧倒的になっているが、以前は、女性四〜五人のグループで乗り合って行った。このグループの船も一九六〇年ごろまでは、女性自身が櫓櫂を漕いで、男性はワカメ漁の船に関わらなかった。しかし、櫓を担当した女性が疲れて思うように漁ができないということから、のちには男性に船頭を頼むようになった。船頭には、老年男性があたった。女性たちで資金を出し合ってワカメ漁用の船を購入するグループも少なくなかった。今日では、夫婦船に切り替える人が多く、乗り合うグループは三組ほどしか残っていない。男性船頭への手間賃は、漁協で額を定めている。

漁において、男性と女性の活動領域が明瞭に区分されていたようにも見える。しかし、男性が船員などの雇用労働に就く状況では、女性忌避の観念は意味をなさない。安島においては、明治中期から大正期までの男性が地元での漁業に従事した一時期に、海という生産の場を共有した男女が、それぞれの生産領域を確認する以上の機能はなかったと想像される。

公的領域における女性の位置

男性は、船員をはじめ長期間自宅を留守にする職種に就くことが多かった。この事情から、多くの生活領域が女性の手に委ねられる結果になっている。夫の不在中には、結婚式・葬儀への出席などの親戚とのつき合い、子どもの進学問題、その他いっさいが妻に任されていた。

瀬川は「男は漁の他は遊んでいるから、きばっても年収三〇〇円。女は年中何かと採集しているので、いい人は七〇〇円も挙げる」「安島は嬶が居ないと物は買わない」と記している〔『手帖』四六〕。現在でも「安島はカカア天下」と言われるし、一九九九年に完了した住宅地造成に関する土地の契約に際しても、夫が気安く判を押そうとするのを、妻が押しとどめる場面が見られたという。

一九九八年の安島地区の水揚げ金額では、沿岸漁業の合計が一一三〇万円なのに対し、浅海漁業の合計は四六三二万円である（三国町農林水産課資料。資料編参照）。女性による潜水漁を主とする浅海漁業が、男性の沿岸漁業を圧倒している。しかし、これは漁業のみを比較した場合であって、生涯通じて獲得する現金収入はこれのみではない。現在の安島男性の漁は、定年後の楽しみとしての漁である場合が多く、これによって生計を立てるといった性格ではない。男性の生涯通じての収入の主体は、船員などの雇用労働による賃金である。さらに、定年後給付される船員年金は、国民年金と比べ高額である。女性たちは、自分が経済的に男性よりも優位だとは考えていない。むしろ、年金額に反映しない仕事に従事してきた経験を、夫との対比によって低く見積もる心情もある。

また、「カカア天下」と称されても、すべての場面で女性が一貫して主導権を握っているわけではない。公的活動を中心に検討しよう。

自治会組織である安島区は、一四班から構成され、一四人の班長は、全員が男性である。その他の区役員も、福祉推進委員六人中三人が女性であるほかは男性である。住民のインタビューでも、「区役員は男性」との発言が聞かれた。区の運営が男性中心である状況は、自宅通勤で地元に居住する男性が大半の今日だけでなく、船員が多く不在男性が多かった時代でも同様だった。数少ない地元にいる男性が、何期も続けて引き受けたものだという。男性の不在中、冠婚葬祭など家を単位とする公的活動は、女性に全面的に委ねられたが、地区運営に関わる自治会では男性が優先される全国で一般的な傾向がみられる。

つぎに、漁協の役員組織を見てみよう。雄島漁協は、旧雄島村の漁村地帯から成る（資料編参照）。安島支部三人、米ヶ脇支部二人、崎支部二人、梶支部二人、浜地支部一人の計一〇人で理事会が組織され、この中から組合長が選出される。理事は各支部での選挙によるが、安島支部では理事三人のうち一人を女性から選ぶ。女性理事は米ヶ脇支部にも一人おり、以前は他支部にもいた。女性理事を選出する理由は、安島支部男性組合員五二人に対して女性組合員が六五人と女性の方が多いこと、女性の漁は潜水漁だが、男性の漁は一本釣り・刺し網漁と漁種が異なることによるという。

安島支部では、組合員を男性・女性、正組合員・準組合員に関わらず、居住地単位に七班に分けている。一班が一五軒程度、夫婦共に組合員の家があるので、人数は一八人程度になる。各班に班長がいるが、班長はすべて女性である。この班長は「海女頭《あまがしら》」とも呼ばれる。

瀬川は、海女頭について、つぎのように記している。「アマガシラ（ウミドメ）は二人。ものの分かった人を下々のアマから申し出る。年一円二円の手当。天候の様子を見て、時化るから今日は入らないなどという。男衆にも天候のことなど問うてからアキンドと値を決める」〔「手帖」一〇六〕[9]。「昔は海女頭の権利があって、全部まかなった。海女頭の言葉に応じて何でもとった。県から承った話も言い流す。今は人間がはしこうなって、女の言いことを用いないので、男がさばくが、それでも女のことがわからないので、組々に海女頭を作っている」〔「手帖」一〇七〕。これらは、安島に隣接する米ヶ脇の話者からの聞き書きだが、当時の海女組織と海女頭のおもな役割が口開けの決定であること、班ごとに海女頭が設定される経緯などが推測できる。

こうした権威をもった海女頭の系譜を引く、現在の女性理事と女性の班長の存在からは、今日の漁協運営においても女性の発言力が大きいのではないかと思わせるが、実態は想像通りではない。各班の海女頭は、漁協から各組合員への伝達係で、二年任期を輪番で勤めている。今日でも、サザエ・アワビの漁は女性理事と海女頭が早朝にナギを見て口開けを決定するものの、組合が集荷するテングサ・ウニ・ワカメの漁[10]の口開けは、女性理事・海女頭も参加するが、決定は支部長が下している。潜水漁従事者や女性役員だけの集会は行なわれず、ナギを見るとき以外に女性役員が集まる機会はとくにない。

女性理事は輪番ではなく、潜水漁の技術、能力、人柄などから選出される。理事の任期は三年だが、一〇年あまり勤める例が多い。ところが、支部や漁協に対して、女性理事が潜水漁代表者として意見を述べることはあまりないという。

ある女性理事経験者によれば、「支部長に任せておけば、地域のことだから悪いようにはしない」と、報告・決定の確認、承認が務めであったとのことである。

女性理事の存在、女性ばかりの班長といった構成から、漁協に関することは、一見女性の方に主導権がありそうに見えるが、現実には、実効性は薄いようである。このように現在の漁協のあり方からも、自治会同様、公的場面では女性が男性に依存的な傾向が見える。瀬川が海女頭に見いだそうとした社会的威信は、今日の安島女性たちからは重視されていない。女性たちの主たる関心は、自身がどれだけ水揚げをあげられるかにあるようである。男性たちから後継者問題が取り沙汰される潜水漁の継続・継承の問題も、女性たちは仕方がないこととみている。男性たちにとって、潜水漁は安島の地域文化の一端だが、女性たちにとっては、その他の労働と並ぶ収入獲得手段の選択肢のひとつにすぎない。女性たちは、組合員として便宜上組織されてはいても、基本的に個人プレーヤーとして存在しているといえる。[11]

3　女性の家計運用と私財

家族協業で労働に従事する農家の女性は、一家の収入に対する女性個人の寄与が計量不能で、労働の価値が考慮される機会が少ない。家族操業の漁業も同様である。これに対して、潜水漁はじめ個人単位で操業する安島では、女性個人の労働が収入に応じて可視化されている。先述のように、男性が留守がちで女性が家庭の運営実務を担当してきた安島では、家計管理も女性の重要な役割であった。こうしたなかで、女性たちが自身の労働の対価である現金とどのように関わっていたか。「私財」〔中込　一九九一〕に配慮しつつ、ライフステージごとに実態を探ってみよう。

先述したように、ウニ漁の初日であるアラハリの日には、一般も参加することができた。[12] 小学生でも、浅瀬でウニを採り組合に持参すればおとなと同様に買い上げてくれた。それは子ども自身の小遣いになり、この金で好きな菓子を買い食いすることができた。「安島の生まれでよかったなぁ」と思ったものだと述懐される。潜水漁で漁獲を挙げる楽しみ、自分自身の収入を自由に使う喜びなどを子ども時代に体感している。こうした経験が、嫁入り後の潜水漁を支える動機づけになっているように思われる。

一九五〇年ごろまでは、女性は義務教育を終えると、生家を離れて住み込みの仕事に就いた。雇用先は、三国町中心部の商家や芦原温泉の女中、福井市内の機織り工場の女工などであった。盆と正月に着物の仕着せをもらう以外、娘たちが賃金を渡されることはなかった。[13] この時期の女性たちが自由に使える小遣いは、戦前の入漁規制の緩やかな時代には、勤務先から戻った休暇時の潜水漁で得ることができた。本格的に漁を行なうのは既婚者で、未婚女性に義務はない。技術も既婚女性に比べるときわめて未熟ではあるが、漁が禁止されていたわけではなかった。しようと思えば、漁をして漁獲を売り、自身の収入として小遣いにすることができた。未婚時代の女性は、三日間程度の休暇の間に、友人と誘い合って遊びがてらに漁をし、いくばくかの小遣いを得た。

女性の多くは二〇歳前後で嫁いでいる。オモケを嫁入り道具のひとつとして嫁ぎ、苦手な者でも「周りが（海に）入っているので、行かないわけにいかない」と、潜水漁は嫁の当然の義務であった。嫁が婚入する以前から姑も潜水漁に従事しているが、自家に嫁が来たことによって漁を引退するとは限らない。潜水漁が得意であったり、好きであれば、一軒で嫁も姑も漁に出る場合もあった。[14]

家計管理が、女性＝姑の役割であったことは先述した。嫁の漁獲による収入も、家の収入として全額を姑に渡した。例外的に、ウニ漁の期間は「サザエは左でウニは右」といい、ウニは姑に出すが、サザエは嫁自身の所有で代金を私有することができた。とはいえ、潜水漁で漁獲されるサザエのすべてが嫁の所有になったのではない。ナデと称するアワビ・サザエの漁期の漁獲は、家の収入として姑に出した。個人の漁獲が可視化できることは女性の労働の貢献度を評価するために不可欠となるが、婚入当初の嫁にとっては、漁獲量が自身の漁の技術の未熟さや、家計への寄与が少額であることを示すこととなり、苦痛として体感されていた。

嫁には「イマキの銭[15]」が渡された。イマキ銭の額は、一九四五（昭和二十）年ごろで一〇円程度だった。一九二六（大正十五）年生まれのAさんの例を中心にして、嫁の小遣いについてみてみよう。Aさんは、安島生まれで、戦後すぐに公務員である夫と結婚した。結婚当初の家族構成は、祖母・姑・Aさん夫婦の四人家族であった。姑は跡取り娘で、その夫は早世している。婚家は安島でも五本の指に入る「働く家」として知られ、祖母も姑も勤勉であるだけでなく、有能で他の家があまりやらないような事業も行なっていた。[16] こうした労働の段取りはおもに姑がつけ、その指示に合わせて、Ａさんは各作業についた。

安島の嫁たちは、漁期の前か後に姑から小遣いをもらった。潜水漁以外にも、Ａさんの家では換金作物としてタバコを栽培しており、[17] 販売完了時にも潜水漁と同額の小遣いを渡された。また、盆と正月にも小遣いをもらった。

これら嫁の小遣いは、嫁自身より、産んだ子どもの衣服などのために使われた。Ａさんは、ウニ漁の機会には三〇〇円ほどもらったが、子どもの浴衣の生地が一反二〇〇～三〇〇円だったので、何も残らなかったという。また、同時期に別の家では、タバコを換金する際、嫁に一〇〇〇円を小遣いとして支給したという。嫁に対する小遣いをいつ、どのくらいに設定するかは、各々の姑の裁量に任されていた。一家の日常的な現金支出は、おかずである魚の代金と、地区内にある銭湯[18]の入浴料で、嫁とその子どもたちの入浴料も姑から渡された。

三国町中心部にある三国神社の祭礼には、安島から多くの人が出かけた。店や屋台でふだんは食べられないものを食べたりすることが、連れられていく子どもたちにとっては最大の楽しみのひとつであった。この際に、子どもを楽しませるための現金が手元にない場合、嫁は実家に寄って親から小遣いをもらっている。結婚前の奉公時代には、ねだっても与えられなかった小遣いが、婚出後には与えられているのが興味深い。

家計の管理権の嫁への引き渡し時機は、各家によって異なる。Ａさんの場合、姑は比較的遅くまで管理していたという。大阪に居住する義弟夫婦に双子が生まれ、その世話をするために、姑が三か月間家を留守にした機会に、なしくずし的に譲り渡された。Ａさんは家計収入のすべてを管理するのではなく、自宅通勤の俸給生活者だった夫から給料の一部を渡され、自身も潜水漁、観光海女、東尋坊の売店勤務などで収入を得ながら生活を切り盛りした。

家計管理権は、同時に収入手段の決定・采配権も意味している。Ａさんは、家計管理をまかされると同時に、自家の水田耕作・タバコ耕作を放棄している。自給畑は、姑が「私がやりたいから」といって少量残した。Ａさんが姑を手伝うことはなかったという。嫁時代は、労働の采配は姑に委ねられ、姑の管理下にあるが、家計管理の譲渡以降は、自身の好き嫌い・体調・都合など、自分の判断で労働を選択でき、姑への手伝いは義務化されていない、姑に従属する嫁姑関係が一生涯続いてはいない。一時体調を崩したAさんは、一九六三年に収入の主体を潜水漁から東尋坊の売店勤務に切り替えた。売店勤務は、毎月決まった額の収入があり、ボーナスも出る。この時期は「自分の儲けは自分で自由」に使っており、制限された小遣いしか与えられなかった若嫁時代とは大きく異なる。

一九九〇年に次男夫婦に子どもができたとき、Aさんは勤めを辞めた。当時、長男一家は新潟に居住し、Aさん宅には、次男夫婦と三男が同居していた。Aさんは「次男にも家を建てさせなければ」と思い、「自分が子守をして養うから、三年間は倹約して共働きで貯金をしなさい」と次男夫婦に言い渡した。次男夫婦は、四年間同居して働いて陣ヶ岡に住宅を購入し、独立した。潜水漁に出る女性は少なくなり現金獲得の手段は変わっても、既婚女性（この場合は次男の妻）が夫同様に家産の創出に力を注ぐことを当然に考え、これが子育てよりも優先するとの価値観が、今日にも生きている事例だといえよう。

4　家族を食べさせる女性——新潟県岩船郡粟島浦村

前節でみた家計の運用の問題を、安島とは別の条件下にある地域の例で検討してみよう。女性自身は漁撈に直接関与しない粟島の例である。

粟島は佐渡島の東北海上に位置する離島である。世帯数一四〇の内浦地区と世帯数三三の釜谷地区からなる（一九九五年国勢調査）。北見俊夫が一九五〇（昭和二十五）年「離島調査」で訪れた。当時の現金収入は、漁業六割、竹四割だった（北見　一九六六　二〇二）。一九七〇年代の離島ブーム以降、民宿経営を主とする観光産業が展開している（資料編参照）。

北見は、粟島の生活を「女は山に、男は海に、はっきりした分業によっている」と記している（一九六六　二〇二）。ヤマとは、おもに畑のことを指している。かつて丘陵地に焼き畑で拓いた山畑を耕作していたことによる用語法と思われる。さて実態は、この分業が徹底されていたわけではない。北見も、女性のイワノリ摘みと、高齢男性の農業の手伝いを例外としてあげている〔一九六六　二〇二〕。また、竹と薪は男女協業であった。竹の伐り出しは、漁の最盛期が過ぎた時期に行なわれるので、男女ともに従事した。薪用の木は、男性が伐り出し、女性が背負って降ろした。

粟島の農業は、水田と畑があった。水田は、一九六四（昭和三十九）年の新潟地震で水源が枯れ、畑に転用された。これにより、遠方の畑は放棄され、現在では集落に近い畑のみが耕作されている。男性は田起こしなどを手伝う以外、農業はほとんど女性の手に委ねられていた。農業に従事するのは嫁世代の女性で、嫁に子どもができると、姑は子守として留守を守る。食事の支度も姑が担当する。北見は「老人が留守居を兼ねて食事作りをする。これをエノシ[19]という」と記している〔一九六六　二〇八〕。

水田は合計約九ヘクタールと少なく、充分な量の米を賄えるのは二軒のみであった。他の家は、畑で穫れる麦類・雑穀類・芋類などで補って食べた。地震によって水源が枯れ、稲作が困難になったとき、それまで稲作に従事していた女性たちが出稼ぎに出るようになった。

一九二二（大正十一）年生まれの女性Bさんの家は、水田を比較的多く所有しており、一〇俵程度の収穫があって、不足は麦飯などにして補い、米は購入していなかった。Bさんは、地震の年から、対岸の新潟県村上市瀬波地区などの稲作農家へ稲刈りの出稼ぎに出た。小学校低学年の子どもを姑に預けて、四〇～五〇日間留守にした。周旋業者が来島し、八人前後のグループで出かけた。行った先で、雇う農家と雇われる女性たちが二列に並んでくじ引きをし、行く家を決めた。朝一時半に起きてハサに掛けてある稲を扱く、六時に朝食を食べて田へ出、夕方六時まで稲刈りという仕事だった。終了時に、一〇俵の米を手間賃としてもらった。帰宅すると、姑が「一〇俵あれば（家族が一年間）食える」と言って大喜びで迎えてくれた。稲刈りの出稼ぎは六年間行った。その後、近所の人に誘われて、神奈川県小田原市根府川のミカン農家にミカンもぎの出稼ぎにいった。ミカンもぎの仕事は十一～十二月の約二五日間で、正月前に帰った。ミカンもぎの報酬は現金だった。

地震以前は、既婚女性が出稼ぎにいくことは一般的ではなかったが[20]、地震以後、ほとんどの女性が長期間子どもを置いて家を空ける出稼ぎに出るようになった。女性を押し出したのは、「お米が欲しくて行くんだから」という飯米目的であった。水田が利用不可能になったとき、入手方法は違っても、飯米獲得の担当者としての勤めを果たすことが、嫁にとってなによりも優先されたのである。女性による飯米目的の出稼ぎは、瀬川も描くように、粟島だけの特殊事例ではない〔一九四九 二二〕。ここで議論したいのは、家族の消費生活のあり方である。一般に、一家族の収益は、担い手が複数あっても、各自の私財として認められるもの以外は、すべて家計の一部として合算して理解しがちである。しかし、粟島の女性の出稼ぎによる飯米獲得は、消費の目的別に確保の仕方と担当者が決まっている事例である。今日の共稼ぎ夫婦に、夫が家賃・光熱費を、妻が食費・雑費を分担するような、消費目的別に支出者を決めて家計運営する家庭も増えていると聞く。この構造に類似して、単一の管理者が一元的に裁量するのではない家計のあり方である。粟島の場合、嫁の労働は家族を文字通り「食べさせる」ことを目的としているのである。

では、男性の労働による収入は何に使われているのか。一般化できるほどには実例の聞き取りは充分ではないが、Bさんの夫であり、自身を「商売道楽」と位置づけるCさんの事例が興味深い。Cさんは一九一五（大正四）年生まれで、一九四一（昭和十六）年にBさんと結婚した。漁業もしたが、「魚を捕るより、商売が好きだった」と語る。竹の加工[21]を皮切りに、サメ網の導入（資料編参照）、アワビ・サザエの缶詰会社との取り引き[22]、漁協のアワビの潜水夫導入など、さまざまな試みを行なってきた。

このように次々と新しい事業の開拓に手を染める人は、粟島でも稀である。[23]しかし、新しい事業にメリットがありそうなら、すぐに他の人々も参加してきた。Cさんのみならず、粟島では、収入の方途がつねに模索されてきた。継続中の事業に心を注ぎながらも、他の途への関心も持ち続けている。粟島に限らず、漁村での生業は、毎年同じ作物で安定した収穫・収入が望める稲作中心の農家などとは異なる経営スタイルをとらざるを得ない。価格が変動しやすく、つねに連作障害の危機にさらされている商品作物専従の畑作農家に通じるあり方といえよう。こうした中にあっては、次の事業への資金準備が必要である。新事業ならずとも、漁業には、船をはじめ漁具の整備にかなりの投資が要求される。また、Cさんは、実弟を粟島で初めて大学へ進学させている。親戚に迷惑をかけないよう、学費を作るため、Cさんは冬期中出稼ぎをした。男性の稼ぎは、主としてこうした将来への展望に利用されたと考えられる。

富田祥之亮氏の調査によれば、釜谷地区では、出稼ぎを余儀なくされていた女性たちが、家を空けることなく得られる収入を模索した結果、民宿の導入が実施された（富田論文参照）。内浦地区では、これとは事情が異なり、どちらかといえば男性主導で民宿経営が開始されたようである。一九六〇年ごろ釜谷地区では、母親たちの方言を矯正する自主的な勉強会「言葉直しの会」をはじめ、母親たちと学校が深く交流していた。こうした中で、「母親は子どもの側にいるべき」といった理想像が釜谷地区の女性に浸透していったのかもしれない。子どもの教育を重視することが、生業戦略に影響を与えた、新しい時代のインパクトといえよう。イワノリ摘み、天然ワカメ採りの際に、内浦の女性は男性に船を出してもらう。釜谷では、女性自ら船を操作して行なうという。検討は充分ではないが、女性の生活意識に両地区で若干の相違があることが推察される。

5　まとめ

今回の調査は六〇年前の追跡調査に主眼があり、女性生活に集中した調査成果はじゅうぶんでないものの、本稿では二つの社会の女性労働の再構成を試みた。その際に、女性労働によって獲得される財とその運用という視点を採用した。粟島の例は、妻と夫で財の獲得方法と機会が異なり、獲得後の管理と運用目的も夫と妻で別になっている。一元化されていない家計運用の事例と捉えられよう。「家計」概念自体を再検討すべきなのかもしれない。[24] 生活実態に即した研究枠組みの再考が必要とされよう。

安島は、女性が掌握している生活領域が比較的大きい社会である。しかし、家計収入への寄与の度合いや運用における裁量度が大きいからといって、その事実によって社会の全領域に渡って女性の存在が重視されているわけではない。安島女性の生活に関しては、家計や家業といった家を単位とした生産・消費の枠で捕捉するよりも、労働や消費の自己裁量という個人を単位とするアプローチが有効であるように思われる。[25]

本稿の議論は決して万全とはいえないものの、沿海地域社会の多様で複雑な生産・消費実態の一端を示すことができたのではないか。ただし、家に埋没する女性労働の一般像に比して、沿海地域における女性の生活が個人を単位に顕在化しやすい特殊性ゆえであって、他の社会の女性生活についても同様に多様な実態を想定できる。沿海地域女性の研究によって浮かび上がる枠組みを、農村をはじめとする村落社会に適用することで、顕在化していない諸問題を照射できる可能性がある。「家」単位を大前提としない、女性の経済的・社会的活動の追究は、今後も重要となろう。

註

(1)『海村生活の研究』刊行は、調査実施（一九三七〜三九年）から時間を要した。その間に、瀬川は、『海女記』（一九四二年刊。のち『海女』〔一九五五〕と『十六島紀行・海女記断片』〔一九七三〕に分割して再録）、『漁村生活と婦人』（一九四七年刊。のち『村の民俗』〔一九八二〕に再録）など、漁村女性を主題とする著作を公刊している。

(2)「採集手帖（沿海地方用）」（一九三七）には、「主婦権・女の私財」（目次）に関する問題として、「古くから主婦の役目や機能とされて居たことは、何々でせうか。／杓子渡しなどといつて、嫁が主婦になるのは、どんな時機か。／マツボリ、ホマチ等といはれる私財は如何にして貯へられたか」という質問項目の設定がある（質問項目四五）。

(3)潜水漁に従事する女性たちは、かならずしも明瞭に「海女である」という自己認識をもっていない。潜水漁に従事することは「海に入る」と表現されることが多く、彼女らを「海女」と規定するのは、男性たちや潜水漁に従事しない人々である。当人たちは、観光海女として勤めることを「海女になる」と呼ぶことが多い。また、水揚げの多いベテランのみを「アマシ」と呼ぶので、女性漁業者全体を海女と記すことは、当事者の生活感覚と乖離するように思われる。

(4)瀬川は、海女に関連する資料は、「手帖」の一〇〇の質問項目が印刷されたあとの白紙のページを利用して書き込んでいる。瀬川は、一〇〇項目に続けて、一〇一番から見開きで通し番号を付けている。嫁入り道具については、その一〇七番に記されている。以下、「手帖」からの引用は、「〔「手帖」××〕」（××は番号）と表記する。

(5)「腕のよい海女は貧しくても金持に貰われる」〔瀬川　一九五五　三〕。

(6)ただし、勤めてから三年間は組合除籍を猶予されたし、勤めを辞めれば復帰できた。また、ワカメ漁とウニ漁は、非組合員でも入漁料を払えば短期間ではあるが参加できるので、東尋坊の商店に勤めつつ、ワカメ漁・ウニ漁を続け、離職後に組合員に復帰した人もいる。

(7)正組合員と准組合員の相違は、雄島漁協全体の総会への参加資格の有無で、漁の操業には違いがない。

(8) ワカメ漁の船は船底が平らである。
(9) 北潟村の例として、「海女頭は仲買を向こうに廻して演説する。その団結は固い」〔「手帖」四九〕と記している。
(10) これ以外のサザエ・アワビ・鮮魚などの漁獲物は、各自で売却する。一九五五(昭和三十)年頃までは、鮮魚も漁協で扱っていた。
(11) ある男性は、女性たちを評して「一〇人居れば、一〇人意見が違う」と語った。
(12) 今日では、入漁料を支払った者のみが参加できる。ただし、一九九八年から、潜水漁の後継者育成を考慮し、小学生の参加を許容するようにした。
(13) 本人たちは、この雇用を「口減らし」と理解している。
(14) 潜水漁は、好きなら「力のある限り」行くといい、現在も七〇歳代の現役女性が一八人いる。
(15) ウエットスーツを導入した一九七五年以前は、ウミギモン(海着物)を着てイマキ(腰巻)をした。
(16) タバコ栽培や、当時は他の人が採取していなかった海藻類(モズク・アオサなど)を採って売り歩いた。祖母は、観光海女の創始者の一人であり、独創的で有能な人だった。また、その実娘の姑は商売がうまかった。Zさんの若嫁時代は、この二人の相談によって家計の運営が計られていた。
(17) タバコを栽培したのは、広い農地を所持する八軒程度であった。耕地が少ない安島では、米と物々交換のためにニンジンを栽培した以外は、ほぼ自給用の農業だった〔竹内 二〇〇〇 一六〇〕。
(18) 一九七五年ごろまで安島に二軒あった銭湯が利用されていた。
(19) エヌシは、家主に由来し、東北地方では主婦を指す。主婦がかつて高い地位にあったことをうかがわせる呼称とされる。エノシの語は、今回の調査では聞かれなかった。筆者の調査では、粟島の場合は、引退した姑が留守を守るといったもので、一家を管理する主婦という含意は感じられない。
(20) 女性は義務教育終了後、いったん島から出て働くのが一般的なので、島外での就労経験はある。
(21) 従来、竹は加工せずに出荷していたが、冬場の仕事にと、竹の加工の導入を試みた。スキーのストック、唐傘の柄などに加工した。海の荒れる冬場は漁ができず、戦前は出稼ぎに出ることもなかったので、従来は、冬場の男性の仕事は藁仕事だった。
(22) それまでサザエは商品にならない水産物であり、自家用以外は採取されていなかった。
(23) Bさんの個性は、本人の弁で「視力が悪く、アワビ採りなども苦手だった」という事情にもよろうが、Bさんの父親も商売も好きだったことや、祖父が山形県鼠ヶ関の出身で、島外の親戚・知人が多かったという環境に負うところが大きいと思われる。実際、新事業の情報や人脈に、鼠ヶ関の親戚のネットワークが活用されてきた。
(24) 植野弘子と蓼沼康子は「女性の存在そのものを、『家』という男性中心の枠組みのなかに埋没させてきたのが、これまでの日本の家族研究であった」と指摘している〔二〇〇〇　一三〇〕。
(25) その一端は、すでに報告している〔竹内　二〇〇〇〕。

参考資料

植野弘子・蓼沼康子　二〇〇〇　『「家」と娘』植野・蓼沼編『日本の家族における親と娘――日本海沿岸地域における調査研究』風響社
北見俊夫　一九六六　「新潟県岩船郡粟島」『離島生活の研究』集英社
倉野文吉（口述）・網田義雄（補記）刊行年不明　『漁業一すじの思い出――安島漁業史の一斑』タイプ冊子
瀬川清子　一九四九　「海村婦人の労働」柳田国男編『海村生活の研究』日本民俗学会
同　一九五五　『海女』古今書院
同　一九七三　『十六島紀行・海女記断片』未来社
同　一九八二　『村の民俗』岩崎美術社
竹内由紀子　二〇〇〇　「海女にみる女性の社会的位置」『民俗学研究所紀要』二四　成城大学民俗学研究所
中込睦子　一九九一　「家族と私財」『比較家族史研究』六

④離島の暮らしの存立と男女の分業――民俗事象の変化とその変化軸の考察

富田祥之亮

はじめに

人びとの暮らしに根ざす民俗は、表面上の姿が大きく変貌しても地域固有の暮らしの核ともいうべき暮らしぶりにかかわって強く存続していることが、先の研究『昭和期山村の民俗変化』のぼう大な作業でも明らかになっている。今回の研究は、山村から海村、離島に資料を移し、その変化過程を考察することになる。

離島での暮らしは、空間的な孤立の程度が強く、その地理的な性格上、漁撈活動に焦点があてられることは、基本となる海村・離島調査報告をみても明確である。しかしながら、暮らしの存立という視点から民俗事象をとらえ返すと農耕の場合とは異なり、漁撈生活のみでこれを明らかにすることは難しい。離島での民俗事象の変化の把握では、漁撈に対応する農耕との関連が考察される必要がある。また、それは、海－陸の視点でもある。新潟県の粟島のように内浦と釜谷の二集落しかない小離島でのよりよい暮らしの存立では、漁撈－農耕、それは漁家－農家（非漁家）の対称軸であってもよいし、海部－陸部の対称軸でもある。そして、この対称軸の存在は、男性－女性対称軸というジェンダー視点も不可欠になるのである。この対称軸は、離島調査でも報告されている。(1)

これまでの報告では、内浦（前浜）－釜谷（後浜）という対抗・競争軸が強く報告されてきた。(2) 二集落の強い競争関係が、よりよい暮らしをつくり上げていく原動力であったことを示している。二つの集落が補完的に強調し、協力し合ってよりよい暮らしを築くのではなく、競争やいがみ合い、ののしり合いといった関係でよりよい暮らしが維持されてきたのである。そして、女性を話者にして民俗を語ってもらうと、前浜－後浜の地域軸以外に粟島には、もうひとつの競争原理、男性－女性軸が存在していることが察せられるのである。

本報告では、こうした知見を背景に離島における暮らしについて男女という対称軸をすえて、民俗事象としてとらえ直すアプローチの重要性を提出するものである。そしてなおかつこうした分析を通じて、民俗が民俗事象として存立せしめる「民俗核」の存在を暮らしの存続という視点で明らかにする。離島の暮らしを存立しようとするときこれまで培われてきた民俗事象の果たす役割が大きい。

1　生業の変化と女性たちの努力

粟島は、漁業と民宿の島として、大きく暮らしが変化した離島である。平成九年の村の資料によると内浦では、三九戸、釜谷では一九戸の民宿が営まれている。観光と関連する売店・食堂の数は、内浦で一八店、釜谷で五店である。ちなみに平成九年の村役場資料による世帯数は、内浦一〇六、釜谷三二世帯である。粟島における民宿の選択は、非常に大きな暮らしの変化である。そして、もともとあった漁業の性格をより大きな意味を暮らしの存立において変えたことになる。こうした変化の方向には、民俗核が大きくかかわった。漁業センサスによれば、一九九三（平成五年）に自営漁業専業・兼業別経営体数は専業二戸、漁業が主の兼業、二九戸、漁業が従の兼業漁家、五二戸となっており、粟島の人びとの暮らしにおける漁業の占めるウェイトは大きく、現在でも島の主たる生業を維持しつづけるものにしている。

粟島の民宿は、新しい島の人びとの選択である。一九六九（昭和四十四年）に行なわれた明治大学政治経済学部祖父江ゼミナールの報告（以下「祖父江」と略す）でも民宿というものは、粟島には登場していない。筆者はこの調査に学生として参加しているが、旅館（商人宿）が内浦にあり、調査に参加した三一人の学生は、内浦の数戸の漁家に分宿した。釜屋の調査では、朝、釜谷まで船でわたり、調査を終え、夕方、徒歩で六キロの道を歩いて帰った記憶がある。当時は、電気は、午後六時から一一時までの時間限定発電であった。現在島では、東京電力の大きな発電所があり、島の暮らしを支えている。発電所が終日送電を開始したのは、一九七〇年である（役場資料）。

ている。

粟島の生業の変化

一九五〇（昭和二十五）年の離島調査において北見俊夫は、生業と労働慣行について以下のようにして著述をはじめている。

島の生業を支えているものは漁業と竹である。現在、現金収入は大体、漁業六に対して、竹が四の割合を示しているという。〔「手帳」七七〕

当時の漁業、収入になったものをあげるとアブラコや鯛などの一本釣・アゴアミ（刺し網）・サメアミ（鮫網）・大謀網といった網漁、ノリつみであった。当時に換金された代表的なものは、アワビ・フグ・タイである。

一九六九年の祖父江調査では、水揚量は約三〇〇トン、タイ・ブリ漁が中心であったと記されている。同資料で当時の島民一世帯当りの平均所得は、年間七五万五五七六円であったとされ、このような高い所得を示した背景に大謀網へ参加した家庭に平均三五～四五万円が給与として支給されていたという〔祖父江ゼミナール　一九七〇　二三九〕。その当時の漁業で収入の多い順に示せば、アワビ、春・夏・秋の魚、大謀網、ワカメ、サザエ、ノリの順になっている〔祖父江ゼミナール　一九七〇　二四〇〕。

農業では、一九五〇年当時の農作物を北見の手帳からひろえばつぎのようになっている。イネ・春（まき）麦・秋麦・アワ・キビ・イナキビ・ソバといった穀類、大豆・小豆・ササゲ・エンドウ四種類の豆類、秋イモ・サツマイモ・ニドイモ（ジャガイモ）、ヤマイモなどのイモ類、ウリ・カボチャ・トマト・キュウリ・ナス・ダイコン・ニンジン・サトウダイコン・ゴボウ・近江カブ、タマネギ・ネギ・オリナ・カラシナ・キャベツ・ハクサイ・ヘラナ・ゴマ・ナンバンが記されている。カヤやアサも栽培されていた。三九種類を数える。

また、畑は焼畑としての切替畑が行なわれていた。

草を刈っておいてそれを枯らして火をつけ、焼畑にする。これを「アラドコ」という。主として麦をつくる。丘陵に拓いた山畑を「キリカエバタ」と呼んでいる。山を秋に焼いておく。多くカヤバ（茅場）を拓くが、カヤバは以前から共有地であることが多い。従って畑を拓いた後は畑の専属使用者が決まってくるから使用者は村役場へ

貸付料（借地代）を納める。〔「手帳」九六八〕

一九六九年でも竹のウエイトが高かった。大竹が八四六万一三〇〇円、篠竹が三九万一二四四円の収入があった。経木に使用したと思われる皮は、九四万八六九九円になった。

出稼ぎをしない暮らしを求めて

一九六九年では、現金収入をあげるために出稼ぎが多く見られた。収入規模からは漁業につぐものであり、九戸が一二〇〇万円ほどの収入になっていた。

こうした生業の変化を島の女性はどう考え、どうしようとしていたのか、今回の調査から話者の話をまとめてみよう。話者は、釜谷の民宿の草分け的な活動をした女性である。

調査結果1　これから釜谷をどうしたらいいのか、粟島小学校の釜谷分校には、宮田先生がいていろいろ相談をしました。子供を負ぶっていって。

そのころは、農業のことしか頭にないから、ジャガイモや麦をやめて何をするか、考えてみました。まず、菜種をやってみた。これがよかった。菜種の話は、北蒲原の新座(3)というところで聞きました。病院で知り合った人で、菜種の種を郵便で送ってもらいました。次の年からみんなに菜種の種を分けてあげました。でも、これも五年ぐらい続いたのだけれども、ウドンコ病が出てだめになってしまいました。

何を植えたらいいのか、本当に困りました。そこで岩船郡の普及所(4)に相談して、ニンニクに取り組みました。ニンニクも三年ほどで連作障害を起こして失敗しました。つぎに候補になったのが、「有明のスイカ種とり」の方法と「たばこ耕作」(5)を普及所と相談しましたが、実現はしませんでした。

その当時、中里に民宿があるといので、いってみました。みんなで話し合ってこれならやっていけそうだなということになり、「米のごはんを食べるときがくるよ」といったらみんなに笑われたこともありました。その当時、同志が七人ぐらいおりました。家族みんなで山の木を切って（民宿ができるように）家を建て直したのが、昭和三十九年でした。釜谷での民宿は、昭和四十一年が最初の年です。内浦では「三吉」がもっとも古いのではないかと思います。民宿始めても、五〜六年は、赤字ばかりでした。悪ければみんなに笑われるという思いで必死でした。新聞に折り込み広告を出したりしてがんばってみました。この五月に三回目の建て直しが完成して、完全な四階建てにやっとなりました。民宿をしなければ、出稼ぎに頼らなくてはだめだった。婦人会に入って民宿を検討していた時の苦労といったらなかった。(6)

出稼ぎをしないで、なんとか現金収入をあげようと釜谷の女性たちは、最初は農業での対応、そして民宿経営にたどりつく。こうした背景には、男女の明確な分業の感覚が存在する。

2　男女の労働慣行

一九五〇（昭和二十五）年の離島調査のときにもはっきりとした男女の分業が示されており、この男女間の分業意識は、今回の調査においても非常に強く、むしろ粟島の人びとがよりよい暮らしを求めて時代に適応していく中でもっとも重要視したもののひとつであるといえる。

女は山に、男は海に、はっきりした分業によっている。耕地の少ない島だけに、漁業に頼るところが多い。〔「手帳」七七〕

男は海に、女は山に働く島であるが、男子も老人になれば畑仕事を軽く手伝うようになる。〔「手帳」九七〕

基本的に男性と女性が海と山という明確な地理的空間によってこの関係を成立させており、それが漁撈－農耕の軸にも重層してくる。しかし、一方的に分業をするのではなく、適宜補助、補完しあいながら両性の双方がめざすところの暮らしの存立とその変化への対応のなかで共同していく姿がたち表われる。

離島調査の報告で北見は女性の労働が過酷であることも述べている。

「女は山に男は海に」といわれる位の島で、女性の労働は激しい。又女が海に関係するものとしては、冬の「ノリ

ツミ」である。これは男性よりも女性の仕事ということになっている。〔「手帳」一一〇〕

海と山の境界線上の磯で唯一の女性の作業が「岩海苔つみ」である。これも現在でも女性の仕事であり、内浦では、婦人会が地域の資源として維持し、作業を繰り返している。釜谷では個々の家で行なわれている。

粟島の女性の労働が過酷であることのもうひとつの証左は「みちづくり」である。

山道は村仕事で作った。青年が渚からもって来た石をテゴに入れて運び、石段の代りにしてある。〔「手帳」九八〕

老人で山仕事も自由にまかせず、留守番をうけもち且つ食事ごしらえをするものを「エノシ」という。女性が積極的に激しく働くので老人が炊事にあたるのだという。〔「手帳」九八〜九九〕

基本的に山道つくり、磯道づくりは、内浦では、女性の仕事であり、これも婦人会が現在でも担当している。釜谷では、両者とも、共同ではもう行なわれていない。しかし、「女性の労働は激しい」という表現は、内浦も釜谷でも変わってはいない。差異が認められるのは、社会経済状況の変化の中で女性がとった対応の仕方に認められる。

釜谷での女性の対応

釜谷の一女性がとった対応は、明確な男女の労働慣行の意識をもとに行動した「調査結果1」において語られている。釜谷での男性と女性が独立して、よりよい暮らしを実現するために情報を集め、どうしたらよいのか、分教場の教師と相談しながら、求めていくのだが、彼女らが最初にとった行動は、農業生産の面での対応である。

話者の語りにある麦は、土地でアラドコと称している焼畑でつくられてきたソバ・小豆・キビ・サツマイモなどを総称していると思われる。その後、粟島のジャガイモが新潟市内でいわゆるブランドとなり、売れた時代があったことが語られている。また、それが売れなくなると当時対岸の岩船にあった普及所に相談して、ニンニクづくりに取り組む。しかし、三年ほどで連作障害をおこしてしまい、長続きはしなかった。その後も普及所との相談で「有明スイカ」「タバコ耕作」を導入しようとするけれどもいずれも実現しなかった。農産物を地域社会外部の市場に出すとその過酷な競争の中に放り込まれ、生産基盤の弱い離島部では、よほどの特産品でない限り、競争を持続することは難しいことを示している。しかし、こうした女性たちの努力は、決して無駄にはならなかった。こうした経緯のあと新潟県中魚沼郡中里村での民宿成功の情報をえ、視察にでかけた。参加した釜谷の女性の中に「米のごはんが食べるときがくるよ」という意識が生まれた。そして、女性たちは、その実現に動き出すのである。男は海で、女は陸でなんとかしなくてはならない、という意識の強さが明確に表現されている。

粟島における民宿の導入の経緯を少し追ってみよう。こういった意識が釜谷の女性たちの中に生まれるのは一九六四（昭和三十九）年ごろである。粟島の歴史は、北前船などその地理的位置から新潟港の「沖乗り港」としての役割であり、また、台風などの避難、水汲みなど多くの役割を担っていった。歴史的に見ても多くの人びとがここにおとずれている。その代表的なものは小間物売り・薬売り・漆器売りといった行商人である。こうした行商人を相手にする旅人宿は、北見によれば昭和初年に内浦にできたが、釜谷にはなかった。粟島をおとずれたのは行商人ばかりではない。屋根葺き職人や大工も来ていた〔『手帳』一一二～一一三〕。

島の少ない日本海の海路のなかでとくに、山形県の飛島と並んで要所としての役割がみられた。内浦の神社への奉納物をみても大阪や各地の人びとの名が刻まれている。そして、多くの行商人である。

民宿の導入を考えていた時期に島をおとずれだしたのは、釣り人である。一九六九年の祖父江ゼミナール調査では、年間七〇〇〇人の入込み客数が報告されている。同報告によれば、観光客は一九六〇年代になってからだとある。この時期は、釜谷の女性たちが民宿をはじめようと決意した時期に一致する。

民宿の導入への女性たちの努力

民宿が導入されたあと釜谷の女性たちは、どう民宿を成功に導いていったのであろうか。「調査結果1」でも紹介したように、民宿導入当時は、赤字が五～六年続いた。「出稼ぎに出なくてもすむ」を合言葉に女性たちは、婦人会を中心に検討を続けていった。こうした努力の結果は、新聞の折り込み広告といった効果もあるが、重要なのは、これまで暮らしで蓄えてきた食材づくりにある。しばらく、話者の話を見てみよう。

調査結果2　婦人会の活動で、当時、婦人会の費用で立て替えて肥料や農薬を買いました。京都のタキイ(7)から種苗も直接買って分け合って使いました。普及所からは、一年に一、二回来てくれて教えてもらいました。女の人[8]は来ませんでした。今でこそ忙しくてみんなで話し合いはなかなかできなくなりましたが、時間がたくさんありましたので、みんなで会議を続けました。八幡神社に桜の木を植えることやタキイの取り寄せる種のことやみんな相談してやりました。そのときに植えた八幡神社[9]の桜の木は、今では、粟島の名物になりました。しかし、そのとき植えた一番大きい桜の木を切ってしまった。せっかく大きくなったのに。

学校が統合されたので運動会は中止になり、グランドも畑に戻した。学校の上の畑ですよ。今はここでは味噌をつくる大豆をつくっています。この味噌はワッパ煮[10]に欠かせない味噌ですよ。

味噌は粟島では自家製を使っています。一升の麹を使って味噌をつくります。粟島の民宿はどこでも自家製の味噌をつくっています。私のところでは、大豆も私らがつくり、味噌造りをします。お客さんが、味噌を分けてくれというけれどもそこまでの量はつくれないのですよ。味噌をつくるのは大変な作業がいるのです。味噌豆の他に、枝豆もつくっています。これは、茹でて冷凍保存をしておきますので一年中食べられます。

粟島の名物にジャガイモがあります。ここのジャガイモはおいしいことの定番[11]になっています。たくさんつくって知り合いや親戚に送ります。三月一五日前までに種をまき、観光シーズンが一段落した七月下旬までの手の空いた時期に収穫してしまいます。

私の家では、キュウリ、大根、ナス、カボチャ、ニンジン、小松菜、カリフラワー、ブロッコリー、レタス、チンゲン菜（三種類）、アメリカから取り寄せた野菜の種[12]を植えています。アメリカのものは名前を知りません。名前を仮に付けています。例えば「ジャワほうれん草」「黄色トマト」「黄色カボチャ」など、それからズッキーニもあります。

山菜は豊富に採れます。ウド、タケノコ（シンノコ）、フキ、アサツキ、ミズナなど。会津の山の神にある大久保の民宿のおかあさんに習ったのですけれど、塩漬けに銅の鍋を使うとウドはきれいな真っ青になりました。漬け物で「温海カブ」[13]を塩と砂糖、酢を入れて漬けた漬け物の色は、塩抜きをするときに銅の鍋を使ってゆでるときれいになります。フキのとう味噌、シソの油味噌はとてもおいしいです。葉わさびは粕漬けにしておきます。ウドも粕漬け。フキの粕漬けもおいしいですね。もちろん、タクワンも自家製です。漬け物は買ったことがありません。キノコは変なのが出るのでおっかないのでうちではナラやケヤキに出たシイタケしかだしません。

今までで大きく変えたことといえば、「一月正月」にしたことでしょう。こうすることによって島の外に出ていった子供たちが正月に帰れるようになったのです。これまでは「二月正月」で世間一般とはあわなかったのです。昔この辺に松がありませんでした。そこで正月は椿を使います。今でも椿です。

ここではタラノキを大事にします。「祝いの木」[14]をつくりますので。芽を欠くとタラノキは死ぬといわれていますのでここではタラの芽は食べません。特に北の山の、タラノキは、切らないようにしています。

ここで重要な点は、女性の分業という枠の中で民宿を盛り立てていこうとする努力である。これまでの粟島で暮らしを存立させるための女性がもつ暮らしの技術を総動員していることである。そして、男性の漁業、海の分担を統合して民宿のサービスを展開しだしたことによるといっていい。話者は、特にこうした努力に長けており、米国に移住している娘が送ってきた野菜の種もここでは利用していくのである。そして、民俗行事に使用する植物資源である。内浦でも島内を歩くとタラの芽採取を禁じた看板を多く見かける。こうした看板は、両部落の婦人会が立てている。

内浦の女性たちの対応

釜谷と同様に内浦でも女性たちは活発である。釜谷では個々人の活動が目についたが、内浦では、婦人会という組織そのものが語られる。これは両部落の婦人会活動の差異ではなく、話者の性格が反映している。

現在の内浦婦人会の活動から見てみよう。正式名称を粟島浦村内浦婦人会と称している。婦人会には教育委員会・事業委員会・家政委員会の三委員会が設置されている。そのうち事業委員会の活動を表1にまとめた。

表1からも男女分業の明確な枠組みが存在していることがわかる。農業のことは婦人会が対応している。通常村仕事としてなされる山道づくり、磯道づくりが婦人会の仕事に振り分けられている。共同労働特有の出不足も婦人会の規約

表１　内浦婦人会事業委員会の活動

山道の補修	山菜取りの道路をつくる。フキやミズナは口止めにする。畳の長さのひもで三束ずつとする。４月12日（土）。
磯道の補修	岩海苔を採るための急峻な磯道をつくる。11月８日（土）。
出不足	１日3,000円、半日1,500円。前回３人あったが取らなかった。男も女に代わって参加することもある。
大平山の道刈り	漁業の神様が祀ってあるので参拝できるよう草を刈る。
大道刈り	６月15日の早朝：４時30分から、朝ご飯毎に実施。
婦人会ノリ摘み	ツノウラにコンクリートを流してノリ畑をつくってある。婦人会でこれを採りに行く。ノリは漁協に売り、婦人会の活動資金にする。その日は役場から放送があり、波の具合などを知らせる。連絡は朝にあり、作業は昼から。
タラノキの保護	小正月に若木迎えに使うのがタラノキ。若木つくりは､男の仕事。寡婦は、近所の男性につくってもらう。タラノメを食べる習慣がでてきた。タラノメを取ってしまうと木が生長しない。行事ができなくなるのタラノメを採るのを婦人会が禁止している。
村内清掃	春に役場が音頭取りで実施。婦人会が協力。観光シーズンが始まる連休前。
ノリ畑の清掃	８月末に実施。
ノリズアミカヤ	口止めにする。ノリのスをつくる材料。10月いっぱい。
雑巾	１戸１枚つくって出す。全戸が協力。
春のかね叩き	農休日。山や畑に行かない。春の厄落としで叩いて回る。１日、15日、28日、今は春だけ。
七夕カヤ	８月７日。カヤで船をつくる。下組は１戸１束区長に出す。
灯台の道刈り	海上保安庁からの委託仕事。灯台の取り付け道路の草刈り。二班に分け、朝飯前の仕事。婦人会の活動資金稼ぎ。

として盛り込まれている。

この中でとくに山道と磯道についてもう少し言及しよう。

みちづくり

山道は、春（四月上旬）、山菜を採りにいく道である。これを補修することが婦人会の仕事になる。現在でも山道補修の仕事は続けている。昔からしており、これをするので山の頂上まで山菜採りにいくことができる。釜谷集落は、昨年から山道補修をやめてしまったので山菜採りに奥まではいっていけなくなったという。

表2　内浦婦人会の山道補修の分担（図1参照）

一班	旧県道の途中から新県道を横切って背中平まで担当。
二班 三班	旧県道の途中から新県道を横切って背中平まで担当。ここは足の達者な人が参加してもらう。 これに加えてもう一本背中平の手前から県道に入るところ、ここを中ノ沢という。これも担当する。
四班	内浦の教員住宅あたりから入る。逢坂山への山道と尾根の分岐あたりまで。
七班 八班	「ニンジンデラ（平）」と高畑山に上る山道（ワタド）を担当する。
五班 六班	人数の必要なところに入っていく機動隊のような役割を持っている。

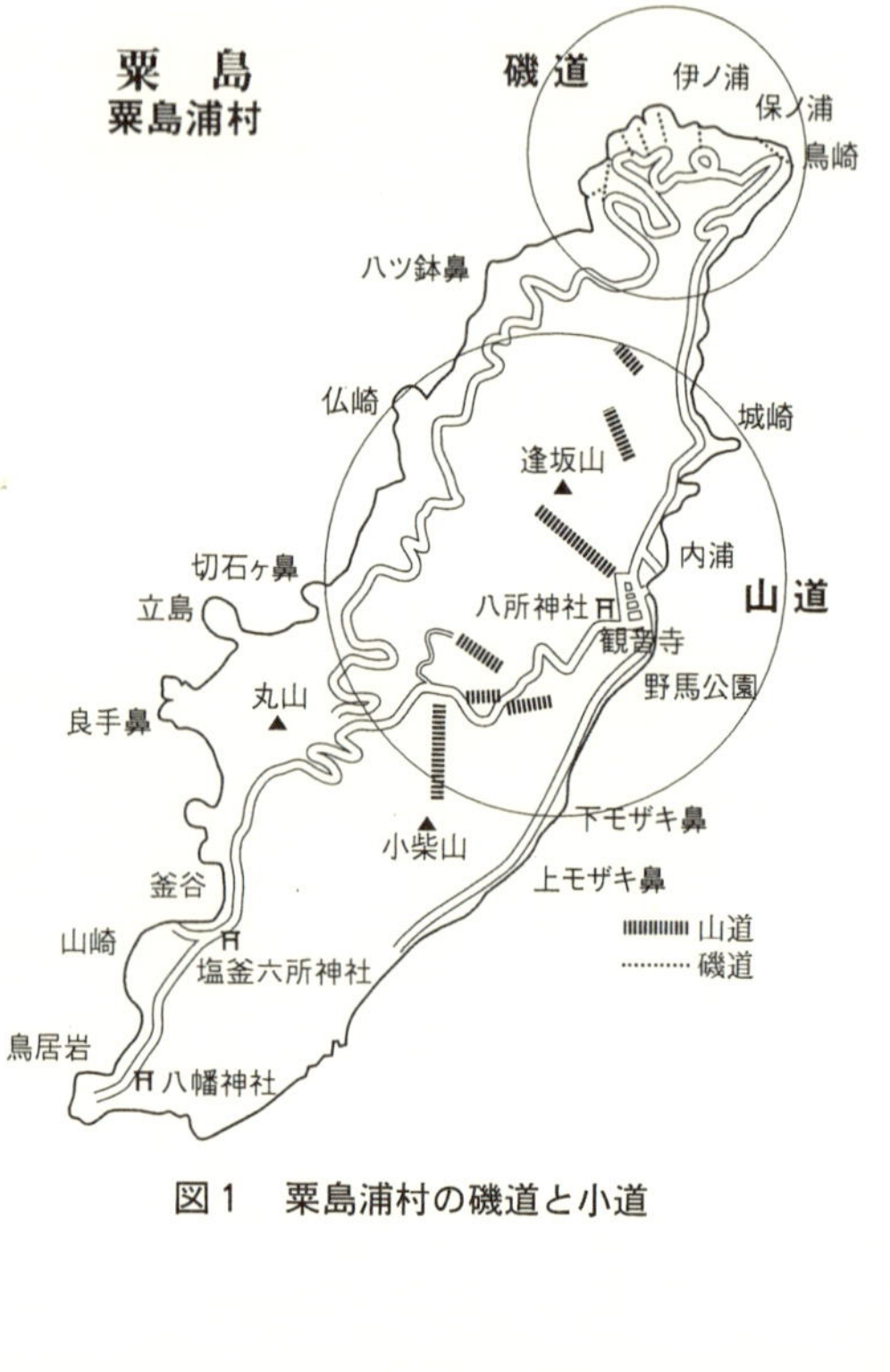

図1　粟島浦村の磯道と小道

これに類するものに「大道刈り」がある。六月中旬、山菜採りに使用する山道の草刈りをすることをいう。山菜は、民宿の導入により、これまでの自給的な価値に加えて、民宿客をもてなすための重要な資源になった。粟島で現在採れる山菜は、フキ・ミズナ・フキノトウ・サンショの実・サンショの芽・イタドリ・ギョウジャニンニク・笹の子などである。内浦から釜谷にむかう道の中間、小柴山に灯台があり、この取りつけ道路の道刈りが行なわれている。海上保安庁が灯台にあがる道の草刈りを地元に依頼した。以前は無報酬だったが、七月と九月に村中から人が出る。女衆が中心だが、出られないときは、男衆が代わって出る。この収入は内浦婦人会の活動費用に組み込まれる。

これにならぶものとして磯道《いそみち》がある。十一月にはいると「磯道の補修」が始まる。磯道というのは、粟島特産のイワノリを採取するために磯と磯とを結ぶ道のことをいう。粟島の海岸は、断崖など急な傾斜地になっている。突き出た「崎」では、それを迂回するためにいったん、尾根まで出なくてはならないこともある。そこに磯道をつけて短絡する道をつくり、イワノリ採りの効率を上げようとするのである。これも女の仕事なのである。内浦の磯道は、島の北端にある牧平の周辺、伊ノ浦・保ノ浦・大浦といった断崖に設けられている（図1）。

これも各班に分かれて作業をする。話者が子どものころ、波の荒いとき、ノリ採りに夢中になって五〇歳台の人が一人流されたことがあった。昔はノリをつんでザルに広げた。最近はほとんど採れなくなった。去年と今年はまったくだめだった。水温が高くなっているのではないかとのことだった。イワノリは、一枚三〇〇円ぐらいの値が出る。多い人で二〇枚ぐらいとれるほどだ。

婦人会に所属することは、漁協婦人部にも所属することになる。一月から三月まではイワノリ摘みの仕事がある。一九九五（平成七）年度は、六八一枚あった。三七万六〇〇〇円の収入もなった。だから、会費なんてものは払ったことがない。九六年は、三七五枚、二〇万八〇〇〇円だった。イワノリが付着する「ノリ畑の清掃」の仕事がある。ワイヤブラシで十月ごろから掃除を始める。このノリ畑も婦人会がつくったものだ。ノリが付着しやすいようにコンクリートを流した簡単なものである。ノリ畑を新たにつくったり、掃除をしたりすると胞子がよくつくようになる。

北見も先に紹介したように粟島の女性の仕事が「激しいものがある」と表現している。そして、女性たちの仕事として、これまでは多くいた若者がこれを支援してきた。高齢化が激しいこの時代で、その援軍もまかなうことができない。婦人会に所属するものさえ、年齢制限を設定していることから難しい状況になっている。女性を出せない家では、率先して男性も出る。しかし、これを村仕事、つまり、男性の仕事にすることは、考えていないむきがある。むしろ、男性の仕事、女性の仕事が明確に存在していることから村仕事という概念さえないと見たほうがよい。

婦人会の仕事の中に道づくりのほかに民俗として重要なことが行なわれている。年中行事に使用する植物資源の保全活動である。タラノキの保全に関して多くの個所でタラノキをみだらに取らないように告示する看板が目に付く。また、重要な山菜については、口止めが婦人会の名において行なわれている。

民宿導入以降

民宿により、粟島浦村の観光客の入込み数は大幅に増加した。もっとも多かったのは、一九九二（平成四）年で五万七〇〇〇人に達した。一九六八（昭和四十三）年の七〇〇〇人と比較するとざっと八倍の規模にふくれあがっている。一九七五年の県立村松高等学校社会クラブの調査[15]が行なわれた。そのあとがきに新聞に「〝粟島の観光公害〟という見出しで、島の自然も、人の心も観光ブームで荒れはじめた」と報道されていたことが記述されている。これまで、島内で暮らしの存立を図ってきたのだが、社会経済の変動に対応して暮らしを持続させていこうと地域住民の方々が努力するときに、外部からの大きな変化を受けざるをえない。しかし、ここには、地域ならではの民俗核が存在し、地域ならではの暮らし方を維持してきた経緯がある。

こうした変動は、最近では、過疎のみならず、地域全体の人口の高齢化という大きな問題が生じてきている。つぎつぎと地域社会に問題が生じ、それを克服していくのに、まったく新しい原理だけでは、地域社会としてまとまっていくことは、困難であることを粟島の民俗変化は示している。

粟島内浦婦人会では、婦人会のメンバーの年齢層を三〇〜五〇歳と昔から決めている。しかし、退会しても一戸に一人は活動にでるきまりになっている。現在では、かなり厳格な参加規則である。高齢化が進み、若年層が流出しているのは、他の地域ともかわりがない。婦人会は、多くの問題をかかえている。年齢制限をすると会員が減少してしまう。婦人会といえども粟島の男女の労働分担という枠組みから見た場合、村の共同労働と同じである。そのために女性だけの問題ではなく、一家の問題、集落全体の問題として認識されているのも特徴的である。

しかも、婦人会の仕事は多い。大きな負担になってしまう。どのようにするかは、現在の内浦婦人会の大きな課題である。三代前の役員が「五一歳で退会するのはもったいない」と定年延長を提案したが、その時の役員は、強く反対した。今は二六人が正会員で、減る一方である。仕事が多いので今では退会後も婦人会の活動に参加していくことになている。一戸に一人の参加がぜひとも必要で、手のない人は七〇歳を超えても参加する家がある。また、女手がない家では男衆でも参加している。誰が参加しても文句は言われない。「これが島のいいところだよ」と話者はなんどもこのことばを繰り返す。

3　女性から見た離島生活——粟島調査から

本稿では、粟島浦村の暮らしの存立に関わる民俗事象を把握するために、女性の話者により抽出する民俗事象をとらえる方法をとった。十分な調査時間と調査内容とはいえないまでもこれまでの調査報告にはない視点が加えられたと考える。話者は、内浦と釜谷の両集落から粟島の暮らしの変化に詳しいとされる一名の女性とその調査資料を補足するために内浦の婦人会長の面接調査結果を加えた。調査は一九九七（平成九）年九月に、九八年九月に補充調査を行なった。

内浦の話者は、調査時点で六二歳の、一九八二（昭和五十七）年から八四年まで粟島内浦婦人会長を勤めた女性である。夫は動力船を使ってイカ釣りや刺し網、トローリングなどの漁師をしていた。民宿をきらい漁師のみで暮らしを立てるべく、一九七五年に一二〇〇万円をかけて新造船を導入した。年間一〇〇〇万円以上の収入を上げていたが、ガンを患い一九八八年に入院した。八七年には、現在の家を新築もした。現在ここで粟島に職場をもつ息子と暮らしている。週末や連休は、息子は家族のいる本土にもどる。自給用の畑をつくり、また、八二年から九人の女性と「売店組合」をつくり、売店と食堂を共同で運営している。

釜谷の話者は、粟島で新しい形で民宿をはじめた七四歳の先駆的な女性である。夫と息子夫婦の協力を得て民宿運営の采配をふるっている。夫は漁師である話者は、婦人会活動を通じて釜谷集落をどうしたらいいのか、最初は農業で生計を得る手段を模索し、一九六六年から民宿が導入されるが、その先駆になったのも話者の努力が貢献している。現在は、通年営業の、四階建ての民宿を子ども夫婦に譲ったものの農作業や料理の工夫に大きな貢献をしている。

この話者二人の語られる暮らしの背後に、男の語る漁業以外の農耕、暮らし、民宿、地域全体の存立の方法などが浮

表3　粟島における女と男の世界

女	男
陸	海
農耕	漁撈
島内の暮らしの充実	島外出稼ぎ
女の料理 （山菜の食材） 食材の貯蔵	男の料理 （魚、火を使わない） ワッパ料理
イワノリ採り	―
山菜とり	（馬の世話）
山菜づくり・磯道づくり	―
蓄える（食料・家庭）	運ぶ（船・車）
民宿の切り回し	民宿の舵取り

かび上がってくる。

粟島の暮らしの変化を女性という話者から民俗事象を描こうと試みた。そうして浮かび上がってきたのは、表3に示した女と男の世界である。しかも、男女による仕事の区分けが現在でも明確になされており、この良好な分担が今日まで粟島の暮らしを成り立たせてきた。海という男の世界に女は立ち入らない、と同時に陸の世界では女がとりしきる。女が陸の世界で暮らしを成り立たせるために民宿という解答を探し出す。

民宿は、彼らにとって自らの暮らしを壊さないようにするために選択した方法のように思える。女性ならではの発想といえるだろう。そこには、彼女らがこれまでにしてきた努力の結果がいきてくる世界でもあった。農業での努力、暮らしを豊かにする料理や食品貯蔵の技術がそのまま生きてくる。こうした女性の選択に対して男性は、明確な男女分業の枠を維持しながら協力していくひとつの姿が浮かび上がってくる。

男性と女性の良好な分担は、すべての島人がこれを守るのではなく、女性からいえば婦人会に所属する人びとに適用される。それより若いもの、年齢を超えたものはその枠の外側に置かれる。粟島には、男でも女でもない人が存在してこの世界を補助していく。そのひとつの範疇が若者である。かつて、若者が多くいた粟島では、山道づくり・磯道づくりの大いなる担い手であった。しかし、若者が大きく減少した今日では、その仕事は女性にかぶさってくる。現在では、これらの過酷な労働は、もうひとつの男でもなく女でもない年寄りたちに依存しなくてはならなくなった。

女と男の明確な枠組みに対応できないのは、女性世帯主である。多くの場合、夫に先立たれたりした女性たちの存在である。男が漁に出て女が畑に出るという関係は、夫婦がそろってはじめて成り立つ関係である。とくに海産物を入手することは、魚屋がいないこの島では暮らしを存立させることが難しいことになる。女と男がいて、男が海で漁を、女が陸で畑仕事という枠組みでは、暮らしの存立はきわめて難しいといわなくてはならない。

多くのわが国の農村で本戸という考え方があり、または一戸前という考え方がある。こうした家は、ムラ仕事などの共同労働や自治会の会費などを対等に行なうことが義務づけられている。女性世帯主の家が村の暮らしで対等につきあうための手段として、漁でもなく、畑作でもないものを供給することで暮らしをよくすることができる。粟島のある病気で夫に先立たれた女性は、ジャガイモの未熟品をあつめてかねて暮らしの中で用意されていた餅のトリコをつくり[16]、つきあいのある家々にそれを贈答することでその暮らしよさを確保した。

粟島における男女分業の行動規範は、地域固有の民俗核である。男女分業だけが、民俗核ではなく、地域の暮らしでつくりだされてきた民俗事象を成り立たせる基本的なもので、男女分業もそれを構成するひとつの要素である。かねてとだえていた餅のトリコを再開することも、この民俗核が働いたと見ることができる。暮らしの変化を民俗学的に把握していこうとする場合、無秩序に新しい技術や制度が採用されるのではなく、地域に存在する固有の民俗核により、選別され、採用されるとみることができる。こうして、地域固有の暮らしの様式が維持され、わが村意識が形成されていくと同時に、民俗がその枠で新しく生成されたり、復活したりすると見ることができる。

粟島の女性の話者からアプローチした場合に、民俗事象の変化をどのようにとらえることができるのかは、調査をはじめるまでは、大きな不安があった。しかしながら、北見の報告を読む中で、強調される男性と女性の明確な役割分担が、大きく変動を受けた中でも、維持継承されてきていることが判明した。しかも、その関係は良好なジェンダー意識の存在といってもよいものであった。男女両性がその分担に寄りかかった関係ではなく、海の男の仕事と陸の女の仕事が協力し合いいたわりあって互いに認め合う関係に新しい生業の民宿が成り立っているとみることができる。そこには、暮らしの中で培われてきた民俗が大きな役割を果たしてきたと同時に地域固有の生き方が、その表層は変えながらも結果的に民俗事象を残していくことに貢献してきたといえるのではないか。

末尾になったが、本報告作成に多大なるご協力をいただいた、内浦の本保ハルイさん、脇川茂子さん、釜谷の渡辺悦子さんにお礼を申し上げる。

註

(1) 北見俊夫　一九五〇「離島採集手帳　第一一冊〔新潟県岩船郡粟島〕」(以下、「手帳」と略す。引用箇所で、「手帳」の下に記す数字は、北見「手帳」の当該ページ)の「第九　生産・生業と労働慣行」のはじめの部分に「女は山に、男は海に、はっきりした分業によっている。耕地の少ない島だけに、漁業に頼るところが多い」と述べられている。

(2) 北見俊夫　一九五〇「手帳」では、「此の島の二部落の起源は異なっているもののようで、『釜谷の粟飯食い、内浦の蕃薯かじり』お互に悪口を交換していた。両部落間の通婚は、以前には殆どなかった。」とあり、二つの集落が競争関係を維持しながら互いに成長して来たことを物語っている。

(3) 新潟県北蒲原郡水原町新座のこと。

(4) 現在の新潟県村上農業改良普及センターで、春と秋に年二回巡回指導があった。

(5) 中魚沼郡中里村。民宿やその後のペンション村としてわが国の民宿の先駆的な地域のひとつ。

(6) 明治大学祖父江ゼミナールの粟島調査は一九六九年である。釜谷の民宿導入の経緯についての記述は同報告にない。

(7) 京都にある「タキイ種苗」のこと。大手の種苗会社。

(8) 生活改良普及員のこと。農業改良普及所には、農業改良普及員と生活改良普及員がいた。前者は男性が大半で、後者は、女性だった。現在では、女性の農業改良普及員も増加し、男性の生活関係普及員も見られるようになった。

(9) 八幡神社は、釜谷集落の南西二キロの所にある通称八幡鼻の先端にある神社。ここには木道がつくられ、日本海が一望できる展望台が設けられている。この神社の祭礼については、内浦も釜谷も加わる。

(10) ワッパ煮は、粟島の名物、浜でする漁師の料理。曲げワッパに焼いた石を使って魚介類や野菜を入れて味噌で味付けする料理。

(11) 新潟地方では、「粟島のジャガイモ」はブランド品。今では島外に出荷をしていないのに、新潟市内では「粟島のジャガイモ」を売っているという。そうするとよく売れるのだそうである。

(12) 次女がアメリカで看護婦をしている。彼女に頼んで種を送ってもらっている。

(13) 山形県西田川郡温海町でとれる赤カブ。

(14) 三センチ径のタラの枝を二つに割り、「×一二月☆」「×一三月☆」と書いて神棚などにまつる。
(15) 県立村松高等学校社会クラブ編　一九七〇『粟島リポート』
(16) 餅のトリコは、ジャガイモの澱粉である。作る過程で悪臭が出たり、水も大量に使用する。話者は、山の作業小屋に自らのアイデアでソーラー電池を備えつけ、水汲みにその電力を使用する方法を考案して、実現している。こうした暮らしの工夫の背後に、男女分業とは異なるコミュニティ内で対等に暮らしていこうとする別の民俗核が存在することが推定される。これを明らかにするためには、別途のぼう大な調査を組む必要がある。

引用文献

県立村松高等学校社会クラブ編　一九七〇『粟島リポート』(むらまつ11号)
祖父江ゼミナール　一九七〇「離島のムラ　新潟県岩船郡粟島浦村実態調査報告」『明治大学社会学関係ゼミナール報告書』六

資料編

追跡調査地一覧

1. 岩手県下閉伊郡普代村
2. 宮城県牡鹿郡女川町－江ノ島*
3. 千葉県館山市富崎地区（旧安房郡富崎村相浜・布良）
4. 東京都八丈町－八丈島（旧東京府八丈島五ヶ村）
5. 新潟県岩船郡粟島浦村－粟島*
6. 福井県坂井郡三国町安島地区（旧雄島村安島地区）
7. 静岡県賀茂郡南伊豆町南崎地区（旧南崎村）
8. 愛知県知多郡南知多町－日間賀島（旧日間賀島村）
9. 島根県隠岐郡都万村（旧穏地郡都萬村）
10. 岡山県笠岡市－白石島（旧小田郡白石島村）*
11. 香川県丸亀市－広島（旧仲多度郡広島村）*
12. 高知県宿毛市－鵜来島（旧幡多郡沖ノ島村）
13. 大分県北海部郡佐賀関町（旧北海部郡佐賀関町・一尺屋村）
14. 長崎県北松浦郡宇久町－宇久島（旧北松浦郡平町・神浦村）*
15. 長崎県福江市－椛島（旧南松浦郡樺島村）*

※地名末尾の＊印は離島調査対象地、無印は海村調査対象地

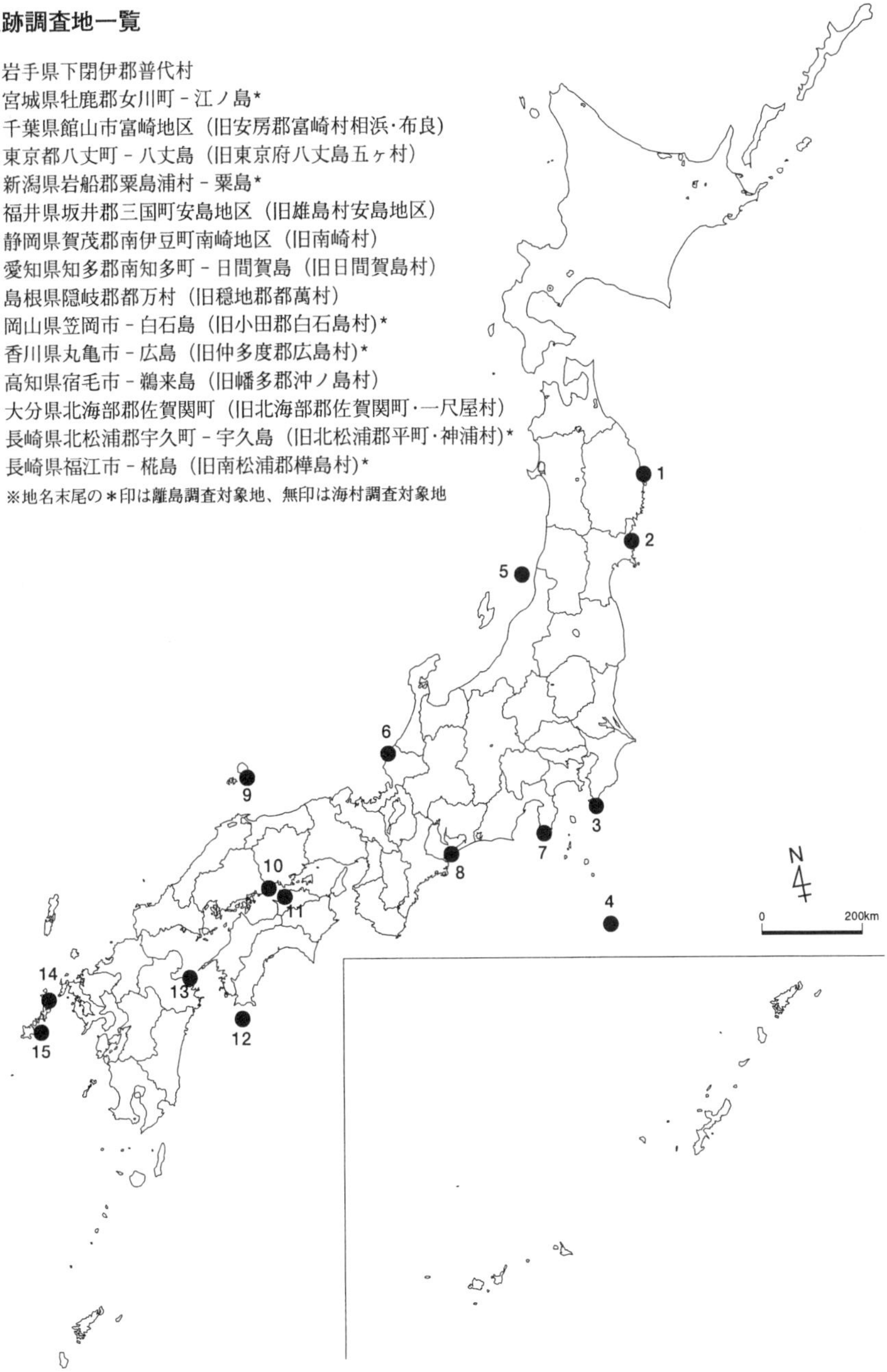

岩手県下閉伊郡普代村

一　地理と歴史

地　理　岩手県下閉伊《しもへい》郡普代《ふだい》村は、下閉伊郡の最北端に位置し、東は太平洋、南は田野畑村、西は岩泉町、北は九戸郡野田村に面した半農半漁の村である。面積は七〇平方キロ、東西八・九キロ、南北一二・五キロでほぼ三角形の形状をなしている。海岸部は平均標高一五〇メートルの隆起海岸が連なり、景勝地の黒崎海岸は陸中海岸国立公園に指定されている。西の方は五〇〇メートルほどの山が連なり、村内の山から発した普代川などが南西から北東方向に向かって太平洋に注いでいる。夏は最高気温が三〇度を越え、冬はマイナス一六度にもなり寒暑の差が大きい。冷涼性の気候であるが、冬の降雪量は海流の影響で少なく、年間の降水量も一二〇〇ミリほどである。北緯四〇度線が村の中心部を通るため、村では一九九〇（平成二）年に「北緯四〇度の地球村」というキャッチフレーズを設け、海外・村外に視野を広げた総合発展計画をかかげている。

歴　史　普代村の属する下閉伊郡は、南北朝時代から南部氏の統治を受け、江戸時代にも南部氏領（盛岡藩）であった。畑作が中心で冷涼な気候の当地は、藩政期を通じて凶作、飢饉が多発し、藩をゆるがすほどの大規模な一揆もおこっている。普代村の人々が参加した一揆もおこった。一八七六（明治九）年に普代・黒崎・堀内《ほりない》の三村が合併して普代村となり、一八七九（明治二十二）年の市町村制施行に際しても変化はなかった。その後、行政的には変遷なく現在に至っている。

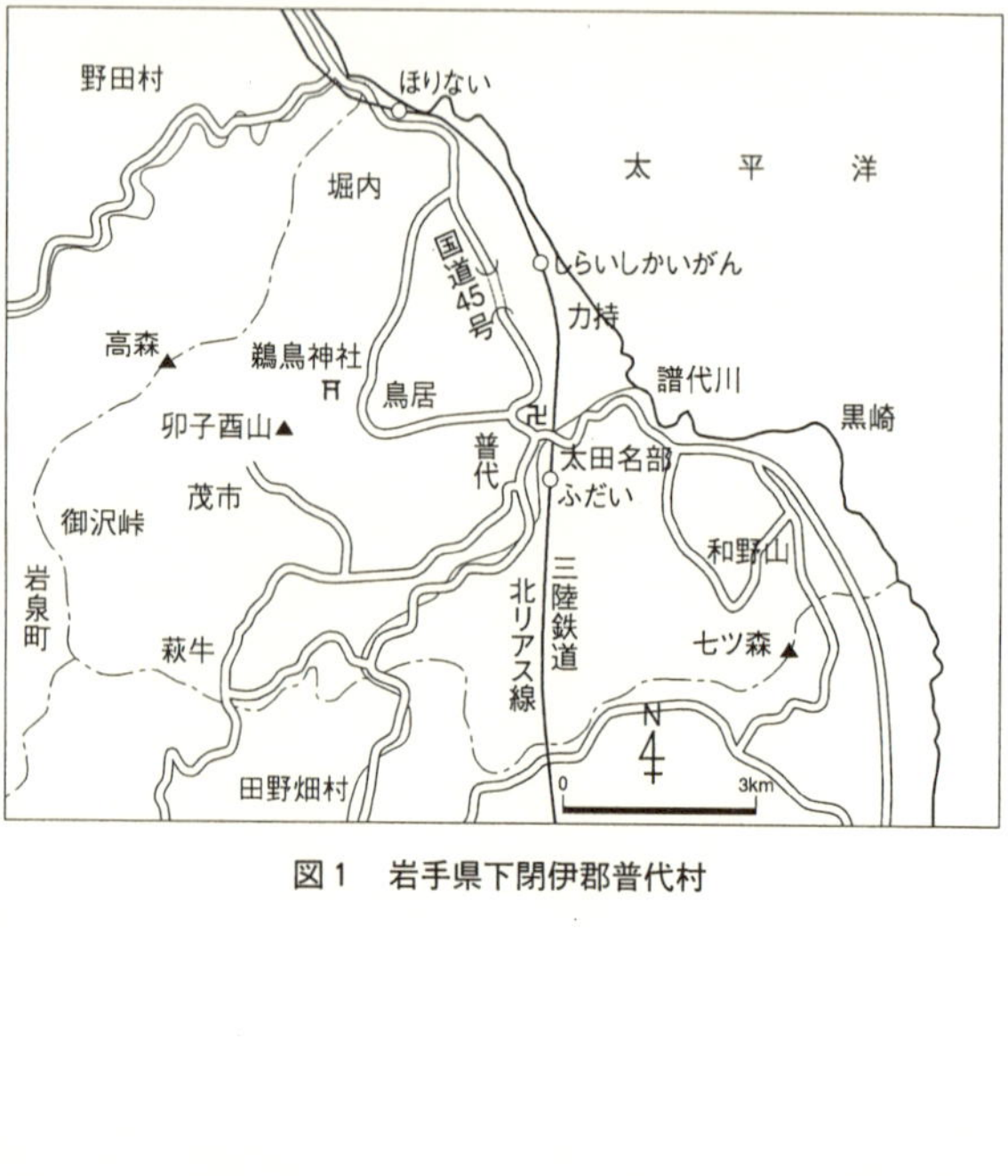

図1　岩手県下閉伊郡普代村

表１　普代村略年表

1876（明治９）	近世村３ケ村の合併により普代村が生まれる
1896（明治29）	三陸大津波が起こり、太田名部・普代元村が大被害を受ける
1922（大正11）	普代元村に自家発電所が建設される
1930（昭和５）	国鉄八戸線が久慈まで開通
1933（昭和８）	三陸大津波が起こり、太田名部・普代元村が大被害を受ける
1934（昭和９）	村内に電話がつく
1937（昭和12）	久慈、普代間に民営バスが開通
1961（昭和36）	三陸フェーン大火で黒崎、太田名部に被害が出る
1969（昭和44）	鵜鳥神楽を普代中学校の生徒に教える試みが始まる
1972（昭和47）	国道45号線が全線開通
1975（昭和50）	久慈、普代間に鉄道が開通
1977（昭和52）	サケ・マス人工孵化場を拡張
1979（昭和54）	全村に水道普及
1984（昭和59）	宮古、普代間に鉄道が開通し、三陸鉄道北リアス線として開業 普代水門完成。県営農地開発事業始まる
1990（平成２）	村制100周年記念行事を開催し、「北緯四〇度の地球村」運動を開始する。「青少年ふるさと学習特別推進事業」に普代村の青年団体が選ばれる
1992（平成４）	郷土文化伝習館建設

「海村調査」のときこの村を調査したのは桜田勝徳である。調査期間は一九三八（昭和十三）年十月四日から十四日。「採集手帖」（以下「手帖」と略す）の特徴としては、漁業関係の記述が詳細となっている。質問項目に書ききれなかった漁業・農業・製塩業・社会組織などについては、「後記」として「手帖」の巻末にまとめている。年中行事や祭礼に関する記述はほとんどない。年中行事に関しては、「別冊報告年中行事」に記したとあるが、現在この別冊は確認されていない。桜田自身その後普代村に関して報告をまとめることはなかったようであるが、この村に関してはその他の調査研究もほとんど行なわれていない。鵜鳥神楽についての研究が唯一のものといってよい状況である。

二　社会生活

集　落　集落は海岸部の段丘上に黒崎・力持《ちからもち》・白井・堀内が、普代川流域に普代・芦渡《あしわたり》・茂市《もいち》などが点在する。海岸部の集落は半農半漁、内陸部の集落は農業や林業を生業としてきた。ほかに、漁業を主とする太《おお》田名部《たなべ》、農林業を行なう鳥居、林業中心だった萩牛《はぎゅう》などの集落がある。村の中心地である普代集落は、普代川河口の平野部に位置し、国道四五号線と三陸鉄道が通る交通の要にある。普代元村と呼ばれ、村役場のほか、公共施設や商店などはほとんどこの地区に集中している。

人口および世帯数の変化は以下のようになっている。一九三五（昭和十）年には三一五八、五五三世帯。一九九八（平成十）年には人口は三六七四、世帯数は一一二一である。世帯数は倍近くに、人口は微増している。人口のピークは、四七九六人あった一九六五（昭和四十）年で、それ以降徐々に減少している。他の海村に比べると、比較的減少率は低いといえるであろう。一九六五年ごろからの人口の減少は、その少し前から、村の重要な産物であったアワビ・木炭・養蚕などが相次いで衰退していったためであると考えられる。

三　生産・生業

生産・生業の変化

「手帖」記載の一九三五年における普代村の職業別戸数をまとめたものが表2である。ここからは半農半漁としてのこの村の性格がわかる。専業で水産業に従事する家はなく、農業に携わりながら水産業にかかわる人が多かったのである。漁家戸数は一九九三年で二九四、このうち専業は一二となっている。一九三五年と比べて専業が生まれ、全体でも戸数の上からは増加している。また、第一次産業のみの生産額でいえば、一九九三年で漁業は二二億円、農業が二億六〇〇〇万円、林業が一億七〇〇〇万円と、他をひきはなしている。昭和五十年代、漁獲高の急増にともなって漁業従事者も一時増加したが、生産額の低落や県による農業振興によって漁家は数を減らし、逆に農家が増加してきている。一九九〇年度には就業者数全体からすると、漁業従事者数はサービス業についで二番目であったが、一九九五年度にはサービス業、建設業、製造業、漁業、小売・卸売業、農業、運輸通信業、林業の順となっているのである。村では漁業と農業の所得格差の解消につとめており、漁業従事者の減少は営農に力を入れた村の政策に沿ったものであると考えられる。

一方、農業に従事する戸数は、一九八五（昭和六十）年には三五五、専業が二七となっている。このうち販売生産額が

表2　1935年度職業別戸数

	専業	兼業（主）	兼業（副）
農　業	58	179	550
水産業	0	182	106
工　業	3	20	18
商　業	6	28	−
鉱　業	0	2	−
雑　業	57	2	−
な　し	1	−	−

注：桜田勝徳の「採集手帖」による。

表3　魚種別漁獲量（単位：トン）

魚種＼年度	1935	1957	1985
サ　ケ	64	36	3300
マ　ス	44	11	4
アワビ	20	39	7
サ　バ	−	317	146
イ　カ	−	126	17
ワカメ	−	276	3200
コンブ	−	−	2600
ウ　ニ	−	28	1.5

注：桜田勝徳の「採集手帖」と「村勢要覧」などをもとに作成、単位はトンに統一。

ない農家が二〇七（五八・三％）、販売金額が五〇万円以下の農家とあわせると三一三（八八・二％）という状況で、自家用の生産している農家がほとんどである。ところが、その後の農地開発事業によって、一九九五年には農家数は二八七と減少しているものの、専業農家は三七と一〇戸増加している。この数字の変化は、農業がより専門化してきている結果と考えられよう。

次に個々の生業について取り上げてみたい。まず、「手帖」に記された太田名部の漁業暦をもとに昭和初期の漁業暦を復元すると、二月にタラのはえ縄、四月から七月にかけてワカメ、七月から九月までコンブ、夏にはイカ釣り、十月にタコの延縄、十一～十二月にアワビ、十二月の冬網（定置網）でサケを捕るというものであった。他の集落でも似通ったものであったようである。桜田調査時以前には、土用明けからアワビのクチアケまでカツオ釣り船も出ていたという。表3は魚種別に漁獲量を比較したものである。これを見ると一九三五年には、サケの漁獲量がもっとも多かったことがわかる。ただし、生産額でいえば、サケよりもアワビのほうが三〇〇〇円ほど多かった。その後も昭和三十年代までは輸出用の干しアワビのほうがサケを若干上回っており、もっとも生産額の高い水産物であった。しかし、現在ではアワビの漁獲量は激減し、収益も減少している。

普代村において戦前から変わらず主要な漁獲物であり続けているのはサケである。サケの漁獲量が激増したのは一九七九年。前年度五二三トンだったのが、倍近い一七五四トンにまで膨れ上がっている。この年のサケの生産額は一〇億円を越えるものとなった。一人あたり、サケだけで七〇〇～八〇〇万円の収入になったという。全体の漁獲量も一九七九、八〇年で急激に増えており、普代におけるサケ漁の占める割合の大きさがよくわかる。この時期にサケの漁獲量が増えたのは、以前から進めていた人工孵化によるサケの増殖事業の成功とともに、漁協自営の定置網を設置したことも大きいと思われる。一九八五年には、サケの漁獲を感謝して、普代川の河口にサケの供養搭が建立された。これは普代村でのサケの重要度増加を示す象徴的なできごとであろう。

また、「手帖」にカヂェと書かれているウニは、戦前には自家用としてとるだけであった。戦後は大きな収入源となり、アワビ、ウニで半年分の収入になっていたこともあるというが、今では生産額は非常に少なくなっている。アワビやウニがとれなくなったのは二〇年ほど前からのことだといい、その結果、冬場の労働がなくなって出稼ぎに出る漁民が多くなったという。

サケとともに近年盛んになったのがワカメ・コンブの養殖である。昭和五十年代から始まり、現在ではサケとともに水産物収入の大きな部分を占めるに至っている。現在の漁業暦は、春がワカメ・コンブの養殖、秋がサケの定置網となっている。

次に農業についてであるが、平地が少なく傾斜地の多い普代村では、水田の面積は少なく、畑も小さく分散していた。気候的にもヤマセ、低温、濃霧、日照不足などによって悩まされ、農業が主要な産業となることは難しかった。水田面積は「手帖」記載の一九三五（昭和十）年段階ではわずか四町九反であったが、一九五八年には二一町、一九九〇（平成二）年には約三〇町歩と確実に増加してきている。しかし、昔から米を自給することは不可能で、外部からの移入に頼らざるを得ないという状況には基本的な変化がない。一方、畑は一九三五年には三一二町六反、一九九〇年には三九五町歩あり、普代村の農業の中心となっている。一九三五年には収穫量の多い順に、馬鈴薯、大豆、麦、ヒエ、アワ、小豆、ソバ、一九五八年にはアワ・ヒエの収穫高が多く、生産額では大豆、ヒエ、馬鈴薯などであった。ところが、一九九〇年には生産額の多い順に大根、シイタケ、ホウレンソウ、ヒラタケ、シュンギク、キャベツなどと、農作物は昭和三十年代までと大きく異なっている。これは一九八四年から始まった県営農地開発事業によって、丘陵地の和野山地区などが大規模な農場となったことによる結果である。なかでも、翌一九八五年度から始まったダイコンの生産は成功し、一九九〇年には一億円を越える生産額をあげるまでになっている。

林業も行なわれていたが、木炭生産が主であった。一九二一（大正十）年ごろから一九五五年ごろまでがもっとも盛んであり、この収入によって米を得ていた時期もあった。現在では木材・木炭ともに生産は非常に少なくなり、一九九五年の林業従事者はわずか七人であった。芦渡・茂市の山間集落だけでなく、海岸部の黒崎でも炭焼きは盛んであった。他村から炭焼きに入ってくる者もあったという。なお、現在では林業や養蚕の中心であった芦渡・茂市は畜産に力を入れるようになっている。

現在行なわれなくなった産業としては、養蚕や製塩がある。養蚕は昭和三十年代まで行なわれ、鳥居・芦渡・萩牛・茂市などの山間集落がとくに盛んであった。江戸末期には萩牛・茂市などの山間部に鉄山が開かれ、製鉄も行なわれていた。一九六五年ごろまでは普代鉱山でマンガンの採掘も行なわれていた。

「手帖」には製塩業に関する報告が詳細になされている。江戸時代から明治までは米と交換する重要な産物であったが、明治末期に塩が専売になり、急速に廃れた。出稼ぎの歴史は古くないというが、桜田調査時には北海道への漁師の出稼ぎも行なわれていた。当時普代村で北海道へ行かないのは、地元の漁業が忙しい太田名部のみであったという。黒崎では隣村へ炭焼きに出る者が多かった。都会への出稼ぎが多くなったのは戦後であり、一九九七年には全体で一三〇人が働きに出ている。職種別では、土木・坑夫が最も多く、ついで大工であり、戦前にみられた漁師の出稼ぎはひと桁になっている。昭和五十年代のサケの豊漁のときは、出稼ぎに出た人たちも帰ってきたが、サケの収入が減少し、再び出稼ぎが増えている。

観光業は、一九八四年の三陸鉄道開通直後は盛んであった。普代村では北山崎・黒崎が観光の中心地で、岩泉町にある竜泉洞から国鉄バスも運行された。また、宮古市の観光地である浄土が浜から観光船も就航していたが、現在は船もバスも運行されていない状況である。

交通・社会面での変化

江戸から明治時代にかけての普代村の主要な交通手段は牛馬であった。「手帖」には交通・交易に関する記述が詳細になされている。地頭の家には馬が二四～二五頭、牛が一四～一五頭おり（堀内）、地頭が馬方を雇って物資を運ばせていた（普代の各集落では、地頭と名子の制度が昭和初期まで存続していた）。馬方は、内陸部の芦渡・茂市・萩牛などからよく出た。牛馬は海岸部の集落にも飼われており、太田名部でも一八九六（明治二十九）年の大津波までは各家庭に馬一頭ずつ程度は飼っていたと

写真1　太田名部集落の全景

「手帖」にある。一般の家でも自分の馬を馬方に渡して魚を売らせていたのである。海岸部の太田名部から岩泉の町を経由し、小本街道を通って盛岡まで四日で出ることができたという。普代村の各集落からはこのルートで塩や塩魚を岩泉や盛岡まで運び、米と物々交換していた。盛岡からさらに沼宮内や秋田県の鹿角まで出かけることもあったという。塩魚だけでなく、サケやタラは生で出すことも多かったようである。しかし、明治末期に塩が専売となり、牛馬を使って盛岡方面へ物資を運ぶことは少なくなった。

その後も、木材や木炭を馬で運ぶ運搬業はあり、戦後も村内に一五～一六人はいたが、一九六〇（昭和三十五）年ごろにトラック輸送が登場して姿を消した。なお、木材の運搬は牛馬の利用だけでなく、川を使って流すことも行なわれていた。

「手帖」によれば明治時代には、「五大力」という帆船によって宮古まで塩魚や生魚を積み出すことも行なわれていた。これも牛馬同様、地頭が持っていたという。太田名部の米はこの船で宮古から買っていた。今回の調査によって、動力船になる以前は途中での停泊が容易なために宮古へ行くことが多く、船に動力がつけられてからは一日以上かけて八戸まで物資を運ぶことが多くなったということがわかった。八戸までは当時生産が盛んだった木炭がとくに運ばれていた。

一九三〇（昭和五）年八戸線が久慈まで開通し、一九三七年には普代～久慈間にバスが開通することによって久慈方面

へ出かけることが容易となった。野田から久慈や青森県の八戸に通じる交通はこのように比較的早くから開かれたが、田野畑から宮古へは山が重なっているため、陸路の開発は遅れた。一九七二年に村を南北に貫く国道四五号線が全線開通し、一九七五年に久慈から普代まで鉄道が開通する。その後一九八四年になってようやく宮古まで線路で結ばれ、久慈〜宮古間を三陸鉄道北リアス線が走るようになった。現在の主要交通手段は海岸部を南北に通り、かつてのような内陸へと抜ける交通は整備されていない。現在、普代村から県都の盛岡へ行くためには、久慈あるいは宮古に出て高速バスに乗り換えるというのが一般的な手段となっている。このうち便数も多く、よく使われるのは宮古からのバスである。普代から宮古まで鉄道で一時間、宮古からバスに乗り換えてさらに二時間で盛岡に到着する。高校への通学や、買い物などは鉄道で三〇分ほどの久慈市へ出かけることが多いが、さらに北の八戸市とのつながりは薄くなり、宮古・盛岡へのほうが便利になっているといえよう。つながりの深い町という観点からすれば、普代村にとっての町は、岩泉・盛岡・宮古、八戸・宮古・久慈、宮古・盛岡と変遷してきているのである。

一方、村内の交通は便利であるとはいいがたい。三陸鉄道の駅がある普代・白井・堀内は他村へ行くことも容易であるが、その他の集落は自家用車がないと生活ができない状態である。村営バスは普代駅から黒崎までしかなく、それも一日に数本しかない状況である。

普代村でのもっとも大きな災害は津波である。桜田も若干であるが、津波について記している。段丘の上に位置する黒崎・堀内などの集落の被害は少なかったが、低地の太田名部と普代での被害は甚大であった。「手帖」には、太田名部だけで一八九六(明治二十九)年には二三〇人、一九三三(昭和八)年には一〇二人もの人が亡くなったとある。太田名部は二度の津波ともに物的な被害も大きく、集落が壊滅するほどであった。津波から集落を守るため、昭和四十年代になって、太田名部・普代の両地区にはそれぞれ防潮堤が建設された。太田名部の集落は城塞都市のような堤防で囲われ、巨大な水門から出入りするようになっている。その後、普代では堤防の外側に学校ができたため、普代川河口には新たに長さ一〇五メートル、高さ一五メートルの防潮堤が一九八四年に建設された。いまでも津波のおこった三月三日には避難訓練などを行なって、津波を忘れないようにしている。また、フェーン現象による火災もおこり、一九六一年には黒崎・太田名部で大きな被害が出ている。

最後に衣食住の変化について簡単にふれておく。昭和初期の常食は、麦とヒエであり、米を食べるのは盆や節供、アワビのクチアケなどに限られていた。「手帖」にも記述されているメノコ飯とは、海草のメノコを細かく砕いてご飯に入れるもので、戦後すぐまでよく食べられていた。住居としては、母屋と馬屋が鍵型に接続した曲屋が全村的に見られたが、太田名部の住居構造は違っていたようである。これは一八九六年の津波以後、太田名部で馬を飼わなくなったこと、及び津波の被害が影響していると思われる。馬のいなくなった現在でも、他の集落では基本的な住居の構造は引継いでおり、曲屋風の家が今も使われている。

四　信仰生活の諸相

ミコ・イダコ

女性宗教者について、桜田はミコとイダコについて記述している。ミコは普代や太田名部にいるが、イダコはこのあたりにはおらず、宮古のほうから来て一週間ほど滞在していた。ミコは晴眼で、神関係のことを担当し、イダコは目が見えず、仏の口寄せを行なっていると報告されている。しかし、現在ではミコもイダコも存在していない。

写真２　鵜鳥神楽（1999年撮影）

年中行事

年中行事については、「手帖」にはほとんど記述がない。追跡調査からは行なわれなくなったものが多いように見受けられた。正月の門松は、皮をはいだクリの木を二本立て、その下をナラの割木で支え、クリに渡したしめ縄へコンブ、ワカメなどを吊るすというものであった。昭和初期の金融恐慌のころから、山の木を切ることを禁じられ、このような門松も見られなくなったという。盆の送りには、クリの枝二本を軸にして供え物を包み、コンブで束ねて十字路の木に結びつけるところもあった（芦生《あしおい》）。なお、宮古市方面では仏さんはクリの木について来るといい、盆には実のついたクリの木で棚を作っており、三陸地方におけるクリの重要性がうかがえる。しかし、今ではこのようにクリを行事に使うこともなくなっている。

行なわれなくなった行事としては次のようなものがある。畑についた害虫を追い払う虫送り的な行事として行なわれていた「虫祭り」は、昭和初期以降途絶えたという。一方、復活した行事としては、小正月のナモミがあげられる。これは一月十五日の夜に、鬼の面をつけた人々が家々を訪問し、悪魔払いと家内安全を祈るもので、一九六五（昭和四十）年ごろにはなくなっていた。それを、青年団体が中心となり、一九八一年に復活させた。

祭り

集落ごとの祭りは今も行なわれている。これについても「手帖」には記述はほとんどないが、今回の調査の成果を若干まとめておく。村全体の神として信仰されるのは普代にある八幡神社と、鳥居にある鵜鳥《うのとり》神社である。普代の商店街近くに鎮座する八幡神社の例大祭は秋に行なわれる。この祭りでは屋台が出て、他の集落からも見物にきて賑わった。近年は「ふだい祭り」と称し、山車の巡行、小学生の神楽発表会、婦人会手踊りなどが催され、村全体のイベントとして定着している。

次に鵜鳥神社の祭りについて取り上げる。海抜四二四メートルの卯子酉山《うねとりやま》は海上からの目印になる山であった。このため、この山頂に鎮座する鵜鳥神社は、普代村に留まらず三陸北部における漁業の神として信仰を集めてきた。神社のある鳥居の集落は、江戸時代には宿屋があったといい、昭和になってからも毎年四月八日（旧暦）の例大祭には、遠近の漁民が参拝して賑わってきた。普代村の各集落からは、漁民以外でも祭りに参詣することが多い。現在でも祭りには多くの参詣者が訪れる。ふだん交通機関のない地区であるが、祭りの日には普代駅から臨時バスが出て、多くの客を運んでいる。

この祭りに神社で奉納される鵜鳥神楽は、宮古市の黒森神楽とともに三陸地方を代表する山伏神楽である。毎年冬になると、北回り（久慈まで）と南回り（釜石まで）をふたつの神楽が分かれて巡業する。鵜鳥神楽を舞う神楽衆は直接神社に属していたわけではなく、下閉伊郡一帯に居住する修験が率いたため、地元普代の人々が奉仕する神楽というわけではなかった。近年の神楽衆は南隣である田野畑村の人々が中心となっている。冬の巡業では各集落の大きな家を神楽宿とし、普代村へもここを拠点に舞いに来ていた。現在では地区の公民館で舞っている。地元の子供にすれば神楽の訪れがとても待ち遠しかったといい、まねをして踊ったりしたという。戦後になると、普代村でも神楽を本格的に習おうとする動きが出てきた。一九六九年に普代中学校の生徒に神楽を指導する試みが始まり、以後小学校でも学校教育の一環として取り入れられるようになった。一九七五年には鵜鳥神社の宮司が会長となり、田野畑村の神楽衆とともに鵜鳥神楽保存会を結成、「村の民俗芸能」として位置付け、保存と継承を目指している。村内では神楽保存会の指導で、青年、婦人、小中学生にまで神楽を習う人々の輪が広がり、一九九二（平成四）年にはこうした活動の拠点として郷土文化伝習館が鵜鳥神社の近くに建設された。また近年では、全国民俗芸能大会などの村外のイベントへの参加も行なわれるようになっている。

このほか、戦後新たに創作された行事として「みなとまつり」が黒崎、太田名部、堀内で行なわれている。太田名部や堀内では、地区の金毘羅神社の祭りを改名して行なっている。堀内では一九八四年から改名し、神事、大漁旗をつけての船のパレードのほか、観光客用に魚の即売会を開くこともある。また、一九九三年には村民の手で新しい伝統を育てることを目的とし、「ふだい荒磯太鼓」という従来この土地になかった芸能も誕生している。

特　徴　最後に信仰、儀礼面を中心に普代村における戦後の民俗変化の特徴をまとめておきたい。集落ごとの祭りでは、太田名部、堀内の「みなとまつり」が活況を呈している。これには以下の理由が考えられる。山間部集落は製炭・林業・養蚕などかつての主要な産業が衰退し、内陸へと向かう交通も廃れて過疎化が進行している。村の中心地をはじめ、南北に鉄道・国道が通っているのは海岸部集落であり、観光地をひかえ、漁業も比較的順調なため若者が多い。また、大規模な農地が開発されたのも海岸部に近い村の東南地域である。海岸部の祭りが賑わうのはこのような背景がある。ただし、これらの祭りは、従来の大漁祈願・海上安全としての神事が中心ではなく、網おこしの見学や魚の競売、子どもみこし、子ども神楽などが行なわれるイベントに変化してきている。祭りのイベント化は、村全体の祭りとして定着している「ふだいまつり」にも現われている。これはもともと屋台の出る祭りであったが、近年では先述したようにさまざまな参加者が増え、村民全体の祭りという要素が強まっている。これに対し、信仰的側面が強いのが鵜鳥神社の祭りである。今でも、祭りや大漁をしたときなど、漁民は二匹の魚（カケイオ）を供えて感謝し、祈願している。

生業が変化し、生活体系が変化するなかで、年中行事や儀礼も大きく変貌し、現在も行なわれているものは少ない。そのなかで、小正月のナモミの復活や、鵜鳥神楽の伝習は特徴的であろう。一九九〇年、文部省が助成する「青少年ふるさと学習特別推進事業」に普代村の青年団体が選ばれたことにより、伝統芸能の継承はより積極的に行なわれるようになっている。

主要文献

普代村教育委員会編　一九八四『普代村史』普代村
普代村教育委員会編　一九八六『普代の民間信仰』普代村
普代村教育委員会編　一九八七『白井沖鮪建網帳場日誌　普代の鮪漁』普代村
普代村総務課編　一九九八『岩手県普代村村政要覧』普代村
宮古市教育委員会編　一九九九『「陸中海岸の廻り神楽」鵜鳥神楽・黒森神楽』宮古市

（藤井弘章）

宮城県牡鹿郡女川町－江ノ島

一　地理と歴史

地　理　江ノ島は、東北地方・南三陸（陸前）の牡鹿諸島に属し、女川港の東南東一三・八キロ、金華山の北北東約一〇キロにあり、江島列島といわれる一群の小島（江ノ島・二股島・平島・荒藪小島・蛇島・恋の島・足島・笠貝島など）のうち唯一の有人島である。面積は〇・三六平方キロ、周囲三・七キロ。島の形状は、標高七六メートルを最高地点として円錐形を呈しており、広葉樹と松樹におおわれ、海岸は断崖および岩礁で、平地はほとんどない。集落は、島の北部の急峻な斜面に階段状に造成された幾重もの石垣の上に密集したかたちで立地している。

周辺の海域は、黒潮と親潮が合流する太平洋沿岸有数の三陸・金華山沖の漁場である。江島列島の岩礁海域は、アワビやウニの南三陸有数の産地であり、コンブ採取の南限にもあたる。島の一部は、南三陸金華山国定公園に含まれており、隣接する足島・荒藪小島は、ウミネコとウトウの繁殖地として国の天然記念物に指定されている。

江ノ島は、行政的には、宮城県牡鹿郡女川町の一行政区にあたり、人口は二〇〇〇年五月末時点で一四二、世帯数六九。

図1　宮城県牡鹿郡女川町－江ノ島

江ノ島と女川港との間には、高速渡海船「こうほう（江宝）」が、毎日、夏期四便、冬期三便、所要時間二五分で運航されている。

なお、江ノ島の表記について、地元や町役場においては「江島」であり、離島振興法では「江ノ島」とされている。また伝統的に、相模江の島・出雲江島・肥前江島と区別して

表１　江ノ島関係略年表

1889（明治22）	町村制施行により、宮城県牡鹿郡女川村江島になる
1917（大正６）	渡海船江宝丸、就航
1926（大正15）	町制施行により、宮城県牡鹿郡女川町江島となる
1945（昭和20）	８月９日、江島集落、米軍機の空襲を受け、島民に死傷者でる
1948（昭和23）	江ノ島のカツオ船経営者、女川に移転。漁民の島外への出稼ぎ傾向強まる
1950（昭和25）	「離島調査」（担当：亀山慶一、千葉徳爾、田村馨）
1953（昭和28）	島内発電により電化（東北電力海底ケーブル化は1965年）
1967（昭和42）	井戸水源による島内簡易水道化（出島経由海底送水は1972年）
1971（昭和46）	江島法印神楽、宮城県無形文化財に指定される
1975（昭和50）	２月22日、フィリピン船ドナパシタ号遭難し、江ノ島に座礁島民あげて船員の救助活動に尽力し表彰される
1979（昭和54）	江島漁協、東北電力と女川原子力発電所建設の補償協定に調印
1986（昭和61）	江島漁協、女川原発２号機建設にともない補償協定に調印
1992（平成４）	江ノ島の女川第５小学校閉校
1993（平成５）	江ノ島の女川第３中学校閉校
	江島漁協、出島漁協とともに女川漁協に合併。江島支所になる

「陸前江島」と称されることも多い（以下、慣用表記「江島」も使用）。

江ノ島は、東北地方における離島の民俗調査のフィールドとしてもっとも知名度の高い島でもある。

歴　史

伝説によれば、江ノ島の歴史上の由来としては、平安期に奥州安倍氏の一族により漁業と定住が勧められたとも、また奥州藤原氏滅亡直後、藤原一族の日詰（樋爪）五郎（清衡の四男清綱の次男季衡説と秀衡の五男説あり）が従者とともに江ノ島に落ちのびて開拓したことに始まるともいわれている。藩政期の江ノ島は、仙台藩の領地として中奥郡奉行の管轄下、女川組の大肝煎のもと江ノ島在住の肝煎（木村家や斎藤家など）によって治められていた。

また江ノ島は、仙台藩領東端の絶海の孤島として、流刑地とされていた。流刑者のなかでも、江戸時代初期の藩士斎藤外記や禅僧栄存法印などが知られているが、とりわけ激しい怨念をもってこの島に没したとされる栄存法印の伝説は、今日においても江ノ島の民俗に伏在する主題のひとつを構成している。

明治維新時の島民の数は、五八戸、二七七人と記録されている。一八八九（明治二十二）年に牡鹿郡女川村に編入され、明治期末までに人口・戸数は倍増する。一九二六年、町制施行にて女川町江島になる。江ノ島においては、明治期以降、漁業は、カツオ釣り漁を中心に発展するが、大正期、昭和期となるにつれ、アワビやワカメの採取の比重が高まる。

太平洋戦争中、江ノ島には、女川港の前哨として陸軍の砲台が築かれ部隊が駐屯していたが、終戦直前の一九四五年八月九日に米軍機の空襲を受け、集落の民家も機銃掃射を浴び、島民にも死傷者がでた。

戦後、チリ地震など三陸沿岸に深刻な津波被害が発生したさいには、江ノ島自体は、海底の地形の関係上、まったく被害を受けていないが、島内には、一九五六年より東大地震研究所の津波観測所が設置された（戦時中の一時期も観測されていた）。

一九七〇～八〇年代に、近隣の女川湾内に東北電力の原子力発電所が建設され、江ノ島の漁民にも補償金が給付された。それを機に、石巻・女川方面に新居を築く島民も多く、後継者の島外への流出がいっそう加速された。親世代も、島にある伝来の自宅と本土側の後継者宅との間を頻繁に行き来するようになる。

現在でも、江ノ島はアワビやウニなどの県内有数の産地であり、江ノ島漁業は、そうした生活スタイルのもとで老齢の親世代のみによって担われている。

二　社会生活

人　口　江ノ島の人口は、明治維新のころ（一八六七年）に、五八世帯、二六五人。明治期に倍増して昭和初期に一〇〇〇人を越える。最盛期は、前回の離島調査の一九五〇年代であり、一九五〇年には一五四世帯、一一四二人に達している。

わが国の高度成長期以降の全国的な農山漁村地域からの人口流出にともない、江ノ島の人口も徐々に下降する。江ノ島のばあいには、より具体的には、一九六〇～七〇年代に遠洋漁業船へ乗り組んだ青壮年層の多くが家族をともなって本土側に居住するようになり、さらに八〇年代には女川原子力発電所建設の補償金を元手にして島外他出の傾向がいっそう強まり、一九九〇年代前半には島の年少人口がほぼ皆無にまでなり、小・中学校も閉校になった。

二〇〇〇年八月の人口は、六八世帯、一四四人である。住民最年少者は五〇歳、平均年齢は約六九歳であり、高齢化の深化が最終的な局面にまで達している。しかし、江ノ島のばあいには、いかに高齢者の島とはいえ、住民の多くは漁業活動に現役で従事しており、体力的に見切りをつけた時点で本土の後継者宅に移転する生活形態の世帯も多い。

表2　人口動態

	人口	世帯
1867（慶應３）	277	58
1893（明治26）	523	72
1917（大正６）	1045	120
1938（昭和13）	1073	147
1950（昭和25）	1142	154
1960（昭和35）	1112	155
1970（昭和45）	782	150
1980（昭和55）	448	116
1990（平成２）	257	94
2000（平成12）	142	69

集落

面積〇・三六平方キロの小島である江ノ島の集落は、唯一、江島集落のみである。集落の中心部に簡易郵便局はあるが、島内には役場職員が常勤する支所はない。

島内の施設としては、女川漁協江島支所、江島開発総合センター（公民館）、僻地診療所、江島自然活動センター、東大地震研究所津波観測所（職員一名）、島頂に無人灯台がある。

写真１　江ノ島の全景（女川町役場提供）

江島集落は、島内の東端から西端にかけて、かつては上条・中条・下条の三区から編成されていたが、一九四八（昭和二十三）年以降は、集落の中心部の大井戸を境界にして東側の上条と西側の下条の二区（組）に分けられ、各六班、計一二班編成であった。人口の低減した現在においては、江島（行政）区に上条・下条の二区（組）、各五班、計一〇班から成る。

江島集落は、藩政期以来の「契約講」の伝統を有してきた。現在は、その機能を大幅に縮小してはいるが、住民の意識において、江島集落が「講」（契約講）から成ることには変わりはない。女川町の一行政区としての江ノ島で推挙・選出される三年任期の区長は、町政上の（行政区）区長であるのみならず、島内においては島長であるとされ講長を兼ねている。講の次席として副区長を立てるばあいもある。全島民は「講員」であり「正講員」は各世帯一名（家長・世帯主）。各班の班長（頭頭）（二年任期）は男性のみ。講役員・班長からなる（一三名）会議が構成される。「契約講大会」は、かつては、春秋二回であったが、一九六二年以降は、年一回一月十日に開催される。

江ノ島の契約講は、一八〇六（文化三）年の記録にもみられ、「江島村契約帳」（一九〇〇年）、「親交会内則」（一九一一年）、「江島契約講規約」（一九四八年）は、現在でも引き継がれている。しかし、江戸から明治初期にかけては、島の生活面すべてを統括する村組織といわれていた契約講も、この一世紀の間に諸機能を、行政や漁協や学校ＰＴＡなどに移転して、大幅に縮小し、現在では、行政と島民の間の連絡、島民の合意形成、公民館（開発センター）利用の便宜、例祭や盆などの行事の企画・運営、檀家集団として寺（満蔵寺）の運営、などの機能が残るのみである。

渡海船　女川港との間の定期渡海船は、一九一七（大正六）年以来運航されており、「江宝丸」と名づけられてきた。戦後は漁協が運営していたが、江島汽船として独立。第八号船は原発補償金により（七五年）建造された。平成期になって導入された六四トンの高速船（第九こうほう）により所要時間は半減した（所要二五分）。

水　江ノ島には川はない。かつて生活水には数か所の井戸と天水桶を使用していた。飲料水は、おもに集落の中心部の大井戸（現、水道ポンプ所）から汲まれ、天秤や「頭上運搬」にて運ばれた。一九六七（昭和四十二）年に井戸を水源とした島内簡易水道ができ、七二年以降、女川本土の上水道が出島経由で海底送水されている。

「頭上運搬」とは、傾斜地ゆえに段差が多く道狭き集落内の運搬に、婦女が水や海産物などを木製の桶に入れ頭上に乗せて運ぶ習俗のことであり、かつて江ノ島はその北限地として広く知られていたが、水道敷設以降に消滅し、今日では、例祭行事の舞踊にのみ、その様式が伝えられている。

子ども　一九九二年三月に（女川第五）小学校が閉校になり、九三年三月に（女川第三）中学校が閉校されている。二〇世紀末の時点で、江ノ島には子どもや若い世代はいない。

基盤整備　全長三九七メートルの防波堤の完成により、埠頭が整備され、接岸の難点が解消された。面積が狭く平坦地のない島内では、かつて車道はなかったが、小・中学校の移転および新築のさいに、島の南側の天屋地区を切り開き工事車輛用道路を建設し、その後、北側の港へ通じる車道も増設して、一九七四年に島の南北をつらぬく一・七キロの一級町道江島線が開通した。

三　生産・生業

農業　遠方より江ノ島の斜面を仰ぎみれば、かつての棚状の耕地の跡がかすかにうかがえるが、現在は、ごく小規模な自家用菜園を除いて、農業といえるほどのものはない。一九五〇（昭和二十五）年の調査時点でも田はなく、約三ヘクタールの畑に島内でのみ消費するイモ、麦、豆などが細々と栽培されていたにすぎない。気候は、仙台や石巻よりもやや温暖である。

漁業　現在、島民のほとんどが高齢者である江ノ島の漁業は、アワビとウニの鉤漁ならびに（業者への共同委託による）潜水漁、沿岸釣り漁・刺し網漁を主として、一部で天然ワカメ採取、また外来の業者がホタテ等の養殖や定置網などを行なっている。とりわけアワビとウニに関しては、県下有数の産地である。

現在は、アワビとウニが代表的な産物であるが、明治期から大正期にかけては、この一帯ではカツオ漁が盛んであった。しかし、カツオ漁は、伝統漁撈から脱するにつれ、島民の手を離れ島外の船主へ移行していく。カツオ漁を主要な稼ぎとしていた漁民も島外のカツオ船に乗り組み、近海、遠洋へと出稼ぎすることになる。江ノ島には、小型の動力船やサッパ（和舟）による、沿岸小漁、サメ刺し網などの零細漁業のみが残った。

この構図は、二十世紀の前半から後半にかけても、江ノ島漁業の基本的スタイルを形成している。戦後の江ノ島では、青壮年男性漁民は稼ぎのよいカツオ、マグロ等の近海・遠洋漁船や鮎川のクジラ船団に乗り組み、妻や高齢漁民は、地先にてワカメやアワビの採取や小漁、あるいは女川での水産加工に従事することが一般的であった。近海・遠洋漁船の周年操業化にともない、漁民一家の島外への移転があいつぎ、人口が急減する。

写真２　久須師神社例祭・神輿海上渡御（2001年撮影）

島に残った少数の漁民、また大型船乗り組みを引退して帰島した高齢の漁民たちは、七〇年代以降、運搬・冷凍技術等の進歩、世のグルメ需要のもと、簡素な船外機舟を使い、アワビ、ウニの鉤漁、ホタテなどの養殖に新たな活路を見いだしてきた。潜水夫への委託もあるが、伝統漁撈の鉤漁もかなり残している。契約講で培った連帯のもとでの共同行動も随所にみられる。

観光　近隣には、金華山や牡鹿半島などの東北有数の観光名所はあるが、江ノ島は観光ルートからははずれており、民宿は二軒あるが、釣り以外で訪れる観光客はきわめて少ない。ごくまれに、町の観光事業として企画されたウミネコ見物ツアーが宿泊することはある。一般の観光客よりも圧倒的に多い来島者は、閉校された小・中学校舎を活用した町営の「江島自然活動センター」に夏期合宿等でおとずれる各地の青少年の集団である。

四　社寺・年中行事など

社寺　江ノ島の神社としては、現在では、江島集落の中心部に久須師神社、島の山頂に栄存神社、島の東部の景勝・お伊勢崎の頂に五十鈴神社がある。それ以外に、金比羅や白山などの小規模な祠堂も数か所散在する。

久須師神社は集落の中心部の高台にあり、江島集落の氏神を祀っている。専従の神主はいない。この神社は、「お薬師さま」ともよばれ（薬師＝久須師《くすし》）、廃仏毀釈がなされる明治期以前には、薬師如来を祀る薬師堂であった。この薬師堂は一八九五年に焼失して、翌年に再建されたが、そのさい、正式に久須師神社と改称され、村の鎮守の地位を五十鈴神社から引き継ぐことになる。焼失後の再建は、当時のアカウォ（キンメ）の大漁による寄進によってなされた。

久須師神社の例祭は、かつては四月八日であったが、その日は、釈迦誕生を祝う日であり、薬師堂の仏教信仰のなごりともいわれる。その後、例祭に恒例の神輿海上渡御が、東北地方の四月の海水では低温すぎるという理由により、一九八〇年代に、一か月後の五月八日に変更された。さらに九〇年代になり、五月五日の子供の日祝日にあらためられた。それは、過疎化ゆえに、神輿の陸尺として（他出した）後継者たちの手間を要請する都合上であり、その機会に孫を連れて帰省する後継者家族と、島の親世代との再会の楽しみも意図されてのことである。実際、五月五日の祭礼の日には、日頃はわずかな客にすぎない渡海船の乗船に、定員を上まわる乗客が列をなす光景もみられる。例祭日の午後、境内で「江島法印神楽」上演が奉納される。

牡鹿半島を見晴らす島の頂にある栄存神社は、流罪の身として江ノ島にて無念の思いで没した十七世紀の禅僧栄存を祀った神社であり、栄存の墓所としての祠堂からなり、社殿は一九三二年に建てられた。この島に火災などの災害が少ないのは、守護するこの神社があるからだとされている。久須師神社の例祭日に併せて、集落の代表者により祭礼が催される。

五十鈴神社は、明治期に薬師堂が久須師神社に移行するまでは、江島集落の鎮守であった。その後、江ノ島東部のかつての上条地区の氏神を祀る神社となる。きわめて簡素なつくりであり、現在でも、久須師神社の例祭日などにお供えがさされる。

江ノ島の唯一の寺は、曹洞宗満蔵寺である。この寺は、中世においては天台宗大明寺であった。その後、荒廃していたこの寺を、一五四三（天文十二）年石巻牧山の禅僧が再建してから曹洞宗になったという。牡鹿郡には曹洞宗の禅寺が多いが、江ノ島島民もほとんど満蔵寺の檀徒として曹洞宗系である。

江島集落においては、伝統的に契約講が発展してきたために、檀徒集団のみならず寺自体も講のもとに組み込まれているという点は興味深い。

年中行事　江ノ島の民俗については、満蔵寺の伊達大喜氏がこれまで半世紀にわたって研究と執筆をつづけ、記録につとめてきた。しかし、この島に伝承されてきた民俗の多くの側面は、この半世紀のあいだにかなり失われてしまっている。

江ノ島の年中行事については、伊達氏が『陸前江島の年中行事』にまとめている。その記述を参照しながら、一九五〇（昭和二十五）年「離島調査」（採集手帳）における記載の有無、および現存の如何について、以下に一覧する。

写真3　江島法印神楽（2000年撮影）

江ノ島の年中行事一覧

（☆「離島調査」に記載にあり、〇現在もあり）

一月　一日　久須師神社元朝参り☆〇、若水汲み☆、新年祝賀会☆、膳の交換☆
一月　二日　獅子振り☆
一月　三日　お福田
一月　四日　臼をおこす
一月　五日　五日元日
一月　六日　若木迎え☆
一月　七日　七草粥☆
一月　八日　三山講（八日精進、初精進）、磯祭り☆
一月　十日　金比羅精進☆〇、契約講大会〇、（獅子ふり☆）
一月十一日　俵たたき☆
一月十二日　臼おこし、塩入りの小豆粥食、山の神さま
一月十四日　祝いましょう☆
一月十五日　小豆粥☆
一月十六日　わほわほ（鳥追い）☆〇、初念仏
一月十八日　観音講、アカツキ粥
一月二十日　二十日焼き、えびす講☆〇
一月二十四日　地蔵の念仏（地蔵講）
一月二十五日　天神講
一月二十六日　二十六夜さま
一月二十八日　年カサネ（重ね）の餅つき
二月　一日　年カサネ（小正月、男子厄年祝い）☆〇
二月　六日　栄存講
二月　八日　トッテナゲ
二月十二日　龍神講（龍神サマ）
二月十六日　山の神まつり
三月　三日　白山さま祭り☆
四月　八日　久須師神社祭礼☆〇（現在は五月五日）

五月　下旬　協同供養
（陰暦）六月一日　ムケの朔日（ハガタメ）☆
八月　六日　ハカハレエ☆
八月　七日　七日盆☆
八月　十三日　精霊棚飾り☆
八月　十四日　団子供え☆
八月　十五日　精霊流し☆○
八月　十六日　念仏講島内念仏行脚☆
八月　十七日　地蔵講
八月二十九日　送り盆（結盆）☆
九月　十五日　お明月さま☆○
（陰暦）九月九日　節句の餅つき☆
（陰暦）九月二十九日　刈り揚げ節句☆
（陰暦）十月二十三日　二十三夜さま
十月二十八日　祓いの念仏
十一月二十日　えびす講☆○
（陰暦）十一月　十五日　油シメの日☆
（陰暦）十一月二十三日　お大師さまの日☆
十二月　一日　水こぼしの朔日
十二月　八日　氏神さまのお祭り、三山講（八日精進）、かまど神の祈祷
十二月　十日　大根の年とり（大黒様）☆
十二月　十三日　ススハキ（大掃除）☆
十二月二十五日　小豆飯つくり
十二月二十七日　餅つき☆
十二月二十八日　門松つくり、畳みかえ
十二月二十九日　デエーバ餅・月牌お供え
十二月三十一日　門松・注連縄かざり○

江島法印神楽　この神楽のばあいの「法印」とは山伏のことである。仙台地方東部には、修験者が神社の境内にて神楽を舞うという伝統があった。一九一九（大正八）年に当時の江島区長が、その神楽を導入した。その後、島民によって細々と伝えられてきたが、消滅しかかっていた。一九六一（昭和三十六）年に江島法印神楽保存会が発足し、神楽を再興して後継者育成につとめた。江ノ島の久須師神社例祭にて奉納するだけではなく、東北各地の会場や全国大会での披露も重ねて、一九七一年に宮城県無形文化財に指定される。古事記から題材を採り、スサノオ尊などを主人公とした計一五番の曲目があり、仮面は大正期製のものなど計三一面ある。

伝　説

栄存法印　この「法印」とは高僧のことである。豊臣家の家臣の家系に生まれた栄存は実在の人物であり、世をはかなみ、東北地方にくだり、仙台にて禅僧として名声を得たのち、依頼を受けて牧山（石巻）長全寺を再興した。栄存の法力に期待した石巻湊の領主によって厚遇されたが、領主の孫の代になると疎まれて、無実の罪を着せられ、江ノ島に流罪となる。栄存は、江ノ島においても島民

たちに畏敬されたが、自分を追放した領主を怨みつづけ、一六八一年の死にぎわに「遺体を（石巻方面に向けて）逆さまに埋めよ」と遺言した。だが、領主を恐れた島守が通常の埋葬をしたところ、江ノ島と石巻湊に凶事が続出した。そのため、遺言どおりに再埋葬したところ、江ノ島の凶事は去った。それ以来、栄存法印の霊に江ノ島の息災が祈願されてきたのである。

人形転ばし　江ノ島東南岸のお伊勢崎周辺は断崖絶壁と松林からなり、金華山を仰ぎみる風光明媚な秘境である。流刑の島であった頃、この岸壁から死体を流したとも、脅しのために人形を吊したとも、供養として人形を流したともいわれている。以前は、病気送りの祈願をこめて舟形の細工に人形を乗せて流す習俗もあった。

ニワトリと犬　伝説上の島の開祖・日詰五郎が上陸のさいに、金のニワトリを同伴してきたが、鳴き声で敵に知られるのを恐れて海岸（横根の鼻）に埋め隠しておくと消えてしまった。それを残念に思い、以来、江ノ島では息災を祈願して、ニワトリ飼育が禁忌されてきた。同様のことが、犬についてもいわれている。

民　話　江島列島の恋の島（小江島）の「恋の島物語」（若僧侶への乙女の悲恋話）、足島の「美し浜物語」（乙女の神隠し話）がある。

主要文献

亀山慶一　一九六六「宮城県牡鹿郡女川町江島」日本民俗学会編『離島生活の研究』集英社（復刻・国書刊行会）
岡田照子　一九六六「江ノ島の講組織」和歌森太郎編『陸前北部の民俗』吉川弘文館
高橋陽治　一九八六『江ノ島物語』万葉堂
伊達大喜　一九九二『陸前江島の年中行事』私家版
大江篤志　一九八六～九五「伝統漁撈をめぐる社会化」『東北学院大学東北文化研究所紀要』一八～二七

（村田裕志）

千葉県館山市富崎地区
（旧安房郡富崎村相浜・布良）

一　地理と歴史

地　理

千葉県館山市富崎《とみさき》地区は、房総半島の南西端に位置し、北側の相浜《あいはま》（または、あいのはま）と南側の布良《めら》の二つの集落から成る。地区の西方は広く太平洋に臨み、東側から房総丘陵が迫りくるきわめて平地に乏しい海沿いの村落である。地区全体の面積は約〇・五四平方キロと狭小であり、一九五五（昭和三十）年ころまでの土地利用の状況は、宅地と耕地と山野でほぼ三等分されており、田畑の面積が宅地とほぼ等しいという、ごくわずかな農地しか有していない地域であった。集落全体が海に向かって段々と下る海岸段丘の上に展開しており、人家が軒を接するように建て込んだ集落景観を呈している。

布良地区の南東部は急峻な山林となっており、隣町の安房郡白浜町と境界を接している。房総最南端の地、白浜の野島崎とは七キロほどの距離である。また、館山市域の中でも南端に位置しており、行政機関や商店街が集まる市街地とは、途中いくつかの農村地帯や山野を挟んで約一〇キロほど隔たっているが、古くは汽船の、そして現代では鉄道利用の発着点となっているため、人と物資の往来は盛んである。戦前までは、漁期に入ると女衆が毎日のように、魚を詰めた樽を載せた荷車を引いて、この距離を往復したという。

図１　千葉県館山市富崎地区

気候は沖合を黒潮が流れる影響で、冬でも霜の降りることの少ない温暖な気候を特徴としている。また、布良海岸は近年は夏の海水浴客でにぎわうが、すでに明治後期から風光明媚な海岸として知られており、多くの画家が写生に訪れていたという。その一人青木繁が、当時最盛期にあったマグロ漁を行なう漁師たちの姿に触発されて描いた「海の幸」は、近代美術史の上においても有名な作品である。

歴　史

富崎には古代の安房国開拓にまつわる伝説が伝えられている。東隣の神戸地区には、安房国一の宮である安房神社が鎮座しているが、この社は、古代、四国阿波の斎部氏が渡来してきて布良海岸から上陸し、この地方の開拓を始めるに当たって、山麓に天太玉命《あめのふとたまのみこと》を祀ったことに由来する古社である。富崎の地名も、布良の鎮守布良崎神社の祭神が、斎部氏を率いた天富命《あめのとみのみこと》であり、また岬にある地形から富崎と命名されたという。また相浜の地名は、往古、安房神社例祭の浜降りにおいて、安房国中の神輿がこの浜辺で相会したことに因むという。

写真１　相浜の漁港と集落（館山市立博物館提供）

戦国時代から江戸時代の最初期までは里見氏の支配であったが、その後は幕府領や旗本領などにしばしば変転した。近世初期からこの地域には相浜と布良の二つの村落が存立していたが、一八八九（明治二十二）年に両村が合併して富崎村となり、その後一九五四年に館山市と合併し、現在、相浜と布良はそれぞれ館山市の大字として地名を残している。また二地区をまとめて館山市富崎地区と称することもある。

房総の多くの漁村にみられるように、富崎においても江戸初期から関西漁民の移住が行なわれ、それが富崎の漁業と村の発展に大きな影響を与えた。相浜の中の松崎区では、多くの家が、先祖は摂津や紀州などの関西の出と伝え、また和泉屋や河内屋など関西由来の屋号を持つ家もある。進んだ漁業技術と資本を持った関西漁民がこの地に出漁し、しだいに定住したことによって漁業が盛んになり、近隣の農村からも漁業従事者を求めるようになって家数も増え、漁村として大きく発展したという。

また、江戸が大消費地となって以来、鮮魚類を急送するための船「押送り船」が江戸にしばしば通うようになった。それまでは、背後の農村の少ない需要を満たすのみであったが、近世後期から江戸の商業圏に組み込まれたことによって、江戸の消費者や仲買業者の意向が、富崎の漁業経営に大きな影響を与えるようになった。

近代に入ると、布良ではマグロ延縄漁が急速に盛んになり、漁夫の不足から房総のみならず伊豆や対岸の三浦半島などから多くの若者が村に働きにやってきた。その数は最盛期には二〇〇～三〇〇人にも達したといわれ、村は一時的に町場の様相を呈した。また、一九五〇年代ころまで、多くの女性が海女として活躍していたが、海女の中には地先海岸に留まらず、房総の各地や三浦・伊豆などに旅稼ぎにいく人も多くいた。

このように富崎は昔から、外部社会と頻繁な交流を持つことによって村の姿をしばしば変化させてきた。

前回の調査　この地を「海村調査」で訪れたのは瀬川清子であった。瀬川は、一九三七（昭和十二）年十二月二十四日から二十八日までこの地に滞在し、延べ一〇人の話者から聞き書きをしている。内訳は相浜地区六人（神官・網主・海女など）、布良地区四人（網主・宿屋・海女など）である。瀬川は海女にとくに関心を寄せていたらしく、「採集手帖」（以下「手帖」と略す）の巻末には一二頁にもわたって海女の漁法・仕来り・信仰などについて興味深い内容が追記されている。また、瀬川は同時期に隣町の白浜や千倉にもおもむき、やはり海女のことを中心に調査を行なっている。それらの成果は、瀬川の著作『海女』などに、じつに生き生きとした房総の海女の描写として発揮されている。

二　社会生活

人口・世帯　表1は一九二八（昭和三）年から一九九五年までの約七〇年間にわたる富崎地区の世帯数と人口の推移である。人口・世帯とも一九五三年をピークに、以降ほぼ減少傾向を見せている。とくに人口は世帯数の減少率をかなり上回る割合で低減している。世帯数は現在（一九九五年）、最多時の一九五三年に比べると約一六％減であるが、人口は三二〇六（一九五三年）から一四七五（一九九五年）と半数以下に落ち込んでいる。年齢別構成をみると、若年層が少ない一方、高齢者層の比率は千葉県全体の平均の約二倍となっている。こうした現象は次節に述べるように、一九六〇・七〇年代に、地域の基幹産業であった漁業が著しく衰退したため、若者の就職の場が地区の中には乏しくなり、学業を終えると家を出て都市部で就職する若者が増えたためと考えられる。

表1　富崎の人口と世帯数

	世帯数	人口
1928	564 世帯	2845 人
1936	576	2823
1953	630	3206
1965	——	2558
1975	582	2118
1985	589	1910
1995	529	1475

注：館山市『統計便覧』および『館山市の統計』による。

地域社会の運営　富崎地区には、相浜（一九八七年時点で二六四世帯、以下同）と布良（三三八世帯）の二つの集落があるが、相浜は松崎区（一二七世帯）と二斗田区（一三八世帯）に、布良は神田町区（一二一世帯）・本郷区（八四世帯）・向井区（一二八世帯）と、都合五つの区に分かれる。区はさらに七〜一三軒から成る班（隣組）に細分される。瀬川の「手帖」には、区の中には、葬式の時に互助し合う一二～一三軒から成る「講中」という組織があると記されているが、これが、現在の班に繋がるものと思われる。

区は地域社会の運営単位として自立しており、それぞれ年一回総会を開き、各戸から徴収した区費の会計報告や、区長の選出などを行なう。館山市との行政連絡は区長を通して行なわれる。

しかし、近世初期から一八八九（明治二十二）年まで「村」として存立し、今日でも大字として地名を残している相浜と布良は、現在では行政単位とはなっていない。二つの地区にはそれぞれ全体を代表する区長は存在せず、相浜（または布良）全戸の参加が要請される地区の総会もない。一九四〇年代ごろまでは、その役割を地区のほぼ全戸が加入していた、それぞれの漁業組合が果たしていたようである。漁業組合は現在でも、漁業関係のみならず、組合員に対して預金・融資・保険などの金融事業、石油やプロパンガスなどの燃料や日用雑貨販売を行ない、多くの分野で地域の住民の生活を支えている。また、組合婦人部は料理や生け花などの講習会、喪服や留め袖など礼服の貸衣装サービス、老人福祉の補助等々、じつに多岐にわたって地域の福利厚生に貢献している。そして、漁業が地域の基幹産業であった時代には、その存在は現在以上に大きく、相浜（または布良）全体の政治・経済の中軸的機能を果たしていた。瀬川の「手帖」にも、当時、他所から来て定住する際の手続きとして、「相浜の住人になるには、組合に二〇円を納める。商いをする人もそうである」とあり、漁業組合に認定されることが、新住人の要件であった。また、相浜地区全体の祭礼である「曳き船祭り（御船祭）」が盛大となるかどうかは、その年の漁業組合からの賛助金の多寡によって決まったという。このように戦前の漁業組合は、地域社会の運営に大きな影響力を持っていた。漁業が衰退した現在、その力は限定されたとは言え、なお地域社会においては中心的組織であることに変わりはない。

写真2　相浜神社の曳き船祭り

三　生産・生業

産業構造の変化

水産業の盛んな市町村を数多く有する千葉県の中でも、旧富崎村は房総の代表的な漁村として名前を挙げられることが少なくなかった。それは水揚げ高が特出しているからではなく、人々の暮らしが漁業に著しく依存しているという地域の産業構造上の特徴に注目する視点からであった。とくに相浜は、いわゆる「純漁村」として知られ、戦前から漁村研究の対象となっていた。すなわち、相浜は幕末の一八五八（安政五）年の時点で、家数一五七戸・人口一二五五人を抱えながら、田三反・畑二町二反余りの耕地しか存在しておらず、それから約一〇〇年を経た一九五四（昭和二十九）年でも、世帯数二七〇・人口一三七五を有しながら、田三反・畑三町一反と、地区内の農地は極端に乏しく、住民のほとんどは漁業とその関連産業によって生活を営んでいた。

布良は相浜に比べると若干は耕地があるとはいえ、一九五四年の時点で、地区内の耕地は田一町・畑一四町二反であり、三六〇世帯・一八三一人の人口を考えれば、この耕地を基盤として住民が生計を維持することはいうまでもなく不可能であり、相浜・布良とも近世からその生活の糧を目の前に広がる海から得てきた漁業一途の村であったといえる。

実際、一九三六（昭和十一）年の全世帯五七六の職業別内訳は、漁業三五九世帯、工業二〇世帯、商業六四世帯、その他一三三世帯となっており、六割以上が漁業を主な職業とする世帯であった。また商業の六四世帯も相当数が水産物取引業者であり、工業の二〇世帯も船大工が多くを占めていた。この職業別内訳には農業を本業とする世帯はまったく見られないが、実際には自作・小作・被雇用などなんらかの形で農業に従事している世帯は五〇〇世帯以上あった。つまり、約八五％以上が農業にも関わっている世帯であったが、その生産額は漁業に比べると微々たるものであった。表2は富崎村の一九二八年から一九三四年までの産業別年生産額である。各産業とも年度により変動がかなり見られるが、それでも漁業は一貫して全体の九〇～九五％を占めているのに対して、農業は畜産と合わせても五～八％の比率しかない。以上示してきた数値から、前回の調査が行なわれた一九三七年当時、富崎村は水産業に依拠する割合が著しく高い産業構造であったと指摘できる。

これが戦後どのように変化したのか見ていきたい。表3は一九五〇（昭和二十五）年、一九六〇年、一九六五年、一九七五年の産業別就業者数である。漁業従事者は、一九五〇年には五九〇人いたが、一九七五年には一二三人と、高度経済成長期を挟んで約五分の一に激減している。一九七五年以降も一二一人（一九八三年）、一〇〇人（一九八八年）、七六人（一九九三年）と減少傾向は続いている。この間、多くの若い世代は、親の跡を継いで漁師になることなく、第二次産業

表2　昭和初期の産業種別年生産額　（単位円）

	1928年	1929	1930	1931	1932	1933	1934
農業	5,302	6,457	5,294	7,152	6,255	6,154	5,223
畜産	6,824	7,750	5,264	4,289	4,494	5,945	6,874
水産	212,330	259,582	189,621	172,617	126,263	156,628	137,377
工業	——	2,955	3,078	1,827	2,700	2,560	2,560

注：岡本清造1938年６月号による。

表3　戦後の産業別就業者数

（単位は人。（ ）内は男女別（男性／女性））

	農業	漁業	建設業	製造業	卸売小売業	運輸通信	サービス業	公務
1950年	204	590	13	38	106	35	91	30
1960	76(4/72)	481(436/45)	68(25/43)	35(23/12)	137(53/84)	62(48/14)	136(81/45)	22(15/7)
1965	98(8/90)	314(274/40)	109(76/33)	49(33/16)	127(51/76)	107(95/12)	162(58/104)	22(15/7)
1975	8	123	59	63	157	141	303	26

注：館山市『統計便覧』1954、館山市『国政調査の結果概数報告』1960・1965、『館山市の統計』1977による。

や第三次産業に就職の場を求めていった。

農業は戦後の一時期は戦前よりも盛んであったが、一九六五年から一九七五年にかけて就業者が一割以下に激減している。もともと農業従事者は女性が圧倒的に多かったが、この間、農業から卸売・小売業やサービス業へと女性労働力の移動があったことが見てとれる。後にふれるようにその中心的産業は観光であった。以上、戦後の産業統計を見ると、漁業一辺倒であった戦前までの富崎村は、戦後になると漁業が衰退し、第二次・第三次産業に従事する者の割合が増大したことがわかる。

漁業

旧富崎村を構成する相浜と布良の二つの地区は、景観的にはひとまとまりの漁村の様相を呈している。しかし、二つの地区は「相浜の網漁、布良の釣り漁」という言い回しが地元でしばしば聞かれるように、異なる性格の漁業を営んできた。

相浜は地区の北西方向に約五キロにわたって砂浜が続く平砂浦を主たる漁場としており、地曳き網を主体として網漁が水揚げの大半を占めていた。一方、布良は地先の磯根や沖合を漁場とする釣り漁が盛んであった。瀬川清子の「手帖」には、古くから行なわれていた漁業として、海女漁、地曳き網（大地曳き網漁）、イワシ地曳き、カイッキ（海附漁）、縄漁（マグロ延縄）、棒受け網などが記述されている。一九三六年に富崎村の漁業に関して詳細な調査を行なった水産試験場の岡本清造は、この他にも相浜漁業組合が漁業権を有していた漁業として、三種の魚類に対する建網・エビ刺し網・ブリ大謀網・サンマ流し網など、また布良漁業組合では、六つの魚種の釣り漁、五魚種の延縄、四魚種の建網、手繰り網、四魚種の刺し網、銛突き漁業などをあげている。このように当時富崎村では、各季節に応じて変化する魚種を、ほぼ一年中じつにさまざまな漁法で捕獲していた。そして、一部を除くとその多くは沿岸漁業であった。

相浜漁業の変化　前回の「手帖」に記録された漁業がその後どのような変遷を辿ったのか、平砂浦で行なわれていた相浜の網漁を中心に述べていくこととする。

平砂浦は複数の河川が流れ込み、海水と真水が適度に混合することによって、コマセが繁殖して稚魚を養い、それを求めてイワシや青物魚などの回遊魚が蝟集する、地曳き網漁業にとっては絶好の漁場であった。ここで行なわれていたさまざまな地曳き網は、近世から相浜を支える主要な漁業であった。

イワシ地曳き　イワシ地曳き網漁は、網を共同所有し船に乗り込む男衆一〇人とオカの曳き子衆（四〇〜五〇人）の共同漁業である。戦前までは干鰯など肥料としての需要が大きく、江戸時代から大正年間にかけては、複数のイワシ網組が相浜には存在し、多くの漁民が従事して、豊かな漁獲の恩恵を受けていた。しかし、一九二三（大正十二）年の関東大震災で、平砂浦の海底が隆起したことが原因でコマセが繁殖しなくなり、そのためイワシの魚群もほとんど姿を見せなくなり、当時既にほとんど行なわれていなかった。また、沿岸に寄り来る前に沖合でイワシを捕る漁法が発達・普及したこともあって、相浜のイワシ地曳きは、戦前で消滅した。

大地曳き　大地曳き網漁は、タイ・ヒラマサ・シマアジなどを狙うためタイ地曳きとも呼ばれていた。オカの曳き子が前記のイワシ地曳きの約二倍の人数を要する相浜ではもっとも大がかりな地曳き網であった。大震災後は、しだいに漁獲量が落ち込んできていたとはいえ、「タイ地曳きの組に入ると生活には困らない」といわれるほど、当時なお有力な漁業であった。しかし、不漁が続き、太平洋戦争中に、網組は解散した。

海附網　敷き網漁の一種である海附網漁業は、三〇人ほどの網組仲間の共同経営であるが、最盛期には三〜四つの組があり、のべ二〇〇人ほどが従事する相浜の主要な漁業の一つであった。しかし、戦後はしだいに漁獲が減少し、若い後継者が網組に加入しなくなったことから、ほとんど中高年齢者のみで漁を続けていたが、一九八〇年ころ、老人たちが船を降り、解散となった。

このように相浜では、瀬川の「手帖」に記載されていた網漁は、どれも消滅してしまった。いちばんの原因は、関東大震災の海底隆起による漁場の劣化であるが、この他にもイワシなどに見られる需要の変化、あるいは沖合や遠洋漁業の発達による沿岸漁業の衰退などがあげられる。

相浜漁業の現状　現在の相浜の漁業は一九九三年の漁業セ

ンサスによると、漁業就業者は男性二六人、女性三人となっているが、そのうちの男性一〇人は小型定置網の被雇用従事者である。この定置網は相浜漁協から漁業権を借りて他の町の人が経営しているものであり、従事者にも地元の人は少ない。しかし、一九八四年以降、この定置網が相浜の漁獲量の九三〜九六％を占めるに至っている。

自営（個人）漁業経営体は一九であり、その内で専業が一一、兼業八となっており、おもにエビ刺し網や釣り漁、採貝・採藻などが行なわれている。しかし、若い自営漁師は非常に少なく、漁師の高齢化は顕著である。勤めを定年退職してから船を買って漁師を始める人も少なくなく、農村に見られる「定年帰農」という言い方にならえば、「定年帰漁」の現象が見られる。一九九三年の相浜漁業協同組合の事業報告書によると、漁協組合員の中で漁業従事者は八人に過ぎないが、組合員の総数は三三九名となっており、ほとんどの世帯が現行では漁業に従事していなくても、いつでも漁業を始められる権利は保持していると思われる。

観光産業　館山市を含む南房総一帯では一九六〇年代から観光産業が隆盛し、房総最南端の野島崎や最西端の洲崎のような天然の景勝地のみならず、より多くの観光客を期待して、さまざまな観光施設が整えられていった。富崎地区にも、一九七一（昭和四十六）年、布良海岸を見おろす丘陵地に動植物園やハイキングコースを併設した保養施設「安房自然村」が開業した。また、富崎地区の近辺には、温暖な気候を活かして、早春から初夏にかけては、観光用の花卉農園やイチゴ園などが数多く開園する。こうした観光産業は富崎地区の人々に新たな職場を提供することとなった。富崎地区内でも一九六〇年代中頃から、観光客や夏季の海水浴客などを対象とした民宿が登場し始め、一九七五年には二五軒もの民宿が地区内に存在するまでになった。しかし、八〇年代に入ると、その数は半減し、一九九一年には七軒となり、一時の民宿ブームは去った感がある。

また、漁業の方面でも、観光漁業が伸展し、釣り客を対象とした遊漁船や釣り宿を経営する人も出てきた。とくに漁の休閑期や週末には、遊漁船となる漁船は相当数見られる。さらに富崎の周辺では観光客用に、定置網や地曳き網漁を行なっているところもある。

四　年中行事・住民気質

年中行事　瀬川の「手帖」には、当時行なわれていたさまざまな年中行事が書き留められているが、ここでは、相浜の正月と盆行事の変化を取り上げる。

正月行事は、他の多くの行事が衰退・消滅の傾向を見せていることを考えると、変化はむしろ小さいといえるだろう。もっとも一九六〇年代くらいまでは、正月が近づくと、多くの家では隣地区の農村に魚を持っていき、竹や松・椎の木と交換してもらい、門松を作っていたが、現在では市役所から配布される印刷された紙を玄関口に貼るだけの家がほとんどとなってしまったような変化はある。しかし、今日でも正月のお供え餅を、神棚や床の間・仏壇・お勝手・井戸神様などに供え、またお飾りを家の中だけでなく、外便所や墓、稲荷や地蔵などの祠、神社や寺にも供えて、新年を祝う習慣を守っている家は少なくない。

漁業が盛んなころには、どの家でも歳の暮れになると、神棚の所に一メートルほどの横棒を渡し、それに伊勢エビやスルメを始めとして、カツオ・サンマ・マス・タカベなど、その家で多くとれることを願った魚を数種類、簾のようにつり下げ、正月の飾りとした。「カケノエ（懸け魚）」と呼ばれるこの風習は、農村で行なわれていた豊作を予祝する餅花や粟穂稗穂と同じように、その年の豊漁を願ういかにも漁村らしい正月の風物であったが、現在ではこの縁起物を見かけることはまずない。しかし、正月二日の「船祝い」は現在でも盛大に行なわれている。神職を招いて海上安全・豊漁の祈祷を受けた後、船の上からミカンや丸餅・お金などをまいて、岸で待ち受けている人々に拾ってもらうことで大漁を願うこの行事は、以前は各船ごとに行なわれていたが、現在では地区で合同して行なうようになって、昔より派手になったといわれている。

盆行事も前回の調査から約六〇年間を経ても変化するところが少なかった民俗行事である。瀬川の「手帖」には、十三日の夕方に浜から新しい砂をとってきて家の前に盛り、その上で松葉を燃やして迎え火とし、十六日の夕方にも同じように送り火をするとあるが、現在でも近所の数軒が一カ所に集まって、昔と同じように行なっている。新盆の家では、とくにていねいに盆行事が行なわれていた。新盆を迎える家には、八月一日に親戚の人々が集まり、庭先に高灯籠を立てる。また新盆の家では盆の間は毎日夕方になると、「キリコ」と呼ばれる特別の灯籠を持って墓に参る。さらに講仲間が新盆の家に行って念仏をあげるなどのことを、瀬川は新盆の行事として報告しているが、これらのことはすべて現在でも、相浜では行なわれている。しかも新盆の期間は三年間とされていたが、今日でも三年続けて新盆の行事が行なわれている。

写真3　正月のカケノエ
（館山市立博物館提供）

語り継がれる住民気質

相浜は既に述べたように、今日では実際に漁業に従事している住民はごく少数であるが、それでも近世から漁業一途で生計を立ててきた歴史風土は、現在でも受け継がれていると思っている人も多い。それは、相浜の気風・人気《じんき》として地元の人々が語るものである。相浜の住民気質の特徴としては、昔から仲間との協力関係を大事にする人が多いといわれてきたが、これは相浜の人々が長年、網漁で生計を立ててきたためであるとされる。地曳き網に代表されるように、各人が定められた役割を的確に果たし、みんなの力を結集することによって初めて漁獲が成功する網漁は、相浜の人々の心の中にこうした気質を培ってきた。

また、このことは現在でも釣り漁を主としている隣の布良地区と対比して語られることもある。「相浜の人は、仲間を組んで行なう網漁なので協調的であるが、布良は、漁師一人一人の力量が大きく漁獲を左右する釣り漁を主流としてきたので、個人主義的である」という風にである。

瀬川の「手帖」にも、隣り合う漁村同士でありながら相浜と布良とでは、かなり気質が異なるが、それは、「相浜の網漁、布良の釣り漁」のためであるという説明を受けたことが記されている。相浜と布良とは漁法が違い、そのことが両者の気質の違いを生んでいるという見方は、現在でも地元の人々の間では語り継がれている。

主要文献

岡本清造　一九三八〜一九四三「千葉県富崎村　漁村経済調査報告」第一回〜一九回『帝水』一七巻六号〜二二巻一号　帝国水産会
荒居英次　一九六三『近世日本漁村史の研究』新生社
富崎村古文書保存会（孔版）一九七九「古文書」館山市立図書館蔵
千葉県立安房博物館（編集発行）一九八四『房総の漁撈民俗調査報告書——外房における漁具・漁法とその習俗』
植松明石編　一九八九『相浜の民俗——千葉県館山市相浜』跡見学園女子大学民俗研究会

（川部裕幸）

東京都八丈町―八丈島（旧東京府八丈島五ヶ村）

一　地域の概況

地理　伊豆諸島に属する外周五一・二キロ、面積六八・一八平方キロの繭形の火山島で、東京の南方二九一キロに位置する。南東部を占める三原山七〇〇・九メートルと北西部を占める八丈富士八五四・三メートルの二つの火山からなり、集落はその中間の平野部と三原山の裾野の南側に集中している。

気候は黒潮暖流の影響を受けた海洋性気候を呈しており、冬暖夏涼で、雨が多く快晴日数が少ないという特徴がある。年間平均気温一八・一度、風速六・四メートルで平均年降水量三二八三・六ミリ、降霜日数〇・七日、湿度七七％と、概して高温多湿である。年平均風速一〇メートル以上の日が年間二〇〇日を越えるため、家屋の周囲に玉石垣や防風林が発達している。こうした亜熱帯圏を思わせる南国情緒と特有の風物詩から、一九六四（昭和三十九）年に富士箱根伊豆国立公園の一部に組み入れられている。

歴史　八丈島が本土の支配下に置かれたのは鎌倉時代の一一八六（文治二）年で、相模国に属したとされている。統治機関が置かれたのは、南北朝時代の一三三八（延元三）年に足利氏の執事上杉憲顕が奥山伊賀と菊池治五郎を代官として在島させたのが最初とされる。十五世紀末期から神奈川の奥山氏、三浦半島の三浦氏、小田原の北条氏の抗争が続き、一五一五（永正十二）年に北条氏が八丈島を支配した。その後、一六〇四（慶長九）年から明治維新に至るまで江戸幕府の支配が続いた。

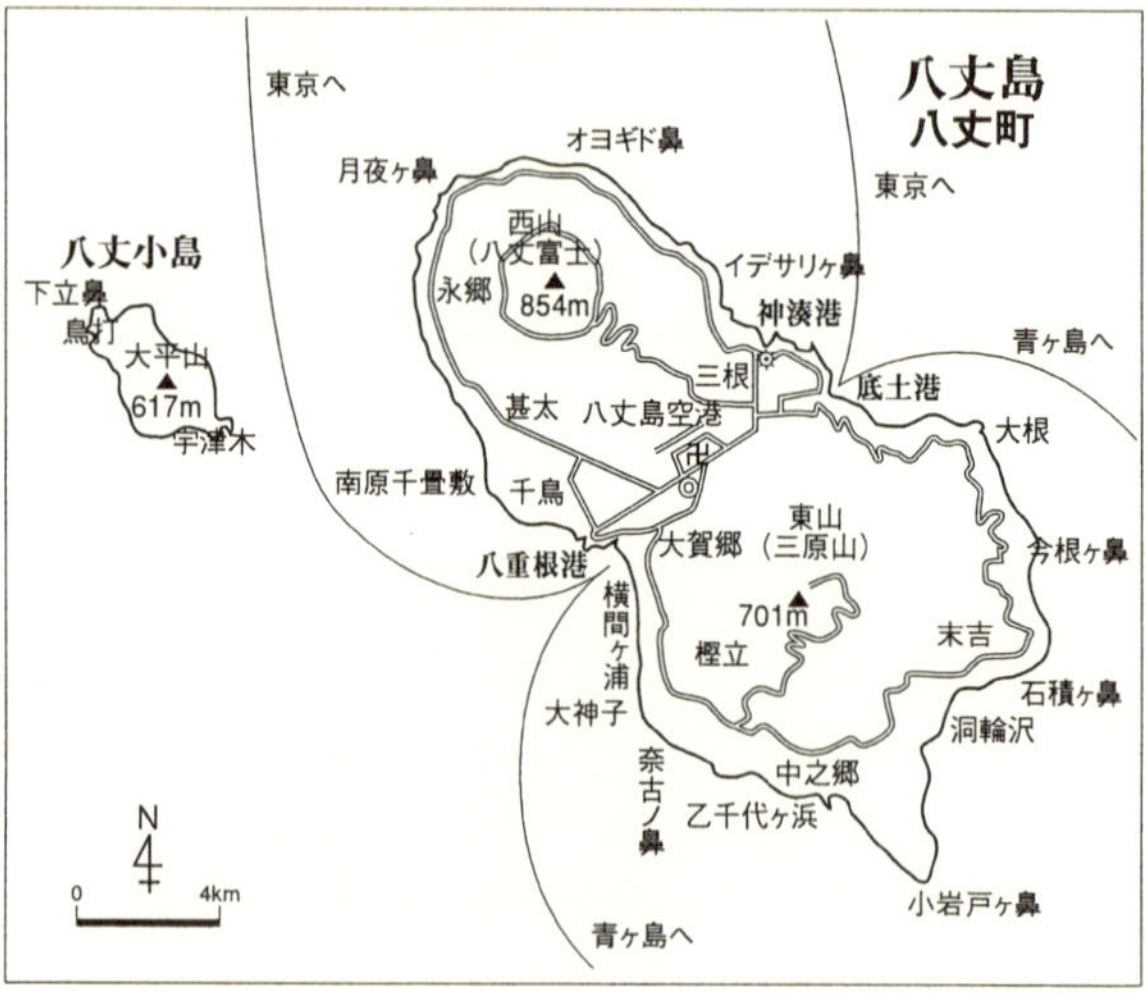

図1　東京都八丈町―八丈島

表1　八丈島略年表

1869（明治 2）	版籍奉還により、東京府の管轄下におかれる
1881（〃 14）	流人制度が廃止される
1900（〃 33）	東京府八丈庁が設置される
1903（〃 36）	東京湾汽船（現在の東海汽船）の臨時寄港開始される
1917（大正 6）	八丈島民のサンパン島移民始まる
1927（昭和 2）	島内で始めて大賀郷村で水力発電による電灯が灯る
1933（〃 8）	島内に電話が設置される
1939（〃 14）	伊豆七島島嶼町村会設立される
1945（〃 20）	島民の集団疎開が行なわれる
1954（〃 29）	三根・樫立・中之郷・末吉・八丈小島の鳥打の各村が合併し八丈村となる。青木航空により八丈島空路が開始される
1955（〃 30）	八丈村・大賀郷村・八丈小島の宇津木村が合併し八丈町となる
1963（〃 38）	全日空により定期便が毎日就航するようになる
1969（〃 44）	八丈小島から全員移住する
1971（〃 46）	定期航路専用船ふりいじあが就航する。全島の電話がダイヤル化する
1976（〃 51）	八丈島民宿協同組合発足する
1982（〃 57）	八丈島空港拡張工事完成。ジェット機就航する
1992（平成 4）	八丈島民宿協同組合解散する

注：『八丈島誌』より作成

近世の八丈島の暮らしに大きな影響を与えたのは、絹と流人の存在であった。近世に至るまでこの島の争奪が繰り返されたのは、島特産の絹（黄紬・黄八丈・八丈丹後）に起因するといわれている。近世も貢絹の制度が重んじられ、この制度は一八九七（明治三十）年に一部金納に改められたが、その後も一九〇九年に全部金納になるまで続けられた。

八丈島が流刑地となったのは伊豆大島などよりはるか後のことで、関ヶ原の戦に敗れた宇喜田秀家主従一三人が一六〇六（慶長十一）年に流されたのが始まりである。明治初年にいたるまでに約一八〇〇人が流されたという。『八丈実記』を著した近藤富蔵がよく知られる。技能者や芸能者の流人の影響などから進取の気性に富む気質が島民の間に熟成されたといわれ、島内開発の進展をはじめ、本土山間地への移住者や一八六二（文久二）年の小笠原諸島、一八九九年の沖縄県南大東島、一九三一（昭和六）年のサイパン島移住者などを輩出させることになったという。

明治以後、従来から行なわれていた漁撈活動に加えて、恵まれた自然環境を巧みに生かした農業がめざましく発達した。一八九五（明治二十五）年には乳牛が導入された。その後も蚕種生産をはじめ温暖な気候を利用した洗浄野菜・促成野菜・鑑賞用亜熱帯植物などの特産物が生産されるようになった。かつては伊豆諸島唯一の水田を有する島であったが、現在は稲作はまったく行なわれていない。

二　社会生活

世帯数・人口の推移

一九〇八（明治四十一）年の島嶼町村制施行により、三根《みつね》村・樫立《かしたて》村・中之郷《なかのごう》村・末吉《すえよし》村・大賀郷《おおがごう》村の五村が設置された。八丈小島では一九四七（昭和二十二）年に鳥打《とりうち》村・宇津木《うつき》村に村制が施行された。五四年に三根・樫立・中之郷・末吉・鳥打の五村が合併して八丈村となり、五五年に大賀郷・宇津木二村を編入して町制を施行した。集落は平野部に集中しており、島の経済活動の中心地となっている大賀郷地区と三根地区とで形成される坂下《さかした》地区と、島の南側に連なる樫立地区・中之郷地区・末吉地区とで形成される坂上《さかうえ》地区から成っている。六九年には八丈小島住民の全員離島が実施された。

一九九九（平成十一）年一月一日現在の世帯数は四五三七で、一九四〇年の一八八二から漸増してきている。人口は九四四〇で、一九五〇年の一万二八八七を頂点に漸減している。太平洋戦争前の人口は八〇〇〇〜九〇〇〇人台であったが、戦時中に強制疎開させられた住民や復員軍人、南方に進出していた八丈島出身者の帰島者が五〇年にピークをむかえたためであった。

現在の人口構成は幼年人口一四四〇（一五・三%）、生産年齢人口五六八六（六〇・二%）、老齢人口二三一四（二四・五%）である。

産業

主として農林水産業を基盤に商工業や観光関連産業と調和を図りながら進展してきた。

一九九五（平成七）年度国勢調査による産業別就業者数は、次のとおりである。第一次産業一一一八（二二・七%）で、内訳は農業八八九・漁業二一七・林業一二。第二次産業九七〇（一九・七%）で、内訳は建設業七五三、製造業二一七。第三次産業二八二五（五七・五%）で、内訳は卸小売り業八一一・運輸通信業三五七・サービス業一二四二・公務員三三九、その他七六。分類不能者七（〇・一%）。上位は①サービス業、②農業、③卸小売り業、④建設業が占めており、生産年齢人口の多くが農業を除いたこれらの観光関連の業種に属している。農業従事者には高齢者が多い。

第一次産業従事者は一九五五年の三三八二から七五年の一〇四七へと急減したが、その後安定して推移している。第二次産業従事者は五五年の四一一から七五年の八三三へと倍増し、その後漸増している。第三次産業従事者は五五年の一三七七から七五年の二七七七へと倍増し、その後漸増している。

交通

一八八八（明治二十一）年に国の命令航路として定期航路が開始され、日本郵船が年四回就航した。現在は日に一便就航している。一九五四（昭和二十九）年に青木航空による月一五回の不定期就航が始まり、六二年に第三種空港に指定され定期就航が開始された。一九八二年にはジェット機が就航し、現在は羽田空港からの直通便が日に四便就航している。

写真１　八丈島の景観（八重根漁港と八丈小島。2000年撮影）

三　生産・生業

農林業

八丈島には蚕の病気がないといわれ、種繭の出荷が盛んに行なわれた。冬はシイなどで炭を焼いていた。現在では、戦後に中之郷で始まった花卉園芸品種生産が島の農業生産の中心となっている。農家戸数は六三九で、総戸数の約一四%を占めているが、耕地化率が低く、農家一戸あたりの耕地面積は約六〇アールに留まっており、伝統的に園芸・畜産・林業・養蚕などとを組み合わせて多角的経営を図る傾向が強かった。農林業生産額をみると花卉園芸品の生産額が八四・七%を占めており、島内の食糧生産よりも内地市場を対象とした展開となっている。花卉園芸は温暖多雨な気象条件を生かした山地育成が推進され、高温性の各種観葉植物、フリージア・カラジュームなどの球根類、フェニックス・ロベレニー、ストレチアなどの切葉や切花類が基幹作目としての地位を確立し、市場でも比較的安定した評価を得ている。農作物はアシタバ、野菜・芋類、飼料作物などが、畜産物では乳牛・肉用牛・豚・鶏がそれぞれ生産されている。島の食糧自給をはかるうえでも農業の育成は重要な課題であるが、農作物の生産量は少なく、大半は自家消費用で島内消費をまかなうための農作物は本土から移入されている。野菜の計画生産も試みられているが、島内生産量は需要の一割程度である。一方で特産野菜としてのアシタバの移出が増加しており、これらの生産を調整しながら島内自給率を上げるという試みは大きな課題となっている。

八丈島の森林の主要樹種はオオバヤシャブシ・シイ・タブなどの天然の広葉樹とスギ・ヒノキ・クロマツなどの人工林における針葉樹で、材木の生長は旺盛であるが、用材としての活用はすすまず、内地からの供給に頼る状態が続いている。

水産業

八丈島周辺は黒潮圏のなかにあり、トビウオ・ムロアジ・カツオなどの回遊が多く、磯では根付の魚族も生息しており、好漁場として知られている。

明治時代に始まったトビウオ漁が戦後まで盛んに行なわれており、これを介して千葉県や静岡県の漁民との交流が盛ん

写真２　小型漁船「カヌー」（神湊港。2000年撮影）

になり、この間に千葉県から八丈島へ移住する者もあった。戦前までは五月から八月にかけてテングサやトコブシ採取が盛んに行なわれた。当時はトビウオとテングサだけでかなりの収入になったという。現在は海水温が上昇したため、どちらもかつてほど採れなくなった。

その一方で、沿岸漁業構造改善事業による諸施設の整備や、都漁業近代化資金による漁船の大型化がすすみ、漁船漁業を主体とした漁業経営が模索されている。第四種漁港の神湊漁港・八重根漁港、第一種漁港の中之郷漁港・洞輪沢漁港には、それぞれ四〇トン、一〇トンまでの漁船が停泊できるようになったが、島内の漁船はカヌーと呼ばれるアウトリガーをつけた三トン未満の小漁船から一〇トン未満のものが約八七％を占めているのが現状で、漁業資源の枯渇や漁業後継者の育成など、大型漁船漁業への転換には多くの課題が指摘されている。

一九九九年の漁業生産額は約一二億六〇〇〇万円で、漁獲魚種はトビウオ・ムロアジ・カツオ・カジキ・マグロなどの回遊魚類（六九・九％）と根付の底魚類・テングサ・トコブシ（三〇・九％）に大別される。トビウオ流刺網は三〜五月に、一〇トン級の漁船に七〜八人で乗り込み夜間操業でハマトビウオを漁獲する。ムロアジ棒受網漁は八〜十二月に、一〇トン級の漁船に七〜八人で乗り込み昼間操業する。曳縄漁は三・六月のカツオを中心にマグロ類やカジキを対象にして周年操業されている。底魚一本釣漁は五〜一〇トン級の漁船に単身か数名で乗り込み秋期を中心に周年操業されている。こうした漁が盛んな反面、くさやの材料として利用されるムロアジ以外の大半の漁獲物は、本土の市場に出荷されており、島民が島の魚を食べられないという状況が生まれている。

商工業

商業では生活地域が島内に限られているため、事業所数の変動はさほどみられないが、スーパーマーケットの増加や本土の系列店へと移行する商店の増加など、従来からの卸・小売業の経営は次第に厳しいものになりつつある。系列店に移行した商店では、豊富な品ぞろえのうえに本土並の単価設定をしているため、小売業者間での消費者層の分化がみられる。人口の約八割が集中する坂下地区には第二種大規模店舗三店に多数の小売店が加わり、活発な商戦が展開されている。これに対して、自家用車の普及により坂下地区に客が流れる傾向にある坂上地区では、店舗数は少ないものの、生活必需商品の充実や配達サービスなどの商法を工夫している。

八丈島の加工業総生産額は六億三〇七六万円で、牛乳・バター・パッションジュースなどの農畜産品類、焼酎、くさや類、黄八丈に大別される。いずれも移出品としての割合が高く、島内自給につながる農作物等の生産力は低位である。そのために八丈島の物価は都平均価格（島嶼を除く）に比較して、食料品は調査対象五五品目中三六品目が、日用品雑貨は調査対象三一品目中二六品目が高く、特に灯油・ガソリンなどの家庭用燃料は三九～五九％高となっている。概して物価高の生活を強いられているうえに、建設業や製造業等の原材料は、本土から移入される輸送コストが上乗せされた割高なものを利用することになり、生活全般に一層の物価高の生活を余儀なくされている。

観　光　八丈島は温暖な気候に恵まれ、亜熱帯植物がいたる所に繁茂し、全島が南国的な明るい景観を呈している。周囲は紺碧の海原に囲まれ、洋上には八丈小島や青ケ島が望まれ、風光明媚の地である。また、流人伝説や文化にも富み、各地で伝承されているショメ節等の民謡や民芸にはかつての島の生活の名残りが残留しており、観光資源としての活用が期待されている。

戦後には新婚旅行の島として人気を博していたが、一九六〇年代後半以降には全国的な離島ブームにものり、多くの観光客が訪れるようになり、島の経済活動に大きな影響を与えた。一九七三年の二一万三五三二人をピークに来島者は減少傾向にあったが、近年、若者を中心にスキューバダイビングなどの海洋レジャーを楽しむ来島者が漸増しており、これらの海洋レジャー客を対象にダイビングスクール・漁船を提供する漁業者・宿泊施設などが連携していく方法も模索されている。

観光は農業や漁業の振興をはかるための基幹産業として、地域の活性化と経済活動に占める役割は今後ますます高まることが期待されているが、内地消費者の多様化する観光需要に対応することの困難さも自覚されはじめている。夏季集中型から通年型観光地への転換、東京から空路で四五分という利便さに起因する短期滞在型観光から長期滞在型観光への転換を図るために、島内の温泉開発などが試みられている。

四　生活の変化

大間知篤三が海村調査の一環として、八丈島の調査を行なったのは一九三八（昭和十三）年三月十日から二十五日までである。大間知はその間に大賀郷村（大脇館妻女、浅沼ちか）・末吉村（浅沼太吉、沖山寅蔵）・中之郷村（大澤政蔵）・樫立村（大澤高蔵）・三根村（小宮山翁）から聞き書き調査を行なっている。

当時の様子と比較すると、島巡りや富士参りなど土地に根ざした信仰や年中行事が衰退したり同化している。お告げとしてそれらを指示していたミコがいなくなったことも要因の一つであろう。各家の屋敷神であったイシバサマやキダマサマが、しだいに神社に集められ、卑近な存在であった神々が神社に統合されていく傾向もみられる。

生業の面では、沖合での漁船漁業への集約化の過程で漁業者の世代交代が急速にすすみ、沿岸海域で行なう個人単位の小規模な漁法が消滅し、フナダマサマなど漁にかかわる信仰も変化してきている。漁業形態の変化などにより、海に対する感謝や畏怖といった意識そのものが脆弱化しつつあるのかもしれない。以下では、「採集手帖」（以下「手帖」と略記）に記載された当時の生活と現在との比較を行なってみたい。

社会生活　「手帖」には、「仲の悪い村」についての記載はないが、現在各集落は互いを次のように評価している。その後の統合化の過程で、互いの相対化がすすんでいったのであろう。

大賀郷は個人的で利益中心に集団をつくる。中之郷ははで好きで、借金をしてでもつきあいははでにしたがる。昔、トビウオ漁でにぎわったころの意識がいまだに残っている。樫立は地道な人が多く、真面目に物事を行なう。三根は人つきあいがよい。共同で行なう相談もまとまりやすい。末吉は島内で最も田舎風だが努力型の人が多く、これまで町行政の中枢を担う人が輩出している。大賀郷と三根はとくに仲が悪い。網商売の三根はまとまりやすいが、釣商売の大賀郷は個人主義だという。また、大賀郷にはモトムラ（元村）であるという意識が強く残っているためだともいう。大正期に宗福寺の屋根の葺き替えをしたところ、三根の人たちに危険な作業をさせようとしたとして、三根の人たちはその寺の檀家から抜けて別の寺を建てたのだという。高校や中学校を建てるさいや、フェリーの発着場の問題でももめた。中之郷と樫立も仲がよくない。樫立では、中之郷から嫁をもらうなという。かつて水の問題でもめたのだという。中之郷内では「仲をとりもつ中之郷」といい、どの集落とも仲がよかったと考えられている。末吉では八丈町に統合されたことを後悔している人もいる。統合以前はテングサ採集の利益で島内でもっとも景気がよかったのが、統合されてからは坂下に町の中心部が形成され、逆に島の末端と位置づけられてしまったためである。小島から挙家離島して八丈島に移住してきた人々は、島の暮らしにはさまざまな面でなかなかなじめなかったという。

「部落内の組の分け方」については、戦前は部落のことをコーチと呼んでいたが、戦後に部落と呼ばれるようになってからは、コーチ頭は部落長と呼ばれるようになった。

漁撈習俗　「フナダマサマ」の項目には　フナダマササギといって女子をフナダマサマにすることが広く行なわれていたことが記述されているが、現在は形骸化がすすみ、正月のフツカビでさえフナダマサマの家に挨拶に行くという習俗は廃れてきているという。かつては船同士の勝ち

写真2　夏祭り（底土浜。2000年撮影）

負けが生じないように、一人が一艘に限ってフナダマサマをつとめるように配慮していたが、大賀郷である工場長の奥さんがフナダマをしたところ豊漁が続いたことから、その人が複数の船のフナダマをするようになった。それまでは初潮を迎えるまでの女子か、閉経した年寄りがつとめていたが、しだいに実利的な基準が優先されるようになっていったという。漁がないとフナダマをちょいちょい取り替えた。また、漁があったフナダマサマは初潮を迎えてもそのままつとめてもらうようなこともあった。なお、フナダマササギという言葉は現在では確認できなかった。

「船下ろし」の項目にはサメノエサと称する大きな鏡餅についての記述がある。かつて漁船の船下ろしには、サメノエサと称する大きな鏡餅を撒いた。そして、サメに模された男がその餅をつかむと浅瀬に引き上げられて殴られるという所作が行なわれた。プラスチック船になった一九七〇年代中ごろには、漁船を千葉県などで建造するようになり、島での船下ろしはあまりしなくなった。港内に係留して餅をまく程度である。当時の船下ろしは村がかりの行事だった。サメは縁起物と考えられていたのだという。

「フナイワイ」の項目にはフッカビといって正月二日に船主の家でフナイワイを行なったという記述があるが、現在ではあまり行なわれていない。三根では今も続けている家があるが、かつてほど盛大ではない。三根ではこの日に富士山にお参りしたという。

「大漁祝」の項目にはフナダマ祝いとシオマツリのことが記述されている。かつては大漁祝いをフナダマサマをお願いした女性の家で行なったが、現在は行なわれていない。不漁が続く場合は、潮を良くして魚が採れるようにシオマツリを行なっている。船主や船頭は漁を休むことを嫌がるが、若い衆は飲みたいので中之郷では港の神（アラガミ）のところで沖に出られないように、船の舵を組んでしまう。三根では不漁の時にフナダマに水をぶっかけたこともある。

「漁の神」の項目に太田明神（沖の明神）の記述があるが、末吉で今でも海の神の一つとして祀られているオオタンチョウのことをさしているようである。

「船上禁忌」の項目には女性一人を船に乗せることを忌むとされていたが、当時は汽船に女性一人で乗る場合は人形を持っていったものだという。その後、女の人が掲載されているので絵本でもよいということになった。

信仰

「富士参り」の項目には男子が病気になるとミコにみてもらい、「病気が治ったら富士山に参ります」という願掛けをしたという。また、七歳になると浜の小石を拾い、餅を背負わせてお参りした。ほとんどの場合、ミコは「富士参りをさせる」という願を立てさせていたようである。末吉以外の集落では、このようにしてよくお参りしたようであるが現在ではどの集落にもこの習俗は残っていない。「ミコ」については「手帖」には病気になった時にみてもらうことなど多くの記述があるが、現在はいない。以前は各集落におり、病気や失せ物があったときにみてもらったという。

また、「島メグリ」の項目には、不幸や病気が続いてミコにみてもらったところ、島を東周りに一巡して札所に参ったことが記されているが、そうした話を知る人はいなかった。信仰のために漁師たちが富士山参りなどをしていたが、現在では信仰のための登山は行なわれていない。

「厄年の祝い」の項目には節分の夜の厄落しについて記述されている。元気な老齢の人が厄年の人の家を訪れ、その人に拝んでもらうことで厄を落とせるという習俗が現在も続いている。厄年の人は男性は農具を、女性は裁縫道具等を、道の三叉などに落としてくる。そのさいに、それを他人にみられてはいけないし、同じ道を帰ってきてはいけないと考えられている。末吉の沖山明次郎さん（一九一〇年生まれ）は二〇〇一年の節分に、三軒の厄年の家に拝みにいった。末吉では今でもそれらの道具を落としたことにして、拝んでもらった老人にもらってもらうことにしているという。

「屋敷神」の項目には、大賀郷の屋敷神イシバサマについての記述がある。三根でも屋敷神のことをイシバサマと呼んでおり、カドガミサマともいう家もあったが、それを神社に持っていったという家が多い。大賀郷ではカドガミとイシバサマは別に祀っている。カドガミはソテツの根元に玉石を置いて祀っており、末吉では、三島神社へ舛主が集まってオコモリをすることをイシバサマと呼んでいた。神社の拝殿とは別に小屋がありそこに布団等を持ち込み、一晩中皆で大漁祈願をした。現在は行なわれていない。

「漂着神」の項目には「七〇年程まえに漂着したお釈迦様」の記述があるが、現在も祀られている。中之郷の沖山家の祖先が沖で釈迦を拾ってきて、大御堂に祀った。火事になった時に持ち出し、ミコに聞いてみたところ、沖山のマタエモン屋敷に行きたいといっているというお告げがあったので、持ちかえって祀っている。かつては、四月八日に餅をつき新しいお茶を煎じてお参りする人にふるまっていたという。

「神聖な場所」の項目については、現在でも次のような伝承がある。キダマサマは木の神様で、末吉ではなにか不祥事があるとキダマ木を切ったのではないかといった。水源地にはミズガミサマが峠にはトウゲサマが祀られていて、その上にモリギが茂るといい、年寄りたちは三叉になった木はみなモリキだといった。また、天狗が宿るともいったという。この木を切る時には三回叩けという。トウゲサマの側を通るときは必ずシバをあげた。大賀郷では、清水の湧いた場所にミズガミサマを祀っている家がある。その水で目を洗うとよくなるという。

「亀卜」の項目には、カメの甲羅をヒイラギの枝であぶり、甲羅の割れ具合で占ったことが記されているが、現在ではまったく知られていない。ヒイラギに関する伝承もみられない。

年中行事

「盆行事」の項目ではかつて大賀郷や中之郷では死後三年間は盆の十三～十五日に墓に提灯をつけたとされているが、戦争が始まって提灯をつけることができなくなり、それ以来家庭でつけるようになった（中之郷）。大賀郷では古い仏に灯籠を立てるが、提灯は新仏だけという。少なくなったが大賀郷では、ショーロー棚を今でも作っている。仏壇の前に棚を作りカヤの葉と新竹を曲げてトンネルのようにして上を結び、棚に供え物をした。

盆になると中之郷で牛の角突きが隠れて行なわれていた。戦後に商売で角突きをした者もあったが、採算が合わずやめてしまったという。

「講」の項目に「二十三夜講」の記述があるが、三根ではサンヤサマといい、現在でも行なわれている。不漁の時にも行なわれている。末吉ではロクヤサマといい、八月二十六日に海から上がる月を拝む行事があった。モグリの漁期のキリアゲにあたるころであったので、かつては牛を一頭殺して皆で食べたものだという。かつてほどの盛大さはないが、現在でも続けられている。

その他

「アジサイ」の項目には、アジサイの葉に切り干しをのせて食べることが記述されているが、今でも山に行くときは器代わりに使うことはあるという。アジサイをカンジョウシバと呼ぶ。カンジョウとは便所のことで、乾かして便所紙として利用したという。現在はこのような使い方もしていないが、かつては身近な植物として利用されていたことがうかがわれる。

主要文献

伊豆諸島・小笠原諸島民俗誌編纂委員会編　一九九三　『伊豆諸島・小笠原諸島民俗誌』　東京都島嶼町村一部事務組合

大間知篤三　一九七一　『伊豆諸島の社会と民俗』（民俗考古叢書　八）　慶友社

大間知篤三　一九七八　『伊豆諸島の民俗Ⅰ』（大間知篤三著作集　四）　未来社

蒲生正男・坪井洋文・村武精一　一九七五　『伊豆諸島』　未来社

八丈町教育委員会内八丈島誌編纂委員会編　一九七三　『八丈島誌』　東京都八丈島八丈町役場

（小島孝夫）

新潟県岩船郡粟島浦村－粟島

一　地理と歴史

地　理　日本海に浮かぶ粟島《あわしま》は佐渡島の東北に位置し、面積九・八六平方キロ、周囲二二・三キロ、島の中央部を南北に二五〇メートル級の山並が走り、土地のほとんどは丘陵に占められている。

粟島には、本州に面した東側に内浦《うちうら》、西側に釜谷《かまや》の二集落がある。両集落間は、標高二〇〇メートルの峠を挟み約五キロの道のりがあるが、一八八九（明治二十二）年の村制施行以来、一島一村の行政体、粟島浦村を構成している。内浦地区は、人口・戸数の約八割を占め、村総合庁舎、小中学校、定期船の発着港があり、粟島の中心地といえる。

交　通　現在は、本土の岩船港から三五キロの海路を高速船（所要時間五五分）とフェリー（同九〇分）が就航している。観光客の多寡に合わせ、一日二～八往復の発着がある。高速船の運賃は、片道三六九〇円である（一九九八年現在）。冬場の日本海は荒れるので、高速船はしばしば欠航する。フェリーがドッグに入る一時期は、島への足が断たれることもある。岩船港にある駐車場に自動車を置いておき、車で村上市内や新潟市方面へ出る島民が多い。

図1　新潟県岩船郡粟島浦村－粟島

歴　史　島には縄文遺跡があるが、弥生から古墳前後期遺跡を欠いている。中世期は色部氏の領地で、近世初期は村上藩領、その後幕府領、上野館林藩預所、出羽庄内藩預所などを経て、一七五三（宝暦三）年以降は米沢藩預所であった。

粟島へは、一九五〇（昭和二十五）年「離島調査」で北見俊夫が訪れている。八月十七～三十日の一四日間に、内浦五人、釜谷八人、小学校校長、計一四人から聞き取りをしている。北見の「離島採集手帳」（以下「手帳」と略す）は『離島生活の研究』収載の報告〔北見　一九六六〕とほとんど異同

表1　粟島略年表

1889（明治22）	粟島浦村となる
1931（昭和6）	大謀網組合設立
1944（昭和19）	漁業会設立
1953（昭和28）	粟島浦汽船株式会社設立。定期航路開始。離島振興対策実施地域に指定
1961（昭和36）	釜谷に簡易水道できる
1964（昭和39）	新潟地震起こる
1965（昭和40）	内浦に簡易水道できる
1969（昭和44）	県道釜谷・内浦線、全線開通
1970（昭和45）	新発電所施工竣工、終日送電開始。村営観光船運航。県立自然公園指定
1971（昭和46）	新暦の正月に改める。過疎地域指定。地域集団電話開始
1974（昭和49）	風浪地滑り発生。粟島浦汽船株式会社に改名、新潟航路廃航。ゴミ収集開始
1975（昭和50）	漁協低温庫設置。総合庁舎、保育所完成。ヘリポート設置
1978（昭和53）	イカ小型定置網組合発足。スクールバス開通
1979（昭和54）	鮑大規模増殖開発事業着手。キャンプ場・シャワー室・更衣室施設の設置
1981（昭和56）	自動ダイヤル式一般電話開始。鮑中間育成施設竣工
1983（昭和58）	ワカメ種苗センター完成
1993（平成5）	特定農山村地域指定
1995（平成7）	公営住宅新築完成。釜谷分校閉校。温泉掘削開始、96年完成
1998（平成10）	農業協同組合が漁業協同組合に事業委託

注：『粟島浦村村勢要覧』より抜粋。

がなく、完全に整理した資料が「手帳」として提出されている。「手帳」の中で公刊されていない資料は、北見作成の集落地図である。

柳田国男は一九二六（大正十五）年の講演で「土著の事情も稍複雑で、或は飛島などよりも前かと思ふ」と述べ（「島の話」）、粟島に高い関心を持っていたことがわかる。粟島に関する学術的な調査報告は一九三〇年代から始まり、北見の調査以降は、文化庁『日本民俗地図』の調査対象地に選ばれるなど、注目を浴び続けた。島に赴任した教員も多くの調査記録を残している（脇田・工藤・伴田・金子・安藤・大友など）。離島ブームと重なる一九七〇年前後は調査研究があまりに頻繁で、いわゆる調査地被害の状況もうかがえる（祖父江ゼミナール一九七〇）。近年は、村教育委員会による方言等の調査報告がある。

二　社会生活

人　口

表2に世帯数・人口の変遷を示す。「手帳」所載の北見の

表2　粟島の人口・世帯数

	人口（人）			世帯数（世帯）		
	総数	内浦	釜谷	総数	内浦	釜谷
1930	742	−	−	−	−	−
1940	766	−	−	−	−	−
1950	892	−	−	−	−	−
	896	−	−	132	100	32
1960	825	−	−	146	−	−
1970	680	−	−	148	−	−
1980	595	458	137	179	147	32
1990	479	363	116	166	133	33
2000	449	−	−	187	−	−

注：国勢調査より。ただし、1950年下段は北見調査資料。

集落地図と現況を対照すると、内浦・釜谷ともほぼ全戸が一九五〇年当時と同じ場所で存続していることがわかる。漁村では構成戸が変わりやすいといわれるが、粟島には当てはまらない。これは、当地の産業が、有力戸の投機的な事業により浮き沈みを繰り返してきたのではなく、環境資源を各戸で等しく共同利用し、展開してきたことと関連すると思われる。

構成戸が変わらない一方、人口は北見調査時がピークで、半減している。一世帯当たり人員は、一九五〇年は六・七九人であったが、一九九五年は二・七四人に減少している。しかし、一九九七年現在、教員住宅等を除くと、単身者世帯は内浦で六戸、釜谷で四戸と少ない。

現在までのところ、空き家となった家は、内浦地区で三戸と比較的少ないが、若年層が流出しているため、将来的に各戸の存続は困難になっていくと予想される。島民の中には、対岸の村上市に住宅やマンションを所有している者もいるという。

平均年齢は、一九七五年の三八・三歳が、若年層の流出を主因として一九九五年には五〇・六歳になっている。小学校の児童数は、一九七〇年の四七人から翌七一年に二五人に激減して以来、二〇人前後を推移している。

島内には保育園、小・中学校があるが高校はなく、中学卒業後は島外に出る。高校卒業後は、県内外の大学・専門学校に進学、就職し、島に戻る若者はほぼ皆無である。一九八六年、村上市内に粟島浦村村営の高校寄宿舎「晴海寮」が設立されている。八帖一間の部屋が一八室あり、賄いと管理人を置いている。一九九八年現在、粟島出身の高校生七人が入居している。ほかに、山北町の交通の便が悪い地域の高校生や、単身赴任の県庁職員などに貸している。空き部屋は、船の欠航などで島へ戻れなくなった際、島民が臨時に利用する。

地縁組織

人々は自身の居住地区をウチムラ（またはムラ）、他方をソトムラと称している。内浦地区では、現在でも、地区内を上中下三つに分ける組で葬式の穴掘りを担い、地区内を上下二つに分ける組で「七夕船」造りや神社の雪囲いの仕事を行なう。浜掃除は地区全体で行なう。

親族組織

内浦地区は本保《ほんぼ》姓・脇川《わきかわ》姓・神丸《かみまる》姓が多く、釜谷地区では、松浦《まつうら》姓・渡辺《わたなべ》姓が多い。一九九七年四月の住民登録によれば、内浦で本保姓三七、脇川姓二三、神丸姓八。釜谷では、松浦姓一九、渡辺姓五である。釜谷の二姓について、古代から中世に活躍した九州の松浦党や瀬戸内海の渡辺氏ら水軍への連想から、移住史の上で関心を引いてきた。地元では、釜谷が先住者の子孫と伝えている〔北見　一九六六　一八〇～一八四〕。

同姓の家すべての本分家関係が知られているわけではないが、各姓の総本家は知られており、同じ本家から出た数軒の家同士は「一番分家」「二番分家」というように、認識されている。冠婚葬祭の相互扶助は「近い家」を中心に担われ、本分家同様に姻戚も重要視される。粟島では、一九五〇年当時からほとんど戸数が変わっていない。内浦地区でもっとも新しい分家は、第二次世界大戦中に疎開してきた島内出身者の一家が戦後に一軒を構えた例である。系統を示すと思われる「〇〇（屋号）マキ」という言葉はあるが、特定のマキに属すのはごく一部の家に限られる。マキは本分家に限らず、姻戚を含む例がある。

写真１　粟島全景（手前は釜谷集落。粟島浦村役場提供）

写真２　任期を終えて島を去る保育園の先生（1998年撮影）

通婚圏

北見によれば、内浦・釜谷間の通婚は大正年間まで皆無とされ〔北見　一九六六　一八二〕、各地区内の内婚率の高さがうかがえる。一九六九年の調査では、内浦の地区内では九〇・八%、釜谷地区では七一・四%と高い内婚率であった〔祖父江ゼミナール　一九七〇〕。近年は、中学卒業時に島外に転出し、適齢期の男女、島内在住者の婚姻件数が激減しているので、単純に内婚率を比較することはできないが、今回の調査では、一九四六年以降に出生した婚入者三七人中、各地区内での婚姻が二〇人で、内浦・釜谷間の婚姻はなかった。また、一七人の島外出身者のうち、一三人は県外出身であり、婚姻圏は広域になっている。

三　生産・生業

漁業　粟島の産業は、海に規定されてきた。漁獲物・農産物を迅速に消費地に移送できない、運賃がかかるので単価の低いものは商品にならない、冬期は日本海が荒れるため漁業も休漁せざるをえないなど、自然環境の制約を受けてきた。一九五〇（昭和三十）年当時の現金収入は、島全体で漁業六割、竹の販売が四割であった〔北見　一九六六二〇一〕。一九七〇年代の離島ブームで多くの観光客が粟島を訪れるようになり、現在では、現金収入の主体は民宿経営を主とする観光産業に移り変わった。

漁業・水産養殖業就業者数は、一九九五（平成七）年一一八人（構成比三二・四%）である。一九八〇（昭和五十五）年の一五〇人から、一九八五年六四人と半減したが、一九九〇年には一〇九人に持ち直して今日に至っている。漁業協同組合（以下、漁協と略す）には、一戸一人が所属する。一九九七年三月現在、正組合員一二二人、準組合員三人である。組合が一九九七年に実施したアンケートによれば、漁業収入は一〇〇万～三〇〇万円未満が四五・六%、一〇〇万円未満が四三・九%であり、漁業外収入が漁業収入を上回る傾向にある。兼業の業種は、観光業がもっとも多く五四・二%である。また、組合員の年齢は、六〇歳以上が七八人と半数以上を占め、五〇歳代は二六人、四〇歳代は一七人、三〇歳代は四人、二〇歳代はおらず、高齢化が進んでいる。ただし、雇用労働に就いていた者が定年退職後に漁業を始めた例も少なくない。

一九九六年度の総水揚げ金額は二億六一五六万円で、内訳は、大型定置網漁業（大謀網）が二六・〇%、小型定置網漁業（建網）一一・一%、刺し網漁業一六・八%、釣漁業一〇・七%、板曳網漁業四・三%、底曳網漁業一三・四%、採貝採藻漁業一二・四%、わかめ養殖一・五%、漁協自営事業五・三%となっている（粟島浦漁業協同組合『平成九年度漁村漁業経営強化特別対策事業成果報告書』）。

北見調査時の漁法の年間サイクルを要約する。三～五月には建網でイカ・タナゴ・ホッケなど、五月は流し刺し網でイワシを捕り、ワカメを採取する。六～七月の大謀網でタイ・サバ・ブリ類を漁獲し、七月には小ダイなどを対象に引き網が行なわれる。八月には、エゴ・アワビ・サザエの漁がある。十二～二月にヤスで突くタコ漁、十二～三月に女性によるイワノリ摘みが行なわれた〔北見　一九六六　二〇五〕。現在も春の建網、五月からの大謀網、冬場のイワノリ摘みなど、基本的に同様の漁業が行なわれているが、それぞれの重要度や生活における位置づけは大きく変わってきている。以下では、変遷を含めて個別に説明したい。

写真3　イカ建網の場所をくじ引きで決める（1996年撮影）

大謀網　もっとも重視されてきた漁は「大謀網《だいぼうあみ》」と呼ばれる大型定置網漁である。明治末からたびたび島外者が実施しているが、島民による大謀網は、一九二七（昭和二）年岩手県の滝尾正夫が建てた網の権利を粟島・村上の商人仲間「一六組」が買い取ったことにはじまる〔北見　一九六六　二〇四〕。その権利は、一九三一年に村の縛り網組合に譲られ、大謀網組合が結成された。釜谷側での漁獲が少なくなって一九五四年に釜谷大謀網組合は解散し、大謀網は一組合になった。最盛期の組合員は、内浦・釜谷を合わせて一二六人で、ほぼ全戸が参加していた。現在は、一三人となっている。このうち、釜谷住民は二人で、内浦中心の漁となっている。四月十日～七月二十日の漁期、三カドに建てられた大謀網漁が行なわれる。

ながく大謀網の対象はタイであり、粟島は「鯛の島」として知られていた。一九七五（昭和五十）年ごろまで、小学校で五・六年生がタイ出荷用の木箱を作り、児童会費に充てていた。タイの大謀網は、直接網を揚げる者のみならず、老幼男女、全島民が心をひとつにするような存在であった。しかし、一九六四年の新潟地震後、タイの漁獲量は減少してしまう。その一方、ブリ類の漁獲が増え、近年の大謀網はブリ類を目的とした漁となりつつある。

建網　粟島では、大型定置の大謀網に対し、小型定置網を「建網《たてあみ》」と呼ぶ。昭和の始めごろは、技術・設備の関係から水深四尋以上の場所には建てられず、建網で獲れる魚は市場価値を持たないものばかりであったため、建網は大謀網に参加しない年配者の仕事だった。

その後、船外機エンジンが導入され、利用海面が拡大した。これにともない、建網も水深の深いところに建てられるようになった。建網による春のヤリイカがもっとも収入をあげる漁になった。しかし、一九七五年ごろから漁獲高が下降をたどり、現在では、三〇人余が、二～三人のグループを作って操業している。大謀網以外では、唯一共同で行なう漁である。

網を建てる場所は、一区切りが七〇間で、深さは七尋までと協定を結んでいる。建てる場所は、くじ引きで決める。四月十日からは大謀網が始まるので、建網の参加者は半数以下になる。

サメ網　サメ漁について、北見は、一八七〇（明治三）年に山形県庄内から伝えられたサメ網、一八九四（明治二十七）年に伝えられたサメ縄を記している〔一九六六　二〇三〕が、大正生まれの話者によれば「大昔はやったことがあるらしい」ということで、一時途絶えていた。戦後、「飛島のサメ網漁はサメが獲れなくなって廃業を余儀なくされているが、粟島なら可能なのでは」ということを聞いてきた島民により、一九六〇年ころからサメ網がはじめられた。当時の粟島では、サメがいるような沖合での漁はまったく行なわれていなかったという。飛島から船頭やその他の乗組員を雇い、粟島の住民も乗り込んで漁が行なわれた。サメ漁自体は十数年で衰退したが、これを契機として島民が沖合の瀬を覚え、漁船の大型化が推進され、その後の漁業の展開に影響を与えた。

写真４　養殖ワカメの水揚げ（1998年撮影）

アワビ　粟島のアワビには、エゾアワビ（通称クロ）・マダカアワビ・メガイアワビ（通称アカ）の三種類がある。北見が記した、大正初年の潜水器によるアワビ漁〔一九六六　二〇三〕は、試み止まりだったようで、もっぱらカギによる見突き漁が行なわれてきた。しかし、見突き漁では生売りすることができず、「乾鮑《かんぽう》」や加工用に安値で売買された。また、当時は三寸以下は禁漁とされていたが守られないことが多かった。そこで、経済的な不利益や資源保護を憂え、漁協が潜水夫を雇用する一括採取が開始された。現在、組合員がアワビを採ることはできず、漁協が雇った新潟市の潜水夫が四～八月の期間中漁獲する。アワビの収益は、すべて漁協の経費に充てられる。稚貝の放流も行なっており、一九九七年は、佐渡から買い入れた四万個が放流された。

ワカメ　従来、天然ワカメの採取が行なわれてきたが、一九八〇年ごろから養殖ワカメが主流となった。ホタテ養殖が模索されたこともあったが、現在、粟島の養殖漁業はワカメのみである。近年は全国的にワカメの相場が下がり、養殖事業から撤退した家も少なくない。ワカメまきは十月末～十一月初旬にかけて、ワカメ採りは三月十日から約一か月間行なう。ワカメの種付けは、当初は試験場の技師が来島して行なったが、現在では島民も技術を習得し、種苗センターの施設を利用して各自が行なっている。その他、天然ワカメ・モズク・エゴ・イワノリ・ギンバソウなどの海藻が採取されている。

漁獲物の販売　組合員個人は仲買と取引せず、漁獲はすべて漁協に委託する。現在、漁協は、新潟県漁連・村上市岩船港漁協・鶴岡魚類（山形県の業者）と取り引きしている。その時々の相場をみながら、有利な市場へ販売する。民宿を兼業している漁業者が、宿泊客に自分の漁獲を供した際は、組合に申告する。民宿での消費分と遊漁船の利用料は年間で三〇〇〇万円弱の額にのぼり、観光に連動した漁業の重要性が増している。

竹の伐採・販売

粟島の竹は、マダケとシノタケである。おもにマダケが、稲刈りの際のハサや桶のタガなどの加工目的に、伐採、売却されてきた。一九三三（昭和八）年は二八九六円の収入で移出魚類の二万八五二六円、農産物の一万五四一九円に比べ少額であったが、一九四六年には三〇〇万円の収入になり、海産物の合計三五〇万円に匹敵するほどの産業となった〔長井　一九五〇　八〕。

竹伐りは、主要な漁が終了した盆の前後に行なわれ、生業サイクルに適合していた。竹伐りが終わると、出稼ぎに出かけていった。冬場の出稼ぎは戦後に盛んになったもので、戦前は藁仕事の期間だった。ところが、一九七五年ごろ竹に花が咲いてほとんどの竹が枯れてしまった。竹林の育成もはかられたが、プラスチック素材が市場を凌駕し、市場価値が失われて竹林は放棄された。しかし、一九九四年から村で竹炭の生産を開始し、再び竹の伐採が行なわれるようになっている。現在では粟島で竹炭が生産され、観光客の土産物などに活用されている。

農業

平坦地が少なく傾斜が急な粟島では、農業に多くを期待することはできない。しかし、自給的生活の基盤としての農業の重要性は現金収入の多寡で評価すべきではない。山形県飛島と粟島を対照した長井政太郎は、飛島に比べ粟島が漁業に不熱心なのは「農業に依存し得る」からだと述べている〔一九五〇　七〕。

粟島では、男性は田起こしなどを手伝う以外、農業はほとんどすべて女性の手に委ねられていた。水田は約九ヘクタール耕作されていたが、一九六四（昭和三十九）年の新潟地震によって水源が枯れ、耕作不能になった。そのため、水田であった耕地を畑として利用するようになり、遠方の畑地は放棄された。また稲作が不能になったため、観光産業が興隆するまで、飯米獲得を目的とする女性の出稼ぎが行なわれた（本書の竹内論文参照）。これを契機に、主食料を購入する生活が定着した。

畑では、自給作物のみならず、少額ながらさまざまな販売作物が作付された。現在は、ほとんど出荷はされず、一九九八年から農業協同組合は漁業協同組合に事業委託されるようになった。とはいえ、家族や民宿の客の食卓に供し、島内の親戚、近隣へ贈与したり、島外へ他出した家族・親戚への贈与するために、多様な農作物が盛んに耕作されている。現在の畑は、多くの場合、姑世代によって担われている。

観光産業

現在の現金収入の主体は観光産業である。一九八〇年以降、年間約五万人の観光客が島を訪れている。現在は、世帯数一〇〇の内浦地区に旅館一軒と民宿三八軒、世帯数三二の釜谷地区に一九軒の民宿が営業している。それ以外の家も、土産物売店、食堂、居酒屋、遊漁船など観光と関連した事業に就いていたり、民宿に雇用されるなど、観光シーズンの粟島はほとんどの住民が観光産業に関わっている。粟島の民宿・旅館の収容能力は一四二三人で、島は夏期には約四倍の人口にふくれあがる。

営業認可取得以前から、知人を無料で泊めていた家は多い。戦友や出稼ぎ先で知り合った知人などが粟島を訪れた。新潟地震後、被害を受けた家屋を客を泊められるような構造に建て替えた家も少なくない。釜谷地区では、女性たちが現金収入の道を探り、一九六六年ごろ中魚沼郡中里に民宿の見学に行って民宿営業の準備を始め、一九六九年に開業する（本書の富田論文参照）。内浦地区では、一九六八年ごろから認可を受けて営業が開始されている。一九七〇年に東北電力粟島浦火力発電所が竣工し、終日送電がなされると電気冷蔵庫が使用可能になり、保健所の民宿営業許可が容易に承認されるようになった。高速船「いわゆり」が就航した一九七九年前後にも民宿が急増した〔今井ほか　一九九〇〕。観光客数は、一九七九年の四万八〇〇〇人を最高に横ばいか、漸減傾向にある。

四　行事の消長

北見は、粟島に伝わる数多くの年中行事を詳細に報告している。盆行事は、観光シーズンで民宿の繁忙期であるため省略される傾向があるものの、現在なお多くの行事が伝承されている。

仏教行事　消失した行事としては、観音寺（曹洞宗）に関連する諸行事が挙げられる。観音寺は、一九六五年に一八代住職が死去して以降、無住となり、村上市岩船町の諸上寺住職が兼務している。内浦・釜谷の神職を兼任する前田氏が島内に居住し、現在も多くの行事に関わっているのと対照的である。葬儀、年忌、盆行事には、岩船から諸上寺住職が来島する。一周忌は各戸で、それ以降の年忌供養は、観音寺において合同で営まれる。

葬儀は、葬家で行なわれてきたが、民宿経営が盛んになった昭和四十年代から、観音寺を会場にして執り行なわれている。無住になり、寺院関連行事の多くが消失したとはいえ、観音寺は今なお粟島の生活にとって重要な施設である。

正月行事　粟島では「松の内は何もするな」といって、飯米も正月期間中の分を研いでおき、洗濯はできず、刃物を使わず、「下駄の歯欠くな、悪さをするな」と忌みの期間であったことが聞かれるが、北見報告では、すでに過去形で記されている〔北見　一九六六　二一六〕。正月行事の中でも、七日間祈り籠る男性の宮籠りは、初参加者は毎朝浜で垢離をするなど、厳粛に行なわれていたが、戦後消失した。第二次世界大戦に多くの男性が出征して不在となり行なわれなくなったことが衰退の理由として語られる。宮籠りへの参加は、個々人の信仰心によっており、全戸の参加ではなかった。このような行事の任意性も、行事消失に関わったと思われる。

出産儀礼　現在は無医村のため、出産予定日の二〇日前に本土に渡る。妊婦は病院に入院したり、粟島浦村が所有する高校生用の寮、「晴海寮」の空き部屋に入居して待機、出産する。このため分娩直前直後の習俗は衰退している。

葬送儀礼　島内には火葬場がないので、現在でも島内で死去すれば土葬される。粟島では、葬送に関する諸習俗の多くが伝承されている。

近年は、高度な治療を受けさせるため、臨終前に本土の病院に入院、そこで亡くなるケースが多くなってきた。こうした場合にも、本土で火葬後、遺骨にして島に帰り、葬儀を行なう。その場合も、葬祭業者の関与はなく、慣習通りに島民の手で葬られる。

穴掘りは、内浦地区の場合、上中下の組単位で担い、「花作り」などの穴掘り以外の作業は親戚を中心にして行なわれる。葬儀の際の飲食は、親戚・近隣の女性たちによって準備されるが、婦人会で供応の簡素化が申し合わされている。大量に必要な食器類や調理器具などを観音寺の台所に備え、各戸の負担にならないように配慮されている。

主要文献

今井奈里子ほか　一九九〇「離島粟島における伝統的農漁業の衰退と民宿観光地の形成」『一九八九年度新潟大学教育学部地理学実習報告書』新潟大学教育学部地理学教室
北見俊夫　一九六六「新潟県岩船郡粟島」『離島生活の研究』集英社
祖父江ゼミナール　一九七〇「離島のムラ　新潟県岩船郡粟島浦村実態調査報告」『明治大学社会学関係ゼミナール報告書』六
長井政太郎　一九五〇「孤島の農業飛島と粟島の場合」『社会地理』二四
風土記編集委員会編　一九九一『あわしま風土記　三訂版』粟島浦教育委員会（初版一九六六年、伴田幸一郎編）

（竹内由紀子）

福井県坂井郡三国町安島地区
（旧雄島村安島地区）

一　地理と歴史

地理

三国町安島《あんとう》地区は、陣ヶ岡台地が日本海に突き出た先端の海べりに位置する。二〇〇メートル隔てて、無人の小島である、雄島《おしま》があり、そこに大湊神社が鎮座している。付近一帯は海蝕地形であり、安山岩の奇岩が見られる。景勝地として著名な東尋坊は、安島地籍である。

近世に日本海の海運で栄えた三国湊とは約五キロの距離にあり、経済的・文化的影響を受けてきた。福井市中心部からの距離は二五キロ余で、市中心部と三国町は京福電鉄三国芦原線で結ばれている。安島地区からの最寄り駅は、三国湊駅になる。また、JR北陸本線の芦原温泉駅から安島地区は一〇キロほどの距離にある。北陸自動車道金津インターチェンジからは、約一五キロの距離である。福井市内、三国町の商工業地域とは近接しているため、安島地区から自家用車で通勤する者が少なくない。

安島地区周辺は、雄島・東尋坊をはじめ一帯が越前加賀海岸国定公園に指定されており、芦原温泉郷にも近く観光資源に恵まれ、東尋坊の土産物店街、民宿経営など観光産業が展開している。東尋坊を訪れる観光客は、年間一〇〇万人以上になる。

一九九七（平成九）年には、ロシアのタンカー、ナホトカ号が安島集落の眼前に漂着し、重油流出事故が発生した。真っ黒な重油が海面を漂い、岸壁に付着しているテレビ映像も記憶に新しい。事故発生当初は、生態系や漁業の存続も危ぶまれたが、住民およびボランティアの尽力により、周辺海域は短期間で驚異的に復活した。今日では、美しい海が戻っている。

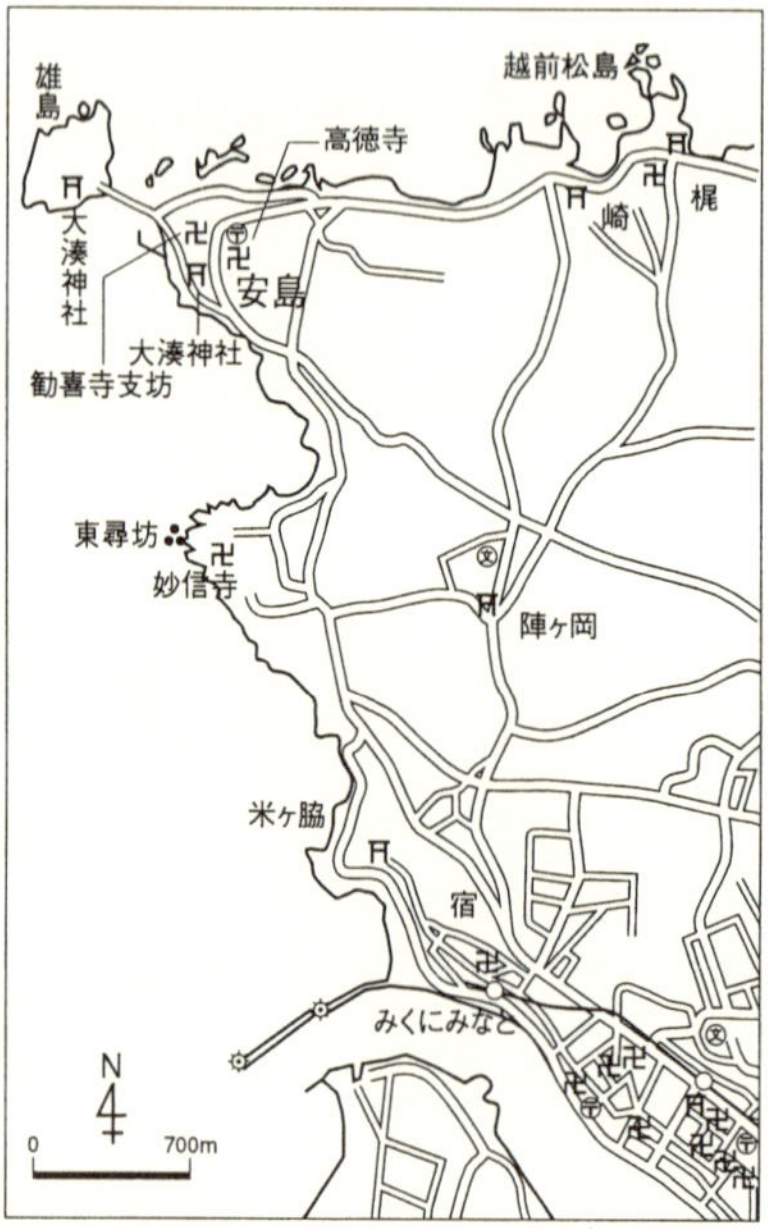

図１　福井県坂井郡三国町安島地区とその周辺

歴史

安島地区からは、縄文時代の住居跡が出土している。中世期、三国湊周辺は、興福寺領である坪江庄に含まれていた。一四七一（文明三）年、蓮如が近くの坂井郡吉崎に坊舎を建立し、以来、浄土真宗門徒の勢力が強大となった。

　安島浦は、崎浦・梶浦と合わせ三ヶ浦と呼ばれ、近世には福井藩領であったが、一六七六（貞享三）年幕府領となり、一八二〇（文政三）年に再び福井藩領に戻った。一七二〇（享保五）年の『御預所安島浦村鑑帳』によれば、一三八戸、六五一人が居住し、男性は三国湊の水主、女性は海女で生計を立て、年貢は金納されていた（三国町百年史編纂委員会編　一九八九　一八七）。

写真１　安島地区の景観（1999年撮影）

　一八八九（明治二十二）年の村制施行により、宿・米ヶ脇・陣ヶ岡・崎・梶・浜地と合併し、旧七か村からなる雄島村が成立した。その後、雄島村は一九五四（昭和二十九）年に神保村・加戸村とともに三国町に合併した。

　安島地区から三国町中心部へは道路がなく、船で行き来していたが、一八九〇年に細いながらも道路がつけられた。この道が一九五八年に六メートル道路に拡張されたことで、三国町中心部や福井市方面への往来が利便となった。このころから、自家用車による通勤が多くなった。

海村調査　瀬川清子は、一九四〇年三月二十五日～四月二日の九日間、越前海岸を踏査し、調査資料を一冊の「採集手帖」に記している。瀬川が訪れたのは、雄島村（現坂井郡三国町）、北潟村（現同郡芦原町）、四ヶ浦村（現丹生郡越前町）、城崎村（同）、国見村（現福井市）と広範囲に及ぶ。「採集手帖」（以下、「手帖」と略す）は各地区の寄せ集めのデータで埋められているが、大半の資料の調査地は特定できる。今回の追跡調査の結果、旧雄島村で瀬川が話を聞いたのは安島地区と米ヶ脇地区であることが判明した。広範な瀬川の調査地域のうち、今回の追跡調査は、主として安島地区で実施した。本稿では、安島地区について報告する。

二　社会生活

人　口　一九九九（平成十一）年六月一日現在、安島地区は三四六世帯、一〇二九人と、規模の大きい集落である。「安島区」として、ひとつの自治会を構成している。人口・世帯数の変遷は、表1に示す。瀬川が訪れた一九四〇年は、もっとも人口の少ない時期だった。

　六五歳以上の一人暮らし世帯は四二ある。人口・世帯数の減少は緩やかだが、自治会「安島区」としては、若年者層の流出を問題視している。年間、地区内に一〇件余の婚姻があるが、結婚後に地区内に居住するのは、そのうちの一～二組にとどまった。住宅を新築する土地が地区内にないことが一因であることを鑑み、区の事業として区画整理をし、一九九九年に三五五戸分（七〇坪平均として）の宅地を造成した。旧来からの家は地域を貫く道路の西側に多く建てられており、細い道が入り組んだ傾斜地に密集している。この宅地造成には、新家庭の入居だけでなく、密集した居住地の住民が家屋を新築する際に造成地へ移転することも想定されている。

自治組織　近世以来の安島浦の範囲が、現在もひとつの自治会「安島区」として組織されている。区内の各種団体と連携しつつ、活発に活動している。区長・副区長・会計各一名、事務局・会計監査各二名が置かれている。地区内は一四班で編成されており、各班に区委員（班長）・文化委員・納税組合長・神社役員が一名ずつ選出される。

区費は、各戸相談の上、年間五〇〇〇円、三〇〇〇円、一五〇〇円、免除、という四段階制をとっている。地区内に五五戸ある空き家からは、管理費として五〇〇円徴収している。安島区には、東尋坊売店からの協力金や県・町から東尋坊駐車場などの地代が入り、財政的に余裕がある。

安島区事務所には、区長と女性事務員が常駐し、住民に応対している。事務員は区が雇用し、月給を支払っている。区の総会は年一回、一月に開催される。そのほかに月一回の定例委員会、年六回の分散委員会ほか、頻繁に話し合いが持たれている。

区の活動は、先述した住宅地造成の企画のほか、清掃・草刈り作業・運動会など区民参加の行事が開催される。また、各地で掛け声のみで終わりがちな冠婚葬祭の簡素化が、徹底されている。この背景には、「安島を考える会」によるアンケート実施および結果の公開と、区内に葬儀があるたびに区長が足を運び、お悔やみを述べるとともに、簡素化に協力を

表1　安島地区人口

年　次	世帯数（世帯）	人　口（人）		
		総人口	男性	女性
1871（明治4）	241	1319	649	670
1900（明治33）	292	1507	－	－
1920（大正9）	275	1268	554	714
1930（大正5）	263	1144	－	－
1940（昭和15）	255	948	418	530
1955（昭和30）	－	1310	637	673
1970（昭和45）	325	1304	－	－
1977（昭和52）	392	1370	－	－
1987（昭和62）	354	1161	528	633
1999（平成11）	346	1029	456	573

注：『三国町百年史』189頁。ただし1999年は安島区資料による。

要請していることなどが挙げられる。区では、伝統文化の研究・継承にも関心を寄せ、副区長が「なんぼや保存会」（後述）の会長を兼任する。

安島を考える会　上記の自治会事業については、区とは別組織の「安島を考える会」（以下、「考える会」と略す）が諮問機関として機能しており、区の規約案文作成や生活改善のアンケートなど、自由できめ細かな検討がなされる。

「考える会」は、一九九〇年、福井県「明日の福井をつくる協会」から「住みたくなる町三六〇〇」のひとつに安島区が指定を受けたことを契機として期間中に安島区で地域活性化がめざされ、期間終了後も活動を継続しようと組織された。「考える会」の組織は、区長推薦の三五人から成り、異なる意見を出し合えるようさまざまな世代層から構成されている。「考える会」が発行する公報『あんてな』は、住民のみならず他出者へも郵送され、故郷との紐帯になっている。

青年団　瀬川は、近くの北潟村の若者宿・娘宿について報告しているが、安島地区の宿についてはふれていない。しかし、安島区でも小範囲のカイチ（＝地縁組織の単位）ごとに若連中が宿をつくり、一七〜二五歳の青年が加入していた。若連中のおもな仕事は、祭礼の神輿担ぎ、難破船の救助だった〔杉原　一九六四〕。現在は、安島地区でひとつの青年団が組織されている。高校卒業時に自動的に加入し、現団員は男性一二八人である。団員の中には地区外に居住し、ほとんど籍だけの者もおり、通常の活動に参加するのは八〇人ぐらいだという。青年団の集会所「青年会館」は、団の要請を受けて安島区が一九九五年に建設した。団員が自由に出入りし、毎晩八〜一一時過ぎまで利用されているという。春の雄島祭り・秋祭り・盆踊りは、青年団が主催することになっている。祭礼行事以外には、浜辺の除草、海中投棄物の処理などの作業を担っている。

その他団体　壮年会は会員六三人で、三〇歳代後半から六〇歳ぐらいまでの人が加入し、月一回会合を開いている。区から依頼される草刈りや、「公園祭り」の際に三国町から依頼され海産物店の出店などの活動を行なっている。

婦人会の会員は一九二人で、区から要請される仕事や、あすなろ会の手伝いをしている。

一五三人が加入している老人会（安寿会）は七〇歳からであるが、婦人会と両方加入の人もいる。

あすなろ会は福祉関連の組織で、高齢者のケアを担う。地区内の一人暮らし高齢者を招いてご馳走し、余興で楽しませる「一人暮らしの集い」や、年二回の宝引き大会、チャレンジ大会などを開催する。

三　生産・生業

船　員　『御預所安島浦村鑑帳』（一七二〇〔享保五〕年）には、「男女ともに海漁猟強くかせぐ間に農業に勤め商売のため商船乗りをやり、女は和布・神馬藻をとり

写真2　東尋坊を訪れる観光客（右手の島が雄島。1999年撮影）

方々に売り歩き漁猟の少ない時は困窮した村」と記録されている〔三国町百年史編纂委員会編　一九八九　一八七〕。当時から、漁業・農業・商船船員・海藻採取・行商に従事していたことがわかる。住民の三割が、三国の船頭・水主職に就いていた〔三国町史編纂委員会編　一九八三　七九七〕。

北前船航路の要衝である三国湊の繁栄は、明治中ごろまで続いたが、鉄道輸送の時代が始まると三国湊の海運の要としての役割はしだいに衰退し、商港から漁港に変貌した。これにともない、安島住民の主要な職種は、全国規模の船舶会社・漁業会社の船員としての雇用へ転換していった。男性は、航海のために長期間家を離れ、家族が安島で留守を守った。

一九五八（昭和三十三）年ごろがもっとも多く、二九〇人が船員に就いていた。それ以降は、三国町内に第二次産業が勃興するとともに、自家用車で通勤する職場へ新規就労先が移っていった。船舶会社は五五歳定年制をとっており、就労者が次々退職した現在、安島地区に船員は六人しかいない。船員退職者は年金の給付額が高く生活に余裕があり、漁業や地域活動の担い手として重要な位置にある。

漁　業

安島の漁業は、女性の潜水漁（海女）と男性の沿岸漁業が主である。一九九九（平成十一）年現在、漁業協同組合加入者は、男性五二人（うち正組合員三四人）、女性六五人（うち正組合員五七人）の計一一七人であり、女性のほうが多い。男性の大半は定年退職者で、平均年齢は六〇歳以上になる。

沿岸漁業　沿岸の岩礁地帯は海藻や貝類のほか、回遊してくる魚類も多く、沿岸漁業に適していた。船時代には、テント船・サンパ船・テンマ船による釣り・刺し網などの漁が行なわれた。しかし、大正末から昭和初頭にかけての全国的な漁船の動力化・大型化の動きに、岩礁地帯であるため、旧雄島村沿岸地域は対応できなかった。さらに三国港を根拠地とする沖合底曳網漁業の発達により、沿岸への回遊魚が減少した〔三国町史編纂委員会編　一九八三　四〇六〕。

瀬川は、この当時の状況を聞書きしている。安島では、一九二〇（大正九）年ごろが転換期で、発動機船を買えなかった者は漁をやめ、かつてのアドヤ（網主）は水夫になった。

七十余艘の発動機船ができたが、乱獲のため一九四〇年当時は漁業収入が落ち込み、最高でも年間三〇〇円程度であった。漁業より船員へと労働人口が流れている様子が記されている（「手帖」の質問項目五に記載）。

一九五二年新漁業法の下、共同漁業権は沖出し三〇〇〜五〇〇メートルに漁場が縮小され、地先での漁業は不振となった。これ以降、安島でも地元を離れ、就職する男性が圧倒的になり、地元での漁業は女性と高齢者主体になっていった。一九九九年現在、雄島漁協安島支部の男性組合員は五二人だが、生涯漁業に専従してきた者は皆無である。現在は、定年退職者による楽しみながらの漁業が主になっている。漁船名簿の登録では、六二艘のうち、一本釣り漁業が四八艘、刺し網漁業が八艘、採介藻漁業が六艘である。鮮魚は各自が売却するが、三国市街地の水産会社に電話連絡しておき、自宅に取りにきてもらう。

潜水漁　隣接する米ヶ脇地区には男性の潜水漁者もいるが、安島地区では伝統的に男性の潜水漁者はいない。旧雄島村の五地区には、女性の潜水漁者が存在するが、安島地区がもっとも人数が多く、水揚げ金額も多い。雄島漁協安島支部では女性の理事が選出され、「海女の代表」とみなされる。漁協に関しては、安島地区内を七班に分けている。班ごとに海女頭がいる。アワビ・サザエの出漁判断は女性理事と海女頭で相談して決め、漁協が関与するウニ・ワカメ・テングサの漁は支部長が決定する。

女性が採取するのは、表3のような水産物である。サザエとアワビの漁は同時に行なわれ、ナデと称される。ウニ漁の対象

表2　沿岸漁業水揚げ量調査集計表（1998年）

	水揚げ量（kg）	水揚げ金額（円）
マダイ	1,909.99	2,553,215
ヒラメ	532.75	1,616,935
アマダイ	698.97	1,140,215
アジ類	5,742.90	618,175
ヒラマサ	479.45	601,340
メバル	460.45	461,300
イカ	728.30	427,650
メッキダイ	502.40	419,620
その他	5,400.51	3,465,876
合計	16,455.72	11,304,326

注：三国町農林水産課資料。

表3　浅海漁業水揚げ量調査集計表（1998年）

水産物	水揚げ量（kg）	水揚げ金額（円）
ウニ	622.41	23,387,400
アワビ	198.94	4,511,214
トコブシ	34.38	100,950
サザエ	10,693.81	6,225,507
塩ワカメ	1,289.50	899,850
板ワカメ	4.00	52,000
粉ワカメ	891.99	8,630,738
イワノリ	127.57	1,339,000
テングサ	1,313.50	795,410
スガモ	301.30	254,780
ハバ	181.41	124,800
合計	16,258.80	46,321,649

注：三国町農林水産課資料。

写真３　潜水漁を行なう女性たち（1999年撮影）

はバフンウニ（ガンジョ）である。

瀬川の調査時は、白いイマキを着て潜っているが、ウエットスーツは一九七五年ごろから導入がはじまった。安島の女性が地区内へ嫁ぐときには、海女の桶（オモケ）とこれにかける薦（ニゴモ）を嫁入り道具として持参する習慣があり、一九六〇年ころまで続いた。それほど既婚女性が潜水漁に従事するのは当然視されていたが、一九六〇年ごろになると地区外からの婚入者が増え、女性の就労先も東尋坊の観光売店など多様化して海女になる者が減っていった。現在、最年少の海女は、四五歳であり、後継者問題が話題にのぼっている。〔竹内　二〇〇〇、本書竹内論文参照〕

安島の観光海女の様子が、瀬川の『海女』〔古今書院　一九五五〕に記されている。全国でも早く一九二六（大正十五）年に開業された。近年は、利用者の減少から東尋坊の詰め所を閉鎖し、雄島橋袂でのみ操業している。一二人で観光海女組合が組織されている。

漁業協同組合　三国町内で沿岸漁業に従事するのは、安島をはじめとする旧雄島村の五地区であり、全体で雄島漁業協同組合（以下、「漁協」と略す）を組織している。各地区に支部が配され、安島地区には漁協本部事務所がある。各支部から理事を選出、そのうち一人が支部長となり、この中から組合長を選ぶ。理事の人数は支部によって異なり、安島では三名、米ヶ脇・崎・梶は二人ずつ、浜地は一人で、計一〇名となる。安島と米ヶ脇では、理事のうち一人は女性が就任する。

組合員は、個人単位での加入となる。家族二人が加入している家も少なくない。安島支部には、漁種による下部組織はない。地区単位で七班に分け構成されている。一班は一五軒程度、人数は一八人前後となる。

支部は、漁獲物の一部の販売を請け負うが、漁具等の購入には関与しない。漁協が扱うのは、バフンウニ・ワカメ・テングサのみで、鮮魚やアワビ等の漁獲物は個人が売却する。ウニは、採取者が中身を取りだして持参し、支部がウニ採取を行なわない人を雇って塩ウニに加工する。ワカメは、各自が粉ワカメ（乾燥して砕片にする）に加工して支部へ持参する。テングサも各自が乾燥させて集荷する。これらの製品は、支部が三国町や福井市内の水産業者へ売却する。また、三国町市街地にいるボテ（行商人）一〇人余とも取引をしている。

農業

安島地区では、一八七二（明治五）年の『足羽県地理誌』に「戸数二四一、人口一三一九人（男六四九、女六七〇）、田八町五反三畝四歩、畑三三町二反二畝二一歩」とあるように、耕地ことに水田が狭隘だった。稲作を行ない得るのは一〇戸程度にすぎず、米は購入か物々交換によっていた。畑を多めに所有している家がタバコ栽培をしていた以外、農業は自給目的の耕作だった。水田は、一九五五年ごろに耕作が中止された。自給用の畑を小規模に耕作する人は現在でもいる。農作業はすべて女性によって担われ、瀬川の「手帖」には「農業は女で、話者は子供の時には、男がこやしを担ぐのを他村で見ると不思議であった」と記している。しかし女性でさえ、農業よりも漁業が主で、漁の最盛期には「水や肥料を持っていかないで植えたものが消えても構わない」ともある（質問項目四九）。近年は、妻の耕作を手伝う男性もいるというが、男性が主導して農業を行なう例はない〔竹内　二〇〇〇〕。

四　寺社との関係と諸行事

仏教寺院

越前地方は、浄土真宗（以下、真宗と略す）の寺院が多く、門徒の比率が多い。とりわけ坂井郡は、真宗中興の祖である蓮如が北陸布教の拠点とした吉崎御坊が存在することもあり、真宗寺院は総寺院数の七六％を占める。三国町では、六四寺のうち四七寺が真宗である。

安島地区内には真宗大谷派の寺院が二か寺ある。ひとつは勧喜寺安島支坊といい、石川県小松市にある勧喜寺を本坊とする道場として開かれ、元和年間（一六一五～一六二四）には存在していたとされる。一八七二（明治五）年に道場廃止令により廃止となるが、まもなく復活した。このころ、ここから分離独立したのが、もう一か寺の高徳寺である。一九八六（昭和六十一）年まで真宗大谷派の安島教会が地区内にあったが、住職が亡くなって断絶した。また、自殺の名所ともなった東尋坊に、救い寺として日蓮宗の尼寺、妙信寺が大正末に建立され現在に至っているが、安島住民の檀家はいない。

地区内の寺院は以上であるが、地元の寺院の門徒は安島地区住民のうち三割に過ぎず、他は地区外に檀那寺を持っている。安島地区の檀那寺内訳は、地元寺院である勧喜寺安島支坊が四〇世帯、高徳寺が六〇世帯なのに対して、金津町柿原の照厳寺（真宗大谷派）が八〇世帯、その支坊で三国町崎の善楽寺出張所が一五〇世帯であり、同町錦の智敬寺（同派）が一五世帯、同町水居の法受寺（同派）が五世帯、同町宿の圓蔵寺（同派）が三世帯、同町米ヶ脇の西光寺（真宗本願寺派）が三世帯、同町嵩の松樹院（真宗高田派）が一五世帯、同町梶の圓光寺（同派）が一五世帯、同町南本の西光寺（浄土宗）が五世帯である。以上のように、ほとんど全戸が真宗門徒であり、大谷派が九割を占める。なお、創価学会が五世帯あり、個人レベルでは世界救世教の信者もいる〔高橋　一九九九〕。

写真４　雄島（1999年撮影）

民間信仰

瀬川の「手帖」には、「門徒故神だのみを嫌ふ。山中で寂しい時もナムアミダブツ。神様にもナムアミダブツ」と、真宗信仰を反映した、民間信仰の希薄さが記されている。「マンまして下さることは神様たのんだって出来やありません」と、合理的精神を垣間見せる記録もある。葬儀についても「魂招きも花も団子もない。庭火もない。死去のしらせは一人。（中略）坊さんがマクラッケに拝みに来る。何のイミゴトもないザックバランな村だ」と記している。

年中行事は、他所からの婚入者が驚いたというほど少なく、正月と盆の他は、大湊神社の祭礼ぐらいであった。しかし、一九八〇年までには、雛祭り、端午の節供、七夕、春秋の彼岸の墓参り、大晦日の年越しそばなどが行なわれるようになった（関章人「福井県緊急民俗資料分布調査表　三国町安島地区」福井県教育委員会、一九八〇年度調査）。

神社信仰

安島には、雄島に鎮座する式内社・大湊神社がある。雄島と集落内の二か所に社殿がある。事代主命・少彦名命を祭神とする。海上安全と外敵防御の守護神として信仰されてきた。歴代領主の信仰も篤く、一六二一（元和七）年には福井藩主松平忠直から社領二〇石を寄進された。寄進状には、「神領氏子拾ヶ村」として、安島浦・崎浦・梶浦・平山村・西谷村・嵩村・覚善村・滝谷村・宿浦・米ヶ脇村の名があり、その総社とされた。また、三国湊を利用する船方が海上安全祈願に赴く神社でもあった〔三国町百年史編纂委員会編　一九八九〕。

雄島へは、一九三七（昭和十二）年に架橋されている。瀬川は、大湊神社は「雄島様」と呼ばれ、出雲から鯨に乗ってここまで来たとの口碑を記している。四月二十日の祭日前後には、雄島周辺に鯨が姿を見せ、安島出身者は鯨肉食を禁忌としている。現在でも、「鯨は雄島さんの使い姫さん」と伝え、雄島は鯨の形をしているといわれる。鯨肉食の禁忌は、安島住民の多くが捕鯨船に乗り込んだ時代に、土産として持ち帰られた鯨肉を食べるようになって崩れたようだが、今でも禁忌を守る人もいる。また、雄島からは木片一本、小石ひとつ持ち出してはならないという禁忌は、現在も言い伝えられている。

大湊神社のおもな祭りは、三月二十〜二十一日に行なわれる神幸祭、四月二十日の例祭（春の雄島祭り）・十月二十日の例祭（秋祭り）である。神幸祭は「お獅子祭り」ともいわれ、高麗伝来と伝えられる「高麗獅子」の獅子頭を神輿に乗せて、旧神領一〇か村を一巡する。神輿は「乙女神輿」で白装束の未婚女性が静かに担いでいたが、今日では既婚女性も入っている。豊漁祈願祭である春の雄島祭りがもっともにぎやかで、安島住民のみならず、三国港を本拠地とする漁業者や、安島から転出した人々なども訪れる。男神輿・女神輿がべつべつに集落から東尋坊と雄島を廻る。子ども神輿も集落を一巡する。

　八月十四〜十六日の盆踊りは、集落内の大湊神社境内で行なわれる。男性は腰巻き姿、女性は海女の白衣姿で、男女に分かれて「なんぼや踊り」を踊った。「なんぼや」とは、北前船に乗る夫や恋人の帰りを待つ心を安島方言で唄った民謡で、歌詞は二六〇節にのぼる。踊りは左回りで、右回りが多い民謡には珍しい。越前が大凶作に見舞われた一八三六（天保七）年の後に作られたと伝えられる。終戦の混乱期にいったん途絶えたが、一九五五（昭和三十）年ごろに復活し、一九七三年には三国町の無形文化財に指定された。「なんぼや保存会」は一九九二年に結成され、現在会員は六五人である。毎月二回、区民館で練習が行なわれている。

主要文献

杉原丈夫　一九六四「坂井郡三国町安島」『福井県民俗資料緊急調査報告』福井県教育委員会

高橋　泉　一九九九「地域社会と宗教—福井県坂井郡三国町安島の事例—」『仙台白百合女子大学紀要』四

竹内由紀子　二〇〇〇「海女にみる女性の社会的位置」『民俗学研究所紀要』二四　成城大学民俗学研究所

三国町史編纂委員会編　一九八三（初一九六四）『修訂三国町史』三国町

三国町百年史編纂委員会編　一九八九『三国町百年史』三国町

（高橋　泉・竹内由紀子）

静岡県賀茂郡南伊豆町南崎地区（旧南崎村）

一　地理と歴史

地　理　旧南崎《みなみざき》村は、静岡県伊豆半島の南端に位置しており、最南端の景勝地石廊崎《いろうざき》（旧長津呂《ながつろ》）を含め、大瀬《おおせ》と下流《したる》の三つの地区からなる。どの地区も眼前に太平洋を臨み、背後には山々が連なる沿岸集落である。山地から海岸へと下る谷筋が海際で広がり若干の平地を形成しているが、その狭隘な土地にそれぞれの集落が入り江に面して展開している。白い波頭の立つ荒磯や切り立った岬や岩礁は、風光明媚な景観を呈しており、富士箱根伊豆国立公園に指定されている。

地区の背後の山地を越えると、南伊豆町の中心部である下賀茂温泉郷に至る。さらにその北東方面には下田市が隣接しており、伊豆半島南部の商業・交通の中核となっている。

歴　史　三つの地区は、近世には幕府領として、それぞれ下流村・大瀬村・長津呂村であったが、一八八九（明治二十二）年に三村合併して南崎村となった。その後一九五五（昭和三十）年に近隣の五村と合併して南伊豆町が生まれた。現在では三地区はそれぞれ大字として、その地名を残しており、また三地区をまとめて南崎地区と称することもある。

三つの地区は基本的には、眼前に広がる海に水産資源を求め、山の斜面に切り開かれた耕地に農作物を生産する、いわゆる半農半漁のムラとして長らく暮らしを営んできた。しかし、現在では農業・漁業とも以前に比べると振るわず、若い人の間では勤め人となる人が多く、後継者不足となっている。

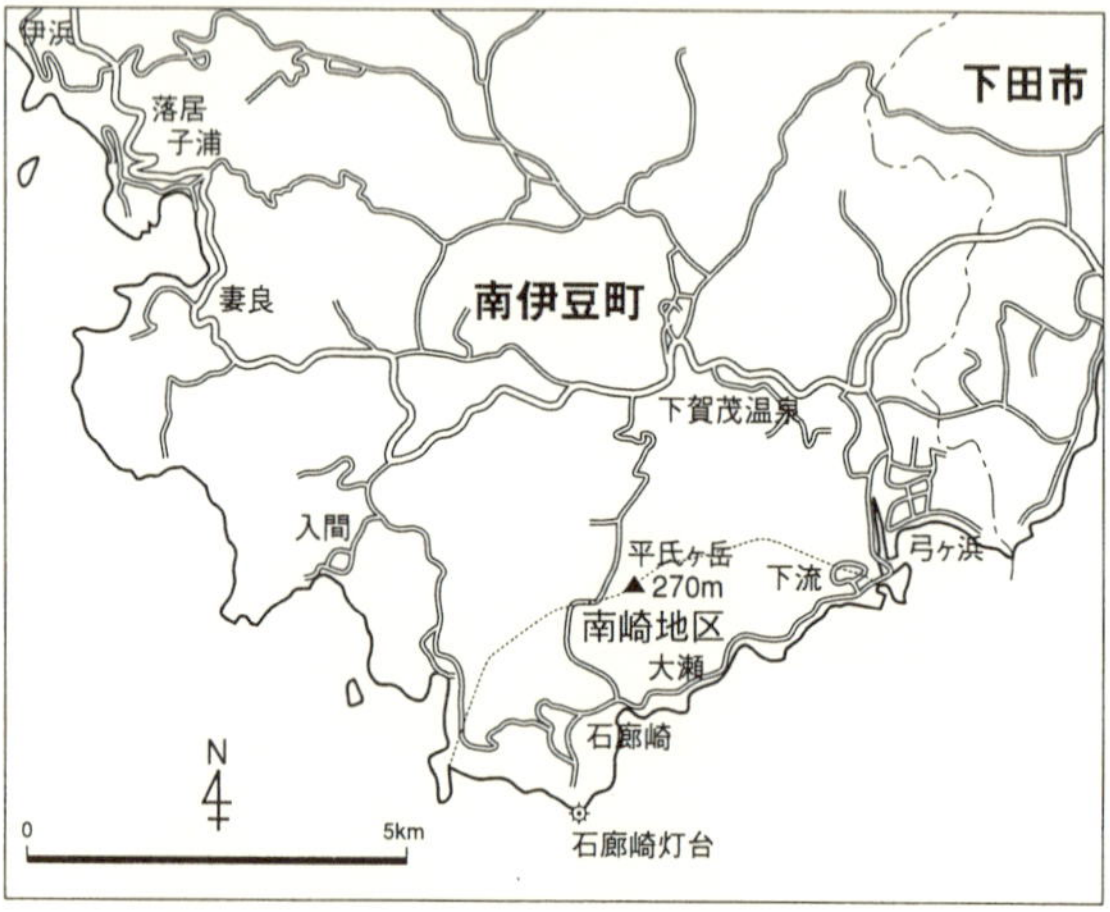

図１　静岡県賀茂郡南伊豆町

表1　南崎地区略年表

1871（明治4）	石廊崎に灯台が設置
1889（明治22）	下流・大瀬・長津呂が合併して南崎村となる
1918（大正7）	下田－下賀茂間を定期自動車が走る
1928（昭和3）	大瀬でカーネーションの露地栽培始まる
1934（昭和9）	大瀬・下流でカーネーション・マーガレットの栽培面積増大
1950（昭和25）	石廊崎に県立有用植物園創設。花卉栽培の研究と普及
1951（昭和26）	大瀬に花卉のビニールハウス登場
1955（昭和30）	南崎村ほか5村が合併して、南伊豆町誕生
1960（昭和35）	南伊豆の海岸が富士箱根伊豆国立公園に指定される
1961（昭和36）	下田まで伊豆急行が開通し、観光ブームが始まる
1971（昭和46）	大瀬に観光農場の花狩園開園
1972（昭和47）	南伊豆有料道路が開通。マイカーで観光
1974（昭和49）	伊豆沖地震で大きな被害
1980（昭和55）	南崎地区の民宿36軒とピークになる。1994年は23軒
1989（平成1）	栽培漁業センター完成
1990（平成2）	過疎地域活性化特別措置法に基づく指定町村となる

瀬川清子が一九三八年三月二十四日から四月三日まで約一〇日間、この地を訪れ、延べ一六～一七人の地元の人から話を聞いている。話者は、下流一二人（海女五人・漁師・花作り・仲買・前村長・助役など）、大瀬二～三人（教員・住職）、長津呂二人（漁師・村長）であり、下流地区が中心となっている。これは、瀬川の関心が高かった海女が、下流にはたくさんいて、同地区に長く逗留した関係であろう。「採集手帖」（以下「手帖」と略す）の巻末には二二頁にもわたって、追記事項が記されているが、その内容も海女に関するものが大半を占める。

二　社会生活

人口・世帯

表2は、一八六八（明治元）年から一九九七年までの三つの地区の人口と世帯数の変遷である。人口は戦前までは増加を続けていたが、戦後の一九六〇年以降はかなり急速に減少し、現在（一九九七年）の人口は、一九五五年の約四割減となっている。世帯数はどの地区も戦前までは大きな変化はなかったが、戦後になって一九七〇年までに下流と大瀬では約二割ほど、石廊崎（一九五五年に長津呂から地名変更）では四割ほど増加している。石廊崎の増加は後に触れるように、一九五〇年代から観光地として発展したためであろう。また、戦前まで各地区とも世帯数の変動が小さかった理由としては、分家制限があったことがあ

表２　南崎地区人口と世帯の推移

	下流		大瀬		石廊崎(旧長津呂)		合　計(1)	
	世帯数	人口	世帯数	人口	世帯数	人口	世帯数	人口
1868（明治元）							255	1673
1879（明治12）(2)					75	439		
1888（明治21）(3)			80	649	79			
1894（明治27）(4)	123		80		70		273	1676
1912（大正元）							270	1762
1932（昭和７）(5)		859		661		472	262	1992
1936（昭和11）(2)	120		80	570	73		273	
1955（昭和30）(3)			106	625			339	1863
1960（昭和35）							348	1725
1970（昭和45）(3)	145		100		104	445	349	1435
1980（昭和55）(3)			100				339	1312
1985（昭和60）(6)	128	510					326	1245
1997(平成９)(7)	123	427	99	372	96	318	318	1117

注：⑴合計の数値は、1868から1932までは『南崎風土誌』、1955から1997までは『南伊豆町誌』による。各地区の数値は以下の記載による。⑵『採集手帖』、⑶『沿岸集落の生態』（桜井明久「大瀬」、田林明「石廊崎」）、⑷『静岡県水産史』、⑸『南崎風土誌』、⑹『静岡県文化財調査報告第33集』（外岡則和「下流と海女漁」）、⑺『町勢要覧平成９年』

げられる。あるいは分家はできても、「浜の権利」が与えられなかった。「浜の権利」とは、それぞれの地区で全戸が参加して行なう「村網（大網）」に参加して漁獲の分け前をもらう権利であり、またアワビ・サザエ・天草・ワカメなどを採取できる権利であり、さらには漁業権の貸与によって漁業組合に入る「浦金」の分配に与る権利である。これらの権利が与えられないと、半農半漁のムラでは生活がきわめて困難であり、近年になって給与所得という収入形態が一般化するまでは、分家がきわめて難しかったと想像できる。

また、今回の追跡調査では、前回の「海村調査」以来、いわゆる一戸前の家の潰れや転出はほとんどなかったことがわかった。瀬川の話者であった人々の家は、長津呂（現石廊崎）の一〜二軒を除いては、現存している。

近隣組織　したがって、地区の地縁集団には、「海村調査」当時の一九三八年から継続している面が随所に見られる。下流の近隣組織に関して、瀬川の「手帖」には、五人組二つで什長組と成り、また葬式の時の互助組織として、一五戸くらいからなる「同行組」があると記されているが、今回の調査でも、この両者は確認された。すなわち、下流地区は約一〇軒ずつ一二の隣組（班）から成るが、この隣組はそれぞれ膳椀を共有し、冠婚葬祭の時には相互扶助を行なう。数年前戸数が減って一〇の班に再編されたという。これとは別に葬式だけに協力しあう「同《どう》行《ぎょう》」という班がある。十数軒から成るこの班は、棺を担ぐ役をはじめとして、いろいろな葬具を持って葬列に連なる（＝同行する）役目を果たす人々であり、葬式の時のみ助け合う。

大瀬の地域構成に関しては、瀬川は、八〇戸が一〇軒ずつ八つの組を構成し、大網の権利も八〇戸のみが有すると記録している。今回の調査でも、大瀬地区には八つの組が確認され、この数は戦前から変わっていないことになる。また現在でも組所有の山地と船があり、これについても瀬川の記述のままである。

写真1　下流の漁港と集落（南伊豆町教育委員会提供）

地区の共同作業

地区の全戸が参加しなければならない「村仕事」として、ヒジキ採りの行事が、下流では一九九五年ごろまで、大瀬では九七～九八年ごろまで行なわれていた。四月中の潮と天候のよい日を選んで知らせが回ると、各戸から一人が出ていっせいに海岸のヒジキを採る。その収益はそれぞれの地区の区費に充てられる。参加しない家からは不参料を徴収した。「村仕事」としてのヒジキ採りは、戦前あるいは戦後しばらくまでは、毎年、その採取権を入札にかけて売却し、その収益を「浦金」として地区全戸に平等に分配していた慣習が、変化したものであろう。しかし、地区の地先海岸でとれるヒジキの恩恵は、地区全体に平等に還元されるという考え方は受け継がれている。

三　生産・生業

表3は、昭和初期の三地区合計の職業別戸数と産業別生産額である。農業を本業と意識している家が多いが、生産額から見ると、水産業と農業の二つが、ほぼ同程度に主力となっている半農半漁のムラであることが見て取れる。

表4は、現代の南伊豆町の産業構造である。既述のように南伊豆町には旧南崎村ほか五つの旧村が含まれるので、単純な比較はできない。しかし、南伊豆町全体としては、一九七〇（昭和四十五）年を境に、それまでの農業・水産業を中心とした第一次産業から、観光関連産業を中核とした商業・サービス業などの第三次産業に比重が移動しており、その傾向は年を追うごとに顕著である。下流・大瀬・石廊崎の三地区もほぼ同様の変遷をたどったと推定する。したがって、三地区の大まかな生業形態の変化としては、半農半漁のムラから、

表3　昭和初期の産業統計

産業別生産額（1931年）

農　業	30,488円
水　産	34,125円
鉱工業	8,400円
林　業	7,060円
畜　産	3,091円

職業別戸数（1932年）

	本業戸数	副業戸数
農　業	137戸	82戸
水　産	37	87
工　業	45	30
商　業	19	10
交通・公務員・その他	26	31

注：南崎尋常高等小学校編集・発行『南崎風土誌』1933年による

表4　産業別就業者の構成比

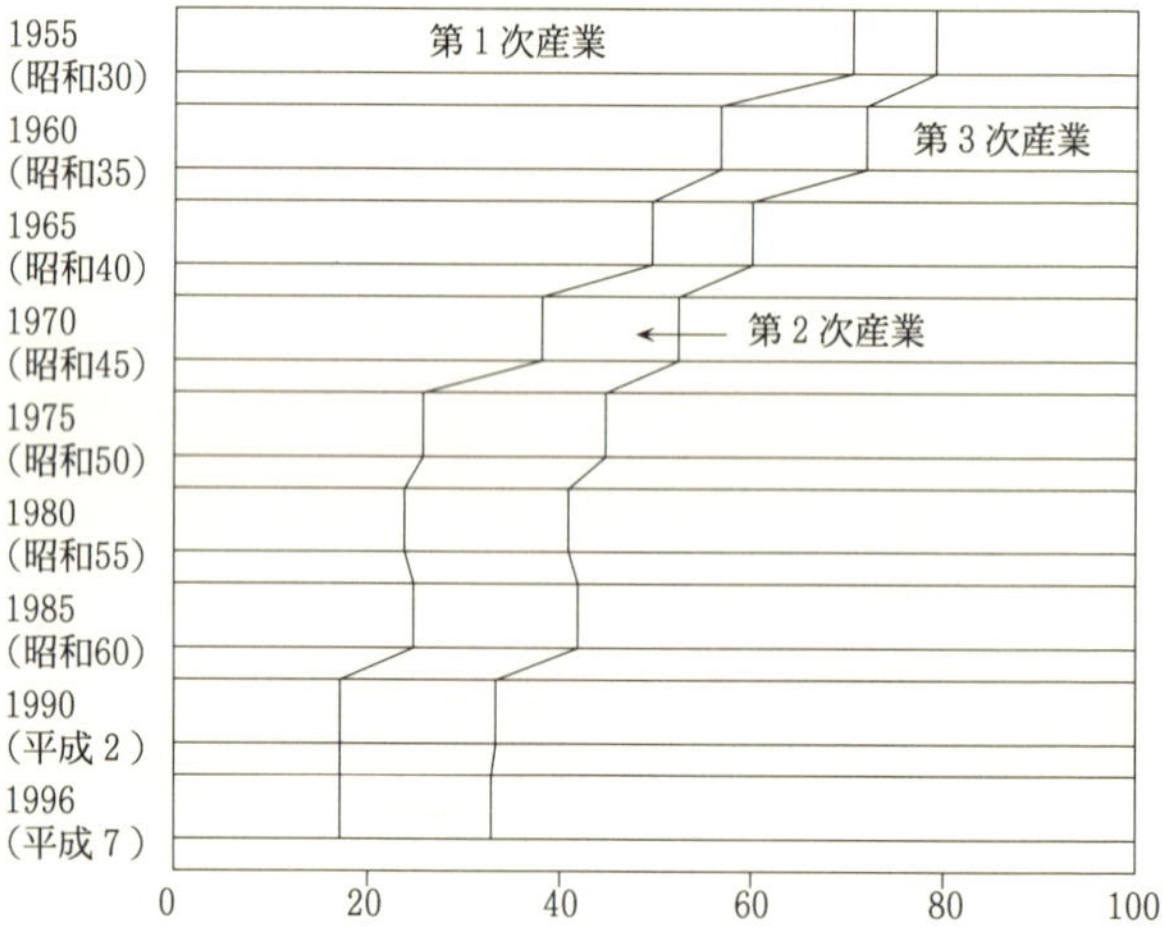

注：『南伊豆町誌』と『町勢要覧平成9年』より作成

観光産業に特色のある第三次産業主軸の地域へと変化したといえるであろう。

全体の概況は以上であるが、下流・大瀬・長津呂の三つの地区は、高度経済成長期以前においては基本的には半農半漁であったが、そのなかで地域差も少なくなかった。また時代の流れに応じてそれぞれ異なる展開を見せた。

明治期　瀬川は、おそらく当時の話者からの聞き取りと思われるが、近世から明治末にかけて、三つの地区が相互にかなり異なった様子であったことを次のようにまとめている。

下流は、地区全体の収入の割合としては、農業五・漁業三・手職二の村であった。手職とは、集落の背後にある石山から石を切り出す採石業のことである。また海女の働きの多い村とも述べている。大瀬は、男の村漁が盛んで、女は農業に従事する者が多い村である。村漁とは、後述するように村所有の網を使って、全戸参加を義務として行なわれる漁である。長津呂は、風待ち港として繁昌し、全戸数の三分の二が船宿を営み、娘たちの多くが接客にあたる村であった。長津呂は天然の良港として、帆船の時代には、順風を待つ船の水夫たちで大いに活気にあふれていた。

一九三八年当時　これが「海村調査」時点では次のよう

であったとされる。下流では、漁業においては海女が全盛で、今や女たちの潜りと浦金で暮らしの三分の一の金が入る。海女は地元だけでなく、各地に旅稼ぎに出かけ、その特殊技能でかなりの現金収入をもたらした。一方、男の漁はあまり振るわず、山でする農業の方がよいとされている。さらに、男たちが現金収入を得ることができる働き場として繁栄していた石山は、大正初年ごろからコンクリート登場の影響で衰退の一途をたどったので、代わりの仕事として船大工に道を求める者が漸次出てきた。また季節によっては炭焼きや養蚕に従事することも行なわれていた。

大瀬では、村網が盛んで、男たちはときどき回遊してくるイワシ・ボラ・サンマ・タカベなどを漁獲していた。そして男女とも農業にかなりの労力を充てており、また養蚕が当るとかなり潤ったという。

長津呂は、明治末ごろから機械船が普及したので、風待ちの船が来なくなり、にぎわいを失って家数も減ってきた。村漁としてイワシ網があったが、季節的なものであり、また回数も少ないので、安定した収入とはならない。水田はなく畑も少ししかないので、今は竹の産出や養蚕が主となっている。冬はエビ網が行なわれる。

六〇年間の変化　次に今回の追跡調査（二〇〇〇年）に基づき、前回の調査から今日まで約六〇年間の生業の変化を報告する。

下　流　下流地区の漁業においては、海女の衰退が著しい。瀬川清子は一九三八年当時、アワビ採り海女二〇人、天草海女二〇〇人と記しているが、現在では総数二十数人となっている。内訳は、簡易潜水器を使う通称「ポンポン」と地元で呼ばれている海女が六人、素潜りの「板海女」が一〇人、波際でおもに海草を採取する「オカ海女」が四人となっている。さらに、海女による生産額が激減している。昔はアワビが一家中でいちばんの現金収入であった家も多く、アワビをたくさん採ることができる海女は、稼ぎも誇りも高かったというが、現在、資源保護の観点からアワビを採る日は年数日、サザエは月に二〜三日に限られている。海女の稼ぎが下流の漁業及び家計に占める割合は大きく低下した。

下流では、昔から男性は、村の外に働きにいく傾向が非常に強かった。男で漁師専業の人はほとんど見られず、副業として漁に関わる程度の人が多かった。また専業農家もごく少数しかいない。したがって、男性は職人として技能を身につけ、村の外に出て稼ぐことが下流では広く行なわれていた。とくに若いうちはそうした傾向が顕著に見られた。このような事情から、下流では昔から職人が多かったといわれているが、その職人の分野でもかなりの盛衰があった。幕末から明治にかけては、集落背後の石山から石を切り出す石工がたくさんいたが、大正期にセメントが出現すると、石の需要は急速に落ち込んだので、職業替えして船大工になる人が多く見られた。その後、プラスティック船の普及で木造船が衰退すると、今度は家大工になる人が多くなった。現在でも下流には、大工の頭領といわれる人だけでも六〜七人はいるといわれている。

大　瀬　大瀬地区の漁業に関しては、瀬川の「手帖」では、村総出の村網が盛んな地区として記されているが、これは現在、完全に消滅した。大瀬の村網は大網とも称され、ムラ（地区）で管理運営している漁であった。漁の責任者はツモト（津元）と呼ばれ、地区の寄り合いで毎年一人が選出され、漁撈から販売までを差配した。漁期に入ると毎日、見張り役の人が高見場（魚見）に立ち、魚影を発見すると村中に知らせを回す。各戸から一人以上の参加が義務づけられているので、村人は畑に鍬を置いても浜に駆けつけなければならなかったという。村総出で漁が行なわれ、得られた漁獲は参加者で平等に分けた。一六歳になれば一人前の分け前をもらえた。しかし、村網は戦後になってしだいに衰退した。理由は人手がだんだんと集まらなくなったからである。戦後、従事する職業や作業が多様化し、村網のためにいっせいに仕事を止めて浜に集まることがしだいに困難となってきたのである。タカベの村網は、一九五〇（昭和二十五）年ごろになくなり、ボラの村網は一九六〇年ごろに廃止された。

大瀬は昔から、他の二地区に比べると農業の盛んな土地であった。大瀬の収入の割合は、明治・大正を通して、農業六、漁業四といわれてきた。しかし、戦後になると、一九五二年で、農業所得四九・九％、水産業所得一七・七％、給与所得二三・七％であったものが、一九六九年には農業二〇・七％（三分の二は花卉）、水産一八・八％、給与四二・八％となって、農業の割合が半減し、給与所得が倍増した。大瀬の農業で注目すべきは、花卉栽培である。冬でも霜の降りない温暖な気候を活かして一九二八年に、大瀬でカーネーションの露地栽培が始まり、一九五一年には、ビニルハウス栽培が登場した。一九六五年ごろになると、観光名所石廊崎に隣接していることもあって、観光農業として花卉栽培が盛んになった。現在でも、観光客を対象として「大瀬花狩り園」や「アロエ加工販売所」が開かれている。

石廊崎（旧長津呂）　石廊崎地区は、一八九〇年代に風待ち港としての役割りが縮退してから半農半漁の村となっていたが、一九五〇年代から始まった石廊崎の観光地化の流れは地区の生活を激変させた。深い入り江の周辺から石廊崎灯台への登り口にかけては、土産物屋兼食堂が軒を連ね、集落内には民宿家屋が点在する観光に立脚する地区となった。ちなみに一九七〇年の調査によると、全就業人口二五九人のうち約八三％にあたる二一五人が第三次産業に従事しており、そのうち小売り業一三五人、サービス業五〇人と、地区の経済は大きく観光産業に依存していた。

しかし、近年は南伊豆の各地が観光開発された影響で、石廊崎の観光地としての集客力が相対的に低下し、いちじに比べると衰退の感は否めない。

四　若者組・海女仲間など

若者組

伊豆における若者組の存在は、民俗学では早くから注目されてきた。瀬川の「手帖」にも、成年式・若者組・娘仲間に関しては、詳細な聞き取りの内容が細かな文字でほとんど余白なく記入されており、関心の高さがうかがえる。

南崎地区の若者組はたんなる若い衆の親睦団体ではなく、明確な命令系統と厳格な規律を持った組織であり、その存在は村落生活において重要な役割を果たした。

写真２　大瀬の祭礼（南伊豆町教育委員会提供）

活躍の場としては、まず、鎮守の祭礼があげられる。地区の役員や神職の指示を受けるとはいえ、実際の執行者は若者組であり、「祭りは、いっさいを若い衆が取り仕切る」といわれてきた。また、夜警や消防活動、難破船の救助、山の樹木の盗伐や漁業権の侵犯に対する取り締まりなど、ムラの自警団としても機能してきた。さらに以前は、浜で船の揚げ降ろしの現場に行き会えば、誰の船であろうと手伝うことが責務であり、また、大瀬では葬儀の時、火葬の準備は隣組の者が行なうが、焼き上がるまで一晩中、若い衆が番をするなど、地区の公益のためにおおいに貢献した。

南崎地区の若者組は、成員に組の規制（「御条目」）を厳しい制裁を背景に守らせた。御条目には、道徳や法の遵守を始めとして、目上の者への礼儀、分相応の身なり、博打や大酒の戒めなどが定められており、組運営の精神的支柱であるとともに、若者らのムラにおける行動基準でもあった。また、夫婦親子間の心得や親類との親睦、家業専念や先祖への感謝なども訓示されており、青年期のみの訓戒に留まらず、村人として望まれる一生の心がけを陶冶するものであった。

瀬川の「手帖」には、成年式として「親分に連れられ若衆組に入る。その際、御条目を聞かす」とあるが、この形式は、現時点でもほぼ踏襲されている。すなわち、下流では、若者組は現在「消防団」とよばれ、中学三年（数え一五歳）で「入組《にゅうくみ》」して、数え三四歳（戦前は三〇歳）で脱団する。入組は、現在、新規加入者を保証人（「親」）一人が、消防団長の家に連れていき、「規則」（昔の御条目）を読み上げ、違反しないことを誓わせたうえで、誓約書に保証人とともに署名捺印するという形式で行なわれる。そして消防団の仕事としては、①消防活動とその訓練に参加すること、②地区内の川浚いなどの環境整備、③祭礼の山車の運行、④冬季の夜回り、などがある。本人が参加できない場合は、必ず代人を立てなければならないとされ、下流の男性にとっては、地区に対して果たさなければならない絶対の責務となっている。次・三男も地元にいる間は加入する。

大瀬の若者組は、昔はその厳格なことにおいて近郷では有名であった。戦前には、とくに二四〜二五歳までの若い衆に対して、毎月十五日に、「若い衆寄り合い」を開き、勤怠調査を行なった。年長の吟味役の前に一人一人を呼び出し、日ごろの行状や生活態度を「吟味」した後、とくにひどい者に対しては、各種の制裁を科した。その場合、違反者のホーバイ（朋輩）も一蓮托生で制裁を受けることもあった。これは「ツレ（連れ）八分」と呼ばれた。大瀬は今日でも地区としての団結力が非常に強い所といわれている。その理由としては、この地方では少数派である真宗門徒のムラとしてまとまっていること、かつてムラ総動員の村漁が盛んに行なわれていたことなどがあげられるが、若者組の厳格な教育も、地区の人々の連帯感や仲間意識の育成に貢献したものと思われる。

ホーバイ（朋輩）

瀬川の「手帖」には、地区内の同級生（同齢者）の親密な仲間意識について、次のような報告がある。若い衆に入ったときにできる仲間を「ツレ」といい、ツレは、長病やホーバイの失敗を助ける。また、祝言にはツレが上座に座る。女性の同齢仲間も「ツレ」とよばれ、祝言ではツレが全部手伝って料理を作る。あるいは、出産にはツレ同士で着物を贈って祝うとある。

今回の調査でも、地区内の同級生が互いに今でも強い紐帯を保持していることがうかがえた。たとえば下流地区のある話者は、次のように述べている。

> 同級生の仲間意識は昔から非常に強く、「オレのホーバイは誰々」と、普段から会話の中にしばしば出る。また、道で出会えば「オイ、ホーバイ」と声をかけることもあるという。現在ではホーバイの親睦団体がいくつもあり、たとえば戌年生まれのホーバイ仲間は「戌仲間」等と名前を付けて、一緒に飲食や旅行などをする機会をたびたび持つ。さらに昔は、とくに結婚においてホーバイは重要な役割を演じた。娘の親が結婚に反対している場合でも、男性のホーバイ仲間が、「ぜひ、一緒にさせてくれ」と頼みにいくと、娘の親は「だめだ」とはいえない決まりであったという。

海女仲間

下流の海女は現在、漁法と世代によって、四つの組に分かれている。漁場まで乗っていく船と海女小屋が別々になっており、海女の行事も各組ごとに行なわれる。また、各組には一年交替の親方がいて、普段の漁と行事の世話役を務める。

浦始めの祝いとしては、磯の口開け後二〜三日経った漁に出ない日に、各組の親方の家に集まり宴席を設けてお祝いをする。浦仕舞いの行事も以前には行なわれていたが、現在では休止している。また、磯の口が開いた四月中に、カミサン詣りを行なう。戦前には、下田の高根地蔵までみんなで参って海上安全と豊漁を祈願し、さらに白浜神社を参拝して戻ってきたが、戦後はしだいに遠方までは行かなくなり、一九六五（昭和四十）年ごろからは南伊豆町青野のお大師様にカミサン詣りをするようになった。

海女仲間のもっとも大きな祭りは、七月十五日のリュウゴン（竜宮）さんの縁日である。祭りの準備は数日前のサイドリ（仲間採り）から始められる。これは祭りの費用を捻出するために仲間で協力して行なう海女漁であり、この日はアワビ・サザエ・テングサなどなんでも採ってよい日とされており、その獲物と収益で祭りを行なう。十五日の朝、エビスが祀られているリュウゴンさんの祠にいき、お神酒を供えて参った後、みんなで用意した寿司・赤飯・汁粉・ぼた餅などを食べ、一日を楽しく過ごす。またそれぞれの船にフライキ（大漁旗）を掲げる。このリュウゴンさんの祭りに関して、瀬川の記述と比較すると、儀礼面においては簡略化が見られるが、祭りの日取りと費用捻出の方法は以前と同様である。

祖名継承　下流地区では、それぞれ家に伝わる名前があり、名前を聞けば、どこの家の人間か、すぐにわかるという。たとえば、ある家では、曾祖父が善四郎、祖父は敏郎、父親が善一郎、本人は敏郎、長男が善太郎であり、名前全体あるいは一字が、祖父から孫へと受け継がれる習俗が、多くの家で現在も守られている。この祖父名継承の習俗は、瀬川の「手帖」では、「成年式　一五歳で名を変える。各々の家にちなんだ名を付け、親分を持つ」と簡単に触れられているのみであるが、興味深い民俗といえよう。

主要文献

文化庁文化財保護部　一九七二『伊豆の若者組』（無形の民俗資料記録　一七）平凡社
尾留川正平・山本正三編　一九七八『沿岸集落の生態　南伊豆における沿岸集落の地理学的研究』二宮書店
静岡県教育委員会文化課編　一九八六『静岡県文化財調査報告書三三　伊豆における漁撈習俗調査I』静岡県文化財保存会
南伊豆町史編さん委員会編　一九九五『南伊豆町誌』
静岡県民俗学会編　一九九六『静岡県民俗学会誌』一六（特集静岡県のアマ習俗調査）

（川部裕幸）

愛知県知多郡南知多町－日間賀島

（旧知多郡日間賀島村）

一　地理と歴史

地　理　知多半島の南端師崎《もろざき》と三河湾上の篠島の中間に位置する、周囲五・三キロ、面積〇・七〇平方キロの島で、篠島と佐久島とともに愛知三島と称される。師崎からの最短距離は一・八キロである。

島全体の地形は標高二八メートルを頂点になだらかな丘陵をなしており、海岸一帯は浸食により急崖となっている。水田は皆無で畑地が二二ヘクタールほどある。

年平均気温は約一六度、年間降水量は一五〇〇ミリ前後で、比較的温暖な気候である。

島内の集落は古くから東西の両港周辺に密集しており、東の里（大里）と西の里（一色）と呼ばれている。

歴　史　この島には縄文時代から弥生時代にかけての遺跡が分布しており、島内の古墳は三十余基もある。

奈良時代には三河国幡豆郡に属し、近世初期には篠島とともに尾張国知多郡に属するようになった。古代以来、伊勢神宮と深い関わりがあったという。近世初期には東の里は江戸将軍家に、西の里は名古屋の徳川家にそれぞれタイを献上する「御用鯛」という習わしが始まり、明治維新まで続いていたという。

近世期の日間賀島《ひまかじま》は師崎城主千賀氏の支配となり、本租以外に日間賀島では浮役といって「浜役」「鰯年貢網役」「鰤瀬役」などの税が課せられていた。漁業が当時から盛んであったことがうかがわれる。

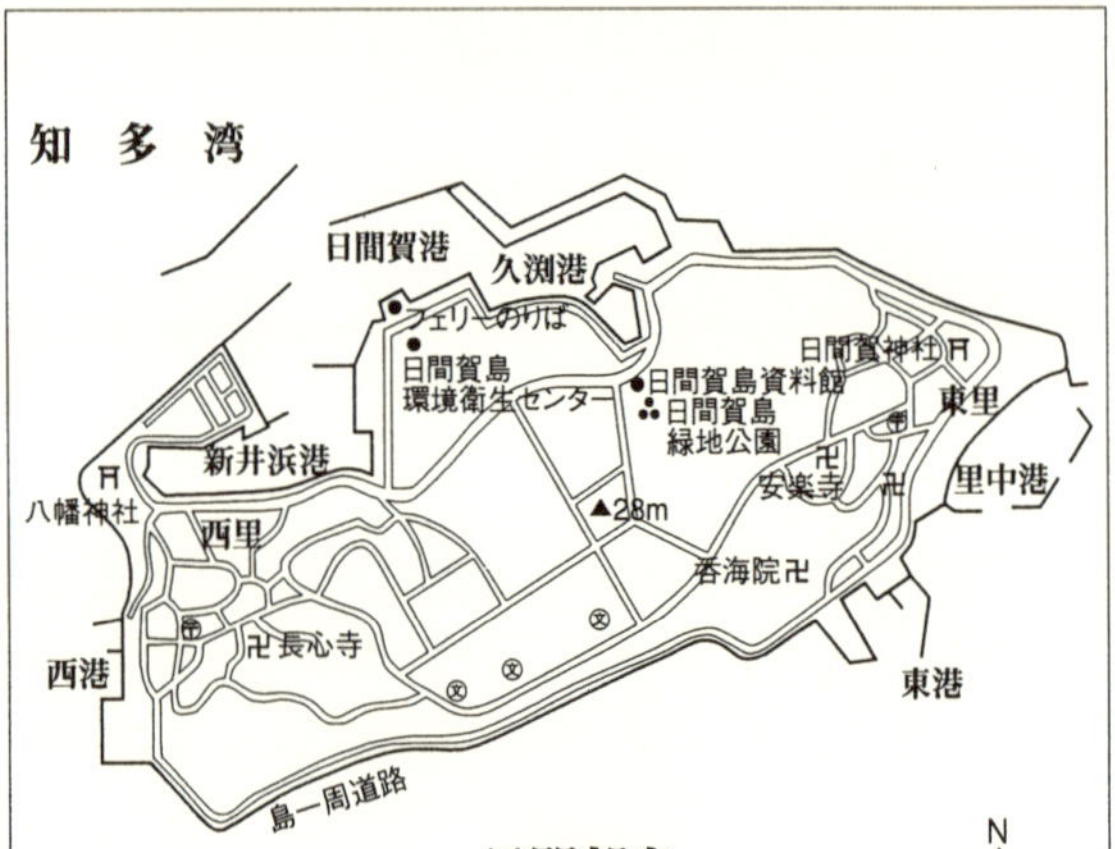

図1　愛知県知多郡南知多町－日間賀島

表1　日間賀島略年表

1889（明治22）年	日間賀島役場が大光院に設置される
1895（〃 28）年	知多半島間の定期航路が開設される
1901（〃 34）年	島内で養蚕が始まる
1903（〃 36）年	東里西里に漁業組合販売所が設置される
1908（〃 41）年	島内の養蚕業盛んになる
1912（大正元）年	日間賀漁業組合が設立される
1914（〃 3）年	漁船の動力化が始まる
1926（〃 15）年	養蚕組合が設立される
1930（昭和5）年	島内に電灯点灯。電信・電話も開設される
1938（〃 13）年	瀬川清子が来島する
1943（〃 18）年	東西漁協が合併し、日間賀島村漁業組合が発足する
1944（〃 19）年	日間賀島村農業会、日間賀島村漁業会が設置される
1948（〃 23）年	日間賀島村農業協同組合と改称、漁業会市場を併設
1949（〃 24）年	名古屋造船日間賀島篠島航路が開通する
1950（〃 25）年	東漁協設立、西の漁協生産組合設立準備会設立
1957（〃 32）年	島内にテレビが入る
1958（〃 33）年	全島が三河湾国定公園に指定される
1961（〃 36）年	南知多町に合併。島内の水道工事始まる
1962（〃 37）年	愛知用水からの海底送水管工事により水道工事完成
1967（〃 42）年	島内の民宿業始まる
1968（〃 43）年	日間賀島東西漁協合併、海苔養殖はじまる

注：『改訂版　日間賀島のすがた』に加筆

近代にはいると、漁業特権の喪失や陸路を中心とした交通体系整備などの影響により、島を単位とした自給体制も崩壊していった。とくに水の確保は切実な課題となり、夏季の水涸れ時期には洗濯もできず、風呂にも入れずという状態が続き、九月になると幼児や老人が死亡するという傾向が昭和三十年代まで続いていたという。

島には共同井戸があり、さらに井戸を持つ家もあったが、船の往来がなくなり島外からの水の供給がなくなると、これらの井戸水だけでは生活に必要な水は得られなかった。魚の仲買人が島外に魚を売りにいった帰路には必ず水をもらってくるということも行なわれていた。正月なども島外にまでもらい水にまわったという。近代の日間賀島の生活は水の確保が大きな課題であった。

明治中期以降の主要な出来事は年表に示したとおりである。

島内の生業は東里と西里との離合が繰り返されつつ漁業を中心に展開しており、それに養蚕業が試みられた時代もあった。島内の水道工事完成後には観光業が盛んになり島の生活は一変した。旅館や民宿等が急増し、今日のような景観となった。

二　社会生活

世帯数・人口の推移　平成七年現在の世帯数は六三八で、人口は二二八五（男一一一七、女一一六八）である。〇～一四歳までの幼齢人口は三九六、一五～六四歳までの生産年齢人口は一四六三、老齢人口は四二六である。老齢化率は一八・六四％である。人口密度は一平方キロあたり三二六四人で、全国の離島のなかでも高密度である。

世帯数の推移をみると、一九六五（昭和四十）年五六四、七五年六〇九、八五年六四八、九〇年六五八と増加していたが、現在は緩やかに減少している。また人口の推移は、一九五五（昭和三十）年二七八八、六五年二七二四、七五年二六一八、八五年二四九三と現在まで緩やかに減少している。

産業　近世から明治初年にかけては海運業と漁業が盛んで、その後は水産業を中心とした生産活動が継続されていたが、一九五八年に全島が三河湾国定公園に指定されると、四季を通じて観光客でにぎわうようになり、旅館や民宿の開業がすすんだ。観光客の増加とともに現在では観光業が盛んで、商業や水産加工業も観光客を念頭においたものに変化してきている。一九九五（平成七）年の日間賀島の産業分類別就業者の構成は、第一次産業四五％、第二次産業七・二％、第三次産業四七・八％である。

交通　一八九五（明治二十八）年に定期航路が開設されて以来、島と内地とを結ぶ航路にはさまざまな変遷があったが、現在は名鉄海上観光船株式会社により、南知多町に属する篠島を経由して、知多半島の師崎と河和《こうわ》とをそれぞれ結ぶ航路が営業されており、高速船とフェリーが運行されている。高速船は師崎間を約八分、河和間を約二〇分で結んでおり、島から名古屋市内までは約一時間三〇分で結ばれている。

島内の道路整備は外周道路を中心に整備がすすんでおり、小型乗用車や原動機付バイクが普及している。

水道・電気　一九六二年に篠島とともに愛知用水からの海底送水が実現した。六七年には愛知三島水道企業団が組織され水道施設の増補が実施された。

島内に電気が灯ったのは一九三〇年であった。永く島内での自家発電であったが、四七年に海底送電が実現し、七二年と七八年に電力の増強が実現した。電話の敷設も三〇年で、七〇年にダイヤル化された。

七四年にはごみ焼却炉が、七九年には焼却式し尿処理場が、八〇年には不燃物埋立処分地が島内に完成した。

三　生産・生業

農林業　観光開発の進展により耕作地の面積は次第に減少してきたようで、一九七二（昭和四十七）年当時の耕地面積は一九ヘクタールで耕地率は三〇%であった。当時の農家一戸あたりの耕作面積は三・四アールであったが、さらにこれらの耕地は島内に小規模に分散しており、農業は自給用作物程度しか生産できず、漁業や他の生業と組み合わせることにより継続されてきた。

写真１　日間賀島の全景（西里。1999年撮影）

一九六五年ごろまでは麦も作られていたが、大半の農家は甘蔗や豆類・蔬菜類などを作付けしていた。六九年まで東里で水田耕作を行なう農家があった。七一年から島中央部の山林や原野を開墾して大規模農機具が使用可能な圃場整備事業が実施され、一八ヘクタールを開墾してオリーブ栽培を試みたが、気象条件や病害虫の発生により、十分な成果をあげることができなかった。

一九九八年現在、耕地は二〇ヘクタール程で、一九八三年から梅の植栽なども試みられている。第二種兼業農家が数戸あるのみで自給用の野菜生産が行なわれている。

水産業

三河湾内の穏やかな海況を利用したさまざまな網漁が古くから展開されており、江戸時代初期の記録には揚繰網・曳網・ふり網の名がみられるという。

一八七〇（明治三年）ごろから、それまで三河湾内での操業が主であったのが、外行きといって渥美半島の外海へ出て延縄漁を行なうようになり、タイやイサキは遠州灘、クロダイ、コチ、カレイ、サバ、メジロイカ、ナマコなどは湾内、セイゴ、アイナメは島の周辺という年周期の漁撈活動が行なわれるようになった。冬期の打瀬網漁では桑名や四日市沖合まで出漁していた。

大正時代の初めごろに島内での漁船の動力化がすすみ、それまで船を持たずに漁を行なっていた者もそれらの動力船に水主として乗船するようになっていった。また、昭和の初めごろまでは、テマヲカリルという労働力養子の習俗も存在していたという。そうした漁家の養子となるのは同属筋ではない零細漁家の一三～二五歳くらいまでのものであったという。漁船の動力化と大型化がすすんだ一九三七(昭和十二)年ごろには静岡県御前崎沖から三重県大王崎沖あたりまで出漁するようになった。また、この頃から漁法も従来からの延縄漁から網漁へと転換していった。

終戦直後のころには、ヒトデやイシコなど干潟で採捕できるようなものでも三河や渥美のほうに持っていくと農家にとっては貴重な肥料となるので、農家の人たちが競って購入しようとしたという。当時は現金よりも米の方が価値があったので、米と交換した。当時の漁師は「海で米がとれる」と喜んだものだという。

近年では主漁場は伊勢湾、三河湾および渥美半島の外海で、小型機船底曳網を中心に機械船曳網、さし網などの網漁や一本釣漁などの漁船漁業と島の沿岸域でのノリやワカメの養殖も盛んである。それ以外にも沿岸浅海ではシャコ・カレイ・タイ・貝類・シラス・イカナゴ・エビ・カニ・タコなどの漁獲も多く、シラスは島内の水産加工業者により加工されているほか、一部の漁獲物は島内の観光業者に供給されている。

一九九七年度の水産業生産額は総額が二八億六〇〇〇万円で愛知県内でも有数の漁獲高である。内訳は魚類が一六億六一〇〇万円、水産動物が三億二〇〇万円、貝類が六億七二〇〇万円、海藻類が二億二五〇〇万円であった。

商工業

島内には小規模な商店がかつては九〇軒ほどもあったという。不安定な漁業収入を補うために、家庭に残る主婦たちが、内職として日用雑貨を扱う店を営む者が多かったのだという。

現在ではサービス業一二三軒、卸・小売・飲食業七八軒、シラス加工の製造業者一四軒、運輸通信業八軒、建設業七軒の事業所があり、かつての副業的な商いから大きく様変わりしている。

観光業

『日間賀島民俗誌』にもあるように日間賀島は戦前から海水浴場として中京地区の都市生活者をうけいれてきた。島内には大正時代から旅館が開業しており、大正時代末期から昭和初期にかけて増加していったという。戦前の観光は現在とは比較できないほどの小規模なもので、全島が砂浜で当時から天然の海水浴場として知られていた隣接する篠島に比べれば、ごくわずかな海水浴場しかなかった日間賀島の印象はさびれた見劣りのするものであった。しかし、観光客は数こそ少なかったが旧制半田中学校など当時から固定した利用客が形成されていた。

第二次世界対戦が始まると、観光業は下火になり、島の周辺は漁業を中心とした海面利用になっていったが、一九五八(昭和三十三)年に三河湾国定公園に指定され、次いで名鉄海上観光船が営業されると、名鉄グループ内で名古屋と直結した行楽地として位置づけられるようになり、四季を通じて観光客が訪れることになった。一九六〇年代後半以降は観光業が島の生業の中心となり、島内の開発が盛んに行なわれるようになり、島の外観も大きく変化していくことになった。宿泊施設は七三年には三六であったが、七五年には八六にほぼ倍増し、六一年には九四となり現在までほぼ同数で推移している。島の周囲に外周道路が敷設され、外周道路に接するように旅館やホテルが建設され、伝統的な集落はそれらに取り囲まれるようになってしまった。その後もこれらの林立するホテル群は改修や高層化がすすみ、高速船の発着所周辺は現在ではおよそ離島とは思えないような景観となっている。

夏季の海水浴客が全体の三〜四割を占めているが、通年にわたり観光客を誘致するような企画が準備されるようになり、年間四〇万人前後の観光客が訪れている。一九八一年には五〇万人を越える行楽客が訪れている。

四　生活の変化

瀬川清子が海村調査の一環として、日間賀島の調査を行なったのは一九三八（昭和十三）年七月二十二日から三十日までである。この間に、鈴木慶次郎（元オシオクリ、郵便局）ほか計一〇人の話者から若者組、漁撈儀礼、年中行事、葬送儀礼などを中心に聞き書きを行なっている。また、この時の調査の成果は一九五一年に『日間賀島民俗誌』として公刊されている。

社会生活

日間賀島は南知多町に合併後、南知多役場日間賀支所が置かれ、従来からの東里と西里をそれぞれ東区と西区とし、それぞれに区長をたてるとともに各区はともに一一組に区分された。組の代表はかつては組長とか隣組長と呼んでいたが、その時から区会議員と呼ぶことになった。一方区長は、各区に正・副がおり、合計四名となった。このなかから代表区長を一人互選する。代表区長は日間賀島を代表する存在である。区長や区会議員は行政と島の日常生活との接点となる存在として機能している。

一方、島の年齢集団として重要な役割を担っていた青年団や消防団は、青年層の減少等のため東区ではすでに青年団を廃止しており、消防団のみが存続している。この島のこうした現象は、他の離島にみられる青年層の島外流出にのみ起因するのではなく、むしろ島全体の少子化の影響がみられるようである。島という限られた場では、概して進学のために島外にでるとそのまま島外で就職してしまうということになるが、この島の場合、進学後、多くの青年は島で漁業に従事することを選択しており、島に戻る場合が多いのである。そのために消防団の維持は可能なのである。ところが、青年団を構成する同世代の定常構成員の絶対数自体が足りなくなってしまった結果、廃止が決定されたのであろう。こうした青年団の縮小や廃止にともなう青年団の役割の継承は区長や区会議員に引き継がれることになった。

島民は東里と西里との景観や暮らしぶりが異なることにつ

写真2　アサリの口開け（東里。1999年撮影）

いて、「昔から西は派手好きで、すぐに新しいものを取り入れようするし、見かけも派手である。一方、東は地味でどことなく古臭い」と評価している。さらにそれは、「西はそれだけお金をつかい、東はお金を貯めている」ともいう。こうした背景には、師崎に面した西里には旅館やホテルなどの観光施設などが集中しており島の玄関という景観が創出されているのに対し、東里には民宿が散在する程度で磯が広がるといった景観となっている。人びとの気質も西里の人たちが陽気でにぎやかな印象であるのに対し、東里の人たちは穏やかで物静かという印象をあたえる。こうした異なる個性が共存する島を観光の島として位置づけていくためには、島と行政または島内では漁業者と観光業者との間で十分な意志疎通が図られなければならない。そのために、一九八三年に「日間賀島の将来を考える会」が組織され、各集団間の情報交換がすすめられ、海水浴場をめぐる漁協と観光協会との対立といった問題を事前に解消し、互いの融和を計るように務めようとしたのだという。この会は平成に入って「島を良くする会」と改称し現在にいたっている。区長・町会議員・漁協・婦人会・消防・PTA・観光協会の各団体の会長副会長が会員となり、島内での徹底した情報交換や情報伝達を計ろうとしている。

漁業

日間賀島を歩いて驚くのは、漁船と若い漁師の数の多さである。日間賀島の漁業協同組合は愛知県でも有数の黒地経営の組合だという。日間賀島が漁業を基幹産業としてきたことや漁業と観光業との連携が模索されてきたことはすでに述べたが、今日にいたるまでの戦後の漁業の推移について漁業者の動向に注目してみたい。

一九七四年に日間賀島漁協はそれまでの島内の市場から島民のいう「大陸」にある片名漁協と協力して片名に市場を開設した。瀬川が訪れたころは日間賀島の漁業は小規模な市場に対して豊富な漁獲物の量という不釣り合いな均衡のなかで、オシオクリと呼ばれる仲買人やフダバと呼ばれた小規模な取引が行なわれていた。戦後も同様なことが行なわれていたが、より広い市場を開拓しなければ漁民の利益にならないという判断のもとに、島外に市場を設けたのである。

次に、日間賀島ではＦＲＰ（強化プラスチック）船の導入を積極的に進展させるために、漁船の新造のために七五年から一〇年間組合員に対して低利の融資を行ない、その当時では一般的ではなかったＦＲＰ船への転換を積極的に推進し、漁獲高の増加を実現させることに成功したのである。

禱人制度　社会組織の変化で述べたように現在ではさまざまな島内の行事を区長と区会議員を中心に行なわざるを得ない状況が生じており、青年団が消滅してもオトウサン（禱人）を選ぶことができなくなっても、観光と結びついた行事は形骸的なものになっても続けようとされている。また、一九八五年まで一禱、二禱といって二人の禱人を選んできたが、この年を最後に禱人制度は廃止され、現在まで氏子総代が代理をつとめることで諸行事を続けている。

禱人とは神社の祭礼や講などに際し、神事や行事の世話をする者で、瀬川によれば、祭の禱人は本人からの申し出を本体とするが、多くの場合妻のある戸主で財力のある者を座衆から勧誘して四人以上の候補者をつくり、白米一升の升の中に籤を入れて代人がそれを引き翌年の一の頭と二の頭とを決定するのだという。前年の禱人は古禱、当該年の禱人は中禱、翌年の禱人は新禱と呼ばれ、夫婦連れで三年間の任期を勤めあげると、座衆となり、一生の間年々の祭りの禱人の饗宴に与る権利が得られるというものであった。禱人の先輩にあたる座衆は総勢で六七人ほどになるという、一緒に禱人を勤めた者同志は「神さんの親子」だといい、生涯互いに招き合って親しく暮らしたのだという。禱人としての決まり事は次のようなもので、厳格なものであった。

一、禱人は毎朝神社の日参を怠らぬこと。
　毎月一日、十一日、十五日、二十一日、二十八日は紋日といい、神社に灯明をあげ洗米を供えた。
二、禱人は喧嘩口論は絶対にしないこと。
　とくに装束着用中は尊厳たる態度を保つように務めること。また、装束着用のまま用便は行なわない。
三、禱人の祭日紋日の出仕事の服装は着物羽織足袋に下駄履きとし、装束客用時には白足袋を着用する。
四、禱人のうち中番は毎朝塩水を汲み梵天を清めて拝す。
　毎月一日には新しい注連縄を掛ける。

これらを遵守し、三年間勤めあげることは、経済的にも精神的にも負担のかかるものであったが、禱人を勤めることは島民として一代の面目と考えられており、日常的な負担以上に自然と漁などの仕事にも集中することになり、水揚げが上がり心身ともに健康に過ごせるものなのだという。島民にとって禱人を勤めることは誇りである以上に、島民として一人前になったことの証として考えられていたようである。禱人制度廃止後、氏総代が禱人の代理をするようになり、現在では東西で一〇人ずつの氏子総代が禱人の役割を分担して継承している。

年中行事

瀬川の記録と比較すると、現在の日間賀島の年中行事には、従来からの行事や祭礼の簡素化と、従来からの行事に観光客を対象とした要素を加えようとする観光行事化の傾向がみられる。

前者の事例は、正月五日間にわたって行なわれていた蛸祭り、甘酒祭り（浜祭り）、漁船の乗り初め、ヨイヨイ祭り（おこざ祭り）、お米かし、おこざ作りの一連の行事があげられる。これらの行事は禱人が中心となって実施され、青年団の若者がそれぞれの祭礼のなかでさまざまな役割を果たす行事であったのが、禱人制度は廃止され、祭りの主役となる青年団も廃止されてしまったため、祭り自体の求心力が希薄なものになり、本来年間でもっとも賑わった行事が、三日の日に諸行事を集約した形で、干蛸と御神酒を供えるだけの形骸的な行事となってしまった。

一方、後者の場合は、夏季に行なわれていた行事が、観光客でにぎわう時期と重なることから、従来の行事に観光客が参加できるような要素を加えることにより、リピーターとなる観光客の開拓を兼ねて実施されるようになっている。具体的な事例としては、七月第二土曜に実施されるホウロク流しと八月十二日のタコ祭りがあげられる。ホウロク祭りは祇園祭りのことで、かつては旧暦六月十五日に各戸から託されたジン松を焚いたホウロクを船に積んで沖合まで漕ぎだし、神官から頂いた御神火で点火して海上に流す行事であったが、漁師の休漁日で夏休み直前にも当たる七月第二土曜日に日程を変更して実施されるようになった。従来のホウロク流しの行事が終わると観光協会主催の花火大会が行なわれる。タコ祭りは元来正月元旦に行なわれていたものが、その内容や時期を変更して行なわれている。安楽寺の蛸阿弥陀仏の伝承にかかわる行事で、毎年十月の天気のいい時期につくった干蛸を元旦に安楽寺の本尊に供えるというものであったが、タコそのものを日間賀島の観光シンボルにして海水浴客の子どもたちを対象にして行なわれている。蛸伝説を題材にしたもので海中に小さく作った阿弥陀如来像を沈め、それを子どもの代表が探しにいき、それをタコをかたどった神輿におさめ、子どもたちが浜で神輿を担いでまわるというものである。夜には花火大会が開催され、帰省客や観光客でにぎわうという。伝統的な行事に観光的な要素を加えることにより、観光業を育成しようというだけでなく、島のシンボル作りや活性化のための試みとして行なわれているようである。

その他

日間賀島の婚姻は島内婚が多かったという。たとえば、一九四〇（昭和十五）年生まれの東里出身の同級生が一〇人中七人が島に残り、そのうちの五人が島内から嫁をもらったという。見合いというわけではなく、ネドコという気の合う仲間が泊まる慣行が当時は行なわれており、その仲間の協力によりそれぞれの嫁を探したのだという。「手帖」にはネドコやワカシュウヤドの記述がみられるが、これらが機能していたのは一九五〇年代中ごろまでで、気の合う仲間が寝泊まりする部屋を提供してくれる家を探して交渉し利用していたのだという。西里ではナヤ、東里ではネドコと呼ぶことが多かったという。寝泊まりする者以外にもそこに遊びにくる者もあり、同級生を中心に年長年少者の遊びや雑談の場になっていたのだという。ナヤから娘の家に遊びにいくことをムスメアソビといい一晩に三～四軒訪ねることもあったという。このようにして相手が決まると、オチュウニンを頼みオミキイレを行なった。オミキイレとはいわゆるアシイレのことで、女性の実家に婚姻の申込みをすることであり婚約のことであった。オミキイレが終われば婚約が成立した状態になったと周囲は皆承知しており、結婚式や披露宴自体はあまり重要視されていなかった。子どもが産まれてから結婚式を行なうこともあり、結婚式そのものをしない例も珍しいものではなかった。

　また、日間賀島では昔は結婚式に男は出席しなかったという伝承もある。婿は勝手で料理を作ったりしていたのだという。昔、木曽義仲の残党が島に落ちのびてきたが、島民に密告される恐れがあるので、結婚する時にも人前に出ることができず、いつもドンザを着て頬被りをしていたという伝承に根ざしたものらしく、日間賀島の男は結婚式でも人前には出なかったのだという。しかし、前後にはこうしたこともいわれなくなり、男も結婚式に出席するようになったという。

　島の男たちは男の厄年である二五歳と四二歳になると、お宮でお籠もりをしてから島内すべての祠を巡拝するオヤマメグリを行なっていたが、島内の開発がすすむとオヤマが消失し、祠は神社に集められることになりオヤマメグリで島内を巡る習俗も消滅してしまった。

（小島孝夫）

主要文献

愛知県企画部土地利用調整課編　一九九九年　『愛知の離島』
瀬川清子　一九五一　『日間賀島民俗誌』　刀江書院
知多郡南知多町立日間賀小学校編　一九七二　『改訂版日間賀島のすがた』
畑　聰一郎　二〇〇一　「『婚姻』の確定――愛知県日間賀島の報告から」『民俗学論叢』一六
南知多町誌編さん委員会編　一九九六　『南知多町誌資料編五』　第一法規

島根県隠岐郡都万村（旧穏地郡都萬村）

一　地理と歴史

地理　島根半島の北方四〇〜八〇キロ沖合に位置する隠岐諸島は、四つの有人島と百八十余の無人島からなる。有人島はさらに島前と総称される本土に近い西ノ島・中ノ島・知夫里島と隠岐諸島最大の島後とに大別される。島後は島前の北東一八キロに位置しており、島の周囲は二一一キロ、面積二万四四二二平方メートルのほぼ円形をなしており、国内の離島のなかでは一一番目に広い。

行政的には西郷《さいごう》町・五箇《ごか》村・都万《つま》村・布施《ふせ》村の四町村に分かれており、本土との定期航空路・航路となっている西郷町が交通や経済の中心となっている。都万村は島後の西南部に位置しており、面積四万九〇六八平方キロ、北は鍋割山一帯の山地が連なり、東は標高五七七メートルの横尾山が屹立し、その末端は南に走り歌木山系となって西郷町と境界をなしている。村域の九〇%は山林と原野である。これらの山脈を源として都万川・那久川・油井川・末路川などが流れており、流域に耕地と集落が形成されている。集落はすべて沿岸部に発達している。南は日本海に面し海岸線は四〇キロに及んでいる。年間平均気温は一四度で、対馬海流とリマン海流の影響で一年を通じて気温差が比較的少ない。年間降水量は一八三九・五ミリ（西郷測候所調べ）である。

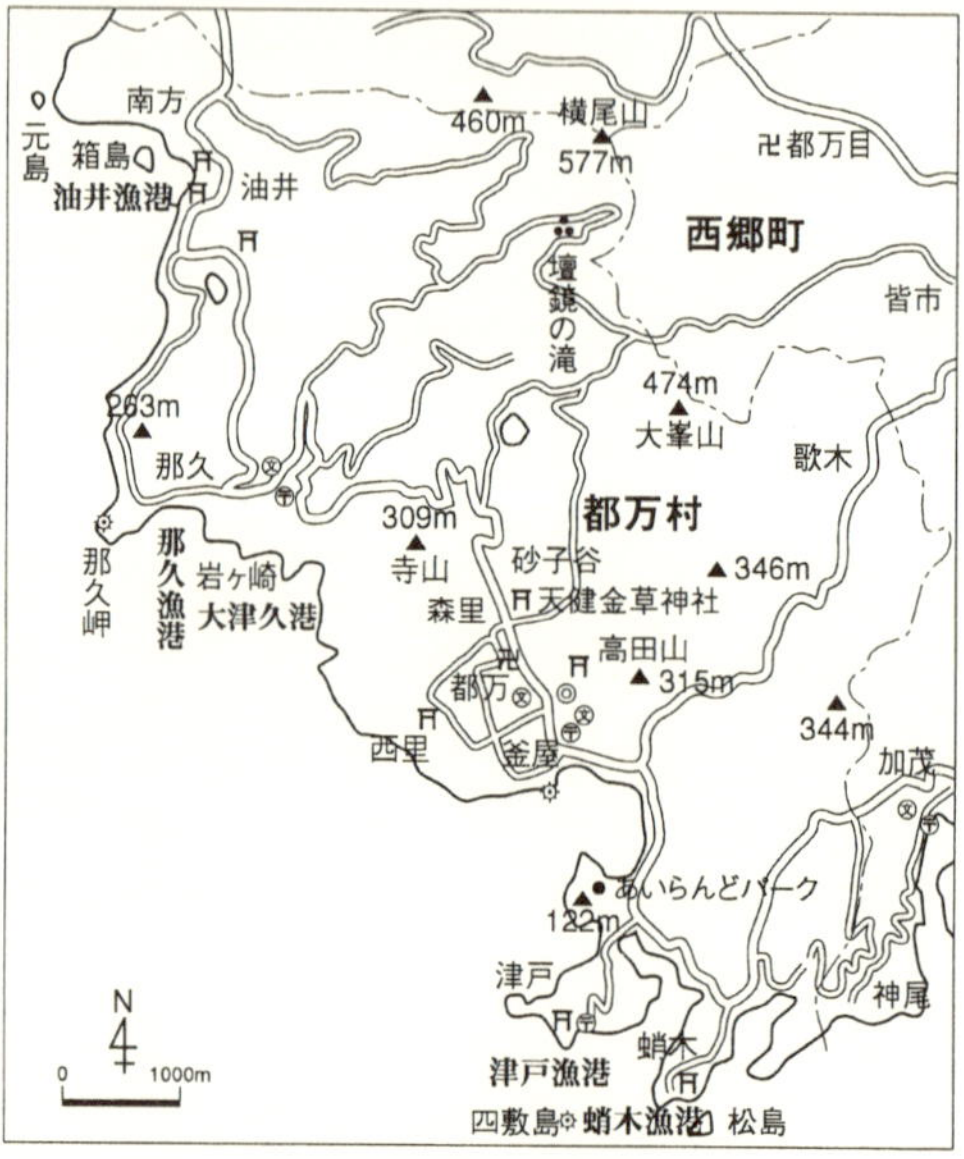

図1　島根県隠岐郡都万村

歴史　都万村の存在を示すもっとも古い記録は、九三八年に成立したとされる『和名類聚抄』に記された「穏地郡、都麻郷」であるという。その後都万縣・都万院とも呼ばれていたこともあったようである。現在の都万村を構成している蛸木《たくぎ》・津戸《つど》・都萬《つま》・那久《なぐ》・油井《ゆい》の五か村は近世期には蔵組と呼ばれていたが、明治維新後各村に独立し、

表1　都万村略年表

1899（明治32）	隠岐汽船が津戸と都万に寄港開始
1904（〃 37）	周吉郡より蛸木村・南戸村より蔵田地区を分割し、津戸村・都万村・那久村・油井村と合併し、新村として都万村が発足
1910（〃 43）	都万〜津戸間に電信電話架設される
1913（大正2）	西郷〜都万間に電話開通する
1938（昭和13）	大島正隆が都万村で民俗調査を行なう
1948（昭和23）	都万村農業協同組合設置される
1954（〃 29）	都万村国保直営診療所設置される。一畑バス都万〜西郷間の運行開始
1955（〃 30）	都万村簡易水道設置される
1956（〃 31）	都万下田区画整理事業着工、林道壇鏡線開設、村立都万保育所設置される
1963（〃 38）	大山国立公園に隠岐諸島等が追加指定され、大山隠岐国立公園となる。隠岐汽船津戸寄港廃止される
1968（〃 43）	島後四ヶ町村統合による島後教育委員会発足。隠岐汽船都万寄港廃止
1971（〃 46）	「都万村総合振興計画」策定される
1984（〃 59）	都万村友好会（東京近畿）結成。第1回海幸まつり開催
1985（〃 60）	「都万村ニューカントリー建設計画（総合計画）」策定される
1986（〃 61）	奥津戸開発事業スタートする
1995（平成7）	「都万村総合振興計画」策定される

注：『都万村史』および『都万村村勢要覧』（1998年版）

一八七九（明治十二）年に那久・油井両村が連合して那久外一か村戸長役場、津戸・都萬はそれぞれが独立して戸長役場を置き、蛸木は周吉郡に属した。一八八四年には津戸・都萬・那久・油井の四か村で都萬外三か村戸長役場を都萬に置いた。一八八八年に都萬を都万に改め、一九〇四年に周吉郡より蛸木村と南方村の倉田地区を分割編入し、同年町村制を施行して都万村となり、現在の村域が確定した。村名は古代以来の郷村名によるもので、天健金草《あまたけかなかや》神社の主祭神抓津《つまつ》姫命《ひめのみこと》にちなむという。

大島正隆は一九三八（昭和十三）年七月二十九日から八月十八日にかけて「海村調査」の一環として都万村を訪ねている。追跡調査として、六〇年後に当時の話者の家を訪ねてみたところ、いずれも離村あるいは離島しており、島で暮らすことの現実をうかがい知ることになった。

二　社会生活

世帯数・人口の推移　平成七年現在の人口は一一五八で総戸数は七六四、一世帯当たり平均二・九人で構成されている。

都万村のもっとも古い人口の記録は一六八七

（貞享四）年に編纂された『隠州記』の記載で、当時の村域の総人口は二一八五人、総戸数は三九二戸、内百姓の総数は三二八軒で他の六四軒は間脇とある。各集落の内訳は、津戸（人口三二一人、戸数五二戸、内百姓四六軒）、都萬（人口一一四一人、戸数一九六戸、内百姓一六〇軒）、那久（人口四四三人、戸数六八戸、内百姓六五軒）、油井（人口一八四人、戸数三五戸、内百姓二六軒）、蛸木（人口一九六人、戸数四一軒、内百姓三一軒）とある。都万村の現在までの人口の推移は、貞享四年から一九一四（大正三）年の三八一〇人まで増加し、その後一九四〇（昭和十五）年の三二一三人まで減少し、次いで一九五〇（昭和二十五）年には四四〇八人まで急増したが、漸次減少し現在に至っている。一九一四年までの人口増加は合併等によるもので、第二次世界大戦後の人口増加は引揚者や復員兵の帰郷によるものであった。

産業　産業構造は農林漁業の第一次産業を基幹とする形態が維持されているが、生産基盤は脆弱で生産規模・技術も低位にあるために生産性も低い。このような現状から脱却し活力に満ちた地域社会の形成を目指すため、交通・通信網の整備、漁港・港湾の整備、農林水産業の生産基盤の整備などの事業が進められている。しかし、過疎化や高齢化がますます進行しており、これらに誘発された住民の生産活動に対する意欲の減退、生産高の低下などが大きな課題となっている。

就業人口は、島外・県外への就職と在村者の高齢化とにより、減少の一途をたどっている。一九八五年の産業別就業人口は、第一次産業四六・三％、第二次産業二〇・八％、第三次産業三二・九％である。

第一次産業では、農業三六〇人、林業三人、漁業一八〇人で農業就業人口がもっとも多いが、農家一戸あたりの平均農地面積は三五アールに過ぎず、専業農家の割合は農家全体の五％で、他は兼業農家である。第一次産業の就業人口比率は、後継者不足と高齢化の進展とにより、一九六〇年の六八・三％から大幅に減少している。第二次産業においては、離島振興法による公共事業の増加で、建設事業者の増加が顕著である。六〇年の就業人口比率九・四％からしだいに増加し、八〇年に一九・八％と倍増し現在にいたっている。第三次産業においては近隣の西郷町や村役場への就職を指向する帰郷者が増加しており、六〇年の二二・三％から漸次増加している。

交通　明治時代以後の都万村は本土の経済的な発展から大きく遅れをとることになったが、近世期は必ずしも停滞していたわけではなかった。帆船の航行が盛んな時代は多くの島々が風待ち港や物資の中継要地としての役割を担っていた。全国に広がる交通の大動脈として文物や情報の伝達が盛んであったし、島は経済的にも繁栄していた。しかし、明治時代にはいって鉄道を中心とした交通体系への転換がすすむと、航路を繋ぐ島の役割は失われ、本土から隔絶するという現在のような位置づけができあがっていった。

近世までの本土との交通は、隠岐に寄港する北前船に便乗するか、漁船等で単独に往来するしか方法がなかったが、近世末期になると、都万村においても帆船による海運業を行なう者が現われた。明治時代には、海運業は木材の移出の増加によりしだいに盛んになっていった。また、本土とを結ぶ汽船の就航もこのころからたびたび試みられていたが、一八九五（明治二十八）年に隠岐汽船株式会社が設立され、一九二九（昭和四）年の島根県航路取締規則の改正により隠岐汽船の経営が安定するまでは、本土との往来は不安定なものであった。一九六三年に隠岐が大山隠岐国立公園に指定されてからは隠岐に観光ブームが、次いで七〇年ごろからの離島ブームが起こり、隠岐航路にも観光客を中心とした輸送転換が生じた。その影響として、従来村民の交通手段として村内の津戸港に寄港していた隠岐汽船が一九六八年を最後に寄港を取り止めることになった。

写真１　都万村の景観（津戸。1998年撮影）

空路は西郷町にある隠岐空港発着便が出雲空港を介して国内線と接続し、京阪神や東京方面への利便性を高めている。

村内の道路整備は一九五三年に施行された離島振興法により飛躍的に進展した。林道整備や幹線道路の拡張工事・トンネル工事などの事業が現在も進行している。道路整備の展開にともない、自家用車の普及もすすんでいるが、高齢者が依存してきたバス路線はかえって減少しており、村営巡回バスがそれを補っている。

水道・電気　島後の電気導入は、一九一二（明治四十五）年に創立された隠岐電灯株式会社によって実現した。その後は一九二一（大正十）年の島後電気株式会社を経て一九五一年に中国電力に移管された。

電信は一八九八年に、電話は一九六六年に導入され、電話のダイヤル自動化は七〇年に実現された。飲料水は五三年の西郷町簡易水道事業を皮切りに、七二年には島後全域での給水を開始した。

三　生産・生業

都万村は農林水産業を組み合わせることで生計を維持することが多かった。基本となる農業の場合も畑作が主体で水田稲作の割合は少ない。島には大きな河川がないために広大な沖積平野が発達せず、津戸地区を除いて大規模な水田開発は行なわれてこなかった。また、農作物の出荷については海の存在により島外の消費地との間に大きな隔たりがあり、その上天候の具合によっては本土との往来そのものが不安定となるために、商品作物を栽培しても消費者が限られている島内での自給的な消費に頼らざるをえなかったのである。

一方、島の周囲に広がる海面は漁場として利用されているが、農作物以上に消費地の制約がある。魚介類は鮮魚として販売するのがもっとも効率がよいが、消費地との距離があるためにいくらよい漁場を持っていても漁獲物を加工しなければ販売に結びつけられないという面があった。それが港湾整備や新しい漁法や漁具の導入を遅らせることになった。

所与の資源を利用することで成り立つ第一次産業は市場との関係で振るわず、水や電気を安定的に供給することが困難だった時代には商工業の発達は望むべくもなかった。明治時代以後の都万村の生活は本土の資本主義経済の発展から取り残され、その上経済的基盤の弱い島からは次々と労働力として若年層が本土に流出していくという傾向が顕著になっていった。

農林業

農業は自給用作物を中心とした小規模なものであった。水田稲作は都万や猫尾・那久などで行なわれた。水田の少ない都万村では新田開発が試みられており、とくに那久の場合は階段状になった水田が古田と新田とに呼び分けられて、現在でも開田の様子が確認できる。井堰を構築し、那久川の上流をせき止め、そこから用水路を古田の周縁両岸の山裾に張りめぐらして分水し、従来主として牧畑として利用していた林野地域を水田化したものである。田植えは分水地点に近い上流部から開始され、しだいに下流におよぶ。田植えや稲刈りなど多くの人手を要するときのお互いの労働交換を津戸ではテトリといった。

畑作は自給用に大麦・小麦とサツマイモ、大豆・小豆にゴマや野菜類を作っていた。麦は十〜十一月ごろにまいて二月に中打や中耕をし、三月十日ごろに海から採ってきたモバを肥料として畑にまいた。四月に下肥や中耕をし、六月に収穫した。サツマイモは麦の収穫前に植え付け、十一月までに収穫した。他の野菜は畑の空きをつくっては順次作付けをした。

戦前まで養蚕が盛んだった。春蚕と晩秋蚕を出荷していた。各集落に数軒ずつ養蚕を続けている家があったが、戦後の食糧難の時に、桑畑を普通畑に変えるようになり、その時点で養蚕も終わった。牧畑や大森島で牛の放牧をしていたこともあった。区単位で共同で育てた牛は島前に売った。輸送コストを考慮して、内地には子牛を売ることが多かった。

各集落には区有林があり、日常的な燃料の確保の場となっていた。とくに二〜三月に行なった春キコリという下草刈りを兼ねた薪とりでは薪の量に制限がなく、ほぼ一年分の薪を確保することができた。植林された杉や檜はかつては内地からの需要に対応したものであったが、現在はあまり需要がなく、手入れの行き届かなくなった山林も目立つようになっている。個人所有の山林では炭焼きも行なわれていた。

水産業

昭和初期の漁業は、アジ・イカ・イワシ・サバ・タイ等の魚種とサザエ・アワビ等の貝類とノリ・ワカメを対象としていた。回遊魚を対象とした網漁は津戸で行なわれており、一本釣漁・延縄漁・カナギ漁は蛸木が盛んであった。他の集落では一様にカナギ漁を中心とした零細な漁が行なわれていた。一九四四（昭和十九）年の大字別漁獲量をみると、漁業を主とする世帯の多かった津戸と蛸木が圧倒的に漁獲量が多く、イワシ・サバ・アジ・イカ・サザエを漁獲している。都万ではサバ・ブリ・イカが多く、那久・油井ではアラメ・ワカメ・サザエ・アワビ・ナマコといったカナギ漁による漁獲物が多く含まれている。

写真2　スルメ干し（蛸木。1998年撮影）

第二次世界大戦後、隠岐島周辺では鳥取県境港市を根拠地とした内地資本家による巾着網漁が増加していった。それによる接岸魚種の減少の影響から、島内の主要漁法であった四ッ張網漁による漁獲量は大幅に減少していった。一九五〇年ごろから四ッ張網漁業の操業停止が相次いでいった。それにより、アジ・サバ・イワシといった大量漁獲が可能な魚種の漁獲が激減し、島内や村内で消費する分さえも境港から移入するという今日も行なわれている魚介類の消費構造ができあがった。

こうした漁業不振を打開するために一九五七年には津戸漁業協同組合は小型和船巾着網漁に取り組んだが、資本の蓄積が少なかったため当時の網漁の経営は困難をきわめたという。この年を最後に明治時代から続いてきた四ッ張網漁も完全に姿を消した。「採集手帖」（以下、「手帖」と略記）の記載にみられたような四ッ張網漁の初漁祝いであるクロヤキの習俗についても、経験者が少なくなってきている。油井の定置網漁では、現在も若い漁業者を内地から招く試みを続けているが、定着してくれる者はごくわずかしかいないという。一方、スルメイカ一本釣漁をはじめとした個人単位の零細漁業は十分に経営を維持することができたために、村内をあげて漁況の変化に対応しようとする気運も育たなかったようである。

昭和四十年代になると船外機が普及し、漁船の動力化が急速に進展した。現在、漁業への新規労働力の流入は少なく、漁業労働者の高齢化がすすんでいることから、懸案であった村内漁協の合併が近年漸く実現し、漁業経営の強化が図られようとしている。

商工業　商業は、人口規模の制約等から商店自体が少ないうえに食料品や日用雑貨を小規模に商う小売店がほとんどで、商店街も形成されていない。かつては、輸送費の影響で商品の単価も内地に比べて目立って高く、村民は少ない所得で高い商品を購入せざるをえないような生活が続いていた。現在は、小売店の扱う商品の種類も増加し、日常的な買い物には困らない程度にはなっている。また、自家用車の普及により、西郷町の大型スーパーマーケットを利用する客が増えており、従来の商店は高齢者を主要な顧客とする厳しい環境に置かれている。

スルメの製造や板材の加工等が小規模に家内工業的に行なわれていた。近世には都萬・那久・油井・南方等の集落で製塩が行なわれていたという。

観光業　隠岐島全域が一九六三（昭和三十八）年に大山隠岐国立公園に指定され、都万村も観光地として脚光をあびることになった。一九六五年以降のレジャーブームに乗って観光客数は急増し、七三年には年間二一万六〇〇〇人の観光客が来村した。離島ブームが去った後、観光客数は減少を続け、現在では年間一五万人ほどで推移している。天然の景勝地に恵まれてはいるものの、景色をながめるだけでは観光客は素通りしてしまうだけとなるため、現在は宿泊施設の整備とそこを拠点に年間にわたり能動的に活動できる滞在型観光レクリェーション施設の建設が試みられている。村の産業連携の要を担うものとして期待されている。

四　生活の変化

都万村における生活の変化で現在もっとも切実な課題は、老人世帯を中心とした地域社会のなかで、葬儀や祖先の墓守をどのようにしていくかということである。内地で定年まで働き定年を迎えて島に戻ってきている人たちは、皆こうした事情を抱えている人たちである。以下では、都万村のなかの津戸集落を対象にして、葬送儀礼・墓制・盆行事を事例に地域社会の変化について報告したい。津戸の戸数は一九九八（平成十）年八月現在で八三戸で、その多くが老人世帯である。子どもたちは島内の高等学校を卒業すると、進学や就職等のため京阪神地域をおもな転出先として島を離れる傾向が伝統的にみられ、現在でも老夫婦のみの世帯が四〇以上あり、さらに独り暮らしの老人世帯は二〇以上もある。

津戸では集落の単位をジゲと呼んでおり、津戸はホンゴウ（本郷）とウシロガシ（後柄子）の二つのジゲから構成されている。後者はホンゴウに居住する本家から別れた分家により構成されている。集落内での家々の系譜関係は互いに認知されている。相続は長男相続で、アニキ（長男）が家を継ぎ、オジ（弟）が縁組をして分家となるということが行なわれていた。本家をオモ、分家をオジイエとも呼ぶ。分家をする時には、本家の屋号を一文字もらうということも行なわれていた。また、海に面した南側から山にむかう北側まで家屋の並び順により、平均一〇戸がコグミ（小組）として細別され、全戸が一〇組に分けられている。ホンゴウには七組、ウシロガシには三組が含まれている。所属する組の家々を互いにクミウチと呼んでいる。区長のもとに各組のコグミチョウ（小組長）がおり、コグミチョウは家順に一年交代で勤める。また、ジゲ全体で行なう作業をジゲシゴトといい、盆の前に海辺と海際の道路周辺・学校・神社・運動場の清掃を、十月に区有林のシタフギ（下刈り）を共同で行なっている。

「手帖」によれば、一九三八（昭和十三）年当時の組数は九で、各組の戸数は「大体十戸一組」と報告されており、各組の規模は変化していないが、小組の数が一組増えていることになる。小組は集落内の道路に沿って密に立地している家々を単位としており、分家をしても本家近くに分家の家屋を建てることは不可能であったので、分家を中心にした小組が新たに創出されたものと考えられる。

葬送儀礼　「手帖」によれば、津戸の葬式は明治の廃仏後に神葬祭となり、大社教の葬祭式に則り行なわれていると報告されており、津戸では明治初期に仏式から神式に変化したことがわかる。かつて集落内に立地していた寺院の痕跡はまったく残っていない。近年、創価学会に入信した家が数戸あったが、集落全体としては神式の葬儀を継続している。シジョウサンと呼ばれる神主が葬儀を執り行なうが、二〇年ほど前までは集落内に有資格者が健在で、葬儀の執行を依頼していたが、その後は都万に在住している神主に依頼している。近年の葬儀には、二つの大きな変化がみられるようになった。一つは火葬の普及という葬法の変化であり、他の一つは葬儀を執り行なう地域共同体の変化である。

津戸では葬式は昔からジゲ（地下）が手伝って営まれるものであった。現在は葬家が所属する組とその組の組番号の前後の二組が加わり、計三つの組が中心となって営む仕組みになっている。「手帖」の記載では、葬式の支度は小組の家々がしており、「ヤマを掘る」と呼ばれる墓穴を掘る作業は葬家の親戚や死者と親しかった者が担当していたとある。土葬が行なわれなくなった現在では墓穴を掘る作業はなくなったが、小組を単位とした葬式時の互助は現在も継承されている。

葬式の準備の変化として、ジゲシュウの重要な仕事であったハナゴシラエ、ニワシゴトと呼ばれる装具づくりや、装具づくりの材料となる竹などを共有林に伐採にいく作業は、一九八五年ごろからしだいに行なわれなくなっている。その背景には、昔ながらの装具を作ることができる者が高齢化により減少し、それに呼応するように西郷町にある葬儀屋が必要な装具類を用意するようになったことがあげられる。また、従来のように小組に手伝いを頼むと、答礼としてオミキや食事を用意しなければならないため、しだいに小組の家に対して「ハナは買う」といって手伝いを断り、葬儀屋に頼んでしまうことが多くなっていった。会葬者へ出す食事や葬式後に手伝いの人たちを慰労するキヨメの膳などの飲食等も縮小傾向にあるという。会食については行政指導の影響がみられるが、小組の構成員が高齢化したり、一人暮らしの家が増えたりする過程で、従来の互助活動の維持が困難になり、葬儀屋に頼んでしまったほうが手間も金もかからないという考えが地域内にしだいに広まっていったようである。

墓制　「手帖」の記載時においては、津戸では土葬が行なわれていた。しかし、一九八〇年代中頃に西郷町に火葬場が設置されたことが契機となり、急速に火葬が普及していったという。これにより、死から埋葬にいたる儀礼の流れのなかで野辺送りや埋葬に関する儀礼が簡略化したり途絶えることになった。会葬者は葬式当日の出棺後にトモとして墓地までいき埋葬に立会うことはなくなり、土葬時ならば墓地へ向かうはずの葬列は、集落内で火葬場に向かう霊柩車を見送るだけになっている。そして、葬儀は葬家で行なわれる告別式に重点が置かれるようになりつつある。また、遺骨の埋葬も葬式当日に行なわれず、骨壺は葬家の祭壇に安置され、一年祭を目安に死者の家族などミウチだけで埋葬するように変化している。葬式当日にはレイジ（霊璽）という一種のお札を墓地に持っていくが、コツ（遺骨）は三十日祭か五十日祭までは家の祭壇に安置しておき、五十日祭の忌み開け後に埋葬する家が多い。津戸では葬式当日やその後のタママツリにおいても、墓地に木製の墓標を建てることはない。現在では葬式当日や翌日に十日祭りも済ませてしまうが、これらの時には神主を呼ばないようになってきている。五十日祭で忌み開けとなるとされ、それまでは神社にいってはいけないという。その後、一年祭・三年祭・五年祭・十年祭・以後十年ごとに神主を呼んでタママツリを行なっている。どの家も五十年祭まではやっている。

津戸の共同墓地は明治初期に廃寺となった寺院墓地から墓を移してつくったもので、集落北側の丘の上にある。「手帖」にはハカショという呼称がみられるが、現在ではハカとか共同墓地とよばれている。また「手帖」には墓地の一角に「ヂゲバカ」と呼ばれる水死人や行き倒れなど引き取り手のいない死者を埋葬した墓所があることが記載されているが、現在もジゲバカとして祀られている。かつては盆と正月に組の人たちが交代で墓掃除をしていたが、現在では津戸の婦人会が中心となって管理している。また、無縁墓や墓を残したまま挙家離島した家々の石塔もしだいにジゲバカに移設されつつある。土葬が行なわれていた頃は遺体を埋葬すると、その上にミドウ（御堂）と呼ばれる木製の小さな祠が設けられ、ミドウが朽ちてなくなると個人や夫婦を単位とした石塔が建てられてきた。火葬が普及してからは、納骨式の石塔を建立する家が増えてきたが、土葬の時と同じように遺骨を土中に埋めてその上にミドウを置く家もみられるなど、墓地での遺骨の処置は必ずしも一様ではなく、過渡的な状況がみられる。石塔を建立する時期についても家々によって多様である。近年では、ヨセバカといって古い石塔を集めて整理し、同時にすでに埋葬されている死者の遺骨を掘り出して一つにまとめ、納骨式の大きな石塔をつくるソウマツリ（総祀り）とよばれる改葬がみられるようになった。島を完全に離れる家の場合は、遺骨を火葬場で二度焼きしてもらい、骨の量を減らして転出先に移すことも行なわれているという。

盆行事

「手帖」には油井のシャーラー船の写真が掲載されている。シャーラー船は各家が大工に頼んだり手伝ってもらって作る全長一尋ほどの船で、「西方丸」と書いた晒を帆にし、沖から西に向けて流したものである。

写真3　漂着したシャーラー船（津戸。1998年撮影）

供物は寿司・果物・ウドン・ソウメン・キュウリとナスで作った牛馬・サトイモ・トコロテン・シキビなどがそなえられていた。

津戸でも盆になるとシャーラー船を作り、それに供物を備えて送り盆の八月十六日に海に流していたが、近年はシャーラー船を流すかわりに地域内に三か所決められているナミバタ（波打ち際）にシキビや供物を並べて線香を供えるようになった。かっては十六日の午後三時ごろから夕方にかけて送り盆をしていたが、盆で帰省してきた人たちが帰る船の時刻に合わせて、朝のうちに送る家が多くなり、送り盆自体も簡略化されつつある。新盆の家ではかつてはマチチョウチンを軒先に吊るし、親族などが盆の見舞いとして提灯を持参して集まり、朝方まで語り明かすということが行なわれていたというが、現在は死者の霊銘が書かれたナバタを海岸に立てるだけである。盆期間中の供物は種類や作法をまもって供えられているが、これらもしだいに量を減らすなど簡略化しつつある。

（小島孝夫）

主要文献

小島孝夫　一九九九　「離島振興法と離島生活の変化——島根県隠岐郡都万村を事例として」『民俗学研究所紀要』二三　成城大学民俗学研究所

島根県隠岐支庁編　一九九八　『隠岐島要覧』

田中豊治　一九七七　『隠岐——島嶼経済の構造と変貌』ぎょうせい

都万村誌編纂委員会編　一九九〇　『都万村誌』　都万村役場

野地恒有　二〇〇一　『移住漁民の民俗学的研究』　吉川弘文館

岡山県笠岡市—白石島（旧小田郡白石島村）

一　地理と歴史

地　理　白石島は岡山県の南西部に帯状に広がる笠岡諸島に属している。笠岡港から白石島までの距離は約一二キロで、定期船で約三五分の位置にある。定期船の便数も一日に九往復と多く、そのうち五往復が笠岡（以下、島嶼部を除く笠岡市をたんに笠岡と呼ぶ）・白石間を二〇分あまりで結ぶ高速船である。その他、白石島と笠岡を結ぶフェリーも運航されている。島から笠岡・福山といった方面まで学校や会社へ通勤通学する人も多い。また、夏には多くの海水浴客で海水浴場のある西の浦は賑わう。島の面積は二・八六平方キロで笠岡諸島全体の面積の二割弱を占めている。

島の南部と西部は海岸線まで山地が迫っており、主峰の立石山は標高一七〇メートルある。このあたりでは明治の末から採石業が営まれている。東部は標高四〇～五〇メートルと比較的穏やかな丘陵地帯となっており、北部の平坦地や海岸部に集落が展開している。

歴　史　白石島には古い記録は残されていないが、一六〇〇（慶長五）年に笠岡諸島は幕府備中代官、小堀新助に没収された。その後一六一九（元和元）年に福山に城を構えた水野勝成の領地となった。現在の白石島民の先祖は、その多くがこれ以降に島に移り住んだといわれている。水野氏五代八〇年の間に笠岡諸島は山野開墾、干拓による新田開発が進められ、白石島においても天和期から元禄期にかけて干拓工事が行なわれた。近世における白石島は瀬戸内航路の要衝として、西国大名の船団に潮待ちや風避けの港として利用された。一六九八（元禄十一）年の水野氏改易にともなって倉敷代官所支配の天領となり明治を迎える。一八七一

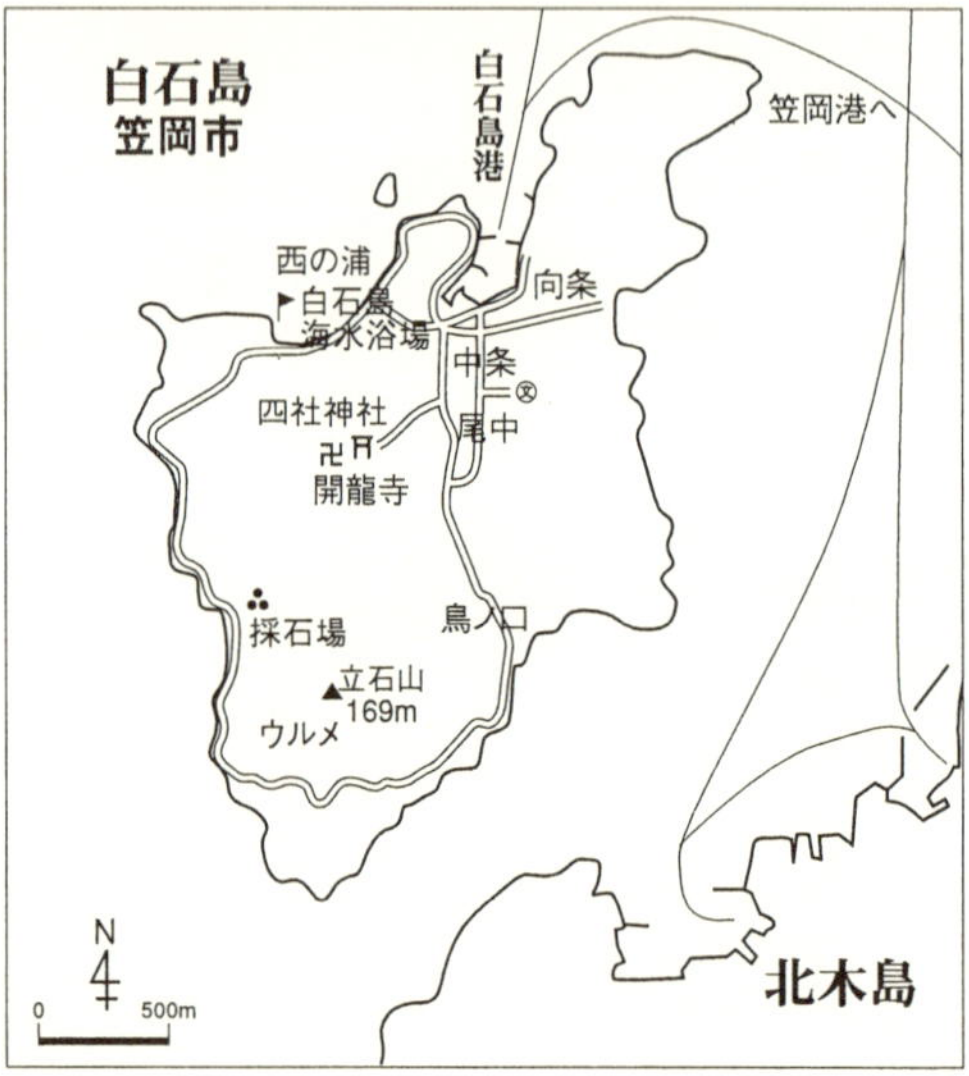

図1　岡山県笠岡市－白石島

（明治五）年からは小田県に属し、一八七四年には岡山県に編入され小田郡白石島村となった。町村制施行後は、一九四九（昭和二十四）年に分村独立して白石島村となるまで神島外村であった。一九五五年に笠岡市に合併され現在に至る。

福島惣一郎による離島調査は白石島が分村独立した直後の一九五〇年八月から九月にかけて行なわれた。

二　社会生活

白石島の人口・世帯数のうち一九三五（昭和十）年までは白石島だけの数値は不明である。終戦後は一時的に増加したものの、その後は減少を続けており、一九九五（平成七）年には人口がついに一〇〇〇人を割るに至った（表1）。人口総数における幼齢人口（一五歳未満）、生産年齢人口（一五～六四歳）、老齢人口（六五歳以上）それぞれの占める割合を一九五五年と一九九五年とで比較してみると、幼齢人口は三四％から一三％へ、生産年齢人口は五七％から四六％へと減少しているのに対して、老齢人口は九％から四一％へと大きく増加している（表2）。高度経済成長期以降の若年層を中心とした離島による過疎化の進展とともに、高齢化が着実に進行していることがわかる。さらに、若年層の減少は島の産業構造へも大きな影響を与えている。表3の産業別人口の推移をみると、一九六〇年には就業者総数の五三％を占めていた第一次産業の就業者は、一九九五年には二九％へと減少している。

三　生産・生業

農　業　福島惣一郎は「離島採集手帳」（以下「手帳」と略す）のなかでわずかに農業が女性の仕事であること、小麦やイモを多く作ること、その他ソラマメやモチを作ることなどを記しているだけで、農業に関してはほとんど触れていない。福島が調査を行なった一九五〇（昭和二十五）年から今日に至るまで、農業の担い手が女性であるという状況は変化していない。しかし、高齢化の進んだ現在では、農業に従事する人びとのほとんどが六〇歳以上の高齢者である。農地の面積は、福島の調査によると一九五〇年の段階で八六万四六一六平方メートルあったものが、一九九九（平成十一）年四月現在で六三万四二八〇平方メートル（一九九九年『地目別地積集計表』による）に減少している。しかし、現在では休耕地も目立つため、実際に利用されている農地の面積はさらに減少していると考えられる。
現在栽培されている作物はダイコン・キャベツ・ハクサイ・長ネギ・タマネギ・キュウリ・ゴマ・サツマイモ・ジャガイモ・スイカ・ミカン・トマト・ナスなど多種にわたるが、それぞれの生産量はごくわずかである。これらの作物が出荷されることはほとんどなく、自家消費されたり、島を出た子どもや親戚に送られる。作物の種類こそ異なるが、こうした自家消費中心の農業形態に昔から大きな変化はない。昭和三十〜四十年代にかけては除虫菊・はだか麦・サツマイモ・花卉などを、農協や漁協をとおして、あるいは個人で出荷していたが、その量は多くなく、島の経済を支えるほどのものにはならなかった。現在、JA白石島の農作物の販売実績はゼロである。

二〇〇〇年二月二十四日現在のJA白石島の組合員数は、正組合員二八七人、準組合員四三人で、合計三三〇人。JA白石島の発行する『JA白石島のご案内――一九九九年ディ

表1　白石島の人口・世帯数の推移

	人口総数（男／女）	世帯数
1912(大正元)	3736	741
1920(大正9)	4504	926
1925(大正14)	4487	967
1926(昭和元)	4499	971
1930(昭和5)	4734	1002
1935(昭和10)	4776	1099
1945(昭和20)	1891	421
1950(昭和25)	2604 (1303/1301)	571
1955(昭和30)	2359 (1182/1177)	479
1965(昭和40)	1704 (798/ 906)	451
1975(昭和50)	1278	423
1985(昭和60)	1106	417
1990(平成2)	1039	415
1995(平成7)	913 (411/ 502)	386
1999(平成11)	856 (385/ 471)	−

注1：1912年〜1950年までは「採集手帳」の記載による（1935年までは神島外村の統計）。
注2：1955年〜1995年は国勢調査による。

表2　白石島の年齢別人口の推移　（単位／人）

	1955	1965	1975	1985	1995
0〜4歳	304	120	71	53	25
5〜9	269	195	81	43	33
10〜14	228	244	104	77	50
15〜19	198	115	99	55	25
20〜24	203	55	49	25	10
25〜29	193	72	48	40	13
30〜39	242	230	100	109	70
40〜49	210	175	214	101	101
50〜59	222	162	172	216	97
60〜64	84	336	87	108	102
65以上	206		253	276	378
計	2359	1704	1278	1106	913

年齢別割合（小数点以下四捨五入）

[幼齢人口／15歳未満]

1955	1965	1975	1985	1995
34%	33%	20%	16%	13%

[生産年齢人口／15〜64歳]

1955	1965	1975	1985	1995
57%	−	60%	59%	46%

[老齢人口／65歳以上]

1955	1965	1975	1985	1995
9%	−	20%	25%	41%

注1：1965年に限りデータの関係から60歳以上の数値を記したため、同年の年齢別割合の生産年齢人口および老齢人口の枠は空欄とした。
注2：データはすべて国勢調査による。

スクロージャー誌』によると、一九九七年度末の総組合員数が三四一人、一九九八年度末が三三四人と年々減少する傾向にある。組合員の大半が高齢者あるいは女性で、五〇歳以上が大多数を占めている。ＪＡ白石島は単独での存続が困難となり、二〇〇〇年四月に笠岡市農業協同組合白石島支所となった。

表3　産業別人口

（単位／人）

	1960	1965	1970	1990	1995
第１次産業	529	363	191	127	93
農業	349	269	127		
林業	0	0	0		
水産業	180	94	64		
第２次産業	201	169	202	125	109
鉱業	63	55	54		
建設業	27	26	43		
製造業	111	88	105		
第３次産業	274	199	205	141	114
卸・小売業	34	32	48		
金融・保険・不動産業	3	0	1		
運輸・通信・公益事業	160	84	81		
サービス業	64	57	62		
公務	13	26	13		
その他	0	0	0		
就業者総数	1004	731	598	393	316

注１：1960～1970年は『白石島』（関西学院大学地理研究会、1974年）の記載による。
註２：1990、1995年は『笠岡諸島の概況』（笠岡市）による。

農協で行なっている事業とは別に、一五～一六人の老婦人のグループが一九九八年から毎週月曜日の朝に、公民館前の広場で朝市を始めた。一回に五～六人が参加し、自分の畑でとれた野菜を持ち寄っている。この朝市は自家消費用の野菜の交換の場として機能し、多くの人が利用している。

漁業

農業とは対照的に漁業に関する福島の報告は詳細にわたっている。一九五〇（昭和二十五）年九月一日の時点で白石島における漁業者数は四五〇人と福島は報告しているが、一九九五年度の国勢調査では六七人が漁業に就業しているだけで、そのうちの四〇人を五五歳以上の者が占めている。これは白石島の漁業就業者の約六〇％にあたる。このような高齢化という現状に加え、漁獲量の減少がさらに白石島の漁業を圧迫している。

現在の操業海域はほぼ白石島漁協の範囲内であり、笠岡諸島周辺から水島灘にかけてがおもな漁場となっている。現在の操業形態は底引網が二一軒（うち、冬場にノリ養殖を行なうのが九軒）、定置網が五軒、タコ壺が二軒、刺網が五軒である。その他、島外の職場などで定年を迎えて島で一本釣りをしている人が二〇人ほどいる。共同作業が行なわれるのは、現在では定

写真１　白石島西の浦集落の景観（1999年撮影）

置網の設置と撤去のときに定置網を行なっている漁業者が相互に手伝う程度である。

　近年、白石島と高島の間の約三五〇ヘクタールの海域において水島灘地域新マリノベーション基本計画の一環として、海洋牧場パイロット事業が進められている。この事業は放流魚や地先に生息する天然魚を定着させて効率的に育成しながら漁獲する目的で行なわれている。この海域にはさまざまな目的を持った岩礁が沈められ、さらに魚類の停留・定着を図るための音響馴致施設が白石島の沖合いに浮かべられている。

　現在白石島の漁業でもっとも大きな収益を上げているのはノリ養殖である。ノリ養殖は一九六九年ごろから始まり、カキ養殖とともに盛んになった。どちらも漁業のやりにくい冬期間を利用したものである。ノリ養殖は一九八三年に約五〇〇トンを水揚げし二億五〇〇〇万円を売り上げたが、島の高齢化にともなう労働力の減少などの理由によって、一九八〇年の二五軒をピークに徐々に減少し、現在は九軒が残るのみである。カキ養殖も一九九三年まで行なわれ、最盛期には年間五〇〜六〇トンを生産し、五〇〇〇万円ほどの売り上げがあったが、こちらも高齢化による労働力の減少、カキ殻の処理の問題、ホヤ喘息の流行といった理由から衰退した。

　漁業における信仰に関しては、現在でもフナダマや金比羅に対する信仰が残っており、多くの船で祀っている。ただし、現在のＦＲＰ船ではフナダマを船に直接うめ込むことができないため、操舵室に棚などを設けて金比羅様と一緒に祀っていることが多い。旧正月の十日には西の浦のフナダマの小祠に参る。フナタデは現在では船底のペンキ塗りに変化している。その時にフナダマをおろすことはもうしない。金比羅様は十月の第一日曜日に氏神である四社神社など、島内のさまざまな神と一緒に祭りが行なわれる。しかし、ノリの養殖に従事する人びとは、ノリ養殖のシーズンの前後に香川県の金刀比羅宮にお参りに出かける。漁業形態や島内の産業における漁業の占める位置が大きく変化するなかで、フナダマや金比羅様といった海上安全上欠かせない信仰がしっかりとその根をおろしていることがわかる。

　「手帳」には船大工に関する記述もみられるが、一五年ほど前に島に船大工はいなくなった。船の材質がＦＲＰになったことが最大の原因である。昭和二十年代から三十年代にかけての最盛期には白石島出身の船大工が三人おり、手が足りなくて笠岡や寄島に応援を頼むことがあったほどであるという。船がＦＲＰになってからもしばらくの間、船大工は修理を請け負っていたという。

採石・石材加工業

「手帳」には採石・石材加工業に関する記述はほとんどみられないが、この産業は白石島において貴重な収入源をなしており、漁業と並ぶ重要な産業であった。

『小田郡誌』編纂の際の資料によれば、一九三八（昭和十三）年時点で石丁場は四〇丁場、職人一二〇人、石屋三七軒が白石島にあった。しかし、現在では採石業者は七軒にまで減少し、石材加工業者も最盛期の六軒から三軒に減少している。一九九五（平成七）年ごろより白石島の採石業はどん底の状態が続いていると業者は嘆くが、その最大の原因は中国産の安価な石の進出である。また、現在では硬くつやのある石に人気が集まっているのに対して、白石島の石材は柔らかくつやもさめやすいので売れ行きはよくないという。現在のように加工の機械が発達する前は柔らかくて加工しやすい石が好まれたという。埋め立て用の捨石、河川の護岸用の石、石塔石などに白石島の石が用いられているのが現状である。

現在、採石が行なわれている山の所有者は笠岡市となっている。一九〇四（明治三十七）年に公有林であった白石島の山林は神島外村名義で払い下げを受け、木の売却や採石業者への山の開放による収入によって払い下げ代金の返済が行なわれた。返済終了後の収入は島民の福祉事業等に当てられることとなった。

写真２　家族で作業する白石島の丁場（1999年撮影）

写真３　白石島の石材加工場（1999年撮影）

現在ではこの山林から得られる利益の五％が笠岡市の収入となり、残りの九五％が島民の組織である白石島財産区管理会の収入となり、島民のための福祉事業に使われている。現在白石島で採石業に従事している多くの人びとは、一九〇四年の公有林払い下げにともなう採石業者への山の開放の際に、愛媛県の大三島や大島、広島県府中市などから来た人びとの子孫である。

現在の白石島には旅館業や会社員といった第三次産業に従事する就業者も少なくない。夏季には西の浦が海水浴場となり、本土から比較的近いという好条件にも恵まれて多くの海水浴客が島を訪れる。この西の浦の海岸線に沿って旅館や民宿が軒を連ねており、現在島内には旅館四軒、民宿六軒がある。近年、盆の墓参りをする家族が宿泊するケースが増えてきているが、通常は釣り客や商用での来島者が多い。旅館や民宿にはもともと漁業を営んでいた家が多いので、遊漁船や釣り用の筏を経営する家も多い。

その他の生業

三〇〜四〇年前までは大阪や神戸に働きに出る人が多かったが、現在では笠岡や福山に工場が建ち並ぶようになり、定期船を利用して通勤することが可能となった。しかし、船の運航時刻の関係上、朝一番の船で出勤して午後五時五五分笠岡発の最終便で帰宅しなければならず、残業や就業後の付き合いができないという問題もある。

四　民俗芸能・筆親筆子など

白石島における生活は、福島の調査以後さまざまな側面で変化しているが、ここでは島の代表的伝統芸能である白石踊りと、島の暮らしを支えてきた社会制度である筆親筆子に的を絞って報告したい。

白石踊り

白石踊りは白石島に古くから伝わる盆踊りであり、一九七六（昭和五十一）年には国の重要無形民俗文化財に指定された。その起源については諸説あるが、福島が「手帳」で「源平水島合戦の折討死した者の亡霊を供養する為に踊ったのが白石踊りとして発達した」と記しているとおりのことが、現在の白石島でも語られている。盆が新暦で行なわれるようになってからも八月十三日から十六日は盆踊り、二十日は大師踊り、二十四日は地蔵踊り、そして三十一日は八朔踊りと夏の間踊り続けたという。白石踊りは島の人びとの夏の楽しみであった。

現在では、やはり高齢化が白石踊りの継承における大きな問題となっている。表2で一九九五（平成七）年の年齢別人口をみてもわかるとおり、今後白石踊りを継承していくべき一五歳未満の幼齢人口の占める割合は一三％しかない。本来なら若い女性が踊るべき娘踊りも、四〇〜五〇代の女性が踊っているというのが現状である。幼齢人口の減少がもたらす伝統継承への危機感は強く、その対応策が模索されている。

現在、白石島の小中学校では白石踊りが授業のなかに取り入れられ、ほぼ毎月、踊りの練習が行なわれている。また、一九九七～九八年度には文部省の伝統文化教育推進事業にも指定された。このような動きが直接的に後継者不足の解消へとつながるかどうかは別としても、子どもたちに伝統文化を継承しようとする努力は重要である。また、笠岡諸島の小中学校の統廃合の話が持ち上がろうとするなか、子どもたちが自らの島独自の文化を再確認する意義は大きい。しかし、このような努力が続けられるなかで、お年寄りたちが子どもたちの踊りを見る目は厳しい。よく通る声でみごとな口説を披露した若者も、お年寄りから見ればまだまだであるという。いつの時代でも年輩者の若者を見る目は厳しいが、若年層の減少するなかで、ある程度のレヴェルを維持しつつ伝統を継承していくということの難しさといったことも問題となってくるであろう。

写真４　白石踊り（1999年撮影）

また、白石島ではテキストやビデオ、CDといった媒体をとおしても伝統継承の努力がなされている。国指定にともなって作成された『白石踊伝承者養成テキスト』（一九七九年発行）には、踊りの所作や口説の文句が詳細に記されている。さらに、何種類もある踊りを一つひとつ撮影したビデオが白石踊保存会によって作成・販売され、一九九九年には音頭のCDも作成され、販売されている。しかし、このような人から人へと伝えられる伝統的な継承方法とは違った、モノをとおしての伝統継承の努力は、本来の目的からそれて結果的に「記録」という役割だけに落ち着いてしまう危険性を孕んでいる。こうした媒体の記録性については製作の段階において当然意識されており、最良の継承方法が人から人へと伝える伝統的な方法であることは当事者すべてが理解していたはずである。つまり、これら本、ビデオ、CDといったものの作成の目的は当初から「記録」の役割が中心であったと考えることができる。さらにビデオやCDが船の待合室でお土産物と一緒に並べられていたり、これらを、島を離れた人が故郷の踊りを懐かしんで購入していくという事実は、伝統文化の新たな生き方を模索するなかで「観光要素的宣伝」へと目的が変化してきていることを裏付けている。

一九九八年からは船会社が白石踊りの体験ツアーを企画し、同年には島外から約二〇〇人の参加者が来島、トータルで約八〇〇名の参加者を数えた。このツアーでは参加者向けの踊りのレッスンが行なわれ、会場入口には特設ゲートが設けられ、模擬店も出店して賑やかな雰囲気が演出されている。さらに同年から立ち上げられた「しまづくり委員会」が中心となって、周辺地域への広報活動のためのポスター作りが「元気・笠岡」事業の一環として始められた。島民が自らの手で結成したこの会の最大の目的は、島民の声を行政に届けることにある。また、白石踊り関連の活動だけにとどまらず、外（行政）と内（島民）の両面に対して情報や文化を発信することを目指し、笠岡諸島全体の活性化をも視野に入れている。踊り自体の実行主体は別にあるが、踊りを島の活性化に役立てたいという会への期待は大きい。

筆親筆子　筆親筆子とは白石島で行なわれてきた仮親の制度である。この名称の由来は親方が息子（娘）に二本の筆を与えたことによるという。また、親方が息子（娘）に新たな名前を与えたことから仮名親仮名子ともいう。

「手帳」では、息子（娘）にいく年齢を一五歳で成年になる時と記しているが、一五歳に限らず結婚を控えた年ごろや結婚を考え始める年ごろになると親方をとっていたようである。戦前には息子にいくのは徴兵検査前が、娘にいくのは小学校五年生から中学生くらいまでが一般的であったという。

親方（筆親）を頼む相手は血縁関係がなく、社会的実力と経済的ゆとりのあることが基準とされる。親方は後見役のような存在だからである。島では「箸と親方は強い方がよい」ともいわれている。ただし、親戚の付き合いが疎遠になってきた場合、その関係を再確認するために例外的に親戚を筆親にすることもあるという。また、主要な生業が漁業であったこの島では、漁業における操業集団を作ったり、船団を組むために、傘下を増やす目的で筆親筆子の制度が発達したともいわれる。

親方子方の関係は一生涯保たれ、親方は結婚時の仲人や就職の世話、難しいトラブルが生じたときの仲裁、金銭的問題の解決など子方の人生のさまざまな局面において手を差し伸べた。一方、子方となった息子や娘の役割は、親方の家の仕事を手伝うことで、正月の餅つきやます網、ジゴク網（定置網）を引くのを手伝ったりした。また、親方の家で不幸があった場合には息子は墓穴を掘り、娘は炊事を手伝った。この制度が盛んであった時代には「盆暮れ」と称して、子方は酒と米を、暮れにはブリを親方に届けた。ブリは自分で釣ったり笠岡の市場に買いにいったりした。

現在、筆親筆子を行なっている家は皆無ではないが、ほとんど行なわれていないのが実状である。その最大の理由は若年層の流出にともなう島内婚の減少にあると考えられる。中学校までしかない白石島では、多くの子どもたちが高校への進学の際に寮に入ったり、高校への進学を機に家族で島を離れたりする。島から船で通学する生徒もいるが、高校卒業後は進学や就職で島を離れ、そのまま島外で結婚するケースが増えている。筆親の大きな役割のひとつである仲人も就職先の上司に依頼することが多くなり、筆親をとることの必然性が薄れていることは事実である。

また、この制度が大きく変化し始めたのは一九五五（昭和三十）年過ぎであるという話が多く聞かれた。高度経済成長にともなって漁業や農業に従事していた人びとが島を離れ、工場地帯などへ働きに出るケースが多くなったからだという。日本社会全体の変化が島の産業構造そのものを変えていったのである。そうした時代の流れの中で個人や家、親戚同士、あるいは生業を契機とした結び付きは薄れていった。それに連動する形で筆親筆子の関係もその意義を失っていったものと考えることができる。

主要文献

岡山県教育委員会　一九七四　『笠岡諸島の民俗』　振興離島民俗資料緊急調査報告書（I）

関西学院大学地理研究会　一九七四　『白石島』　地理研瀬戸内調査シリーズ8

笠岡市史編さん室　一九八三〜九六　『笠岡市史』　一〜三

笠岡市　一九九七　『笠岡諸島の概況』

八木橋伸浩・遠藤文香・松田睦彦　二〇〇一　「笠岡諸島白石島における民俗の変容と継承」『岡山民俗』　一一五　岡山民俗学会

（松田睦彦）

香川県丸亀市－広島（旧仲多度郡広島村）

一　地理と歴史

地理　香川県丸亀港の北西一一キロの沖に浮かぶ塩飽諸島中最大の島が、この広島である。島からは一直線にのびる瀬戸大橋を望むことができる。面積は一一六六平方キロ、島の周囲が一八・五キロある。青木石と呼ばれる花崗岩の産地で、あちこちに白い岩肌がみられる。全島が山地状であり、沖積層は谷間にわずかにみられるだけである。数少ない平地に七つの集落（立石・江の浦・釜の越・甲路・青木・市井・茂浦）があり、現在、江の浦地区に公共施設が集中している。江の浦港と青木港は、市管理港湾となっている。

とくに江の浦港は、四国本土（丸亀市）と島とを結ぶ航路の寄港地として、また生活必需品等の搬出入が行なわれる重要な港湾として位置付けられている。

丸亀（以下、島嶼部を除く丸亀市をたんに丸亀と呼ぶ）と広島を結ぶ定期便は一日に八往復運航されており、そのうち五往復がフェリーである。また、岡山県の水島港と江の浦を結ぶ船が週に二便運航されている。丸亀から江の浦までの所要時間は、フェリーで四〇分、旅客船で二五分ほどである。

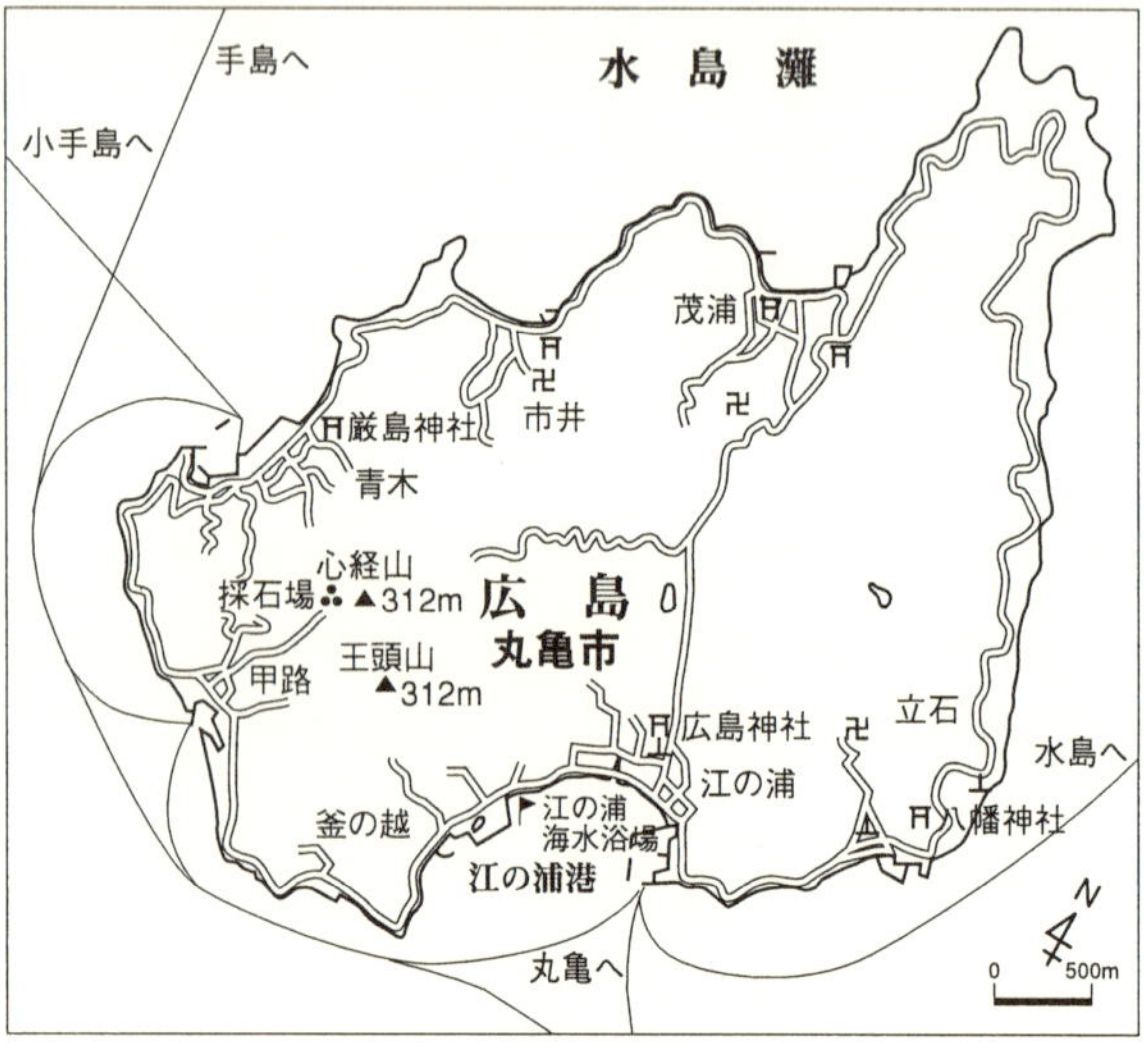

図1　香川県丸亀市－広島

その他、丸亀には海上タクシーもある。

歴史　歴史的に広島は、近世には幕府領として大坂町奉行・川口奉行・倉敷代官などの支配を受けていた。また、豊臣・徳川の時代以来、塩飽勤番所（本島）統治下の人名《にんみょう》制の島として、自治政務が行なわれてきた。豊臣秀吉の朝鮮出兵の際に、塩飽の水夫が水先案内をした功に

表１　広島略年表

1958（昭和33）	（丸亀市へ）広島村合併
1965（昭和40）	本島、牛島、広島に電気導入
1968（昭和43）	広島保育所開設
1975（昭和50）	本島、広島、小手島簡易水道完成
1982（昭和57）	島しょ部の地域集団電話を一般電話に全戸切換
1987（昭和62）	海底送水管工事完成、塩飽五島に給水開始
1988（昭和63）	「瀬戸大橋さぬき広島トライアスロン大会」開催
1994（平成６）	広島校区コミュニティ組織結成（ふれ愛の町ひろしまをつくる会）
1996（平成８）	広島西小学校閉校
1997（平成９）	広島中学校休校
1998（平成10）	広島デイサービスセンター開設（青木）
2000（平成12）	広島中学校再開

注：2000 年度『広島支所の概要』（丸亀市役所広島支所）を参照。

より、朱印状が与えられたという。この人名制は明治維新まで続いた。一八六八（明治元）年の小坂騒動を機に塩飽諸島中は土佐藩預かりとなる。一八七五年塩飽諸島が一一か村に独立した際、広島は広島村となる。一八九〇年に手島村（小手島を含む）と合併する。一八九七年に仲多度郡に所属。一九五八（昭和三十三）年に丸亀市と合併し、現在に至る。

「離島調査」としての武田明による調査は、一九五一年の八月から十月にかけて立石と江の浦を中心に行なわれた。今回の追跡調査も同じ立石と江の浦を中心に行なった。

二　社会生活

広島における世帯数・人口の推移については表2に示したとおりである。人口は一九五八年以降、四二年間で五分の一近くに減少している。また、この間世帯数も半分以下となっている。さらに、一九九〇（平成二）年と二〇〇〇年の年齢別男女別人口（表3）をみると、一九九〇年には全人口の三

表２　世帯数および人口の推移

年	人口	世帯数
1958（昭和33）	3363	851
1960（昭和35）	3302	842
1966（昭和41）	2585	787
1970（昭和45）	2215	677
1976（昭和51）	1753	598
1980（昭和55）	1659	575
1986（昭和61）	1306	508
1989（平成元）	1171	486
1993（平成５）	999	447
1998（平成10）	782	397
2000（平成12）	721	373

注：2000年度『広島支所の概要』（丸亀市役所広島支所）を参照。

二・四％だった老齢人口の割合が、二〇〇〇年までの一〇年間に五〇・六％にまで増加していることがわかる。これは全島民の半数以上が六五歳以上ということを意味しており、高齢化率の高さを如実に物語っている。

表３　年齢別男女別人口

		1990年			2000年			増減率
		男	女	計	男	女	計	
幼齢人口	0〜9歳	21	18	39	2	4	6	15
	10〜14	28	17	45	1	2	3	7
生産年齢人口	14〜19	20	10	30	5	4	9	30
	20〜29	22	13	35	14	17	31	89
	30〜39	26	24	50	14	4	18	36
	40〜49	57	58	115	20	13	33	29
	50〜59	76	72	148	47	45	92	62
	60〜64	34	42	76	33	34	67	88
老齢人口	65〜69	26	41	67	37	40	77	115
	70〜79	42	73	115	45	69	114	99
	80〜89	24	46	70	17	47	64	91
	90〜	1	5	6	3	8	11	183
計		377	419	796	238	287	525	

注１：1990年は『香川の離島』（香川県、1993年）、2000年は2000年度『広島支所の概要』（丸亀市役所広島支所）を参照。
注２：増減率は1990年を100とし、小数点以下四捨五入。

ただし近年では、島で採石に従事する人が子どもの学校の問題から、丸亀に住んで島に通勤するというケースも増えており、昼間の生産年齢人口は、実際には表3よりも多いと推測される。

三　生産・生業

農　業

武田明の「離島採集手帳」（以下、「手帳」と略す）には、農業がおもな仕事で、島とはいえ純粋な農村的色彩が強いとの記述がある。しかし、現在はおもな仕事どころか自家消費程度の農業しか営まれておらず、出荷量もほとんどない。農業を行なわなくなった最大の理由は、人口の減少と農業自体の停滞のようである。

広島で稲作が盛んに行なわれていたのは二五年くらい前のことである。江の浦は晩生のため六月半ばに田植え、十月半ばに稲刈りをした。茂浦にある唯一の水田は、何軒かが共同で自家用に作っているものである。一九九八年には三軒、一九九九年に二軒あったＪＡへの水稲の出荷は、二〇〇〇年にはついに一軒のみとなった。出荷量は一袋三〇キロの米を二〇袋の予定である。

畑の作物は、現在では出荷用ではなく自家消費用で、さまざまな種類の野菜を作っている。江の浦では二五年くらい前までラッキョウを栽培していた。ラッキョウは値がよいため古くから作り、丸亀に出荷していた。その他タバコ・除虫菊・

表4　広島の漁船（6地区）

	立　石	江の浦	釜の越	甲　路	青　木	茂　浦	合計
延縄	4						4
刺網	2	4	4			6	16
定置網	1					3	4
小型底曳			1				1
一本釣り	3	3	3	1	7	5	22
採介藻			1				1
遊漁		2		3	6		11
養殖	1	1				3	5
合　計	11	10	9	4	13	17	64

注：広島漁業協同組合提供の資料による。

ササゲを作っていた。タバコは石材をやっている地区以外の四地区で作っていて、よい収入源になっていたため、坂出の専売局まで運んだ。茂浦にはタバコの乾燥小屋が三つほど現存する。戦前から作っていたが、一五～二〇年くらい前にやめたという。また、果物で作るのは、おもにミカン・カキ・ビワである。立石にナシ農家が一軒ある。

漁業　現在、丸亀市広島漁業協同組合の正組合員は四二人（男性二八、女性一四）、準組合員は一五人（男性一五）である。組合員の多くはタコ・スズキ等の釣り、延縄、建網、小型底引網などの漁業を営んでいる。一時期貝藻類養殖が盛んで、ノリ・真珠母貝・ワカメ・アカガイ等の養殖に取り組んでいたが、現在はワカメくらいのものである。また、一九九一年から始めたトラフグ養殖は、漁業者の熱意と組合の支援によって養殖漁業の中心となっている。

　組合の事業は当初から購買、販売を行ない、一九七一（昭和四十六）年に信用、一九八五年に共済事業を開始したが、信用事業は一九九八年十二月をもって廃止した。広島漁協は二〇〇一年四月に本島漁協に吸収合併されることが決定している。

　各地域における漁種別の漁船数は表4のとおりである。漁船の大きさはすべて三トン未満のFRP船である。

　魚の出荷先は岡山県の下津井や玉島であり、現在、広島漁協では扱っていない。なお、広島に鮮魚を扱う店はなく、島で魚を食べるには、前もって漁業者に頼まなければならない。したがって、海のすぐそばに住みながら、普段はほとんど魚を口にしないという人もいる。このような状態になってから、野菜を作っている家と漁業者の間で、野菜と魚の交換が行なわれるようになってきたという。

採石業　武田は島の南部にある立石・江の浦を中心に調査を行なったため、「手帳」にはほとんど記述が見られないが、「離島調査」以前から採石業は広島におけ

写真１　広島江の浦集落の景観（2000年撮影）

るもっとも重要な産業の一つであった。

広島の石は「青木石」と呼ばれ、大坂城築城の際に切り出されたのが始まりと伝えられるが、本格的に採石事業が行なわれるようになったのは明治に入ってからである。採石業者は青木や甲路、釜の越に多く、茂浦や江の浦には少ない。現在、広島には採石業者が三六軒、石材加工業者が六軒ある。

近年、韓国や中国からの輸入品の質が向上しているため、採石業は厳しい。青木（広島）の採石業は墓石が中心であり、埋め立て用の捨石などにはあまり力を入れていない。そのことが島の採石業の状況をさらに厳しくしている。採石業の景気は経済のバブル現象のころから下がり始め、今は底をついたような状態である。採石の規模の拡大を図りたいところだが、環境の規制が厳しく、容易ではないという。

この現状への対策としては、地元の鉄工所の企画で沖縄風の一族の墓を作るようになり、人気が出てきている。また、石材協同組合の青年部（二〇～四〇歳くらいの人びと一六～一七人で構成）では石を加工し、時計・ペーパーウェイト・傘立てなどを作り、石製品の普及と、石に付加価値をつけることを目指しているという。採石業者はほとんどが家族経営、つまり父親と息子の二人で経営している業者である。この人数では作業の分担ができないので、生産性は上がらない。このような状態ではあるが、採石業は島内ではもっとも活発な産業である。江の浦港からは毎日石を積んだトラックがフェリーに乗り込む。また、島の「若い人」の大半を占めるのは採石や石材加工に従事する人びとである。

四　生活の諸相

カブ（株）　カブとは親戚集団のことをいい、もともと人《にん》名《みょう》の数だけあった。それが後に枝分かれした。江の浦のもともとのカブは一二。ここから分家していき、それぞれ屋号がついている。カブを構成する家々をカブウチという。葬式のときなどにはカブウチが集まって手伝う。戦前に隣組ができて、カブと隣組の双方が葬式を手伝うようになった。結婚式にカブウチの者を必ずよぶということはない。山や畑はカブウチでまとまっていたが、売買などで次第にわからなくなっていったという。

かつては月に一度ほどカブで寄合いがあったが、現在では見られない。また、二〇年ほど前まではカブウチで頼母子講も行なわれていた。さらに、カブウチでは大師講も行なわれていた。カブウチで独自の社（天王さん）を祀るカブもある。他所から移り住んできた人は家の近くのカブに入れてもらったという話も聞かれた。しかし今では、普段付き合いがあるのはわずかな家で、普通は葬式のときばかりがカブウチとの付き合いだという。

つまり、かつては互助組織として、また信仰集団として、あるいは社会的立場の保証機関として機能していたカブが、現在ではその役目をほとんど果たさなくなっているのである。だが、現在でもそれぞれの家がどのカブウチであるかということはしっかりと認識されており、かろうじてその存在だけは保っている。

なお、青木にも「一二姓」という親戚集団がある。水島灘の戦いで破れて落ち延びた平家がその祖先であると伝えられている。こちらは一二姓会という団体を作り今なお結束を深めている。

互助組織

江の浦には、多くの隣組が存在していた。隣組には浜条・脇条・西条・東条などがあり（「条」という単位は地域名で、隣組のようなもの。不幸があると条ごとに手伝いをすることもある。祭りの時も同様。また、頭屋も条ごとにまわる）、これがさまざまな社会的な活動の単位になっていた。現在は家も人も減り、三班に編成替えしている。班ごとに毎月一日、十五日に墓掃除、ゴミ焼き、便所掃除などを実施している。また、班の中には当番があり、一年ずつ交代でつとめる。当番は回覧板を回したり、市の広報や地区のさまざまなお知らせなどを配る。

また、各地区ごとに行なう共同作業のことをデゴトという。年三～四回行なわれる。各家最低一人は出なければならない。地区ごとの神社の祭礼の前、盆前など行事の前に道直しや草刈などを行なう。喪中で神社に入れない人は、別の仕事をすることになっている。江の浦の場合、特別な理由がない限り、デゴトに参加しないときには一〇〇〇円ずつ出す決まりになっているので、基本的には年寄りでもみな出てくる。茂浦ではあまりにも高齢の場合は参加しなくてもよい。

祭　礼

広島にある神社は立石から始まったとされ、島では立石の八幡神社がもっとも古く、格上とされている。島内の八幡はすべて立石から分祀されたという。したがって、現在でも島の神社祭礼は立石の八幡神社を皮切りに、以後、別の地域に続く形式となっている。

立石の八幡神社の祭りは、本来は九月の第二週の土・日曜に行なっているが、二〇〇〇年には神主の都合で日・月曜に行なった。二日前にデゴトがあり、お宮の掃除を行ない、注連縄を張り、幟を立てる予定だったが、人手が足りないために前日まで準備がかかった。

神主は現在では丸亀から来ているが、五年ほど前までは手

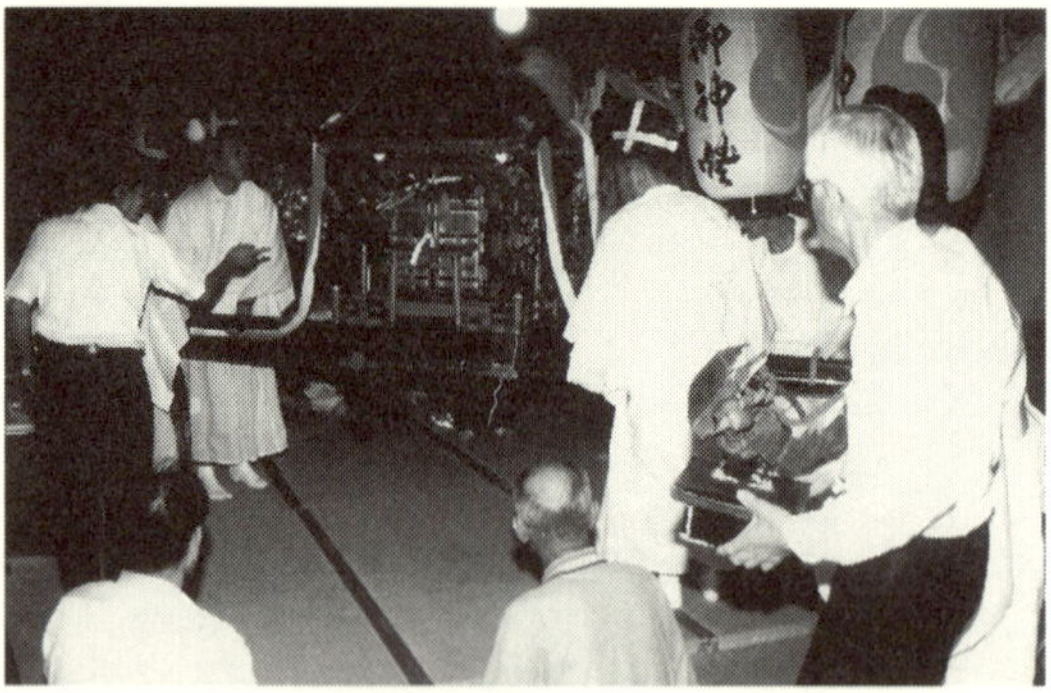

写真２　立石集落八幡神社祭礼（2000年撮影）

島から来ていた。また、手島から神主が来る以前には立石に神主がいた。それ以前には本島から来ていたという話が残っている。本島から来ていた神主は立石にしか来なかったという。

頭屋は一五年くらい前まではカブごとに出していたが、それ以前は香川家がつとめていた。香川家の先祖がこの島に移り住んできた時に、この神社を祀り始めたからだという。現在、頭屋は八月にくじ引きで決めている。任期は一年間だが、大きな仕事は九月の祭りと正月の百々手くらいである。二〇〇〇年の頭屋は坂出に住んでいる人がつとめていた。頭屋の仕事はおもに神主や祭りの参加者に対する接待で、折り詰や酒を出す。この役については昔からそれほど変わりはない。

立石の祭りは昔はにぎやかで、四五年ほど前には旅まわりの芝居が来たり、青年団が芝居をしたりしていた。今は地元の老人が祝詞をあげている。直会には一九人が参加し、そのうち二〇代と思われる若者は二人だけだった。本宮では、神輿が出されるが、現在では山の中腹にある神社から下ることはなく、拝殿脇に出す程度である。二〇〇〇年は雨が降ったため、拝殿内で少し担いだだけだった。神輿を担ぐ人は、「手帳」にもあるように侍人といって、昔は家が決まっていたが、現在では担ぐ体力のある人に任せられている。数年前に島外から引っ越してきた人も参加していた。衣装は昔ながらの白袴に烏帽子を着用する。現在、神前に供える鯛などは丸亀から買ってきている。全体的な祭りの進行に関しては、総代でも頭屋でもない老人がいっさいを取り仕切っていた。他に詳しい人がいないからだという。

「立石の八幡さまは広島全島の氏神さまだという」との記述が「手帳」にみられるが、今回の祭りではそのような意識は感じられなかった。このことは祭りと同じ日に「月見の会」（後述）が催されることにも表われている。しかし、立石の祭りが始まらないと、他の集落の祭りができないという話は聞くことができた。

大神楽

伊勢大神楽講社・森本忠太夫の一座が年に一度まわってくる。専業の神楽師として、全国を歩いている。一八三一（天保二）年に本島で御初穂を集めた記録が残っている。昔は神通丸という船でまわっていた。広島には五泊六日の予定で来島している。一日一浦のペースで広島をまわり、市井以外の集落はすべてまわる。昔はそれぞれの集落で定宿とする家や、休憩所としている家が決まっていた。最近では島の旅館に泊まっているが、二〇〇〇年には宿の都合で利用できず、毎朝丸亀から通うことになった。神楽師は総勢七人。午前中に各家をまわり、獅子舞いを行なう。午後は集落の氏神で獅子舞いや、棒や傘などを使った大神楽を奉納する。釜の越の幸神社での興行の客は一四人だった。休憩所などを担当する家では酒などを振舞う。このような家にはアカダマという薬を配る。食あたりなどに効くという。現在では島民の数も減り、高齢化も進んで、神社での奉納を見学する人はだいぶ少なくなってしまったが、昔ながらのみごとな芸を楽しみにしている老人が多いことも確かである。

写真３　大神楽に興じる人びと（2000年撮影）

写真４　立石のサンマイ（2000年撮影）

葬送・両墓制

江の浦・釜の越・茂浦・立石はもともとは原則的に土葬であった。しかし、墓地が狭くなってきたことと、病院で亡くなるケースが増えてきたことから、丸亀で火葬してお骨を持ちかえる場合が多く、土葬はたまに行なわれる程度となった。島で亡くなった人がでると、昔どおりに一度墓地まで葬列を組んで行き、お経をあげてから港へ行く。そして港から海上タクシーで丸亀まで遺体を運び、丸亀で火葬される。

一方、青木には丸亀市の助成金を得て、個人負担の形での火葬場がある。これを甲路も使用している。火葬場の建設に関しては青木と他の集落の意見が分かれ、結局、青木と青木から分かれた甲路だけで建設するはこびとなった。火葬場は青木と甲路の間の山中に建てられている。

また墓制に関してこの島は、死体を埋葬する墓地（サンマイ）と石塔を立てる墓地（ラントウ）を別に設ける、いわゆる両墓制の習俗が続けられてきた土地でもある。両墓制については武田の報告の時点でもサンマイの方に石塔が立てられるという変化が確認されている。この変化の経緯ははっきりとしないが、江の浦では七〇年ほど前に無住となっていた医光寺が火災にあい、それを契機としてラントウの墓石がサンマイの方に移されるようになったという。近年ではその墓石も「〜家の墓」といった形にまとめられ、墓誌に名前を刻む家が増えている。この変化は高齢化と過疎化によるものである。ラントウの墓石は一軒につき二五〜三〇基ほどある。墓参りや墓掃除はそのすべてが対象となる。これは老人にとってはかなりの重労働である。そこで墓石の近くの土を採り、それを新しい一家の墓に納めて負担を減らそうというわけである。区画整理の行なわれていないラントウにおいて、新しく建てる墓の位置に厳密な決まりはないが、墓地内でそれぞれの家の墓石が集まっている位置が、江の浦の集落のなかで家の建っている位置と一致するため、その慣例にしたがっているようである。

島おこし　広島では人口の減少にともない、高齢化・過疎化が進んでいる。このような状況下において、島民はなんとかして島の活性化を図ろうとしている。活性化事業として、一九八七（昭和六十二）年に広島まちおこし実行委員会を設立し、一九九二（平成四）年にはさぬき広島フォーラム推進委員会を設立した。このような活性化事業は、先人の残した文化を大切にし、快適な生活環境を目指し、人と人の心がふれあうイベントに取り組むことを目的としているという。こういった活性化事業をいっそう充実させるべく、一九九四年には「ふれ愛の町広島を作る会」をスタートさせた。この会は、総務部会・生活部会・社会福祉部会・保健部会・体協部会・特別部会から組織されている。さらに特別部会は、まちおこし実行委員会・フォーラム推進委員会・トライアスロン推進委員会に区分されている。

さぬき広島フォーラム推進委員会は、「祭り好きで島を盛り上げようと考えている人たち」が中心となり、一三年ほど前から活動を開始した。委員会発足の起因は、地域研究の研究者が、現在の生活に不満な点、不足部分を一軒一軒聞いてまわる調査を行なったことである。後の島民会議の中で、なにか委員会を発足させてはどうかとの提案があり、実現した。推進委員会が主催する祭り（イベント）は、わくわく市場（毎月第二日曜日）、魚まつり（五月）、月見の宴（九月）、フォーラムふれあいまつり（十一月）である。わくわく市場は、家々で自家消費程度に作られている野菜や果物があまるため、物々交換の目的で始めた。魚まつりは月一回のわくわく市場に含まれるが、魚まつりは島外にもアピールしているため、丸亀から一〇〇〇人近くが島を訪れるという。また、魚まつりには仲南町（仲多度郡）の太鼓と高瀬町（三豊郡）の良心市も参加する。高瀬町の催しには広島からも出向いて交流を深めている。月見の会は浜からきれいに見える中秋の名月を生かし、島民同士のふれあいを楽しむ目的で始められたといい、二〇〇〇年で八回目になる（九月十日実施）。おおよそ、島内二〇〇人、島外一〇〇人が参加した。また県知事や地元選出の参議院議員も来島した。トライアスロン大会は今や島の一大イベントとなっている。しかし、年々参加者は減少し、大会の運営には苦心している。市からの補助金も少なく、他の島おこし事業への補助金の流用もできないため、多くの人が不満をもっている。

これらの島の活性化事業は、かならずしも全島民の意見が一致したうえで行なわれているわけではなく、島内ではさまざまな異論があるようである。しかし、これだけ多くのイベントが企画・実現され、丸亀に近いという地理的条件を生かし、島の内外に向けてアピールされているという現実は、この島が高齢化や過疎化という問題をただ悲観的に受け入れているだけではないことを具体的に物語っている。

主要文献

香川県仲多度郡　一九一八『仲多度郡史』

香川県教育委員会　一九七四『民俗資料緊急調査報告書』（塩飽諸島のうち広島・手島・小手島）

瀬戸内海歴史民俗資料館　一九八二『本四架橋に伴う島しょ部民俗文化財調査報告』（第2年次）

丸亀市立広島小学校開校百周年記念事業実行委員会　一九八六『広島小学校百年史』

丸亀市立広島西小学校創立百周年記念事業推進委員会　一九八七『「心経」百年のあゆみ』

（松田睦彦）

高知県宿毛市－鵜来島（旧幡多郡沖ノ島村）

一　地理と歴史

鵜来島は高知県宿毛市沖にあり、四国最南西端に位置する有人島の一つである。面積は一・三二平方キロ。姫島など周辺の無人島を含めた沖の島町全体の面積は一二・三六平方キロで、沖の島（一〇・五二平方キロ）が最大規模の島である（図1参照）。地形は全島花崗岩からなり、平坦地はごくわずかである。島の周囲の大部分は崩落の危険をはらんだ巨岩が目立ち、急峻な海岸線となって断崖絶壁を形成し、唯一つの集落はわずかな平坦地を含んだ島の入り江を中心に形成されている。気候は南太平洋の特色の一つである亜熱帯気候に属し、アコウ、ビロウなどの亜熱帯植物が自生するなど一年を通じて温暖で、沿岸には珊瑚礁も点在する。降雪はほとんどない。冬季の季節風と夏季の台風時にはたちまち孤立し孤島と化す。

宿毛市の沖の島町域は、沖の島と鵜来島の二つの有人島と現在無人の姫島などからなり、藩政時代には土佐領と伊予宇和島領に二分されていた。鵜来島と沖の島の母島は宇和島藩の伊達家の所領で、沖の島の弘瀬は土佐藩の山内家の所領であった。こうした背景が地域の文化や民俗に与えた影響は少なくない。一八七四（明治七）年の廃藩置県で旧伊予宇和島領が高知県に移管され、一八八七年の町村制施行により高知県幡多郡沖の島村として成立。さらに一九五四（昭和二十九）年の町村合併によって宿毛市沖の島町となり現在に至っている。

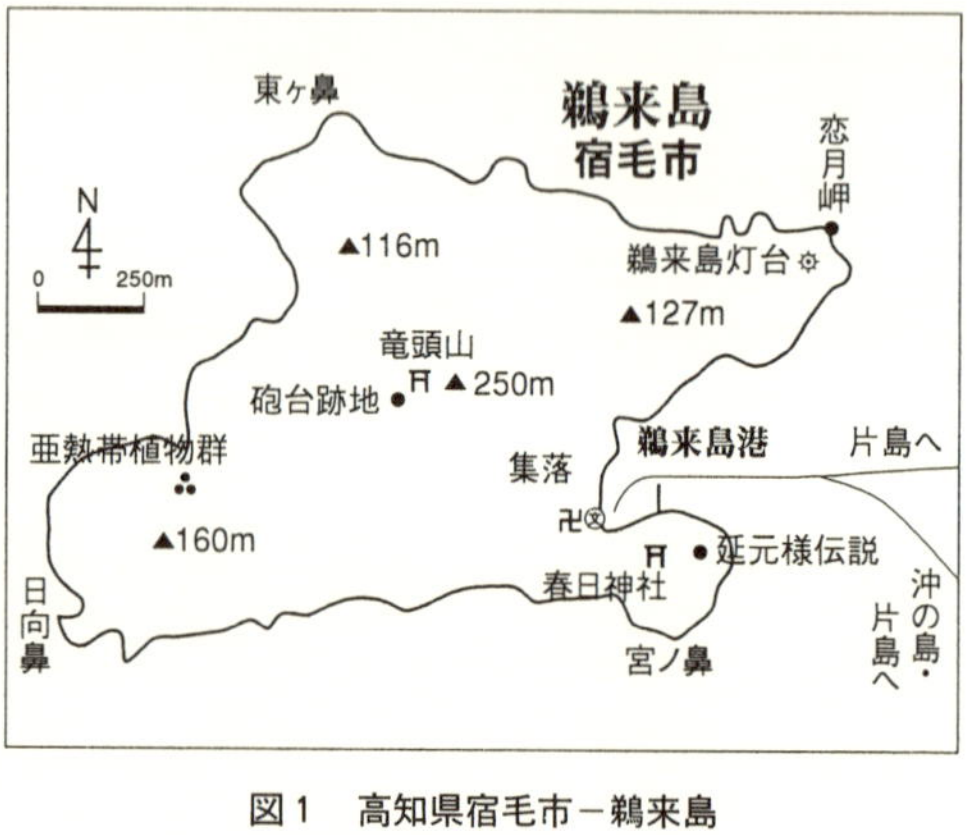

図1　高知県宿毛市－鵜来島

なお、鵜来島で牧田茂による「海村調査」が実施されたのは一九三八（昭和十三）年春のことで、当時の調査記録「採集手帖」（以下「手帖」と略す）には当該地ならびに沖の島の生活文化が詳細に記されている。

ただし本稿では、紙幅の関係から鵜来島の報告に限定することにした。沖の島に関しては参考文献欄の拙稿を参照されたい。

二 社会生活

世帯数・人口の推移 鵜来島の世帯数・人口の推移については、単純に一九七〇（昭和四十五）年以降の数値だけみても、世帯数・人口ともに減少傾向を免れていない。同年を一〇〇として一九九六（平成八）年の数値と比較すると、人口は二七％に激減。過疎化の進行が顕著であることがわかる。一方、宿毛市全体では世帯数・人口とも微増傾向にあり、宿毛市が中村市とともに高知県南西部における経済的中心地の役割を担いつつある状況を示している（表1参照）。

鵜来島出身の武久弘幸氏（元宿毛市役所職員）の調査によれば、鵜来島では大正初期から人口増となったが、一九六〇年以降減少に転じた。戦後すぐの急増は台湾からの多数の引揚者、大阪への出稼者の帰郷、さらにそれに伴う出生者増によるという。この結果、昭和三十年代は子どもが非常に多く、小・中学校の生徒は一二〇名くらいいたとされる。台湾移住のピークは一九一八（大正七）～二一年ごろで、大正期の人口増加期は同時に多数の出稼者の発生時期でもあり、次男・三男はもちろん、相続人である長男までもが台湾に渡るケースもあった。移住の背景には近世以来継承されてきたサンゴ採集と加工の技術力が台湾で期待されたことがあり、サンゴ加工に従事したのである。

表2は一九八〇年以降の鵜来島の年齢別人口の推移をほぼ五年おきに示したものである。幼齢人口と生産年齢人口とが減少傾向にあり、逆に老齢人口は増加傾向を示している。とくに一九九五年時点で若年世代の存在が皆無なのに対し高齢者が人口の半数以上を占めているのが特徴的で、過度の高齢化社会であることがわかる。

社会と集団 近世以来、鵜来島は単一集落で構成されてきた。かつて鵜来島には川を境に集落を二分するオクとハナマエの地域区分概念があったが、現在は実質的機能を果たさず意識されることもないという。

地区組織と漁業協同組合 一九九八年現在、鵜来島の地区組織の役員は区長一人、評議員四人で、評議員（三年任期）は選挙で選出される。さらに地区は四班に分けられ、各班一人の班長（一年交替）が選ばれる。行政からの連絡などは区長・大使・班長・住民の順で伝達される。大使とは区長の指示に従って雑務を行なう役目で、島内の各家が一年交替の輪番で務めている。

一方、島の運営に不可欠な存在として漁業協同組合があり、漁業を主生業とする島で漁業協同組合（以下、漁協と記す）は大きな力を保持してきた。漁協の代表者である組合長と行政の中心的役割を果たす区長とが、島運営のためのもっとも重要な役職といってよい。この両者の役割は重複することも少なくないため、昭和三十年代以降は組合長と区長とを兼任するのが普通となってきた。しかし長期の固定的人選と人口減少、高齢化の結果、区長への積極的な新規立候補者がなくなったため、一九九四年の総会で区長を交替制とし、同時に組合長との兼任も廃止となった。同時に以前までは同様に認められた漁協理事と地区評議員の兼任も禁じられている。

　漁協は一九九四年までは沖の島地区に三つの漁協が存在し、鵜来島には鵜来島漁業協同組合があり、組合長、理事（五人）、幹事（二人）で構成されていた。ところが一九九五年に三漁協が合併し沖の島漁業協同組合が結成されたため、鵜来島漁協は支所へと格下げ、組合長も副組合長に肩書きが変わり、さらに理事三人、幹事一人に減員となった。

　地区の総会は

表１　鵜来島・宿毛市の世帯数・人口の推移

	鵜来島		宿毛市	
	世帯数	人口	世帯数	人口
1696（元禄９）	41	200		
1913（大正２）	65	449		
1936（昭和11）	68	278		
1950（昭和25）	79	407		
1955（昭和30）	79	429		
1960（昭和35）	81	440		
1965（昭和40）	81	343		
1970（昭和45）	65	252	7212	25028
1975（昭和50）	65	194	7625	25340
1980（昭和55）	60	161	8196	26080
1985（昭和60）	58	133	8398	26255
1990（平成２）	47	88	8662	25828
1995（平成７）	40	74	9299	25658
1996（平成８）	35	69	9400	25593
1996／1970	59%	39%	130%	102%

注１：1696年、1950～55年は武久弘幸氏（鵜来島出身、元宿毛市役所職員）の調査による。
注２：1913年、1936年は「採集手帖」の記載による。ただし戸数。
注３：1970～1990年は国勢調査、1960～65年と1995～96年は住民基本台帳による（『統計から見た沖の島町』宿毛市、1997、他）。
注４：1996／1970の数値は小数点以下四捨五入。

表２　鵜来島の年齢別人口の推移

	1980	1985	1990	1993	1995（男／女）
0～14歳	28	14	1	1	0（0／0）
15～24	12	12	1	3	0（0／0）
25～29	11	7	3	0	0（0／0）
30～34	9	7	3	3	0（0／0）
35～39	7	8	4	2	1（1／0）
40～44	12	6	3	6	2（1／1）
45～49	20	9	4	3	4（3／1）
50～54	26	19	8	9	4（0／4）
55～59	8	24	17	8	5（3／2）
60～64	8	8	21	21	13（6／7）
65以上	20	19	23	32	31（16／15）
総数	161	133	88	88	60（30／30）

年齢別割合

［幼齢人口／15歳未満］

1980	1985	1990	1993	1995
17%	11%	1%	1%	0%

［生産年齢人口／15～64歳］

1980	1985	1990	1993	1995
70%	75%	73%	63%	48%

［老齢人口／65歳以上］

1980	1985	1990	1993	1995
12%	14%	26%	36%	52%

注１：年齢別割合の数値は小数点以下四捨五入。
注２：データはすべて『統計から見た沖の島町』宿毛市（1997）による。

昔から旧暦の一月四日とされているが、区長と組合長（現副組合長）との兼任が禁じられてからは漁協との日程調整が必要になった。総会ではその年の年間行事の日程などが決定される。区長以外の行政関係の役員として、民生委員一人、青少年協議会に一人の役員を出している。消防団はあるが実質的な機能は果たしていない。

写真１　鵜来島の景観（1998年撮影）

互助組織と擬制的親子関係　鵜来島では、互助は親戚など血縁者同士で行なう。家の普請や葬式などで直接手伝うのは親戚であるが、野辺送りなどは島民のほとんどが参加する。このため葬式組や講などの組織はない。互いに手伝いをすることをモヤイ、テマといい、その返しをモヤイブセとかテマガケ、テマガエシという。肥担ぎや餅搗きなどが該当する。また、返しなしで病気の世話や芋の苗植えなどを手伝ってもらうことをコーロクという。だが、コーロクは完全な一方的便宜供与ではなく、受けた側は、はっきりしたお返しではないがそれ相当のことはするという。これらは現在でも変わらずに行なわれている。

地区の公的な雑務である道路補修や掃除は輪番制によるデヤク（出役）で行ない、年二回、市から助成金が出る。それ以外の場合は区長が触れを出して行なう。

また、鵜来島では戦前までは若い衆ヤドが盛んだったが、現在ヤドは消滅。青年団も若い衆ヤドとは別に戦前から存在したが、若年者層の不在から現存しない。現在、漁協青年部があるものの、メンバーは三五歳以上の数人にすぎない。戦前までは若い衆ヤドのヤドオヤと子どもとの間の特別な関係や、仮親を立てるオヤドリと呼ばれる擬制的親子関係も確認されたが現在はない。また、地元の者同士のみならず他から一人で来たような人との間にも、擬制的兄弟の絆を結ぶ兄弟契約の関係がかってはみられた。

交通交易

島内交通　鵜来島は一集落であり、平坦地がほとんどなく海岸からの斜面地に家が密集している。このため島内の道は主として集落内の階段状の通路、集落から畑や山、水源地や墓地へ行くための通路に限られる。島内道路は一九六五（昭和四十）年ごろに島民全体が協力し、自らの手でほぼ舗装整備がなされている。島内農道の整備は離島の整備事業として行なわれ、土地を無償提供して農道への接続を計ってきた。しかし、近年の急激な過疎化で耕作地の放棄がみられるため、市も事業の継続をあきらめ工事途中で中止されている。街灯は、以前、学校の教員で器用な人が個人持ちで材料を準備し整備した。街灯維持の費用の大半は漁協が負担、一部を地区住民が負担してきた。

家同士の間を急峻な階段状の狭い道で結ぶ島社会独特の環境は、こうした地形下での生活を反映して物の運搬方法に独特の形態をもたらし、それも時代とともに変化してきた。昭和初期まで鵜来島では頭上運搬が当たり前だったが、その後、海軍による砲台などの工事を契機に、カルイ（背負い梯子）が一般的な運搬具として使用されるようになった。カルイには腕（爪）があり、はじめは自然木の木の枝を半分に割って使用したが、後に角材を細工して組んだものを用いるようになり、これが現在も各家庭で使用されている。当地ではもともと、背中にあてて荷物を運ぶ背中あて（負い子）のことをカルイといったが、背負い梯子が入ってからは、主としてこれをカルイと呼称するように変化した。さらに、道路整備の進展とともに、手押し一輪車での運搬も階段状以外の道では日常的に行なわれている。

島外交通　港は現在の位置にある港のみで、他の入り江を利用した形跡は見られない。学校（休校中）の建つ場所に以前は砂浜があり、船の出し入れはここで行なわれていた。

島外社会との交通は、戦前は一日一便の郵便船が通い、この船が客を乗せていた。沖の島村の村営船が定期船として宿毛市側の片島とを結ぶ運航を開始したのは昭和二十年代のことである。その後一九五四（昭和二十九）年に周辺町村が合併して宿毛市が成立、市の運営となった。船の基地は村営時代から沖の島の母島で、当時は母島―弘瀬（沖の島）―鵜来島―相島―片島（宿毛）―相島―鵜来島―弘瀬―母島の運航コースをたどった。のちに片島が基地となり、片島―鵜来島―弘瀬―母島―片島という現在のコース（一日二便）に変更された。ちなみに、片島―鵜来島間は約二三キロ、六五分を要する。

定期船は島と外社会とを結ぶ島民の大切な足であり、生活物資の運搬にも活用され、新聞や郵便、宅配便以外にも、自転車から軽自動車までが積み込まれることもある。工事関係者の姿はつねに目にするが、ハイキング目的等の観光客の姿はまれであった。富山の薬売りは現在も来ており、昔は呉服屋も盆や祭礼前に来た。かつては蒲団売りに鵜来島の人ほとんどがだまされたこともあった。その他、芝居の一座などを金持ちから寄付を集めてよんだこともあったが現在はない。

その他の交通・交易手段として漁船そのものも考慮に入れる必要がある。漁船は島民の足として生活物資の運搬に利用されることが少なくない。さらに、磯釣客やスキューバダイビング客などを対象とした渡船業も、島と外社会を結び付ける手段の一つである。

なお、昔は島内婚が多く、沖の島との通婚さえ少なかったという。沖の島では現在もよほどのことでないと鵜来島には行かない。最近は地元同士の結婚はほとんどない。

三 生産・生業

現在、鵜来島では漁業以外の生業はほぼ見当たらない状態で、わずかな耕地で営まれる農業は自家消費以外のなにものでもない。農漁業五四戸、漁業六戸、大工六戸、商人二戸（「手帖」）を数えた昭和初期の半農半漁の姿はすでにない。かつては漁師の子は漁師を継ぐという感覚が一般的で、たとえ重要な現金収入源である出稼ぎで長期間島を離れても必ず最後は帰島した。しかし人口減少期になると、子どもの進学等を契機に挙家離島したり、若夫婦と子どもが島を離れたり、漁師から他の職業に転職するケースも多くなった。親が島に残っている場合は遠隔地への転出は少ないが、島に戻る気配は稀薄である。

農業 以前は耕せる場所はすべて畑にし、女性・老人・子どもを中心に畑作が行なわれてきた。麦作を基本とした農業が行なわれ、ハダカムギやイモ類が盛んに作られ出荷していた時期もある。イモは切り干しや干しイモにして何百貫も出荷し、機帆船が積みに来たこともあった。一九三八（昭和十三）年に鵜来島を訪問した牧田茂によれば、大量の干しイモの粉で島中が真っ白に見えたほどだったという（成城大学民俗学研究所編 一九九七 一二八）。敗戦後はホケと呼ぶ自家製のイモ焼酎を大量に作ったこともある。麦とイモは同じ畑を使う場合が多かった。一時、畑での稲作を試みたこともあったが、水量不足やネズミの被害などで失敗している。農協は昔からなく、米は買うものと認識されている。

耕作地は急斜面を利用した段々畑で、現在はおもに女性たちが自家消費のための畑作を行なっているが、人口が激減し耕地の多くが雑草に覆われている。夏期は薩摩イモやサトイモ・スイカ、秋期・冬期には菜っ葉などの蔬菜類やダイコン、春期はニンジン、ジャガイモ・タマネギ・ナス・キュウリなどが細々と作られ、ダイコンなどには魚の骨や頭を壺の中で腐らせたクサラカシを肥料としてかけている。

漁業 漁業の現状をみると、鵜来島ではイサギの撒き餌釣りやカツオの曳縄釣りが中心となっている（表3参照）。「手帖」に鵜来島では発動船二艘、小釣船三三艘と記された漁船が、その後、規模、装備ともに飛躍的な向上をみたことはいうまでもない。昭和十年代には漁船が軍に徴用されたため、しかたなく五丁櫓の和船を漕いだこともあったというが例外的な話であろう。島周辺が古くから好漁場として知られた鵜来島では、近世は伊予伊達藩の管轄下で税を納めつつ、いつでもムロやアジを捕ることができ、島の若者の大部分が船に乗ったという。

船の乗組員と船主は契約を行ない、漁獲の分配は昭和二十年代は船頭と機関長は一・五人前、アミハリ（副船頭）は三分、ヒノリは二分、オヤジ役（副船頭の交替）は二分をそれぞれ一人前に加え、他は船頭が働きを見て一人前に付加分を

表3　鵜来島の漁撈暦（現在）

操業月		2月	3月	4月	5月	6月	7月	8月	9月	10月	11月	12月	1月
操業期		春			夏			秋			冬		
釣漁	沖漁		本カツオ・キハダマグロ［一本釣り］										
	近海漁	ソーダガツオ［餌流し釣り（カタクチ鰯）］											
		ヨコオ・カツオ［曳縄釣り］											
		ビンナガ［曳縄釣り］											
				イサギ［撒き餌釣り］									
								カンパチ［ビシ釣り（イカ餌）］					
		モイカ（アオリイカ）［イカガタ漁〈ウキガタ・シスミガタ〉（夜釣り）］											
網漁		グレ（イズスミ）［磯建網］											
		イセエビ［刺網］											
磯漁			テングサ［潜水・徒歩］										
			ナガレコ・アナゴ・ホラガイ・オキキ［徒歩］										
		イワノリ［徒歩］											

注：［　］内は漁法や漁獲手段を示す。田村勇調査（1998）

加えていった。通例十月になると人を雇い始めるが、一九六五（昭和四十）年ごろの人手不足のころは、早い船では盆のころには早くも来年の乗組員を確保するための働きかけを始めたという。約束がまとまれば手付金が支払われ、手付金を受け取ったら他の船には乗れない。暮れに、正月を越すための融資として前金が支払われることもあった。約束が決まるとキマリといって固めの杯を交わすが、これをオオブルマイという。その後、ノリクミイワイの祝宴が船主の家で開かれ、一緒に船に乗り込む仲間となる誓いが交わされた。

こうした乗組員と船主との契約に基づく漁船経営はしだいに衰退し、昭和三十年代には他所の島の船主の船に乗り込むケースも増加、分配法も変化した。船頭二・五人前、アミハリ二人前、ヒノリが二人前となり、一艘の漁船に一二～三人が乗ると、船主の取り分は七～八人前と、以前より減少した。船員の取り分はおよそ三三％であるが、船主は食料代から燃料・餌・氷まで負担する。さらに船員保険も船主負担であるのに対し、船主は保険の対象にならないという条件が漁船経営を困難なものにしてしまった。その結果、一九七〇年代後半以降には、もはや経営しきれなくなり手を引くケースが多くなっていったのである。

だが、終戦直後の鵜来島では男たちが復員して人口も増え、漁獲も多かったことから漁業が栄えていた。一九五八年ごろから六〇年代後半の一時期は一二人乗りのカツオ一本釣りの船が九隻もあり、まさに島一番の繁栄期でもあった。鵜来島の船のカツオ一本釣りは、東は室戸岬から南は種子島や屋久島の間で操業していたほどである。しかし、カツオ船はその後、大型化と高速化がはかられ、漁場も三陸方面まで拡大し、船員の引き抜きも盛んになった。大型カツオ船は直接接岸できないため、沖にいて伝馬船がハシケで人を運ぶほどであった。その結果、鵜来島のカツオ船は太刀打ちできなくなり衰退していったのである。また、宿毛などの漁師が高賃金で鵜来島の漁師を雇うようになったことも鵜来島漁業衰退の一因となった。現在は足摺岬から九州の延岡までの範囲で、個々人による一本釣りの操業が続けられている。

渡船・民宿・その他

鵜来島の人々にとって、漁業衰退以後の出稼ぎは必然といってもよかった。そして現在、島の存亡と大きく関わる生業となっているのが磯釣り・スキューバダイビング・海水浴等の海洋レジャーに呼応しての渡船業・民宿業で、レーダー等を装備した数千万円もする高価な船も港に目立つ。観光地と呼べるほどの絶対的な要素を持たないこの島で、唯一将来的な展望の描ける生業であると思われる。だが、まだ受け入れ態勢は不十分で、鵜来島では一般観光客の受け入れに対応しきれない民宿が多いうえ、民宿経営者が日常は宿毛市側に家を構えて生活していたりと、ネガティブな要素が少なくない。

四　祭礼行事の変化と継承

ここまで島の生活と民俗の変化の一端について簡略に述べてきたが、以下では島最大の行事である春日神社の祭礼を素材に、変化の実態をより詳細に確認してみたい。

鵜来島の氏神は春日神社で、以前は神社維持のための掃除をしたり、行事や祭礼時に神主を助ける役目の宮守がいた。現在は宮番が神社の世話を行ない、経費は集落負担、責任は区長が果たしている。春祭りは旧暦三月十七～十八日。秋祭りは旧暦八月十七～十八日であったが、近年は九月の土・日曜、一九九八（平成十）年は十月の土・日曜となった。春は大月町から太夫が来て祝詞をあげ簡単に済ませるが、秋は盛大であった。祭りは島全体で行なう島最大の行事であり、以前は青年団が実行主体であった。現在でも島民全員で行なうが、人数がそろわず開催が困難となりつつある。

秋の宵宮では太夫が祭典を執行し、そのあと神社でお神酒や刺身などをいただく。翌日の本祭りでは、神社で太夫が神輿に神霊を移し、午後一時ごろに浜に降りてくる。祭礼のもっとも華やかな場面が、神社から浜に拵えたお旅所に神輿を降ろす儀礼で、ウシオニと呼ぶカシラをつけて扮装した者が先導し、子ども四人を乗せ太鼓を叩くヤグラがそれに続き、最後に神輿が降りてくる。子どもたちの乗るヤグラは慎重に降ろし、青年団でもベテランが担当してきた。神輿はコシヅキ

写真２　神社を出る牛鬼（1998年撮影）

として選ばれた一二人が担ぎ、ウシオニは青年団の若い者一二〜三人が担当した。現在のヤグラは明治のころ地元の事業家が京都から買ったもので、青年団が漁に出てその代金を支払った。一九四九（昭和二十四）年ごろに柱を替え、一九八五年に下部をケヤキに替えたが、欄干は昔のままである。以前はカツオ漁で男性不在の際はヤグラには女性が付き添ったというが、神輿は男性のみである。神輿を担ぐ者は海に入り身を清め、一番風呂に入るが、ヤグラは身を清めない。また、ウシオニは昔は毎年新調したが、今は祭礼前日に補修し使用する。現在のウシオニは一〇年ほど前に作ったもので、昔より小さいという。かつては首が動かせ、無気味なので子どもたちは怖がって近づかなかった。面の造作に大きな変化はないが、今の一木を彫ったものと違い、以前は別の木を打ち付けていた。ウシオニの体はグイメという曲がる植物を使用し、それに割った竹を縦に取り付けて作ってある。

　浜まで降りた神輿はお旅所の前を練り、ウシオニも左まわりに三回広場をまわる。昔はウシオニを神輿にぶち当てたが、今は修繕費がかかるので当てない。昔はヤグラ、ウシオニ、神輿が互いに文句を付け合い喧嘩になることもあった。お旅所に神輿が安置されると餅まきとなる。その後ウシオニが先導して船に乗り、船の悪魔を祓った後で、太夫が拝んだ神輿を船に乗せる。この時に昔は船から酒一升が出た。神輿降ろしが終わると、青年団はウシオニのカシラだけを取り出し集落の各家をまわり、家に入る時は青年がホラ貝を吹いて悪魔祓いとし、土足で座敷に上がった。若い者三〜四人がシュロで編んだ綱を持ってまわり、そこにノシをくくり付けた。各家では必ず金か酒を出してくれたという。翌日をウラツケといい、ノシビラキをして祝儀で青年団が飲んだ。

　かつては青年の果たす役割がきわめて大きく、コシヅキ以外はほとんど青年が担当してきた。だが人口が激減し高齢者ばかりとなった今、島最大の行事である祭礼も島民だけでの実施が困難になっている。そこで島出身の学校の教員に依頼し、島を出た子どもたちや教員仲間にも手伝いを頼む状況となった。島を出ても祭礼のために帰郷する人は多く、なんとか実施にこぎつけている状態といえるが、船に神輿を乗せたり、青年が各家をまわる行事はすでに行なえなくなった。また、一九九五年とその翌々年はヤグラが出せなかった。

　昔はドサまわりの芝居が来て、祭りのあと神社の仮設の舞台で見物したこともあった。青年団が芝居をよび、その木戸銭をハナとして青年団の活動費に当てていたこともあった。デコ芝居も来て各家をまわったが、むげに帰すと人形を振った。そうするとその土地によいことがないといった。現在の祭りからは想像できない賑わいや活気があったのである。

　幼少年層が不在で高齢化が進み、極度の過疎に悩む鵜来島の状況は、すでに社会存続の危機に結び付くほど深刻である。社会規模の脆弱化は、さまざまな民俗的慣行を受け継ぐ世代の喪失を意味している。春日神社の祭礼も、過疎化、高齢化の影響をダイレクトに受け、青年層の不在から青年団の役割が果たせなくなるなど、祭礼そのものの維持が困難な状況にまで至っているといえよう。祭礼日程の変更は、島外事情に島内事情がふりまわされ、島の社会的安定性が著しく低下した現状を伝えている（なお、鵜来島の社会状況や民俗とその変容の詳細に関しては、拙稿「土佐・宇和島境界域海村の民俗変化」を参照されたい）。

主要文献

高木啓夫　一九六二「鵜来島採訪記」『土佐民俗』二一―三

牧田茂　一九六六『海の民俗』岩崎美術社

宿毛市史編集委員会編　一九七七『宿毛市史』宿毛市教育委員会

わが母校鵜来島編集小委員会編　一九八九『わが母校鵜来島』宿毛市立鵜来島小学校創立百周年・中学校創立四十周年記念事業実行委員会

成城大学民俗学研究所編　一九九七「座談会『海村調査』『離島調査』を語る」『民俗学研究所紀要』二一

八木橋伸浩　二〇〇〇、二〇〇一「土佐・宇和島境界域海村の民俗変化―高知県宿毛市沖の島町鵜来島・沖の島の事例から―」Ⅰ、Ⅱ『論叢』（玉川学園女子短期大学紀要）二四、二五

（八木橋伸浩）

大分県北海部郡佐賀関町
（旧北海部郡佐賀関町・一尺屋村）

一　地理と歴史

地理　佐賀関《さがのせき》町は、大分県沿岸部中部に位置し、町域は佐賀関半島を形成している。突端の関崎は豊予海峡（速吸瀬戸《はやすいのせと》）を隔てて愛媛県佐田岬と対置している。面積約五〇平方キロの町の中央には、海抜二〇〇～三〇〇メートルの樅ノ木山脈が走り、裾野が海岸線に迫るリアス式海岸で、町内に平坦部は少ない。気候は、亜熱帯性植物が繁茂する温暖な地域である。

大分市・臼杵市中心部へは二五キロ程度の距離で、両市内へ通勤する住民も多い。町内にJR日豊線の幸崎駅がある。一九六九（昭和四十四）年に佐賀関町と愛媛県三崎町を結ぶ、九・四フェリーボートが就航している。

歴史　『古事記』『日本書紀』の神武天皇東征の条に、地名曲浦《わたのうら》およびその住民珍彦《うずひこ》（椎根津彦《しいねつひこ》）の記載がある。曲浦は佐賀関のこととされ、珍彦は椎根津彦神社の祭神である。また、『豊後国風土記』にある「佐加郷」は、現在の佐賀関町の行政区域とほぼ同一と比定されている。朝日山（遠見山）には関司が置かれ、佐加郷の関、すなわち佐賀関の地名の元となった。

一六〇一（慶長六）年肥後熊本藩領として加藤清正の支配地となるが、一六三二（寛永九）年以降は熊本藩の飛び地として細川氏の支配を受けた。佐賀関港は、藩主の参勤船隊の日和待ち港として使用された。近世期の佐賀関は、日和待ち港として利用されただけでなく、早吸日女《はやすいひめ》神社・椎根津彦神

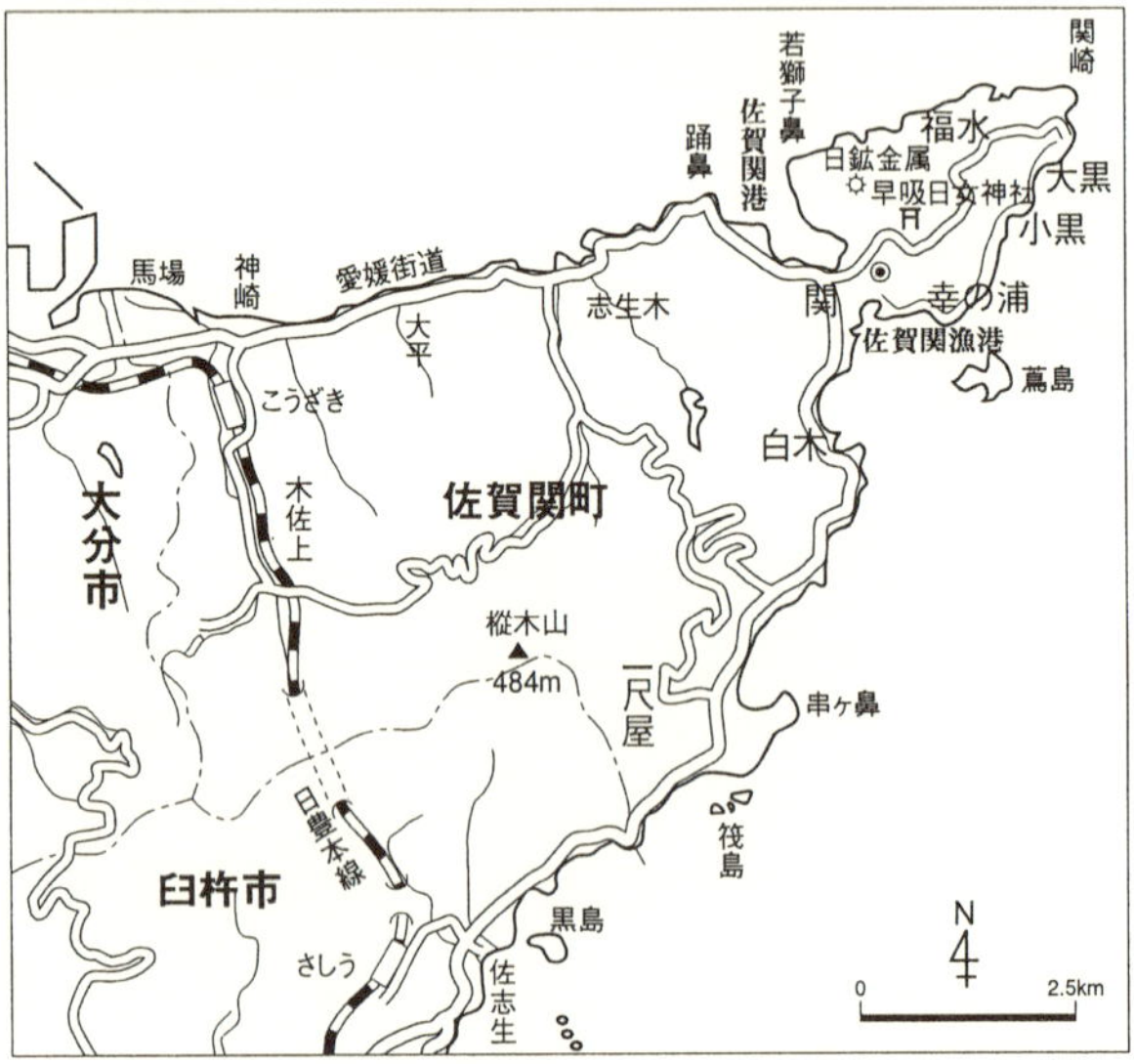

図1　大分県北海部郡佐賀関町

表１　佐賀関町略年表

1903（明治36）	佐賀関漁業組合創立
1910（明治43）	このころ火力発電会社「佐賀関電気」により市街地に電灯がともる
1913（大正２）	久原鉱業精錬所設置計画申し入れ
1914（大正３）	日豊線大分・幸崎間開通（幸崎線）
1916（大正５）	大分水力電気株式会社送電開始
1939（昭和14）	佐賀関上水道完工給水開始
1948（昭和23）	佐賀関町、神崎村、一尺屋村農業協同組合設立
1955（昭和30）	佐賀関町、神崎村、一尺屋村合併し、佐賀関町となる
1957（昭和32）	一尺屋簡易水道新設
1961（昭和36）	佐賀関農協と一尺屋農協合併する
1963（昭和38）	福水、小黒簡易水道新設
1965（昭和40）	佐賀関農協と幸崎農協合併し、新佐賀関農協発足
1966（昭和41）	関崎観光道路開通、展望台新設
1968（昭和43）	町内四漁業協同組合合併して佐賀関町漁業協同組合発足
1969（昭和44）	国道九・四フェリー運転開始
1973（昭和48）	神崎漁業協同組合分離
1998（平成10）	JA佐賀関、JA臼杵・JA鶴崎と合併し、JA大分のぞみ発足

注：『佐賀関町史』などより作成。

社の参詣者が訪れ、飲食店・遊女屋などがある港町として賑わった。細川氏は、佐賀関の干鮑、煎海鼠を幕府等への献上品に用い、アワビを保護し、これを採る海士を育成した。

明治中期以降は陸上交通の発達で港町に衰退の翳りが見えるなか、久原鉱業株式会社（現日鉱金属株式会社佐賀関精錬所。以下日鉱、あるいは精錬所と記す）が大規模な中央買鉱精錬所の建設地に佐賀関を選定した。町内は賛成派と反対派に分裂し、反対運動が起こるが、一九一五（大正四）年には和解が成立、一九一七年には操業が開始された。日鉱は、住民の雇用先となったのみならず、下請けなどの関連事業が展開し、それらが商店街の顧客となり、佐賀関町の経済発展の中心的存在となった。

瀬川清子が海村調査のため、佐賀関町・一尺屋《いっしゃくや》村を訪れたのは、一九三九（昭和十四）年であった。一月五〜七日の三日間、一尺屋村で当時の村長・区長の二人から網漁や若者組、婚姻儀礼などについて、旧佐賀関町で海士二人・海女一人からおもに潜水漁について聞き取りをしている。本稿では、佐賀関町内のうち、瀬川が調査した地域、事項についての追跡結果を報告する。

二　社会生活

地域区分　一八七一（明治四）年廃藩置県の際、現佐賀関町域には一八の村が存在した。一八八九年町村制施行により佐賀関町・一尺屋村・神崎《こうざき》村・志生木《しうき》村・大平《おおひら》村・木佐上村・馬場村が成立、一九〇七年には、神崎村以下が合併し、佐賀関町・一尺屋村・神崎村の一町二村となった。この一町二村が一九五五（昭和三十）年に合併し、現在の佐賀関町が誕生した。

佐賀関町は行政体としてはひとつであるが、さまざまな場面で旧来の一尺屋・神崎・佐賀関といった地域区分が利用され、生活形態の異同も少なくない。行政的には、佐賀関町内は地名を冠した七四の区に分けられている。

旧佐賀関町内を白木地区と関地区に、関地区をさらに上浦・下浦・半島部に、旧一尺屋村を上浦と下浦にという分け方も使用されている。関上浦には一一区、下浦に一二区、半島部に三区あり、白木は七区、一尺屋上浦に八区、下浦は六区である。

関地区の上浦は佐賀関町の中心地域で町役場など公共施設があり、商店街が形成されている。下浦は、一本釣り・海士など漁業者の多い地域である。半島部とは、福水・大黒・小黒の集落を指す。集落間の道が狭く、集落によっては近年まで船で行き来をしていたという。白木地区は、下浦と隣接する秋ノ江地区を除いて漁業者は少ない。一尺屋地区は、現在は一本釣り中心で佐賀関と同様の漁業形態であるが、かつては地曳き網漁が盛んだった。また、斜面を利用した柑橘栽培が盛況だった時期もあった。

人口

一九一四（大正四）年における、現佐賀関町域内の人口は一万七一五二、二八八五戸で、日鉱の操業開始に伴い、人口は増加していった。人口のピークは一九五九年の二万六五四五人、世帯数のピークは、一九六七年の五九八四世帯だった。二〇〇〇年六月現在、佐賀関町の人口は一万三六五四（男六四三一、女七二二三）、世帯数四八三〇、平均世帯員数が二・八人である。近年は、若年者層

表２　佐賀関町人口・世帯数

年　次	世帯数（世帯）	人　口（人）		
		男	女	合計
1891（明治24）	2688	－	－	14503
1914（大正３）末	2885	8409	8743	17152
1920（大正９）10月	3767	8540	9081	17621
1930（昭和５）10月	4257	10185	10517	20702
1935（昭和10）10月	4471	10742	10817	21559
1945（昭和20）11月	4866	10968	12222	23190
1955（昭和30）10月	5254	12715	13378	26093
1965（昭和40）	5651	11706	12614	24320
1975（昭和50）	5597	9894	10968	20862
1985（昭和60）	5193	8205	9170	17375
1995（平成７）	4864	6676	7590	14266
2000（平成12）	4696	5996	6863	12859

注：『佐賀関町史』および国勢調査による。

が町外へ就職、転出する傾向にある。六五歳以上は四〇一八人（二九・四％）で、高齢化が進行している。

瀬川による調査の四年前である一九三五年、旧一尺屋村は四七二戸、男性九九五人、女性一二九六人、計二二九一人であった。旧佐賀関町は三一一三戸、一四九〇六人であった（佐賀関町史編集委員会編　一九七〇）。

写真１　佐賀関漁港（2000年撮影）

若者・青年団

瀬川は、旧一尺屋村の若者について、聞き取りを行なっている。一五歳の盆の十五日にナマエガエといってワカモノイリを行なう。加入は三〇歳までで、所々に若者宿があった。一九三九年当時も若者は寝宿で寝起きしており、寝宿の習俗が継承されていた。

今回の追跡調査では、一尺屋地区の上浦に二、三軒の男性の宿があったことが記憶されていた。また、昭和初年生まれの話者が参加した当時は「青年会」の名称で活動していたというが、寝宿の習俗はすでに消滅していた。瀬川の調査直後に寝宿は消滅したことがわかる。

瀬川の調査では、若者の仕事は、祭礼の運営、新仏（新亡者）の供養などが挙げられている。戦後の青年会でも、氏神の祭礼を担い、盆行事に参加している。月一回の会合があり、集合時間が厳守され、結束の強い組織だったという。「青年の山」を所持しており、その収入を飲み代などに充て、運営していた。また、今回入手した一九〇六（明治三十九）年の一尺屋「下浦青年協会規約」によると、この組織は「西組若連中」から補助を得ており、若者組とは別の行政主導的な組織であることがわかる。記されている規則は、夜這いや怠けを禁止するなど、一般道徳的な事項であった。

大分県では一九二二（大正十一）年県令により既成の若者集団は廃止され、各町村青年団が創立されたというが（佐賀関町史編集委員会編　一九七〇）、瀬川の調査や今回の調査でわかるように、その後も行政主導的な青年団と既成の若者集団が併存、あるいは同化して存在していた。その後、若者組織は「青年団」の名で統一され、各地区の青年団は支部として、町全体の「連合青年団」に統括された。成員の脱退年齢等は、各支部によって異なっていた。佐賀関町主催の盆踊りの企画・運営は、青年団に任され、町内に娯楽施設がなかったので、青年団はさまざまな企画を立てて主催し、活動は活況を呈していた。一九七〇年ごろが最盛期だったという。自家用車が普及し、大分市内等の娯楽施設を利用しやすくなると、青年会の活動も衰えた。町外への就職、転出も増加した。各地区青年団の残存状況は未確認だが、連合青年団は一九九〇年ごろに解散した。

三　生産・生業

漁業　全国的に著名な関アジ・関サバの産地である佐賀関町は、『豊後国風土記』に「白水郎」の居住地と記されるように、漁業の歴史は古い。太平洋と瀬戸内海との境界という佐賀関町の立地は、餌料生物の発生が多いうえ、年間通じて水温変動が少ない、マダイの産卵回遊やブリ等の索餌回遊の道筋にあたるなど、好漁場の条件を揃えている〔大分県臼津瀬貴地方振興局編　一九九二〕。

漁業協同組合　現在、佐賀関町内には、神崎漁業協同組合と佐賀関町漁業協同組合がある。一尺屋は、佐賀関町漁業協同組合の管内であり一尺屋支部が置かれている。一九六八（昭和四十三）年に佐賀関町・佐賀関・一尺屋・神崎の四漁協が合併して佐賀関町漁業協同組合（以下、漁協と略す）が発足したが、一九七三年に神崎漁業協同組合が分離している。これは、一九七〇年神崎馬場地区の埋め立て計画に起因している。この際、賛成派・反対派に分かれた組合員間の摩擦によって、それまで活発に活動していた関地区の漁協婦人部が解散した。関地区では、ほとんどの集落で婦人部のないまま現在に至っている。分離した神崎漁協の婦人部および、一尺屋支所の婦人部は間断なく活動している。関地区でも白木の秋ノ江でのみ一九九三年に活動を再開した。

二〇〇〇年度末現在、佐賀関町漁協の組合員数は、正組合員四七一人、準組合員四五九人、計九三〇人である。うち一尺屋は、正組合員四一人、準組合員九七人、計一三八人が所属している。佐賀関町漁協は、四四人の職員を抱え、信用・共済・購買・販売を行なう大規模な漁協である。組合員の年齢は六〇歳以上が多くなってきているが、農業・林業・製造業に比べ漁業就業者の減少率は小さい。

正組合員の資格は、住所が佐賀関町大字関・白木・一尺屋にあり、出荷日数が年間九〇日以上の者である。組合員は加入金・出資金を納める。また漁種ごとに鑑札があり、組合員は漁業料を支払う。鑑札は、「均等割り・一本釣り・建網・海士・磯突き・サヨリ網・黒ウニ・タコつぼ・高白・キビナゴ・海藻・エビ曳・ボラ網・イカナゴ」が設定されている（二〇〇〇年度）。七五歳以上の正組合員には、一本釣りと海藻の鑑札は免除される。

漁獲高・漁法　共同漁業権は、神崎・佐賀関・一尺屋に分かれている。三地区は、自然環境の相違もあり、それぞれに漁種が異なる。神崎地区は、刺し網・タコ壷漁業、関地区は一本釣り漁業・潜水漁業、一尺屋地区は網漁業・いさり漁業が主体であった〔大分県臼津関地方振興局編　一九九二〕。現在では、一尺屋でも一本釣りが主体となっている。

一九三六（昭和十一）年の水産統計〔佐賀関町史編集委員会編 一九七〇 四七五〜七〕を見ると、旧一尺屋村の漁獲はイワシが中心で、瀬川は、一尺屋の漁業については地曳き網を中心に聞き取りを行なっている。一方、旧佐賀関町では、タイ・アジ・サワラ・イワシ・貝類などが漁獲され、網漁も行なわれるが、一本釣り漁・潜水漁が盛んであったことがわかる。

一九九九年の水揚げは一六億三九四一万円で、魚種別では、タイ一億一二〇八万円、アジ四億一二一三万円、サバ四億四五五九万円、イサキ一億四一三四万円、タチウオ一億四二六六万円、ブリ一億八七二六万円ほか、鮮魚類が一五億四九四六万円で、貝類が六九九四万円、海藻類が二〇〇一万円であった。現在では、水揚げ高の九割近くを一本釣りによって得ていることになる。佐賀関では、養殖はいっさい行なわれていない。一本釣り七二五隻、採貝（海士・海女）三五人、建網二五〇人、瀬魚一本釣り二〇隻が稼働している。

一本釣り 佐賀関町の一本釣りは、釣り竿を用いない「手釣り漁業」である。関地区では、急潮流ゆえ網漁に適さない一面、漁業者自身が一本釣りに強い誇りを持って積極的に選択してきた。全国的なブランドに成長した関アジ・関サバは、一本釣りで捕獲される。サバは、かつては商品価値が低く、漁協でも雑魚の扱いだった。

一九八八年に漁協が買い取り販売を開始し、町ぐるみのキャンペーンが北九州・福岡・東京・大阪と大都市で実施された。こうしたなかで、刺身で食べられるサバとして驚きをもって迎えられ、関サバが知名度を得ていった。一九九六年には商標権を取得している。関アジ・関サバのブランドは、漁業者・漁協の独自の戦略と規制の順守によって維持されている（本書の田村論文参照）。

現在では、アジ・サバの漁獲が大きいが、一本釣りの主要な対象はながくタイであった。「関の鯛つり唄」は、元禄年間から歌い継がれた一本釣り漁の労働歌とされる。いつの時代の状況か不明だが、歌詞には、活魚のまま大阪に運ばれ、朝市にかけられたと唄われている。現在では、この唄に振りが付けられ、鯛つり踊り大会に発展している。

潜水漁 佐賀関町では男性も女性も稼働しており、男性を「アマシ」、女性を「女アマシ」と呼んでいる（以下便宜上、男性を海士、女性を海女と記す）。

神武天皇東征の際、大鮹が抱える神剣を海中から揚げたという早吸日女神社由緒の伝説に登場するのは海女であるが、近世期に藩の保護を受けたのは海士であった。藩主細川氏は佐賀関産の干アワビを幕府への献上品に指定し、海士を保護育成した。すなわち、男児七歳ごろから一〇年余の「仕立て海士」の見習い期間にも、互助米が藩主から下された。瀬川の「採集手帖」（以下「手帖」と略す）には「アワビを殿様に献上すると、生まれた子供にまで扶持があった」との口碑が記されている。また細川氏は、佐賀関の海士の捕獲地域に他村からの採鮑がないよう取り締まった。さらに、乱獲を防ぐため人数制限の達しが出され、これを受けて地元では、鮑採取は海士二五人に定められた。このため海士は、一定の家で継承されたようである。現在、代々潜水漁を継承してきたとされる家は転業し、潜水漁を継続しているのは一軒のみになっているという。

近代になると、鮑捕獲同盟が一八八四（明治十七）年結成され、操業者を二五人から二〇人に減らしている。秋ノ江の海女二五人、小浜・西脇の海女四八人が一八九九（明治三十二）年「女海士組」を結成している。当時は、海女はアワビ採取は厳禁とされていた。一九〇三年佐賀関漁業組合創立に伴い、アワビ業者と釣り業者は鮑捕漁業権を組合へ譲渡した。一九〇五年の漁業鑑札を見ると、男アワビ採二三人、女アワビ採四一人、これとは別に男サザエ採六人、女サザエ採五五人とある〔佐賀関町史編集委員会編　一九七〇　四六五〕。アワビ採取を女性にも開放したらしく、またサザエ採取の鑑札が別にあったことがわかる。しかし、一九四〇年ごろまで、海女にアワビ採取は許されていなかったといい〔田邉悟『日本蜑人伝統の研究』三〇九頁〕、瀬川の「手帖」にも海女の漁獲はサザエやテングサでアワビ採取は記されていない。現在では、「海士」の鑑札はアワビ・サザエ・ナガレコ（トコブシ）・クロウニ（ムラサキウニ）を対象として設定されている。「海士」の鑑札は女性も受ける。海藻の鑑札は、「海士」の鑑札とは別になっている。

瀬川によれば、調査当時小浜に海士三〇人余、秋ノ江に海士一五人余、海女三〇人余が稼働していた。現在では、漁協の下部組織として「海士組《あまし》」が組織され、出漁システムの取り決め、伝統行事の執行がなされる。伝統的に潜水漁を担ってきた小浜・秋ノ江地区に海女はいなくなった一方、半島部の女性たちが一九八〇年ごろに新規加入している。一九九九年海士組加入者は、男性一五人、女性一七人、計三二人である。海士組では、伝統行事の執行や成員の入院見舞いの費用、諸役の日当に充てるため、年間二万円を徴収している。かつては、一日全員で漁をした販売収入を活動費に充て、この漁をナカドリと称した。この名称を踏襲して、現在では、徴収する二万円をナカガネといっている。

四〜九月の漁期のうち、全土曜と第二・三日曜、八月十三日から六日の盆期間、七月二十八〜三十日の早吸日女神社祭礼、旧暦八月一日の八朔祭が休漁となる。それ以外の日は、潮・天候・体調などを考慮して海士組の役員が決定する。操業は、月に二〇日間程度になる。海士組の役員は、「男アマの世話人」「女アマの世話人」と会計の三人である。出漁の可否は海士・海女ごとに決められる。女性のほうが潮に左右されやすく、操業時間も短いという。連休になる第二・三土日曜をフナタデと呼び、和船時代に船の補修のため取られた漁休みの名が継承されている。

海士は錘を使用するが、瀬川調査によれば、一九一〇年ごろに対馬での出稼ぎ漁の際、愛媛県三崎村の海士を真似ることに始まったという。当初は石や錨を錘として使ったが、瀬川の調査当時は鉛の一貫余の錘が使用されていた。一九六五年ごろからステンレスと鉛の錘に変わっている。ウエットスーツ・酸素ボンベの導入は一九七〇年ごろ協議され、ウエットスーツの着用は許可となったが、酸素ボンベは不可とされた。

漁法は、漁場まで徒歩で行き潜水を行なう型と、船で行く型がある。船は、数名が船頭を雇う型と、夫や兄弟の船に乗り、彼らも潜水漁を行なう型と、夫婦で船に乗り、夫が潜って妻が船を操作し、夫の錘を回収する型がある〔酒井　二〇〇〇〕。海士も以前は乗り合って操業していたが、一九七〇年ごろ各戸で船を所持し、夫婦船での操業が増加したという。潮の流れが激しい佐賀関では、和船時代は海の状態に操業の可否が左右されたが、プラスチック船の導入とウエットスーツの導入により、操業が自由になって収入が安定した。

農業　平坦部が少なく急傾斜地が多い佐賀関町内では、水田は神崎地区に集中しており、飯米は購入する家がほとんどであった。わずかな畑地に麦・サツマイモ・蔬菜類が栽培されていた。瀬川は「一尺屋はトイモ（筆者注‥サツマイモ）所」と書いている。かつてはイモ飴を作って、若い女性が臼杵・延岡などへ売り歩いたという。しかし、漸減していったというサツマイモ栽培は、一九三六（昭和十一）年の統計にはすでに項目にない。

一方、温暖な気候を生かして傾斜地にミカン栽培が隆盛した。とくに一尺屋では明治期に温州ミカンが導入され、一九一六（大正五）年に村役場が苗を購入、奨励し本格化したという。一九三六年柑橘類は一尺屋だけで二万五八〇五貫、八二八〇円の収穫をあげているが、瀬川の「手帖」にはミカンについての記録はない。一九六三年に柑橘を主とする農業構造改善事業の県指定を受け、大志生木・木佐上地区がパイロット事業の対象となった。しかし、ミカン農業の拡大が全国的規模で行なわれた結果、一九七二年以降価格が低迷、産地間競争が激化した。佐賀関町でも作付・収量が激減した。近年は、消費者への直接販売が模索されている。

一九九八（平成十）年、佐賀関農協は、臼杵市・津久見市の農協と合併し、「大分のぞみ農協」となった。

四　信仰・行事

佐賀関町内には、宗教法人として登録されている神社が二一、登録されていない神社や祠が多数存在する。とくに漁業に従事していた地区では、かならずエビスが祀られている。また、教化活動をしている寺院が九、布教所が三ある（本書の高橋論文参照）。その他、天理教、金剛教、創価学会等の教会、支部が活動している。

海士の伝統行事　佐賀関には、潜水漁者が関わる伝統行事が存在する。早吸日女神社例大祭（権現祭）・八朔祭・瀬祭り（瀬定め）である。

早吸日女神社は、社伝によると、海女が海中から揚げた宝剣を神体に祀ったとされ、潜水漁者と関係が深い。このため、

写真2　早吸日女神社例大祭に参加する海士の人びと（ガラスケースに入れたアワビ・サザエ・メバル；特殊神饌の飛供米を曳いて巡行する。2000年撮影）

例大祭で海士組の人々は、神饌のアワビ・サザエ・メバルを献上し、これを曳いて巡行する。このアワビ・サザエは、宝剣を揚げたと伝える権現瀬《べ》で捕獲する。メバルは突き漁で捕獲していたが、現在は購入している。

　八朔祭は旧暦八月一日、「海士の先祖」とされる、早吸日女神社の宝剣を揚げて息絶えたという黒砂・真砂を祭る行事である。瀬祭りは、潜水漁の口開け直前に安全祈願として行なわれる。

早吸日女神社

　関地区にある早吸日女神社は、佐賀関町の神社祭祀の中心的存在である。式内小社であり、県社に列せられていた。早吸日女神社の宮司小野清次氏が、関地区ほか町内大半の神社を兼務している。社の由緒では、神武東征の際、海女が早吸瀬戸で大鮹から取り上げた剣を神体としたという。タコを一定期間食べずに願い事をする「鮹断ち祈願」の奉納絵が、現在も社殿に多数貼られている。

　早吸日女神社では、各地区の代表からなる「総代会」が組織されている。各地区とも地元に氏神社を持つので早吸日女神社と二重氏子になっている。関地区は椎根津彦神社の氏子にもなっているので三重氏子である。一尺屋地区は、戦後氏子から脱退している。各地区ごとに、例大祭（権現祭）の際に担う役割が決まっている。例大祭は、神に衣を献上する神《かん》衣《みそ》祭などの特殊神事が行われ、特殊神饌の飛供米《とびくま》が調製される。大祭の期間中、宮司は現在でも別火を守っている。

　一年一回祭礼前に負担金七〇〇円を集めている。祭礼の維持費を出し、年末の神札を受ける者を氏子とすると二六〇〇戸ほどだという。高齢者世帯からは徴収しないので、実際に神札を受けるのは約三五〇〇戸ある。

　氏子との関係強化を図り、正月六日からお祓いに各戸を廻るヤバライの行事を戦後に復活している。また、一六〇〇人余が加入する権現講が一九五八（昭和三十三）年に組織された。各講員の「誕生祭」にはお守りが授けられ、神社と崇敬者個人を結んでいる。一九七八年には、敬神婦人会も組織され、一九七八年に開始された「ふじ祭」を担っている。

写真3　早吸日女神社例大祭（2000年撮影）

寺院　関地区では諸宗派の檀家が混在し、一尺屋地区では浄土真宗の門徒がほとんどである。盆の八月十四〜十七日に「浜施餓鬼」が地区単位で催され、浄土真宗以外の寺院が関わる。関地区に存在する六か寺では、宗派を超えた「佐賀関仏教会」が組織され、花祭り等の年間行事を実施している。佐賀関町内では、葬儀の際、告別式で檀那寺の僧だけでなく伴僧を招き、複数の僧侶に読経させる習慣があり、これを「諷経《ふぎん》」といっている。この際、伴僧は同一宗派とは限らず、浄土真宗の僧侶さえ、他宗派の僧侶とともに読経する。このように、佐賀関町の寺院は宗派を超えた連携を持っている〔高橋　二〇〇一〕。

鯛つりおどり大会　二〇〇〇（平成十二）年に町振興の一環として「鯛つりおどり大会」が創設された。もともとあったタイ釣り唄に振りを付けた鯛つりおどりのパレードが運行する。

また、瀬川「手帖」には、正月各集落ごとにノリゾメといってオシフネの競争が行なわれるとある。その後廃れたこの行事は、「大漁おし初《ど》め競争」として、鯛つりおどり大会のなかに復活している。

主要文献

大分県臼津関地方振興局編　一九九二『速吸の業——佐賀関町の伝統漁法』

小野清次編　一九九四『大分合同新聞掲載　豊国の神々（北海部郡編）』早吸日女神社社務所発行

酒井啓祐　二〇〇〇「大分県佐賀関町における海人集団」『大分地理』一三

佐賀関町史編集委員会編　一九七〇『佐賀関町史』佐賀関町

高橋　泉　二〇〇一「地域社会と宗教（二）——大分県北海部郡佐賀関町の事例」『民俗学研究所紀要』二五　成城大学民俗学研究所

（竹内由紀子）

長崎県北松浦郡宇久町－宇久島
（旧北松浦郡平町・神浦村）

一　地理と歴史

地　理　宇久《うく》島は、（広義の）「五島列島」の最北端の島であるが、行政上の区分では、近隣の小値賀《おじか》島などとともに（五島列島ではなく）平戸諸島に属している。宇久島は、北松浦郡宇久町にあたり、歴史的・行政的に「五島列島」中部・南部の南松浦郡の町々と異なるばかりか、太古における島の地質学的形成においても、（小値賀島と同じく）火山島として出現した点で「五島列島」中部・南部の褶曲山系の島々と異なっている。

宇久島は、他の五島の島々に比べれば、九州北部沿岸地方にも比較的近い。佐世保港からは海路約六〇キロ、高速船で一時間半の距離にあり、面積は二四・八九平方キロ、島の周囲三七・七キロ。宇久町全体としては、隣接する寺島（面積一・二七平方キロ）を含めて、面積二六・三七平方キロである。宇久町の人口（二〇〇〇年一月時点）は、（寺島地区を含めて）一六一六世帯、四一二三人である。

島の形状は、トロイデ（溶岩円頂）状の死火山・城ケ岳（二五八メートル）を中心にして、あたかもコニーデ（成層）火山状のように広くなだらかな裾野が広葉樹林におおわれてほぼ円形に広がってできており、平地・盆地・丘陵・草原など、耕作や牧畜に適した地域も数多く、また地下水も豊富であり、島内のいたるところに、水稲圃場・肉牛放牧地・野菜畑・樹園地がみられる。宇久島は、西海国立公園にも属して

……… は郷の境界を示す　■■■■■ は旧町村の境界を示す

図1　長崎県北松浦郡宇久町－宇久島

表１　宇久島略年表

1878（明治11）	郡区町村施行により、長崎県北松浦郡平村、神浦村、発足
1889（明治22）	町村制施行により、平村議会、神浦議会、発足
1920（大正９）	宇久島に電灯がつく（昼間送電は1960年から、本土からの海底送電による24時間送電は、1964年から）
1949（昭和24）	町制施行により、平村は平町になる
1955（昭和30）	４月１日、町村合併により、平町と神浦村は統合され（1664年の福江藩領の分割以来の統合）、宇久町発足
1957（昭和32）	宇久一周道路、貫通
1959（昭和34）	簡易水道化はじまる
1969（昭和44）	福原オレンジ栽培はじまる（第一次農業構造改善事業）
1971（昭和46）	家畜市場できる（第二次農業構造改善事業） 宇久島の畜産（肉用牛）本格化する
1983（昭和58）	寺島、海底送水による簡易水道化
1990（平成２）	政府の「ふるさと創生」事業に応じて、「平家の里」づくり 盛州公園が完成、「平家まつり」はじまる
2000（平成12）	「合宿の里・海洋レジャーランド」づくり、として多種目運動競技施設（総合競技場）とフィッシャリーナ建設・整備を推進

いる。

宇久島および小値賀島周辺の海域は、火山の裾野形状の海底ゆえに遠浅であり、美しい砂浜（大浜、スゲ浜）もあり、また、海士による潜水漁法に適した漁場も多い。島の北岸は風も波も荒く海食崖も多いが、南側の海域は、周辺の小値賀島や野崎島などに囲まれ内海的であり、浅瀬も多く波も比較的穏かである。

歴　史　かつて遣唐使船は、宇久島南方の波穏やかな海域を経由していたとされる。古代から中世にかけて、宇久島周辺の海域は、日中間の交通の要衝でもあった。

伝説によれば、源平の壇ノ浦合戦直後に、平清盛の弟・家盛が宇久島に落ちのびて定住し、土豪の久保氏を制圧して領主になったとされる。その子孫たちが宇久氏を形成し、城ケ岳の南東の裾野の山本地区に城をかまえ、宇久島はその七代にわたる拠点となった。この宇久氏が、さらに宇久島から五島列島の中部・南部にも進出し、のちに福江島に居城を移転して五島氏となり、中世から近世まで五島地方一円を支配する勢力に成長する。すなわち宇久島は、五島地方の大名・五島家発祥の地である。

この島は自然地理上の有利さもあり、島全体にわたり早くから開墾されている点も歴史的な特徴である。

宇久島は、五島の他の島々と同様に元寇にはさらされていないが、近隣の小値賀島を一拠点とする松浦党は宇久島の古代から中世にかけての歴史にもかかわりを有している。

五島地方の近世史では、カクレキリシタンの動向が興味深いが、宇久島については、この地方としてはめずらしいほどに、カクレキリシタンの活動の足跡はきわめて少ない。

江戸時代前期、一六六四（寛文四）年に（五島）福江藩から富江藩が分藩するが、そのさい宇久島も、平《たいら》を中心とする福江藩領（宇久掛）と神浦《こうのうら》を中心とする富江藩領（小浜・神浦・飯良－宇久神浦掛）とに分かれる。その名残りとして、明治期以降の近代においても、平村（一九四九〔昭和二十四〕年より平町）と神浦村とが島内で併存してきた（寺島は平村）。平町と神浦村は、一九五五年に町村合併により統合され宇久町となるが、約三世紀にわたり異なる村としての歴史と伝統を有してきたために、今日においても、ひとつの島においてふたつの地域の個性はさまざまな局面でみられる。

町村合併から半世紀を経て、これからの二一世紀前半には、平戸諸島全体にもおよぶ新たな町村合併の動きも予想される。

なお、かつて宇久島で代官を勤めていた泊家所蔵の大量の文書についての学術的な整理が最近はじまり、宇久島の近世史研究の新しい展開が期待されている。

二　社会生活

人口　宇久島の人口は、明治維新のころに、七〇三五人。二十世紀初頭の明治期末から一九六〇年代にかけて、日中戦争や太平洋戦争の時期に人口減少はあるもの、ほぼ一万一〇〇〇人前後、世帯二〇〇〇戸前後を維持していた。このことは、宇久島の自然条件のもとで、農業と漁業に依拠しながら、ある程度の孤立的な生活共同体を営むばあいに、この島が許容する人口統計的な定員を示しているようにもみえて興味深い。

表2　人口動態

	人口	世帯
1869（明治２）	7035	1388
1920（大正９）	11678	2061
1950（昭和25）	11305	2273
1960（昭和35）	12531	2263
1970（昭和45）	8609	2066
1980（昭和55）	6052	1897
1990（平成２）	4898	1733
2000（平成12）	4092	1629

わが国の高度経済成長以降、宇久島の人口はなだらかに減少して、二〇〇〇年一月には四一二三人、一六一六世帯となり、人口は最盛期の三分の一にまで減少した。とはいえ、世帯数はそれほど減っていない。もちろん、宇久町のなかでの地域差もあり、「宇久町の離島」ともいわれる属島の寺島地区の過疎化は著しい。しかし、二十世紀後半の全国的な農山漁村地域の人口減少の傾向からみて、宇久島は、豊かな農水産資源を活かしつつ、それなりに人口・経済の規模を保持していることが、統計的な数字からもうかがえる。

集落　宇久島（宇久町）の人文地理を理解するためには、近世・近代の歴史を異にする二つの地域である福江藩の旧平町地域、富江藩の旧神浦村地域の区別をふまえたうえで、一九五五（昭和三十）年合併による宇久町設立以降の現在にいたるまでの状態をつかむ必要がある。

　一九五一年の「離島調査」（井之口章次担当）当時までは、平町と神浦村の各々の地域内にいくつもある「字」集落の範囲が行政上の基礎単位とされ、そうした「字」集落が、平町のなかの「郷」、あるいは神浦村のなかの「郷」や「町」（町場の字）と称されていた。五五年に宇久町が発足すると、町制上、旧平町地域と旧神浦村地域の区別を取りはらい、いくつかの集落（字）を束ねて、「大字」にあたる以下の計一〇の「郷」に再編成されたのである（カッコ内は郷内の字名）。

写真１　宇久島の景観（1999年撮影）

旧平町地域

平郷（堀川・向江・佐賀里・旦の上・船倉・川端・松原・平・山本・十川・針木）
野方郷（野方）
太田江郷（太田江・梅の木）
木場郷（木場）
大久保郷（大久保）
本飯良郷（本飯良）
寺島郷（寺島）

旧神浦村地域

神浦郷（郷東・郷西・町東・町西・寿久居）
小浜郷（蒲浦・小浜北・小浜南・下山）
飯良郷（飯良）

ただし、計一〇の郷からなる編成とはいえ、各郷の代表者はおらず、計二八の字集落（区）からそれぞれ区長（町内会長）が選出され、住民と町行政との間の連絡役をつとめている。なお、各々の字集落（区）は、さらにいくつかの班（小字）から構成されている。

　このように、現在、宇久町は一〇郷・二八区に再編成されているが、住民の意識においては、現在でも、旧平町、旧神浦村ごとの連帯感が残っている。

　また、港町という点について平と神浦を比較すれば、近世から近代まで港町として発達したのはむしろ神浦であった。平港は二十世紀なかばに港湾が整備されるまで遠浅の砂浜であり、船の接岸に難点があったのにたいして、神浦港は水深のある良好な入江であり、しかも周辺の海域も波穏やかにして小値賀島にも近いため、宇久島の中心的な港町として発展したのである。近世から近代にかけて、神浦港には、山口の萩鶴江浦のツルエ（ツルイ）舟などの西日本各地の漁船が頻繁に寄港していた。町村合併後、宇久島の中心は明らかに平港近辺に移動してしまったが、神浦の港町には町場の生活文化の伝統の名残りがみられる。それは、町場の家々に屋号が普及していたことや一九一八（大正七）年の『神浦村郷土誌』の記述の充実ぶりからもうかがわれる。

渡海船　本土への定期船は十九世紀末から就航している。現在、高速船と大型フェリーの平港への寄港が毎日あわせて数便あり、佐世保・博多・小値賀島・中通島有川・福江方面との間を結んでいる。佐世保までの最短所要時間は九〇分。

ほかに、町営の内海用渡海船「第三みつしま」が、神浦港と宇久町寺島、および近隣の小値賀島の北岸柳港とを結んでいる。

水　宇久島は、淡水の豊富な島である。その点、近隣で同規模の小値賀島が淡水に不足しがち（宇久の属島・寺島も同様）なのとは対照的である。水の豊富な理由は、島の森林の保水作用だけではない。めずらしいことに、数十キロも離れた本土から潜伏した海底下の淡水脈が宇久島の地表に達している、と推測されている。それゆえ、砂浜を軽く掘るだけで淡水がにじみでる場所さえある。

簡易水道は、この地下水を汲み上げて給水しており、また、灌漑用水は、表流水などを数か所の貯水池にためて、水田を広くうるおしている。

子ども　旧平町地域に宇久小学校・宇久中学校・宇久幼稚園、旧神浦村地域に神浦小学校・神浦中学校・ふたば幼稚園があり、高校は島内一校、県立宇久高校が平郷山本地区にある。

行政・教育制度上ではなく、島民の長年の伝統として、たとえ遠距離通学になっても、旧平町地域の住民の子弟は宇久小・中学校に通い、旧神浦村地域の子弟は神浦小・中学校に通う。

かつては、飯良小中学校・寺島小学校・小浜小学校・野方分校もあった。

基盤整備　全国的に公共事業が隆盛した時期の一九八〇～九〇年代の町長が、公共事業導入に熱心であったこともあり、宇久島（宇久町）は、その人口・経済規模に比して、各種の公共設備が充実している。

道路・港湾・貯水・灌漑・診療所・特養老人ホーム・福祉センター・公民館・児童館・ゴミ焼却・屎尿処理・火葬施設などの公共基盤がいずれも新しく整備されており、さらに町営観光宿泊施設、県下屈指の規模と設備を誇る多種目運動競技施設、フィッシャリーナ（レジャー兼用新整備港）も新設されている。

三　生産・生業

宇久島は、人口約四〇〇〇人、就業者数約一七〇〇人という中規模な離島であり、島民の生産・生業も多様である。一九九五（平成七）年には、産業別就業者比率は、第一次産業三三・五％、第二次産業二一・二％、第三次産業四五・三％である。

農　業　一九九五年の農業の就業者数三七六人、産業別比率は二〇・八％、農用地は七〇〇ヘクタールであり、農業はいまでも宇久島の基幹産業である。もっとも一九八〇年には、八四二人、三四・八％、八二一ヘクタールであり、かなりの減少傾向にある。

作付面積は、飼育作物一九五ヘクタール、稲一三八ヘクタール、麦類七七ヘクタールであり、飼育作物が大きな割合を占める。宇久町の近年の主要農産物が肉用牛（繁殖牛）であることに関連している。

二十世紀後半、宇久島農業では、コメやムギだけではなく複合型の経営がめざされた。養蚕や畜産のほかに、一九六二（昭和三十七）年に福原オレンジが導入される。七〇年代にも福原オレンジ・養蚕・養豚・肉牛生産の規模拡大が計られた。しかし、八〇～九〇年代にはオレンジ・養蚕・養豚は採算が合わずに規模を縮小して、やがて撤退する。結果として宇久島に残った基幹産物は、コメと肉牛であった。とはいえ、稲作については、丘陵地帯が多いため、圃場整備などによる生産性の向上には限界がある。肉牛生産については、生後六か月～一年の肥育元牛を年間約一二〇〇頭出荷しており、宇久島の名産品として全農業収入の三分の一を占めてはいるが、近年の市場の動向ゆえに、一時のような勢いはない。

漁　業　宇久島海域は浅瀬が多く、近世から採鮑が盛んであった。藩政期には、明鮑を俵物としていた福江藩により、宇久島の海士集団にたいして、五島一円の特権的な採鮑権が認められていた。その伝統を継承して、現在でも宇久島には素潜りの海士が比較的多い。宇久島の海士の伝統漁撈については民俗学的にも研究されている。

また、宇久島では、藩政期から明治期まで鯨組による捕鯨が盛んであった。宇久島の捕鯨は近代には衰退したものの、その伝統のみは後世にも受け継がれ、戦後も、捕鯨砲手などの捕鯨船団員を多数輩出した。

現在の宇久島漁業は主として、海士による採鮑と小型漁船による一本釣りや延縄の沿岸小漁である。

商・工業　平港近くの町場に商店街が形成され、地元住民向けの食品・日用品の店舗が軒をつらねている。工業としては、企業誘致による縫製工場、および第三セクターの加工食品工場があるが、この島では、むしろ港湾・道路等の公共工事関連の土建業こそがめだっている。

観　光　宇久島は、一九八〇年代以降、観光客誘致に向けた企画において熱心な離島である。観光資源としては、とくに大浜・スゲ浜が五島有数の海水浴場と広報されている。九〇年ごろには政府の「ふるさと創生」事業に応じて、「平家の里」づくりをメインテーマとして各種の整備を行ない、さらに二〇〇一年現在では、「合宿の里・海洋レジャーランド」をテーマにして県下有数の競技施設建設を中心に整備を推進している。また、島内の青年有志の協力を得て、伝統行事の復興をはじめとして、島内観光ルート、シンボルマーク、パンフレットづくりにも取り組んでいる。

四　社寺・民俗芸能など

社　寺

宇久島（および寺島）の主要な社寺を地区ごとに列挙する。

平　郷　神島神社・八阪神社・妙見神社・古志伎神社・金比羅神社・天満宮・東光寺（曹洞宗）・連燈寺（曹洞宗）・毘沙門寺（真言宗）・瞬谷寺（曹洞宗）・妙蓮寺（日蓮宗）・徳成寺（浄土真宗）

野方郷　金比羅神社

木場郷　厳浄寺（浄土宗）

大久保郷　鹿神社

本飯良郷　八幡神社

寺島郷　若宮神社・金比羅神社

神浦郷　宇久島神社・厳島神社・金比羅神社・西蓮寺（曹洞宗）・妙覚寺（日蓮宗）

小浜郷　三ケ崎神社・金比羅神社・若宮神社・大定院（真言宗）

飯良郷　神崎神社・長松寺（曹洞宗）

宇久島の社寺・信仰の特徴は、第一に、藩政期の寺請制以来の伝統として曹洞宗系の寺院が多く、五島地方のなかでもきわだって曹洞宗檀徒が多数派であること、第二に、五島地方に数多くみられるカクレキリシタンの歴史的足跡が皆無に近いほどにきわめて少ないことである。五島地方のこの規模の島にはめずらしく、現在もキリスト教の教会はない。

宇久島と曹洞宗との関係は、平地区の曹洞宗東光寺が五島家の祖にあたる平家盛以来七代の菩提寺であることにも関連している。宇久島については、(1)領主一族発祥のお膝元の地、(2)歴史的に早い時期の開墾、(3)藩政期の曹洞宗寺院による寺請けの徹底、(4)カクレキリシタンの島内不在、といったことがらが関連しているとする説もある。その説によれば、寺請制度のもとで、五島地方の盆の棚経には領民の信仰確認の機能があったとされる。とりわけ宇久島における棚経は、盆および春秋彼岸の年三回実行され、領民の信仰調査が厳重に実施されていたという。つまり、領主のかつてのお膝元の地ゆえに治安維持が徹底され、くわえて宇久島の地質・地形ゆえに開墾が容易にして開拓しつくされており、五島地方の他の島にみられるようなカクレキリシタンの僻地入植の余地がなかったというのである。

なお、宇久島を代表する社寺は、平の神島神社と東光寺、神浦の宇久島神社と西蓮寺である。また、五島家発祥の地として居城のあった城ヶ岳南東山麓の平郷山本地区の高台には妙見神社（山本神社）がある。

写真2　カインココ（1999年撮影）

民俗芸能・行事

宇久島の民俗芸能・民俗行事について、以下、いくつか代表的なものについて記述する。

カインココ　カインココは盆にちなむ宇久島伝統の念仏踊りである。五島・平戸地方には、宇久島のカインココに由来するか、もしくは同系統の念仏踊りがいくつもある。福江市のチャンココ、三井楽町嵯峨島のオーモンデー、富江町のオネモンデー、小値賀町のオーミーデー、平戸のジャンガラなどである。これらの念仏踊りの起源は、平安期の踊り念仏にあるとされる。（五島家の開祖・家盛の側近にあたる藤原久道による鎌倉初期の記録に依拠するとも伝えられている）近世の史料『蔵《ぞう》否《ひ》輯《しゅう》録《ろく》』には、地元民が旧七月十四日に先祖を祀るカインココの原型にあたる盆念仏踊りをくりひろげる情景について描写されている。

カインココには、太鼓が三、重鉦、ショボ（小）鉦が各一、使用される。太鼓奏者は頭上に大きな飾りの付いた笠をかぶり腰に蓑をまとい、太鼓を打ち鳴らしながら練り歩く。奏者を先導する祓い役（ジャッケ）は、菅笠をかぶり着流しの裾をからげて股引き姿の腰を低くして、棒を持って舞う。鉦奏者によって「ヘーローモンド～イ」という掛け声がかけられ、バショ持ちと呼ばれる囃子役も唱和する。カインココ（チャンココ）という名称は、鉦と太鼓の「チン、カ～ン、トントン」という音響に由来するとみられる。この種の盆念仏踊りがみられる五島地方の各地ごとに、奏者の笠の飾りに特徴がある。宇久島のものは桃型をしており、とりわけ大きい。

また、集落ごとに踊りの舞い方が多少異なり、山本地区の鶴の巣立ち、小浜地区の鶴の巣ごもり、神浦郷の菊野咲、といった題目が添えられているばあいもある。カインココは、基本的には、集落ごとに新盆の家や墓で踊られていたが、雨乞いの儀礼として城ヶ岳山頂で行なわれることもあったという。

カインココはこの半世紀の間に、各集落からは消滅してしまった。しかし最近、宇久島の青年有志が小浜地区の旧小学校跡に集まり「小浜自然学校」という名のコミュニティ活動の団体を結成し、その活動の一環として、カインココを復活させた。現在では、盆あるいは町の催しなどの機会に披露されている。

ひよひよ祭り（龍神祭）　ひよひよ祭り（龍神祭）は、神浦港において旧暦六月十七日（新暦七月下旬）の宵に催される幻想的な雰囲気の祭礼である。夕刻、神浦港内の数隻の漁船に大漁旗や幟がかかげられ、数多くの提灯に灯がともされる。港に面した厳島神社の神輿が旗や提灯に飾られた船の甲板に鎮座され、供物も積み込まれ、神主・巫女や子どもたちも同乗する。

神輿の鎮座する船を中心に、五隻の船が列を成して、満ち潮の神浦港内の月光と灯明が美しく反射する静かな海面を三周巡回する。その後、港外に繰り出し、沖合いの岩礁（相瀬）まで海上パレードし、供物を海中に奉納し、さらに相瀬を三周して、帰港する。その間、神主の祝詞や祓い、巫女の笛吹きや太鼓、子どもたちの「ヒヨ、ヒヨ、ヒヨー」という掛け声が夕闇の海上に響く。藩主に貢物を持参した笛の名手の庄屋が、帰途、龍宮の神に召されたことに由来するとも伝えられている。

しゃぐま棒ひき　しゃぐま棒ひきは、旧神浦村の鎮守・宇久島神社の十月二十五日の例祭に披露される毛槍行列である。黒羽織・股引き・草履履き姿の棒ひき十数人、しゃぐま（毛槍）四人二組が練り歩く。この行事の由来には、近世、神浦港に寄港することの多かった長門・周防方面の舟人による影響もあったとされる。

平家まつり　宇久町は、（当時の）竹下政権の提唱する「ふるさと創生」事業に「平家の里づくり」として応じて、一九九〇年、宇久港の玄関口に、宇久・五島氏の開祖とされる平家盛を記念した盛州公園を完成させた。以来、この公園で、毎年十一月下旬に「平家まつり」のフェスティバルを開催している。

写真3　城ヶ岳南東山麓（山本）妙見神社。宇久家（のちの五島家）の本拠地居城跡（遠方に平の町並みを望む。1999年撮影）

ただし、『蔵否輯録』の記述にもとづき伝えられているような、家盛は平清盛の弟であり池禅尼の息子であるとする説については、学術的には疑問視されている。

その他

蝸牛（渦巻き）型石塁遺構　宇久島の丘陵地の計六か所に、石塁の遺構があり、一部の遺構にはいまも地元民により供物が供され、観音信仰の対象とされている。

六か所あるとされるうちの三か所（三浦地区・菜盛山南面・鏡山）は現在では不明であるが、（城ケ岳山頂城跡）愛宕観音・見上ノ観音（城ケ岳西麓）・唐松様（長野地区）の三か所については、石塁の独特の形状がうかがわれる。石囲いが蝸牛の殻のような渦巻き型をしている。

厳密な考古学的調査はなされていないが、中世の望楼や防塁、あるいは石室堡ではないかと推定されている。

主要文献

宇久町編　一九六〇『宇久町郷土誌』宇久町
井之口章次　一九六六「長崎県北松浦郡宇久島」日本民俗学会編『離島生活の研究』集英社（復刻・国書刊行会）
吉木武一　一九八〇『宇久町漁業の現状分析と振興課題』宇久町
香月洋一郎　一九九二「島の社会伝承――海士集落を通して――」網野善彦編『東シナ海と西海文化』（『海と列島文化』四）小学館
宇久町編　一九九八『宇久町農村総合整備計画書』宇久町

（村田裕志）

長崎県福江市―椛島（旧南松浦郡樺島村）

一　地理と歴史

地　理

椛島《かばしま》は、平戸諸島の宇久島・小値賀島なども含む広義の「五島列島」を構成する大小約二〇〇の島々のひとつとして八番目に大きな島であり、長崎県五島地方の中心都市福江市の市街地（福江港）の北東一五キロの沖合にある。面積は、八・七六平方キロ、周囲二七・五キロ。椛島の西方には福江島と久賀島、北方には奈留島、若松島、中通島といった、いわゆる（狭義の）「五島」が、椛島からそれぞれ約一〇キロ前後の距離にあり、それぞれ椛島を北側から西側にかけ半弧状に囲むように位置している。

椛島には、平地がきわめて少なく、致彦《いたひこ》山（三二六メートル）および番岳（二六四メートル）から連なる尾根が島の骨格を形成し、その標高二〇〇メートル級の山並から広葉樹におおわれた急な傾斜地が海岸に向かって迫っている。

椛島の中央部はくびれて幅二〇〇メートルの地峡になっており、その地峡をつなぎ目にして南北二つの島が結ばれているかのようにも見られ、空から見る椛島はあたかも羽を広げた蝶のような形状を呈している。その地頸付近を境界線にして、椛島のほぼ北半分にあたる地域が福江市本窯《もとがま》町、南半分が福江市伊福貴《いふき》町である。椛島の人口は、後述するように、一九九九年八月時点で、人口三〇六であり、五〇年前の約一一分の一である。

島外との交通機関は、福江港と伊福貴港および本窯港との間に、現在、一日三便の高速渡海船（所要二〇～三〇分）が、運航されている。

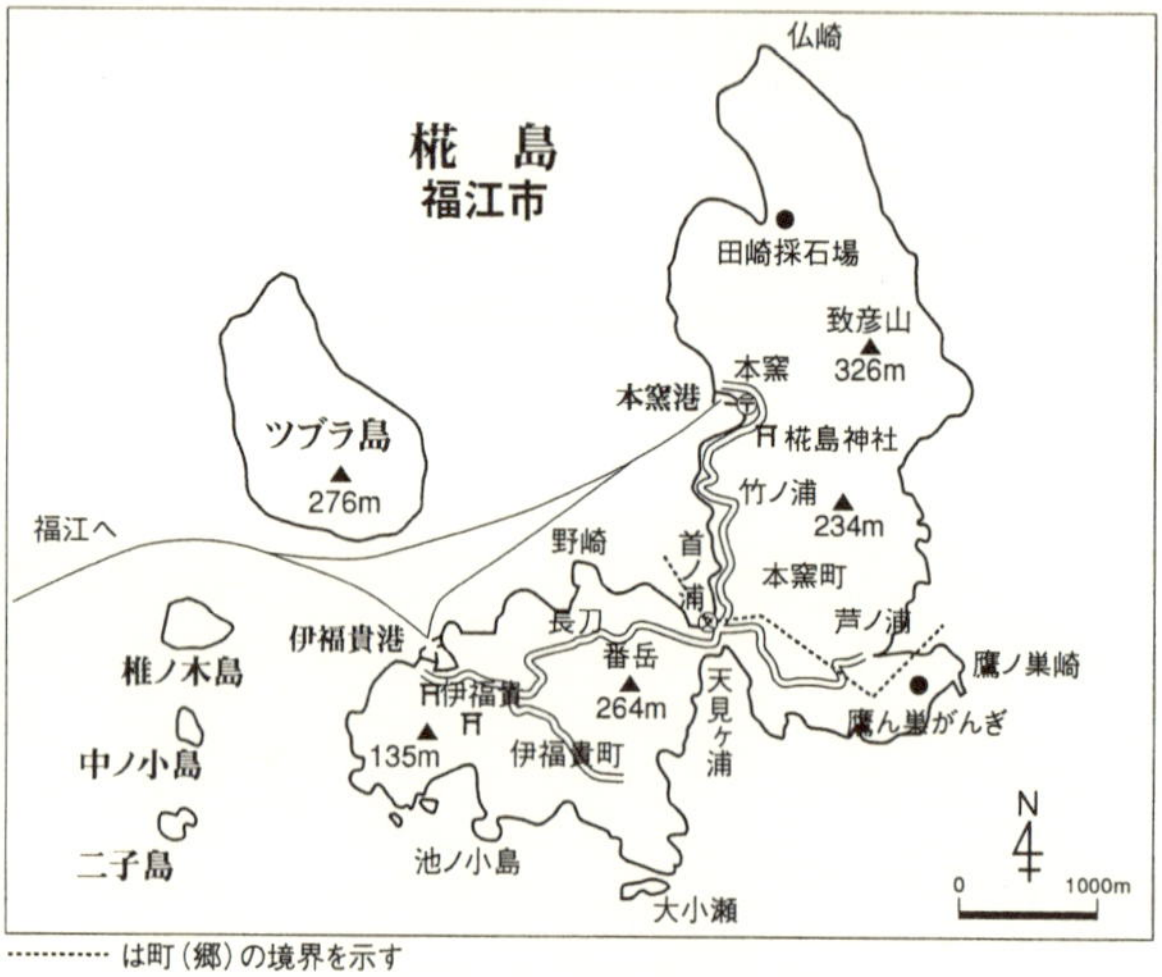

図１　長崎県福江市－椛島

表１　椛島略年表

1880（明治13）	郡制施行により樺島村発足
1908（明治41）	村役場全焼により、記録文書類焼失
1918（大正17）	「樺島村郷土誌」作成
1938（昭和13）	島内発電により電灯ともる
1950（昭和25）	「離島調査」（担当：竹田旦）。揚繰網イワシ漁最盛期
1951（昭和26）	人口最高値3425人。イワシ漁獲量、急速に減少
1957（昭和32）	４月、樺島（椛島）村、福江市に編入合併、福江市本窯町・伊福貴町になる。椛島の揚繰網漁壊滅
1965（昭和40）	本窯・伊福貴両中学校統合され、椛島中学校になる
1974（昭和49）	本窯・伊福貴両小学校統合され、椛島小学校になる
1982（昭和57）	本窯郷（町会）、採石場について契約。椛島神社神殿落成 この頃、椛島において延縄高級魚漁普及しはじめる
1987（昭和62）	椛島の点在集落最後のカクレキリシタン信仰集団解散
1988（昭和63）	椛島神社曳き舟祭り、福江市民俗資料無形文化財に指定
1994（平成６）	第１次漁協合併、本窯・伊福貴両漁協統合、椛島漁協になる
1997（平成９）	第２次漁協合併、椛島漁協は、五島ふくえ漁協椛島支所となる

なお、伝統的には「樺島」の表記であったが、一九五〇年代後半から、長崎市近郊の野母崎「樺島」と区別するために「椛島」という表記が用いられるようになった。

歴　史

伝説によれば、平家滅亡ののちの十三世紀初頭、平重衡の息子・伊王三郎が従者を引き連れて、椛島・芦ノ浦に上陸して、桑原姓を名乗り、伊王三郎の長男・松太郎が本窯の桑原家、次男の松次郎が伊福貴の桑原家の祖となったとされている。

また、十六世紀末から十七世紀末にかけての時代に、甚五左衛門なる人物が椛島に来島して、本窯の桑原家の婿となり、椛島地域社会の基礎を築いたともされている。しかし、いずれも確たる史料はない。

江戸時代はじめに、椛島は、五島藩の領地であったが、一六五五年に五島家から富江藩が分家して支藩となり、一六六四年以降は富江藩の領地となった（樺島掛）。この時期にすでに本窯と伊福貴という二つの村から構成されていた。

江戸後期に椛島に測量におとずれた伊能忠敬は、芦ノ浦に阿波出身の漁家が一五戸操業していたと記録している。当時の五島地方には、近畿・瀬戸内方面の漁民が進出していた。

藩政期最後の年（一八六八年）に、富江藩は福江藩に吸収合併される。明治初期に長崎県が発足すると、椛島は、本窯郷と伊福貴郷からなる長崎県南松浦郡樺島村となり、村役場は本窯に設置された。明治期から昭和前期にかけては、福江島以外の奈留島や中通島との交流も現在に比較して密であった。

昭和期の全国的な町村合併（一九五三〜五六年）直後の新市町村建設促進法の時期に、樺島村は、漁獲状況の不振もあり、自治体としての運営を諦めざるをえず、一九五七（昭和三十二）年四月から長崎県福江市に編入合併することになり、福江市本窯町および伊福貴町となる。

椛島の生業はもっぱら漁業、とくに一九八〇年代以降、延縄高級魚漁が特徴である。

二　社会生活

人　口

椛島の人口・世帯数は、一九五〇年（昭和二十五年）の調査時点では、人口三三〇六、世帯数六九八（一九四九年八月現在）、翌五一年十月には、人口の最高値三四二五人を記録して、その後は下降の一途をたどり、一九九九年八月時点で、人口三〇六、世帯数一六七であり、人口は五〇年間で約一一分の一にまで減少した。

表２　人口動態

	人口	世帯
1869（明治２）	780	−
1918（大正７）	2027	−
1950（昭和25）	3306	698
1970（昭和45）	1226	381
1980（昭和55）	628	253
1999（平成11）	306	167

一九五〇（昭和二十五）年の調査時点の椛島は、戦地から復員した各地の漁夫をも集めてイワシ揚繰網漁の最盛期であった。しかし、その後の数年間で、漁獲量急減により、椛島海域におけるイワシ揚繰網は壊滅してしまい。人口・世帯も急減することになる。

一九六〇年代から七〇年代にかけての日本の高度成長期においても、島外への労働力流出がつづいた。現在は、六〇〜七〇歳代の高齢者層が多く、平均世帯員数は二人弱である。

一九九九年八月時点の本窯町の人口一〇〇、世帯数六五、伊福貴町の人口二〇六、世帯数一〇二である。

集　落

本窯町（郷）と伊福貴町（郷）の二つの地域の中心となる地区は、江戸時代からの大集落（「地下《じげ》」集落）であった本窯集落と伊福貴集落であり、それぞれに漁港を擁している。かつては、これらの二つの地下集落のほかに、島内のいたるところに、いくつもの小集落が存在しており、これらは「開き」集落（点在集落）と総称されていた。しかし、この半世紀の島の過疎化により、今ではそのほとんどが消滅し、わずかに点在小集落の形態をとどめているのは、本窯町の芦ノ浦地区（町内会）のみにすぎない。もっとも、かつての点在集落の名残りとして、島内のいくつかの地区に孤立したかたちで点在する世帯はある。

郷は、現在も、地域住民にとってはいわば（自然）村として機能しているが、今日の行政上の概念ではなく、福江市政上は、本窯町と伊福貴町の各地域に三つの町内会（区）、計六つの町内会（区）が設置され、それぞれに筆頭町内会長として一名をくわえた各四人の町内会長、計八人の町内会長が選出されている。各町の筆頭町内会長には、各地域の住民により、郷長としての役割が託されている。

本窯は、本窯町（郷）の中心集落であり、旧村役場（現在の福江市役所椛島支所の前身）、特定郵便局、駐在所も本窯集落に設置されてきた。

伊福貴は、伊福貴町（郷）の中心集落であり、現在では、本窯の約二倍の人口・世帯数を擁しており、五島ふくえ漁協の椛島支所が設置されており、椛島延縄漁業の拠点である。

写真１　椛島の景観（九州航空株式会社提供）

渡海船

椛島～福江間の渡海航路（沿海海区生活航路船）は、一九七〇年代前半に、一時的に島民が出資する組合によって運営された期間を経て、一島民を経営主とする民間会社によって運営されるようになった。現在、三〇トンのアルミ船体の高速船「ニューかばしま」が就航し、一日三往復、伊福貴港および本窯港から福江港まで、約二〇～三〇分で結んでいる。

水

椛島は、緑豊かな山林を有しており、その保水作用ゆえに、これまで島民が旱魃に苦しむことはなかったという。一九五〇年代に、本窯、伊福貴のそれぞれに簡易水道施設（川から取水）ができるまでは、共用の湧水・井戸が用いられていた。

子ども

児童・生徒の減少により、一九六五年に、本窯、伊福貴両中学校が統合されて、椛島中学校となり、一九七四年に本窯、伊福貴両小学校が統合されて、椛島小学校となった。

現在は、小学校も中学校も、両地区の境界にあたる島の中央部の首ノ浦に設置されているが、児童・生徒数は計三〇人ほどで、さらなる減少が予想される。現在、椛島中学を卒業する生徒のほとんどは福江島の高校に進学している。保育園は二〇〇一年春から休園した。

基盤整備　椛島は、人口の過疎・高齢化の深化に比して、島内の公共施設の整備が比較的ゆきとどいている。町内会の代表を中心とした熱心な陳情により、福江市関連の公共工事が、比較的すみやかに導入されてきた。港湾工事のほか、島内の幹線道路である本窯～伊福貴線、首ノ浦～芦ノ浦線も、島内の車両の数が少ない割りには、充実している。さらに、本窯～田崎（採石場）間に、山地を新たに切り開いてつくる新しい道路の建設工事も計画されている。

三　生産・生業

椛島（樺島）では、藩政期に製塩や薪炭業も盛んであったが、近代以降は、漁業が主力である。

農　業　平地のほとんどない椛島では、一九五〇（昭和二十五）年の調査時点には島内のいたるところに段々畑や棚田などの耕地があった。しかし、その後、農業は衰退の一途をたどり、現在では、かつての耕地のほとんどは壊滅し山林原野と化しており、若干の自家用菜園がみられるにすぎない。

漁　業　椛島には、明治期から大正期、さらには昭和初期にかけて、本窯に新屋という屋号をもつ網元があり、この地方でも屈指の網元として繁盛していたが、昭和初期には没落して消滅してしまった。一九三〇年代以降、揚繰網と動力船からなる漁法が登場し、とくに終戦後の一九四〇年代後半から五〇年代前半にかけての数年間は、イワシの大規模な魚群が椛島海域に回遊してきたこともあり、椛島は、揚繰網イワシ漁の五島地方における一拠点として繁栄した。揚繰網漁船団は、最盛期には、本窯に六統、伊福貴に九統、総勢一〇〇〇人近くであったが、その多くは大手の資本によるものであり、島内資本独自の船団は、二～三統にすぎなかった。

当時、椛島に水揚げされたイワシは、そのまま鮮魚として長崎方面に出荷されるか、椛島にて干鰯に加工され出荷された。一九五〇年を過ぎると、乱獲および魚群の移動により漁獲は急減して、椛島におけるイワシ揚繰網漁は壊滅する。

島外への労働力流出がつづくなかで、椛島に残った漁民たちの多くは、（おもにタイの）一本釣りを生業とした。

一九八〇年代から九〇年代にかけて、全国的な高級魚需要の高まりに呼応するかたちで、椛島漁民は意欲をもって漁船の設備更新に積極的に投資をして、イトヨリ・レンコダイ・アマダイ・アカムツなどの高級料理用魚種に特化した延縄漁を展開するにいたった。この高速漁船による延縄高級魚漁は、とくに伊福貴において盛んである。

また、椛島沿岸には、若干の定置網漁およびハマチの養殖もみられる。

商・工業　現在、商店は、食品や日用品を扱う店舗が数軒あるにすぎない。この島が賑わった一九五〇年代には、きわめて小規模ながらも旅館や居酒屋やパチンコ屋など、漁民や船員に歓楽を提供する店舗もあったことが、今では想像もつかないほどである。

工業については、一次産品ではあるが、鉱工業のひとつとして、椛島には、特筆すべきものがある。それは、本窯町田崎地区における採石場の存在である。椛島最高峰の致彦山の西側斜面から産出する良質の基礎工事用石材を、一九八二年以降、専門業者に採石させることをとおして、その地代収入により、本窯地区が多少ともうるおい、それが集落生活のささえのひとつになっている。

採石によって椛島の自然環境の一部が破壊されつつはあるが、採石場をめぐる契約の方針を集落みずから打ち出していることが、椛島本窯地区の強みである。

観光　椛島は、五島観光のメインなルートからは決定的にはずれている。現在、旅館・民宿は二軒あり、年間計数十人の釣り客が磯釣りに訪れるが、それ以外の観光客はほとんどない。

それだけに、手つかずの自然が残されている。とくに奇岩や岩窟などの景勝地は多数あり、なかでも、「鷹ん巣がんぎ」と呼ばれる柱状節理による階段状の奇岩は、椛島の誇りうる、秘境の自然の造形美である。

四　社寺・伝説など

社寺・年中行事　椛島における社寺および、祭礼などの年中行事のあり方は、本窯地区、伊福貴地区、点在地区ごとに異なっている。

本窯地区　本窯の信仰・祭祀の中心となるのは、本窯の氏神である姫大明神を祀る椛島神社である。創立については、不明であるが、一七三八（元文三）年の記録には登場する。

例祭行事（十月第三土・日、かつては旧暦九月十七・十八日）は、一九八八年に福江市民俗資料無形文化財に指定されている。

本窯港に面したコンクリート造りの社殿は、一九八二（昭和五十七）年に新築され、神輿も、一九九七年に新造された。椛島神社の管理とその祭礼の実施は、本窯地区の郷会が取り組む年間の最重要テーマである。社殿の新築、神輿の新造、例祭の運営費用の一部などは、郷の共有林でもある採石場からの収入によってまかなわれており、その点が、本窯郷会の集落機能と伝統的な祭礼との関係としてきわめて興味深い。

椛島神社の現在にいたるかたちの例祭は、明治初期、本窯の網元により、山口県室積方面から伝えられた様式にもとづいてはじめられたとされる。祭りの出し物としては、神輿のほかに木造組み立て式曳き船の〝宝来丸〟が登場する。現在の宝来丸は、近年製作のものであるが、当初のものは、福江

写真２　曳き船〝宝来丸〟（1998年撮影）

市の五島観光歴史資料館に展示されている。

祭りの日の夕刻には、神輿をかつぎ、日没後は、木遣り唄（「ホウランエー……」）を歌い踊りながら宝来丸を曳いて、集落の中心部の狭隘な道を練り歩く。

本窯には寺はないが、福江島の富江・大蓮寺（浄土真宗）の檀家が多い。

また、本窯集落には、五島地方で現存する最古（一七六三〔宝暦十三〕年）とされる木造民家が、一九九九年まで存在していた。

伊福貴地区　伊福貴には、八坂（祇園）神社・蛭子《えびす》神社・西蓮寺がある。

八坂神社は、伊福貴集落を見下ろしかつ日没を仰ぐことのできる集落の裏山（祇園山）に築かれた約七〇〇段の石段の参道、鳥居、祠から構成されるが、社殿はない。祠は、三殿からなり、中央に椛島の伝説上の開祖桑原甚五左衛門にまつわる祠、右に椛島の江戸期の生業であった製塩業の神である塩竈様、左にカクレキリシタン系といわれている信仰対象が祀られている。

八坂神社の例祭は旧暦六月十四・十五日におこなわれ、明治期以来、芸者や旅芸人などによる三味線演奏と舞踊からなる祇園三番叟が奉納されてきた。近年、この行事は消滅しかかったが、伊福貴町（郷会）および椛島振興会により再興され、現在では、小・中学生による舞踊（三番叟）、ならびに島外から招かれた芸人集団による演奏と演技を奉納している。なお、振り付けは、最近の創作である。

蛭子神社は、木造の簡素な社殿からなり、椛島（とりわけ伊福貴）漁業の守護神的存在である。例祭はハッカエビスといわれ、年二回旧暦一月・九月の二十日におこなわれていたが、現在は旧暦の九月のみである。伊福貴漁港における神輿巡行、魚供養、漁船海上パレードがおこなわれる。

西蓮寺は、福江島の富江の大蓮寺（浄土真宗・本願寺派）の末寺として一九五五年に独立したが、一九九七年に法人を解散した。伊福貴では本窯以上に、大蓮寺系の檀家が多い。

点在地区　点在地区には、五島地方の民俗としてもっとも興味深いカクレキリシタンの信仰と習俗が伝承されてきた。しかし、カクレキリシタンの末裔は二〇〇一年の時点で、八〇代の高齢者であり、後継世代はことごとく島外に転出し、その信仰や習俗を継承するものはいない。

椛島のカクレキリシタンは、これまで各点在集落を単位とする信仰集団を形成しており、それを「帳」という。また、その信仰集団の聖典である帳面をも「帳」という。その帳面には、日繰り（暦）やオラショ（祈りのことば）が記載されている。この信仰集団「帳」には、リーダーおよび司祭役として「帳（面）」を預かり儀礼を主催する「帳方」、帳方を補佐して赤子に洗礼をほどこす「水方」、およびそれらの補佐としての「下役」（または「取次」）の三役があり、すべて男性が勤める。

カクレキリシタンの年中行事としては、クリスマスにあたる「おたい夜」、正月の「餅噛み」と「サンジュワン様の祭り」、一月十五日の「山の神の祭り」などがあった。

カクレキリシタンの祭礼は、ほとんど部外者には秘匿されてきたが、『キリシタン街道』（ＰＨＰグラフィックス）には、一九八〇年代の椛島・芦ノ浦地区の「おたい夜」の貴重な写真が掲載されている。

椛島の帳は、一九八七年までに解散し、聖典としての帳を納めた帳箱をはじめとする遺物は、福江島の堂崎天主堂に保管された。

椛島のカクレキリシタン信仰は、本来のキリスト教とはかなり異質である。たしかにイエスやマリアへの信仰の片鱗はみられても、唯一絶対神の観念も聖書や教会とのつながりも皆無であり、キリスト教への改宗者もほとんどいない。この点は、五島地方の他地域と比較しても著しい。椛島のカクレキリシタン信仰の実質を構成している主要な成分は、むしろ、山間僻地の豊潤な自然環境のなかでのアニミズムならびに祖霊信仰・祖先崇拝・亡き親族への思慕、子どもの誕生と成長に対する感謝の念、さらには集落に居住して伝来の田畑や家屋を守っていくことの意志の表出であるように思える。

藩政期の開拓政策に組み込まれたカクレキリシタンの流れをくむ一部の民衆が、山間僻地の開墾に従事して、その地で一家が生きていく道を模索した。その後も、親族間に共有されたその固有のメンタリティーが自然のなかで孤立した自給自足的な生活を支える機能をはたし、祈りの行為をとおして集落の成員全体で再確認されながら、幾世代かにわたり根づよく継承されてきたのであろう。その間に、キリスト教の要素は大幅に変容して近代に至った。

カクレキリシタンに多少とも共通するこのような特質が、椛島においては教会との関係が皆無なかたちで際立っていたとみられる。しかし、現代ではもはや、こうした信仰や習俗は後継世代に受け継がれようがない。

かつて、この地域の民俗学的・社会学的研究テーマのひとつであった「末子相続」の習俗についても、点在集落が解体し消滅しつつある二〇〇一年の時点においては、もはや把握することは不可能である。

伝　説　一九五〇年代まで、椛島の本家筋は、本窯の桑原家であった。また、藩政期から今日にいたるまで、椛島の二大集落である本窯と伊福貴の関係は、あたかも兄と弟のようにイメージされてきた。そうしたことと関連して、以下のような集落の由来についての伝説が語りつがれてきた。

平重衡の息子ともいわれる平家の落ち武者・伊王三郎が芦ノ浦に上陸して、桑原家を起こし、長男の桑原松太郎が本窯の集落の祖となり、次男の桑原松次郎が伊福貴集落の祖となったというのである。

この本窯の桑原家に、十六世紀末から十七世紀末の不明な時期に、島外から甚五左衛門なる人物が婿入りして、この桑原甚五左衛門によって近世の椛島の社会が築かれたとされている。

また、五島地方のカクレキリシタン信仰において名高い十六世紀の伝説的布教家、二六聖人の一人「ヨハネ五島」が椛島の生まれであるという言い伝えもある。

民　話　椛島の民話については、椛島公民館を中心に以下の七話がまとめられている。

「弘法様の手」　鷹ノ巣地区の断崖絶壁を往来する働き者の若者は、手のひらの不思議な手形ゆえに、弘法大師の生まれかわりとして敬意を集める。

「こぼっさま」　大豆収穫の農繁期に来島した弘法大師の要請をことわり、島民たちが舟を手配しなかったために、椛島には大豆が実らなくなり、舟を手配した一軒のみに井戸がもたらされた。

「目のない魚」　隣接するツブラ島の山をこえて、夜、魚を届けるさいに、念仏を唱えないと、カッパのいたずらで魚の目が抜かれてしまう。

「カッパと大岩」　伊福貴の島民が、厠でいたずらをするカッパの手を引き抜き、嘆くカッパに大岩が割れたら返してやると約束すると、カッパは大岩に毎晩願いをかけつづけて、かなえる。

「船幽霊」　夜半に五島灘から椛島に帰島する舟に、巨大な幽霊船が近づき激突しそうになる。

「首かけ地蔵」　貧しく、掟も厳しい時代、ささいな盗みをして、掟により首を切られた子どもや若者のごとくに、エビス像の首が落ちてしまった。

「生き刀」　ツブラ島の領有をめぐり富江藩の椛島と福江藩の奈留島の間で紛争が起こる。談判のさいに、椛島の武士の刀が生きもののように動きはじめ、驚いた奈留島側は引き上げた。

その他　半世紀前の離島調査では、島内に数名の祈祷師の存在が記録されているが、現在でも、「椛島の秘境」の鷹ノ巣地区に女性祈祷師がおり、島外から信者がおとずれている。

また、島民の婚礼や葬儀は、現在では、福江市街でとりおこなわれている。

一九五〇（昭和二十五）年に、椛島にて民俗調査をおこない、「採集手帳」をまとめ、のちに『離島生活の研究』に、「長崎県南松浦郡樺島」を執筆したのは、民俗学者・竹田旦であった。

当時、この島には、三〇〇〇人をこえる人口があった。現在の人口は当時の一一分の一。平穏な島の半世紀の劇的な変化であった。

写真３　椛島の景勝地〝鷹ん巣がんぎ〟の絵はがき（椛島振興会発行）

主要文献

小松昌幸　一九五八「樺島伊福貴地区の社会の実態調査」長崎大学離島総合学術調査団編『五島列島総合学術報告書調査』一

竹田旦　一九六六「長崎県南松浦郡樺島」日本民俗学会編『離島生活の研究』集英社（復刻・国書刊行会）

川上弥久美　一九八二「五島椛島のかくれキリシタン」五島文化協会編『浜木綿』三四

田和正孝　一九九七「離島漁村の漁業の変化——長崎県五島列島椛島」田和正孝『漁場利用の生態』九州大学出版会

村田裕志　二〇〇〇「五島列島・椛島のくらしと民俗——半世紀の変容」『民俗学研究所紀要』二四　成城大学民俗学研究所

（村田裕志）

あとがき

本書は、一九九八年度から二〇〇〇年度にかけて成城大学民俗学研究所が実施した研究プロジェクト「沿海諸地域の文化変化の研究――柳田國男主導『海村調査』『離島調査』の追跡調査」の成果である。

本プロジェクトの目的は、柳田國男の主導による一九三七～三八年度の「海村調査」と一九五〇～五二年度の「離島調査」の調査地を対象にして、当該地域の民俗がその後どのように変化しあるいは継承されているかを明らかにし、わが国近現代における民俗変化の実態を考察することであった。この構想は、「山村調査」の追跡調査を目的に一九八四～八六年度に民俗学研究所が実施した共同研究「山村生活の五〇年――その文化変化の研究」の視座を継承したものでもあった。民俗学の研究手法がデスクワークとフィールドワークの連携によって成り立っていることはいうまでもないことである。民俗変化を主要テーマとした本研究を推進するに際してつねに念頭においたことは、「海村調査」「離島調査」当時の調査内容と現在のそれとの比較を行なう手段として、フィールドワークをいかに充実させるかということであった。

その具体的な手法を模索するため、本研究発足にいたるまでに成城大学民俗学研究所のプロジェクトとして、一九九五～九六年度に「所謂『海村・離島手帖』の基礎的研究」、九七年度に「『海村調査』『離島調査』の追跡調査研究」を実施した。この間の具体的な作業は次のとおりである。一九九六年三月二日に、「海村調査」もしくは「離島調査」に参加された井之口章次・竹田旦・牧田茂各氏にご出席いただき「『海村調査』・『離島調査』を語る」という座談会を開催し、両調査の実態についてお教えいただいた。これにより、本研究に向けての多くの示唆と指針を得ることができた。三先生はじめご出席いただいた方々に心より御礼申しあげたい。なお、この座談会の記録は、「『海村調査』・『離島調査』を語る」と題して、成城大学民俗学研究所編『民俗学研究所紀要』第二一集（一九九七年）に掲載した。ついで、九六年度からは成城大学民俗学研究所に保存されている、両調査の成果である「採集手帳（沿海地方用）」「離島採集手帳」の記述内容の分析を行ない、両調査地域のなかから記述内容が多岐にわたっている一五地域を選定し、いくつかの地域については、このたびのプロジェクトにつながる小規模な予備調査を実施した。

こうした活動の経験から各調査地の比較のための通底した視座の必要性が議論され、一五調査地に共通した調査内容として、調査地の概要や現況に加えて、①生産活動の変化、②海に対する心意の変化の二点にとくに留意することになった。さらに、調査者独自の問題意識も調査項目として設け、各調査地からの広範なデータ収集に努めた。

三年間にわたる参加者は次のとおりである。田中宣一（研究代表者）、有山輝雄、石川弘義、川部裕幸、小島孝夫、鈴木正義、高桑守史、高橋泉、竹内由紀子、田村勇、富田祥之亮、野地恒有、畑聰一郎、藤井弘章、村田裕志、八木橋伸浩。このほか、以下の成城大学大学院学生の参加もえた。遠藤文香、小松崎剛史、酒井啓祐、佐藤智敬、清水亨桐、中村洋平、前田俊一郎、松田睦彦、丸尾依子、美甘由紀子。調査対象地および担当者は次のとおりである。

一九九八年度〔凡例……（　）内は現在の地名、【海】は海村調査対象地、【離】は離島調査対象地、〈　〉内は担当者〕

⑴千葉県安房郡富崎村（館山市相浜・布良）【海】〈川部、清水〉⑵島根県穏地郡都萬村（隠岐郡都万村）【海】〈小島、有山、野地、鈴木、前田〉⑶高知県幡多郡沖ノ島村鵜来島（宿毛市）【海】〈八木橋、石川、畑、藤井、田村〉⑷新潟県岩船郡粟島浦村（同）【離】〈竹内、高橋、富田、田中、遠藤、美甘〉⑸長崎県南松浦郡樺島村（福江市）【離】〈村田、高桑、佐藤〉

一九九九年度⑴岩手県下閉伊郡普代村（同）【海】〈川部、高桑、野地、藤井〉⑵福井県坂井郡雄島村他（三国町）【海】〈竹内、田中、高橋、田村、美甘〉⑶愛知県知多郡日間賀島村（南知多町）【海】〈小島、有山、畑、中村〉⑷岡山県小田郡白石島（笠岡市）【離】〈八木橋、石川、鈴木、遠藤、松田〉⑸長崎県北松浦郡平町・神浦村（宇久町）【離】〈村田、佐藤、小松崎〉

二〇〇〇年度⑴東京府八丈島（東京都八丈町）【海】〈小島、有山、藤井、丸尾〉⑵大分県北海部郡一尺屋村・佐賀関町（佐賀関町）【海】〈竹内、田中、高橋、田村、小松崎、酒井〉⑶静岡県賀茂郡南崎村（南伊豆町）【海】〈川部、野地、畑、美甘〉⑷宮城県牡鹿郡女川町（同）【離】〈村田、高桑、佐藤〉⑸香川県仲多度郡広島村（丸亀市）【離】〈八木橋、石川、鈴木、遠藤、松田〉

共同調査の成果は研究会で報告し、民俗変化等について情報交換を行なった。研究会の内容は次のとおりである。

一九九八年度

五月九日　田中宣一　プロジェクトの概要説明／今年度の研究のすすめ方
六月二十七日　小島孝夫「離島振興法と漁業制度改革について」／村田裕志「長崎県福江市椛島予備調査報告」／川部裕幸「千葉県安房郡旧富崎村予備調査報告」
九月二十六日　高桑守史「ビワをひく・盗み魚のことなど」／竹内由紀子「新潟県岩船郡粟島浦村調査報告」／八木橋伸浩「高知県宿毛市鵜来島調査報告」／村田裕志「長崎県福江市椛島調査報告」
十二月五日　野地恒有『漁場使用の制限』をめぐって――愛知県佐久島…ナマコのネドコ」／川部裕幸「千葉県安房郡旧富崎村調査報告」／小島孝夫「島根県隠岐郡都万村調査報告」
三月十三日　鈴木正義「柳田國男と船」

一九九九年度

五月八日　今年度の研究の進め方と班分け／田村勇「和船とその推進具について――鵜来島の事例」
七月三日　各班の進捗状況と今後の計画／富田祥之亮「離島の生活とジェンダー――民俗事象の変化とその変化軸の考察」
九月二十五日　五地域の調査報告／畑聰一郎「現代の孤島苦」
十二月四日　（公開研究会）小島孝夫「現代の離島生活と離島振興法」／野地恒有「桜田勝徳と普代村調査」／藤井弘章「大型海洋生物の民俗――岩手県・高知県の海村・離島調査を通じて」／村田裕志「五島列島・椛島のくらしと民俗――半世紀の変容」
三月十八日　（特別研究会）田辺悟「海村研究の現状と課題」／五地域の調査報告

二〇〇〇年度

五月十三日　今年度の研究の進め方と班分け／八木橋伸浩「離島生活と水」

七月八日　各調査地の今年度の調査予定
十月七日　各調査地の調査経過報告
十二月二日　一九九八・九九年度調査報告の総括について
三月十七日　各班の調査報告と資料編原稿の検討／論考編原稿の執筆内容について
また、二〇〇一年八月段階での既発表のおもな研究成果は次のとおりである。

川部裕幸「共同漁業における代分け慣行――千葉県館山市相浜の場合」『民俗学研究所紀要』第二三集　一九九九年
小島孝夫「離島振興法と離島生活の変化――島根県隠岐郡都万村を事例として」『民俗学研究所紀要』第二三集　一九九九年
「島に還る――民俗再考」成城大学大学院文学研究科編『日本常民文化紀要』第二一輯　二〇〇〇年
高橋　泉「地域社会と宗教――福井県坂井郡三国町安島の事例」仙台白百合女子大学・短期大学編『仙台白百合女子大学紀要』第四号　二〇〇〇年
「地域社会と宗教(2)――大分県北海部郡佐賀関町の事例」『民俗学研究所紀要』第二五集　二〇〇〇年
竹内由紀子「海女にみる女性の社会的位置」『民俗学研究所紀要』第二四集　二〇〇〇年
藤井弘章「地域差と時代差からみたウミガメの民俗――海村・離島追跡調査から」『民俗学研究所紀要』第二五集　二〇〇一年
村田裕志「五島列島・椛島のくらしと民俗――半世紀の変容」『民俗学研究所紀要』第二四集　二〇〇〇年
八木橋伸浩「土佐・宇和島境界域海村の民俗変化――高知県宿毛市沖の島町鵜来島・沖の島の事例から」玉川学園女子短期大学編『論叢』第二五号　二〇〇一年
八木橋伸浩・遠藤文香・松田睦彦「笠岡諸島白石島における民俗の変容と継承」岡山民俗学会編『岡山民俗』第二一五号　二〇〇一年

そして、二〇〇一年度を本研究の成果の刊行年度とし、本書を刊行する運びとなったのである。本書を構成する「論考編」は、調査者自身の問題意識を展開させた調査研究の成果である。また、「資料編」は、民俗変化を念頭におき、直接に対象地に選んだ一五の調査地を概観したものである。

以上のような共同研究から本書は成されたが、この間に多くの方がたのご教示とご協力を賜った。末筆ながら記して御礼を申しあげたい。各調査地においては、お話を聞かせてくださった皆さまをはじめ、自治体の担当者、区長などの地区役職者の方がたに大変お世話になった。一九九六年に実施した座談会や一九九九年度に実施した公開研究会、特別研究会では、この研究に関心を寄せていただいた学内外の方がたから多くのご教示や励ましをいただいた。日本私立学校振興・共済事業団には三年間にわたり学術研究振興資金の助成をいただいた。本研究の予備段階から調査研究活動を支援していただいた成城学園ならびに成城大学民俗学研究所には多くのご支援とご示唆をいただいた。このような長期的な研究環境を維持していくことの重要性を理解していただいたことは、なによりもありがたいことであった。また、本書に御執筆いただいた方をはじめプロジェクトにご参加いただいた方がたには、編者のひとりとして感謝申しあげたい。きびしい出版事情にもかかわらず、本書の刊行を快く受諾していただいた雄山閣、煩雑な編集作業をこなしていただいた編集工房なに長津忠氏にも大変お世話になった。

今回私たちは、見聞したさまざまな事象とかつての生活文化とを比較することで、かえって人びとの営みの生なましい現実を実感することになった。穏やかに推移しているように見える日常生活においても、さまざまなことが選択され決断されているのである。こうした現実に営まれている生活に対して、かつての生活文化の連続や残存といった形式化した視点で考えるだけでは、現在の沿海地域や離島の生活の実態を理解したことにはならないのである。民俗学の研究対象をよりいっそうひろげていくためにも、それぞれが自身の民俗学的視点や方法を鍛えあげなければならない。地域社会の民俗変化や沿海地域の生活に関心をお持ちの多くの方がたのもとに届くことを願い、本書を世に送りたい。

二〇〇二年二月

小島　孝夫

◇執筆者一覧◇

石川　弘義(いしかわ ひろよし)	1933年生まれ	成城大学文芸学部教授
川部　裕幸(かわべ ひろゆき)	1957年生まれ	成城大学民俗学研究所研究員
小島　孝夫(こじま たかお)	編者略歴参照	
佐藤　智敬(さとう ともたか)	1974年生まれ	成城大学大学院文学研究科日本常民文化専攻博士課程後期
鈴木　正義(すずき まさよし)	1935年生まれ	NHK横浜放送局鎌倉地域報道室
高桑　守史(たかくわ もりふみ)	1945年生まれ	大東文化大学国際関係学部教授
高 橋　泉(たかはし いずみ)	1949年生まれ	仙台白百合女子大学人間学部助教授
竹内由紀子(たけうち ゆきこ)	1962年生まれ	成城大学民俗学研究所研究員
田中　宣一(たなか せんいち)	編者略歴参照	
田 村　勇(たむら いさみ)	1936年生まれ	東京都立江戸川高等学校嘱託教諭
富田祥之亮(とみた しょうのすけ)	1948年生まれ	社団法人農村生活総合研究センター調査役・主任研究員
野地　恒有(のじ つねあり)	1959年生まれ	愛知教育大学教育学部助教授
畑　聰一郎(はた そういちろう)	1947年生まれ	東京都立日比谷図書館司書
藤井　弘章(ふじい ひろあき)	1969年生まれ	京都大学大学院人間・環境学研究科博士課程後期
松田　睦彦(まつだ むつひこ)	1977年生まれ	成城大学大学院文学研究科日本常民文化専攻博士課程前期
村田　裕志(むらた ひろし)	1955年生まれ	成城大学短期大学部教授
八木橋伸浩(やぎはし のぶひろ)	1957年生まれ	玉川学園女子短期大学助教授

や行

ら行

わ行

は行

ま行

な行

た行

さ行

か行

索　引

1．事項は、原則として内容説明がなされている頁のものだけをとりあげた。ただし、いわゆる民俗語彙はこのかぎりでない。
2．人名と書名は、「海村調査」「離島調査」関係のものを中心に、必要最小限にとどめた。
3．地名は「海村調査」「離島調査」に関係深い市町村名を中心に、その前後においてそれらが比較的よく説明されている頁だけをとりあげた。

あ行

◇編者略歴◇

田中　宣一（たなか　せんいち）

1939年福井県福井市に生まれる。1962年國學院大學文学部文学科卒業。67年國學院大學大学院文学研究科博士課程満期退学。現在、成城大学文芸学部教授。博士（民俗学）（國學院大學）。おもな著書に『年中行事の研究』（おうふう、1992年）、『徳山村民俗誌　ダム水没地域社会の解体と再生』（慶友社、2000年）、共著に『「町内会」の民俗学的研究――川崎市域の町内会と旧来の住民組織』（川崎市博物館資料収集委員会、1988年）

小島　孝夫（こじま　たかお）

1955年埼玉県伊奈町に生まれる。1979年武蔵野美術大学造形学部彫刻学科卒業、82年筑波大学大学院環境科学研究科修了。日本民俗学専攻。現在、成城大学文芸学部専任講師。おもな論文に「アワビ採具からみた潜水採集活動――三重県志摩郡大王町畔名の海女の事例」（日本民具学会編『海と民具』、雄山閣出版、1987年）、「離島振興法と離島生活の変化――島根県隠岐郡都万村を事例として」（『民俗学研究所紀要』、成城大学民俗学研究所、1999年）、「島に還る――民俗再考」（『日本常民文化紀要』二一輯、成城大学大学院文学研究科、2000年）

海《うみ》と島《しま》のくらし――沿海諸地域《えんかいしょちいき》の文化変化《ぶんかへんか》

2002年3月15日印刷
2002年3月25日発行

検印省略

編者　田中宣一・小島孝夫
発行者　村上佳儀
発行所　株式会社雄山閣
住所　東京都千代田区富士見2-6-9
電話　03（3262）3231　振替　00130-5-1685
印刷　倉敷印刷株式会社
製函　加藤紙器製造所
製本　協栄製本株式会社

ISBN4-639-01760-X　C3039